普通高等教育电子信息类专业“十二五”规划系列教材

电路分析

主　编　王二萍　李道清

副主编　李海霞　乐丽琴

参　编　蔡艳艳　付瑞玲　栗红霞　张具琴

主　审　吴显鼎

华中科技大学出版社

中国·武汉

内容简介

本书符合教育部于2004年颁布的《电路分析基础基本要求》，重点着眼于培养学生的实践应用能力。本书主要包括以下内容：电路模型和电路定律、电阻电路的等效变换、电阻电路的一般分析方法、电路定理、电容与电感元件、暂态电路分析、单一元件的正弦交流电路、正弦稳态电路的分析方法、耦合电感电路、电路的频率响应、三相电路、双口网络。

本书中引入了 Matlab 和 Multisim 软件在电路分析过程中的应用，提供了很多应用实例，充分体现了现代分析技术与传统理论的融合。

本书可以作为应用型本科院校电气类专业学生的教材，也可以作为相关工程技术人员的参考资料。

图书在版编目(CIP)数据

电路分析/王二萍，李道清主编. —武汉：华中科技大学出版社，2013.11
ISBN 978-7-5609-9474-1

Ⅰ.①电… Ⅱ.①王… ②李… Ⅲ.①电路分析-高等学校-教材 Ⅳ.①TM133

中国版本图书馆 CIP 数据核字(2013)第261441号

电路分析
Dianlu Fenxi

王二萍　李道清　主编

策划编辑：谢燕群　范　莹
责任编辑：余　涛
封面设计：李　嫚
责任校对：周　娟
责任监印：周治超
出版发行：华中科技大学出版社(中国·武汉)　电话：(027)81321913
武汉市东湖新技术开发区华工科技园　邮编：430223
录　排：武汉市洪山区佳年华文印部
印　刷：北京虎彩文化传播有限公司
开　本：787mm×1092mm　1/16
印　张：15.25
字　数：408千字
版　次：2019年1月第1版第3次印刷
定　价：29.80元

前言 Preface

教育部电气电子课程教学指导委员会于2004年修订了《电路分析基础基本要求》，随之各院校对新专业的教学计划都进行了调整，应用型本科院校的培养计划和培养目标也是一改再改。至今为止，积累了许多值得借鉴的经验和值得吸取的教训。

课程内容的设置从来都是与教学计划中对课程的安排和要求紧密相关的。本书从培养学生的实践应用能力出发，对教材的内容进行了细致的推敲。与传统的《电路分析》教材相比，有如下鲜明的特点。

(1) 本书本着以问题为中心的原则进行编写，从工程实际中引出问题，着重培养学生分析和解决问题的能力。

"电路分析"课程不仅介绍了电路理论的一些基本概念和原理，而且还针对一些经典的电路进行详细的分析，与实际工程电路结合是非常紧密的。在对教材内容进行整合的时候，充分考虑到培养学生的工程实际能力是该课程需要解决的重要问题，所以在举例说明电路的分析方法的时候都尽量以实际工程为背景，这对于培养学生的工程意识和工程观念、培养学生理论和实际相结合的能力、锻炼学生的创新意识和创新能力具有重要作用。

(2) 本书引入 Matlab 和 Multisim 软件的应用。

本书中每一章都加入了 Matlab 或 Multisim 软件的应用，这在现有的《电路分析》教材中尚属首次。用 Matlab 可以帮助求解电路方程组，可以辅助画相量图，进行正弦波仿真分析等。借助 Multisim 软件不仅可以充分显示对数据采集、储存、分析、处理、传输及控制的过程，对方案进行论证、选定和设计，而且可以随时改变电路参数(如电源的大小、电阻的阻值、电容的容量等)来调整电路，使之更加合乎要求，得出较为理想的电路。这些仿真软件加入到教材内容中，可以把许多抽象和难以理解的内容变得生动、形象化，更重要的是用计算机辅助分析电路本身给学生提供了一种分析问题和解决问题的思维方法。

本书由黄河科技学院王二萍、武昌工学院李道清担任主编，完成全书的结构设计、修改和定稿工作，黄河科技学院李海霞、乐丽琴担任副主编，协助主编做了统稿和审查工作。付瑞玲、栗红霞老师编写了第一章，李道清老师编写了第二章，王二萍老师编写了第三章和第四章，李海霞老师编写了第五章和第六章，乐丽琴老师编写了第七章和第八章，蔡艳艳老师编写了第九章和第十章，张具琴老师编写了第十一章和第十二章。

本书可以作为应用型本科院校电气类专业学生的教材，也可以作为相关工程技术人员的参考资料。

本书在编写过程中，参考和引用了不少相关的文献和资料，并采纳了 Matlab 和 Multisim 软件的运行结果，谨向相关著者表示感谢。由于水平有限，书中难免有谬误，敬请读者指正。

编　者

2013年10月

目录 Content

第 1 章　电路模型和电路定律

电路理论主要研究电路中发生的电磁现象，常用电流、电压和功率等物理量来描述其中的过程。电路由电路元件组成，因而整个电路的表现要看元件的连接方式及元件的特性，即受两种基本规律的约束：① 元件约束（VCR），它仅与元件性质有关，与元件在电路中的连接方式无关，欧姆定律是概括线性电阻伏安关系的基本定律；② 拓扑约束，它仅与元件在电路中的连接方式有关，与元件性质无关，基尔霍夫定律是概括这种约束关系的基本定律。

本章内容有：电路和电路模型；电流和电压的参考方向；电功率和能量；电阻元件的数学模型及特性；理想电压源和理想电流源的概念及特点；受控源的概念、分类及特点；节点、支路、回路的概念和基尔霍夫定律。

1.1　电路和电路模型

1.1.1　实际电路及其功能

人们在日常生活中会遇到很多实际电路，如照明电路、加热电路、报警电路等。实际电路是由电器设备（如变压器、晶体管、电容器、集成电路等）按预期目的连接构成的电流通路。图 1-1 所示的为一简单的照明电路，它由以下三部分组成。

（1）提供电能的能源（图中为干电池），简称电源（或激励），它的作用是将其他形式的能量转换为电能（图中干电池是将化学能转换为电能）。

（2）用电设备，简称负载，它将电能转换为其他形式的能量（图中灯泡将电能转换为光和热能）。

（3）连接导线，即连接电源与负载传输电能的金属导线，导线提供电流通路，电路中产生的电压和电流称为响应。图中 S 是为了节约电能所加的控制开关。

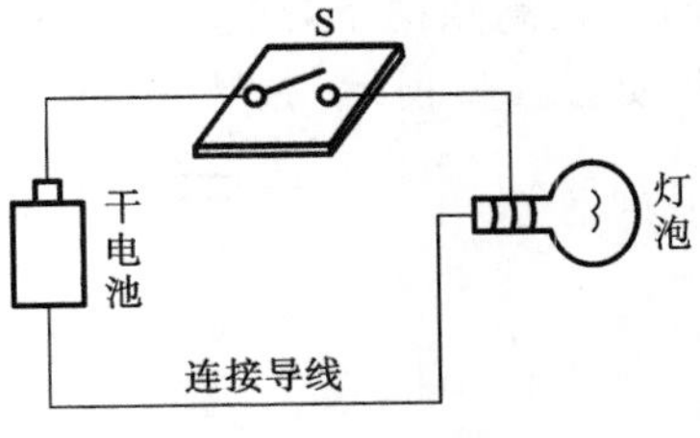

图 1-1　简单的照明电路

电源、负载和连接导线是任何实际电路都不可缺少的三个组成部分。

实际电路种类繁多，但其功能可概括为两个方面：① 进行能量的传输、分配与转换，如电力系统中的输电电路，发电厂的发电机组将其他形式的能量（如热能、水的势能或原子能等）转换成电能，通过变压器、传输电线等输送给用户，在那里又把电能转换成机械能、光能、热能等，为人们生产、生活所利用；② 进行信息的传递、控制与处理，如电话、收音机、电视机等电子电路。接收天线把载有语言、音乐、图像信息的电磁波接收后，输入到信号变换或处理元件，形成人们所需要的输出信号，送给扬声器或显像管，再还原为语音、音乐或图像。

实际电路的结构、功能以及设计方法各不相同，但都要遵循电路理论的基本定律和方法。

1.1.2 电路模型

电路理论主要是分析电路中各元件、部件的端电流和端电压，但不涉及其内部发生的物理过程，本书讨论的是实际电路的电路模型而不是实际电路。电路模型由理想电路元件及其组合相互连接而成，足以反映实际电路中电工设备和元件的电磁性能。理想电路元件是一种理想的模型并具有精确的数学定义；它不考虑实际部件的外形、尺寸等差异性，是电路模型的最小单元。实际电路部件的运用一般都与电能的供给、消耗现象及电、磁能的存储现象有关，它们交织在一起并发生在整个部件中。这里所谓的“理想化”指的是：假定这些现象可以分别研究，并且这些电磁过程都分别集中在各元件内部进行；这样的元件称为集总参数元件，简称为集总元件，由集总元件构成的电路称为集总参数电路。

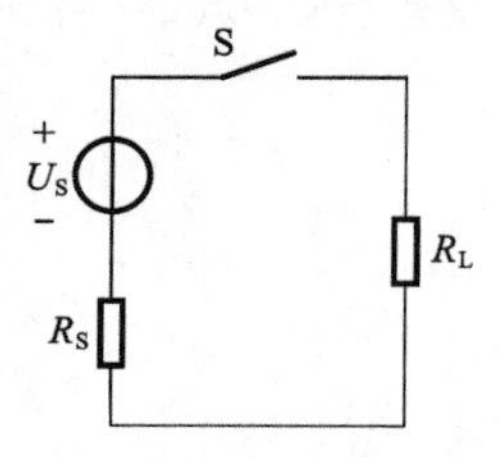

图 1-2　图 1-1 所示电路的电路模型

图 1-2 所示的为图 1-1 所示电路的电路模型。

基本的理想电路元件有电阻、电容、电感及电源元件。电阻元件反映消耗电能转换成其他形式能量的过程（既不存储电能，也不存储磁能），如电阻器、灯泡、电炉等。电容元件反映电场的产生及存储电场能量的特征（既不消耗电能，也不存储磁能）。电感元件反映磁场的产生及存储磁场能量的特征（既不消耗电能，也不存储电能）。电源元件表示各种将其他形式的能量转变成电能的元件。

注意：具有相同的主要电磁性能的实际电路部件，在一定条件下可用同一模型表示，如灯泡、电炉、电阻器这些不同的电路部件在低频电路里都可用电阻 R 表示。同一实际电路部件在不同的工作条件下，其模型可以有不同的形式。例如，在直流情况下，一个线圈的模型是一个电阻元件；在较低频率下，其模型是电阻元件和电感元件的串联组合；在较高频率下，还应考虑导体表面的电荷作用，即电容效应，所以其模型还要包含电容元件，如图 1-3 所示。

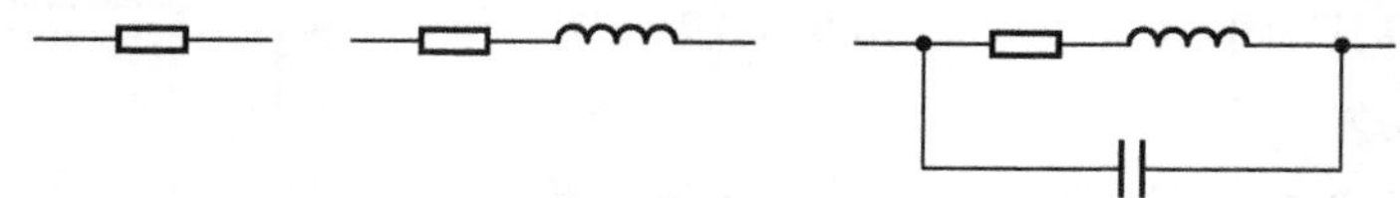
图 1-3　线圈在不同条件下的模型

实际电路的电路模型若取得恰当，则其电路分析和计算结果就会与实际情况接近；否则会造成很大误差，有时甚至导致自相矛盾的结果。

1.2 电流和电压的参考方向

电路理论中涉及的物理量主要有电流 i、电压 u、电荷 q、磁通 Φ、功率 p 和电磁能量 W，在电路分析中人们最关心的物理量是电流、电压和功率，当涉及某个元件或部分电路的电流或电压时，由于电流或电压的实际方向可能未知，故有必要指定其参考方向。

1.2.1　电流

带电粒子有规则的定向运动形成电流，计量电流大小的物理量是电流强度，简称电流。单位时间内通过导体横截面的电荷量定义为电流强度，用 $i(t)$ 表示，即

$$i(t)=\frac{\mathrm{d}q(t)}{\mathrm{d}t} \tag{1-1}$$

式(1-1)中，电荷的单位为库伦(C)，时间的单位为秒(s)时，电流的单位为安培(A)。电力系统中，通过设备的电流较大，有时采用千安(kA)为单位，而无线电系统(如晶体管电路)中电流较小，常用毫安(mA)、微安(μA)为单位，它们之间的换算关系是

$$1\ \mathrm{kA}=10^3\ \mathrm{A},\quad 1\ \mathrm{mA}=10^{-3}\ \mathrm{A},\quad 1\ \mu\mathrm{A}=10^{-6}\ \mathrm{A}$$

电流不但有大小，而且有方向，习惯上规定正电荷运动的方向为电流的实际方向。在一些很简单的电路中，如图1-2所示，电流的实际方向是从电源正极流出，流向电源负极的。但在一些稍复杂的电路或交流电路中，电流的实际方向往往很难事先判断。例如，图1-4所示的桥形电路中，R_5 上电流的实际方向就不是显而易见的。不过，R_5 上电流的实际方向只有三种可能：① 从a流向b；② 从b流向a；③ R_5 上电流为零。

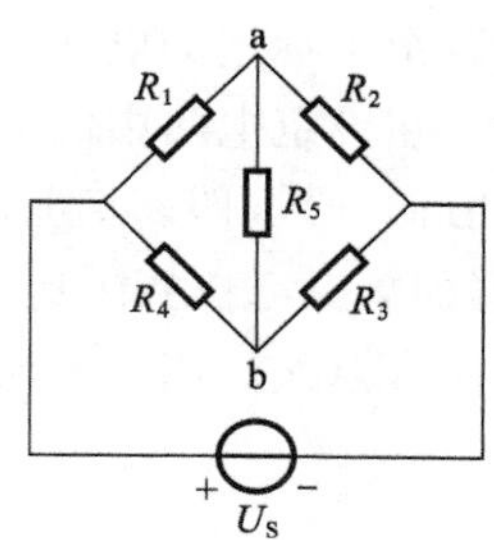

图1-4　电桥电路

对于集总元件中的电流，若存在，则其方向只有两种可能，表明电流是一种代数量，当然可以像研究其他代数量问题一样选择正方向，即参考方向。可事先任意假定一个正电荷运动的方向为电流的参考方向，今后若无特殊说明，就认为电路图上所标电流方向为其参考方向。电流参考方向有两种表示方法：① 用箭头表示，箭头的指向为电流的参考方向；② 用双下标表示，如 i_{ab} 表示电流的参考方向由a指向b。

在对电路中的电流指定了参考方向后，若经计算得出电流为正值，则说明所设参考方向与实际方向一致；若电流为负值，则说明所设参考方向与实际方向相反。电流值的正负只有在设定参考方向的前提下才有意义。图1-5所示的是电流的参考方向与实际方向的关系。

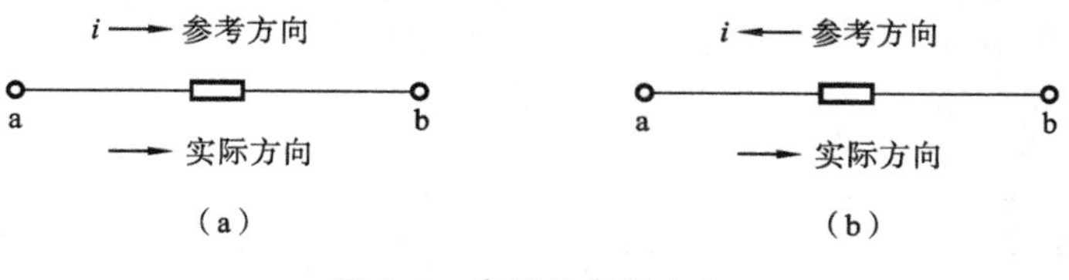

图1-5　电流的参考方向

(a) $i>0$；(b) $i<0$

1.2.2　电压

为了计量电场力做功的能力，引入电压这个物理量，记为 $u(t)$。电位定义为：将单位正电荷 q 从电路中一点移至参考点时电场力做功的大小。电压定义为：将单位正电荷从电路中一点移至电路中另一点时电场力做功的大小，即两点之间的电位之差，用数学式表示为

$$u(t)=\frac{\mathrm{d}W(t)}{\mathrm{d}q(t)} \tag{1-2}$$

式(1-2)中，电荷的单位为库仑(C)，功的单位为焦耳(J)，电压的单位为伏特(V)。实际应用中，电压也常用千伏(kV)、毫伏(mV)、微伏(μV)等为单位。电压也可用电位差表示，电路中 a、b 两点间的电压可表示为

$$u_{ab}=U_a-U_b \tag{1-3}$$

式中：U_a、U_b 分别为 a、b 两点的电位。

从定义可知，电压也是代数量，因而也有参考方向的问题。电路中，规定电位真正降低的方向为电压的实际方向，但在复杂电路或交流电路里，两点间电压的实际方向不易判别，这给实际电路问题的分析和计算带来困难，所以也常常给出电压的参考方向。所谓电压参考方向，就是假定的电位降低方向，表示方法有三种：① 用箭头表示，箭头指向为电压的参考方向（本书一般不采用此表示法）；② 用双下标表示，如 u_{ab} 表示电压参考方向由 a 指向 b；③ 用正负极性表示，在电路图中用“+”、“−”号标出，表示电压参考方向由+指向−。以后如无特殊说明，电路图中标记的电压方向均为参考方向。

在设定电路中的电压参考方向以后，若经计算得电压 u_{ab} 为正值，说明电压参考方向与实际方向一致，即 a 点电位实际比 b 点电位高；若 u_{ab} 为负值，说明电压参考方向与实际方向相反，即 a 点电位实际比 b 点低。与电流一样，两点间电压值的正与负是在设定参考方向的条件下才有意义。图 1-6 所示的是电压的参考方向与实际方向的关系。

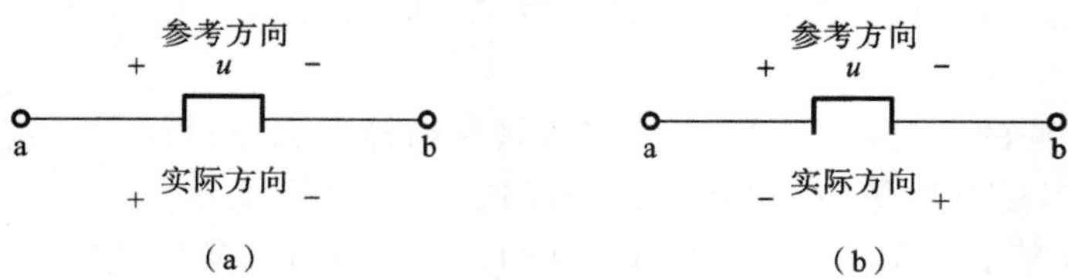

图 1-6 电压的参考方向

(a) $u>0$；(b) $u<0$

【例 1-1】 电路如图 1-7(a)所示，若已知 4 C 正电荷均匀由 a 点移至 b 点时电场力做功为 8 J，由 b 点移至 c 点时电场力做功为 12 J。

(1) 若以 b 点作参考点，求电位 U_a、U_b、U_c 及电压 U_{ab}、U_{bc}；

(2) 若以 c 点作参考点，再求电位 U_a、U_b、U_c 及电压 U_{ab}、U_{bc}。

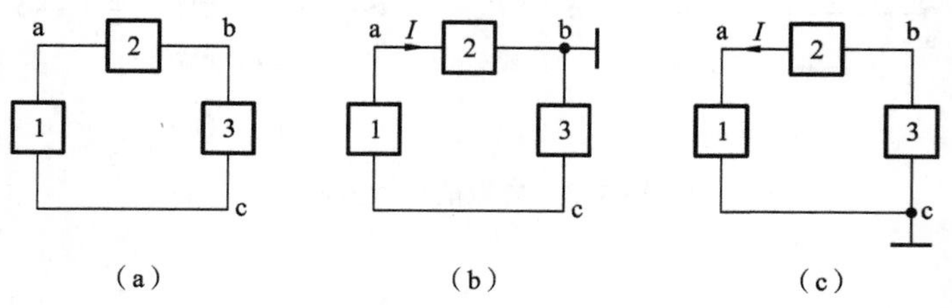

图 1-7 例 1-1 图

解 (1) 在 b 点画上接地符号，如图 1-7(b)所示，由电位定义得

$$U_a=\frac{W_{ab}}{q}=\frac{8}{4}\text{ V}=2\text{ V},\quad U_b=0\text{ V},\quad U_c=\frac{W_{cb}}{q}=-\frac{W_{bc}}{q}=-\frac{12}{4}\text{ V}=-3\text{ V}$$

应用电压等于电位之差的关系，求得

$$U_{ab}=U_a-U_b=(2-0)\text{ V}=2\text{ V}$$

$$U_{bc}=U_b-U_c=[0-(-3)]\text{ V}=3\text{ V}$$

(2) 在c点画上接地符号,如图1-7(c)所示,则电位分别为

$$U_a=\frac{W_{ac}}{q}=\frac{8+12}{4}\ \text{V}=5\ \text{V},\quad U_b=\frac{W_{bc}}{q}=\frac{12}{4}\ \text{V}=3\ \text{V},\quad U_c=0\ \text{V}$$

电压分别为

$$U_{ab}=U_a-U_b=(5-3)\ \text{V}=2\ \text{V}$$
$$U_{bc}=U_b-U_c=(3-0)\ \text{V}=3\ \text{V}$$

重要结论:

(1) 电路中的电位参考点可任意选择;

(2) 电路中的参考点一经选定,那么各点电位数值就是唯一的;

(3) 电路中各点电位数值随所选参考点的不同而改变;

(4) 电路中任意两点之间的电压数值不因所选参考点的不同而改变。

如果指定流过元件的电流的参考方向是从标以电压正极性的一端指向负极性的一端,即两者采用相同的参考方向,则称为关联参考方向;当两者不一致时,称为非关联参考方向,如图1-8所示。

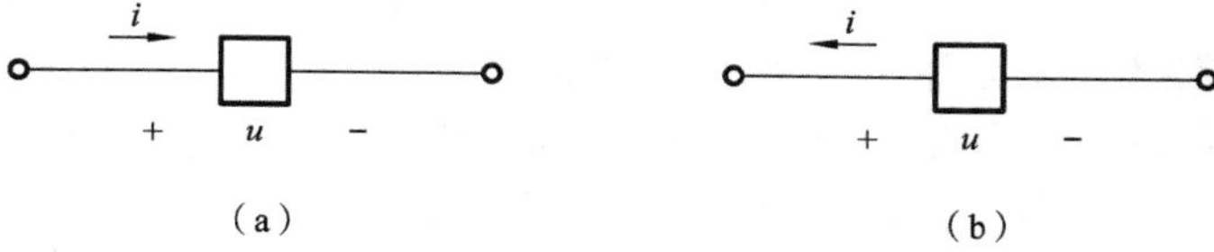

图1-8 关联参考方向和非关联参考方向

(a) 关联参考方向;(b) 非关联参考方向

1.3 电功率和能量

单位时间内电场力所做的功称为电功率,以符号 $p(t)$ 表示,数学定义式为

$$p(t)=\frac{\mathrm{d}W(t)}{\mathrm{d}t} \tag{1-4}$$

式(1-4)中,功率的单位为瓦(W),能量的单位为焦耳(J),1 W功率就是每秒做功1焦耳,即1 W=1 J/s。下面导出功率的另一计算公式。

图1-9(a)中,矩形框为一泛指元件,其电流、电压取关联参考方向。设在 $\mathrm{d}t$ 时间内,在电场力作用下由a点移动到b点的正电荷量为 $\mathrm{d}q$,那么电场力做的功为

$$\mathrm{d}W=u\mathrm{d}q \tag{1-5}$$

由 $\mathrm{d}q=i\mathrm{d}t$ 得 $\mathrm{d}W=ui\mathrm{d}t$,则

$$p=\frac{\mathrm{d}W}{\mathrm{d}t}=ui \tag{1-6}$$

在 t_0 到 t 时间内,

$$W(t)=\int\mathrm{d}W=\int_{q(t_0)}^{q(t)}u\mathrm{d}q=\int_{t_0}^{t}u(\xi)i(\xi)\mathrm{d}\xi \tag{1-7}$$

$p=ui$ 表示元件吸收的功率,当 $p>0$,$W>0$ 时,元件吸收正功率;当 $p<0$,$W<0$ 时,元件吸收负功率,实际上是该元件向外电路发出功率。

若电压、电流取非关联参考方向,如图1-9(b)所示,则只需在式(1-6)中冠以负号,即

$$p=-ui \tag{1-8}$$

其计算结果的含义与式(1-6)的相同。对于一完整的电路，发出的功率等于消耗的功率，满足功率平衡。

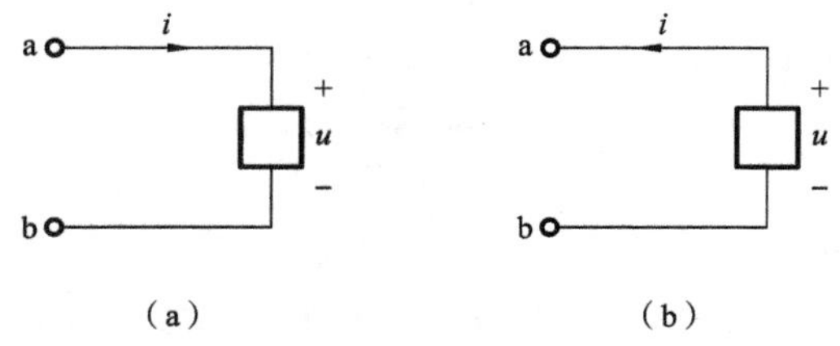

图 1-9 元件功率的计算

(a) 电压、电流参考方向关联；(b) 电压、电流参考方向非关联

若已知元件的吸收功率为 $p(t)$，并设 $W(-\infty)=0$，则

$$W(t)=\int_{-\infty}^{t}p(\xi)\mathrm{d}\xi \tag{1-9}$$

式(1-9)表示从 $-\infty$ 开始至 t 时刻元件所吸收的电能。一个元件，若在任意时刻 t 均有 $W(t)\geqslant 0$，则称该元件为无源元件，否则称为有源元件。

【例 1-2】 图 1-10 所示电路中，已知 $i=1\ \text{A}, u_1=3\ \text{V}, u_2=7\ \text{V}, u_3=10\ \text{V}$，求各方框所代表的元件消耗或产生的功率。

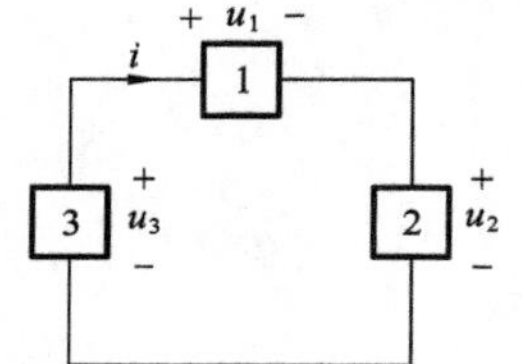

图 1-10 例 1-2 用图

解 对于元件 1 和元件 2，电压、电流参考方向关联，则

$$p_1=u_1 i=3\times 1\ \text{W}=3\ \text{W},\quad p_2=u_2 i=7\times 1\ \text{W}=7\ \text{W}$$

元件 1 和元件 2 实际吸收功率，对于元件 3，电压、电流参考方向非关联，则

$$p_3=-u_3 i=-10\times 1\ \text{W}=-10\ \text{W}$$

元件 3 实际上产生功率为 10 W。由于 $p_1+p_2+p_3=0$，则该电路满足功率平衡。

1.4 电阻元件

电路元件是实际电器件的理想化模型，是电路中最基本的组成单元。本节介绍最常用的电阻元件，是一种无源二端元件。

电阻元件是电能消耗器件的理想化模型，如电阻器、白炽灯、电炉等在一定条件下可以用二端线性电阻元件作为其模型。电阻元件上电压与电流关系(伏安关系)可用 u-i 关系方程来描述，即 $f(u,i)=0$，也可用 u-i 平面的一条曲线(伏安特性曲线)来描述，如图 1-11 所示。若该曲线是通过原点的直线，则称为线性电阻，否则为非线性电阻；若曲线不随时间变化而变化，则称为非时变电阻，否则为时变电阻。本书主要涉及线性非时变电阻。

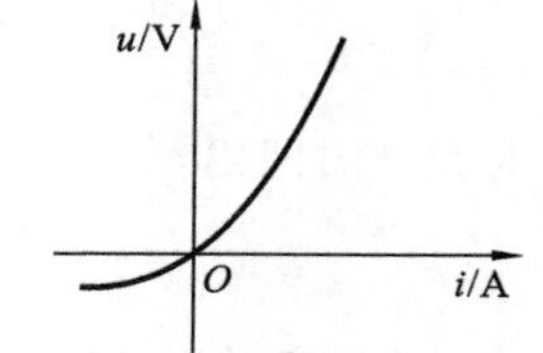

图 1-11 电阻元件的伏安特性曲线

欧姆定律是电路分析中重要的基本定律之一，它描述了线性电阻的电流与其电压之间的关系。图 1-12(a)所示的是理想电阻模型，设电压、电流参考方向关联，图 1-12(b)所示的是它的伏安特性，则该直

线的数学解析式为

$$u(t)=Ri(t) \tag{1-10}$$

或

$$i(t)=\frac{1}{R}u(t)=Gu(t) \tag{1-11}$$

式(1-11)就是欧姆定律公式。电阻的常用单位为欧姆(Ω)、千欧(kΩ)和兆欧(MΩ)等,其转换关系为

$$1\ \text{k}\Omega=10^3\ \Omega,\quad 1\ \text{M}\Omega=10^3\ \text{k}\Omega=10^6\ \Omega$$

G 称为电导,即电阻的倒数,单位是西门子(S)。

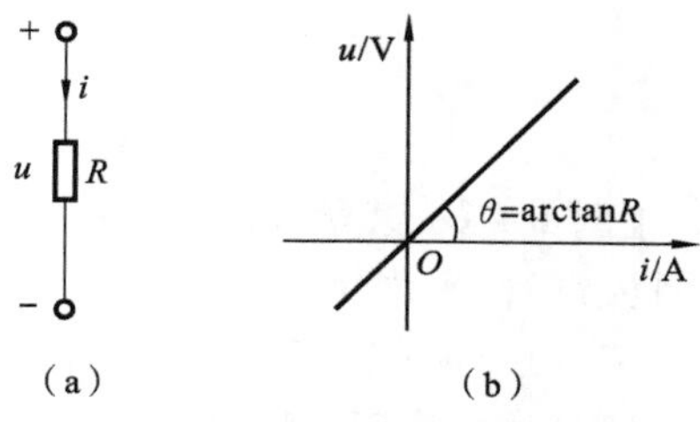

图 1-12　理想电阻模型及其伏安特性

(a) 理想电阻;(b) 伏安特性

若电压、电流参考方向非关联,则欧姆定律公式中应冠以负号,即

$$u(t)=-Ri(t) \tag{1-12}$$

或

$$i(t)=-Gu(t) \tag{1-13}$$

在参数值不为零及无限大的电阻上,电流和电压是同时存在、同时消失的,这说明电阻上的电压(或电流)不能记忆电阻上的电流(或电压)在"历史"(t 时刻以前)上所起过的作用。所以说电阻元件是无记忆性元件,又称为即时元件。

对于线性电阻有两种特殊情况:① 当 $R=\infty$ 或 $G=0$ 时,称为开路,此时无论端电压为何值,其端电流恒为零($i=0,u\neq0$);② 当 $R=0$ 或 $G=\infty$时,称为短路,此时无论端电流为何值,其端电压恒为零($i\neq0,u=0$)。其电路符号及伏安特性如图 1-13 所示。

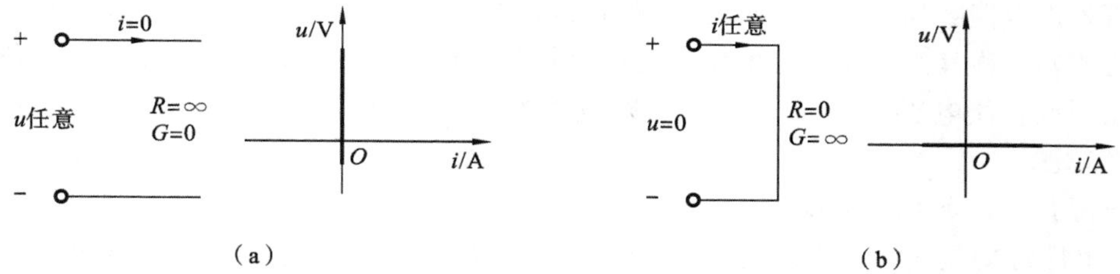

图 1-13　开路和短路的伏安特性曲线

(a) 开路;(b) 短路

电阻 R 上的吸收功率为

$$p=ui=i^2R=\frac{u^2}{R}=u^2G\quad(\text{参考方向关联时})$$

$$p=-ui=-(-Ri)i=i^2R=\frac{u^2}{R}=u^2G\quad(\text{参考方向非关联时}) \tag{1-14}$$

上述结果说明电阻元件在任何时刻总是消耗功率的。

电阻上吸收的能量与时间区间相关。设从 t_0 到 t 时间内电阻 R 吸收的能量为 $W(t)$,则

$$W(t)=\int_{t_0}^{t}p(\xi)\mathrm{d}\xi=\int_{t_0}^{t}Ri^2(\xi)\mathrm{d}\xi \tag{1-15}$$

电阻元件一般把吸收的电能转换成热能或其他能量。

今后,为叙述方便把线性电阻元件简称为电阻,本书中电阻及其相应符号 R 不仅表示一个电阻元件也表示其参数。

【例 1-3】 已知阻值为 2 Ω 的电阻,其电压、电流参考方向关联,电阻上电压 $u(t)=10\cos t$ V,求其上电流 $i(t)$及消耗的功率 $p(t)$。

解　因为电压、电流参考方向关联,则

$$i(t)=\frac{u(t)}{R}=\frac{10\cos t}{2}\ \text{A}=5\cos t\ \text{A}$$

$$p(t)=Ri^2(t)=2\times(5\cos t)^2\ \text{W}=50\cos^2 t\ \text{W}$$

【例 1-4】 某学校的 5 个教室里，每个教室配有 6 个额定功率为 40 W、额定电压为 220 V 的日光灯管，平均每天用 4 h，问每月(按 30 天计)该校这 5 个教室共用多少度电？

解 1 kW·h(千瓦时)即日常生活中所说的 1 度电，它是计量电能的一种单位。1 kW 的用电器具加电使用 1 h，它所消耗的电能为 1 度，因而有

$$W=pt=40\times6\times5\times4\times30\ \text{W·h}=144000\ \text{W·h}=144\ \text{kW·h}$$

1.5 电源元件

电源给电路提供能量，常见的干电池、蓄电池、发电机等都是实际电源器件。电源元件是实际电源器件的理想化模型，是二端有源元件，可分为独立源和受控源两大类。本节先介绍独立源，它包括独立电压源和独立电流源(分别简称为电压源和电流源)，受控源将在 1.6 节中讨论。

1.5.1 电压源

不管外部电路如何，其两端电压总能保持定值或一定的时间函数，且电压值与流过它的电流 i 无关的元件称其为电压源。电压源的电路符号如图 1-14(a)所示，当 u_S 为恒定值时称为恒定电压源或直流电压源，用 U_S 表示，有时也用图 1-14(b)所示的符号表示，其中长线表示电源的“+”端。

电压源具有以下几个特点。

(1) 电压源的端电压完全由自身的特性决定，与流经它的电流方向、大小无关。

(2) 电压源的电流由它及外电路所共同决定，或者说它的输出电流随外电路的变化而变化。

(3) 在任意时刻 t_1，电压源的伏安特性是一条平行于 i 轴、其值为 $u=u_S(t_1)$ 的直线，如图 1-15 所示。

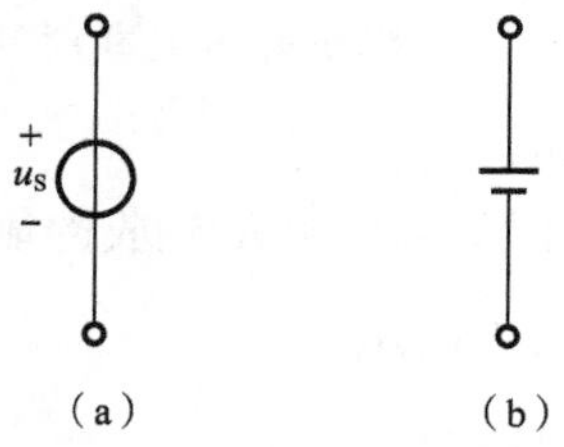

图 1-14 电压源

(a) 电压源符号；(b) 直流电压源符号

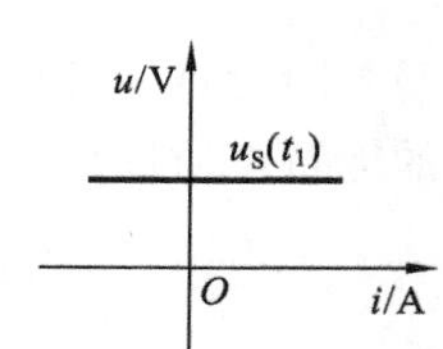

图 1-15 电压源伏安特性曲线

(4) 若电压源 $u_S(t)=0$，则伏安特性为 u-i 平面上的 i 轴，电压源相当于短路。把 $u_S\neq0$ 的电压源短路是没有意义的，因此时端电压 $u=0$，这与电压源的特性不相容。电压源不接外电路时，电流 $i=0$，电压源相当于开路。

(5) 电压源可以对电路提供能量(起电源作用),也可以从外电路接受能量(当作负载),这要视流经电压源电流的实际方向而定。例如,蓄电池在正常工作时,是电源装置,但在充电时应视为负载。理论上讲,电压源可以提供(或吸收)无穷大能量。

【例 1-5】 计算图 1-16 所示电路中各元件的功率。

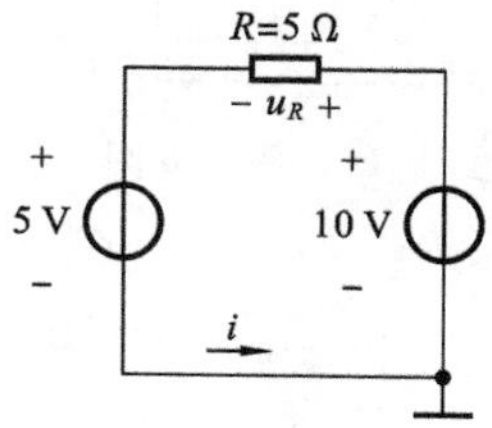

解 $u_R=(10-5)\ \text{V}=5\ \text{V},\quad i=\dfrac{u_R}{R}=\dfrac{5}{5}\ \text{A}=1\ \text{A}$

$p_{10\ \text{V}}=-10i=-10\times1\ \text{W}=-10\ \text{W}$ (吸收负功率,实际发出)

$p_{5\ \text{V}}=5i=5\times1\ \text{W}=5\ \text{W}$ (吸收)

$p_R=Ri^2=5\times1\ \text{W}=5\ \text{W}$ (吸收)

满足:$p_{发}=p_{吸}$。由此看出:5 V 电压源供出的电流为负值,充当了负载的作用,说明电压源的电流由外部电路决定。

图 1-16 例 1-5 用图

1.5.2 电流源

不管外部电路如何,其输出电流总能保持定值或一定的时间函数,与它两端电压 u 无关的元件称为电流源。电流源的电路符号如图 1-17 所示,当 i_S 为恒定值时称为恒定电流源或直流电流源,用 I_S 表示。

与电压源类似,电流源具有以下几个特点。

(1) 电流源的输出电流仅取决于它自身的特性,与其端电压的方向、大小无关。

(2) 电流源的端电压由它及外电路共同决定,或者说,它的端电压随外电路变化而变化。

(3) 对于任意时刻 t_1,电流源的伏安特性是一条平行于 u 轴、其值为 $i=i_S(t_1)$ 的直线,如图 1-18 所示。

图 1-17 电流源 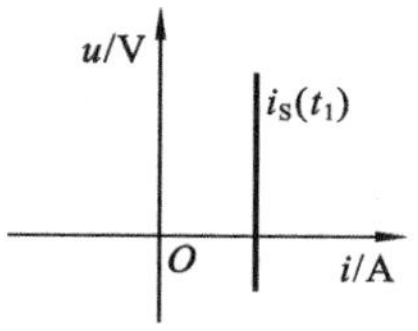 **图 1-18 电流源伏安特性曲线**

(4) 若电流源 $i_S(t)=0$,则伏安特性为 u-i 平面上的 u 轴,电流源相当于开路。把 $i_S\neq0$ 的电流源开路是没有意义的,因此时输出电流 $i=0$,这与电流源的特性不相容。

(5) 电流源可以对电路提供能量,也可以从外电路接受能量,这要视端电压极性而定。理论上讲,电流源可以提供(或吸收)无穷大能量。

实际电流源可由稳流电子设备产生,如晶体管的集电极电流与负载无关;光电池在一定光线照射下被激发产生一定值的电流等。

【例 1-6】 电路如图 1-19 所示,求:

(1) $R=0$ 时,电流 I、电压 U 及电流源 I_S 产生的功率 P_S;

(2) $R=3\ \Omega$ 时,电流 I、电压 U 及电流源 I_S 产生的功率 P_S;

(3) $R\to\infty$时,电流 I、电压 U 及电流源 I_S 产生的功率 P_S。

解 (1) $R=0$ 时,即外部电路短路,所以

$$I=I_S=2\ \text{A}$$

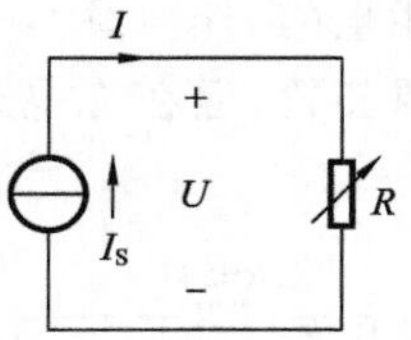

由欧姆定律得电压

$$U=RI=0\times 2\ \text{V}=0\ \text{V}$$

对电流源 I_S 来说，I、U 参考方向非关联，所以电流源 I_S 的吸收功率为

$$P_S=-UI=-0\times 2\ \text{W}=0\ \text{W}$$

图 1-19 例 1-6 图

(2) $R=3\ \Omega$ 时，电流 $I=I_S=2$ A，电压 $U=RI=3\times 2=6$ V，电流源 I_S 的吸收功率为

$$P_S=-UI=-6\times 2\ \text{W}=-12\ \text{W}\quad(\text{实际产生功率 }12\ \text{W})$$

(3) 当 $R\to\infty$ 时，根据理想电流源定义，

$$I=I_S=2\ \text{A},\quad U=RI\to\infty,\quad P_S=UI\to\infty$$

1.6 受控电源

受控源是用来表征在电子器件中所发生的物理现象的一种模型，它反映电路中某处的电压或电流控制另一处的电压或电流的关系。受控源又称为“非独立”电源，即其电压或电流大小和方向受电路中其他地方的电压或电流的控制。这种电源有两个控制端钮(又称输入端)和两个受控端钮(又称输出端)，所以受控源是双口元件(或四端元件)。

根据控制量与受控量之间不同的控制方式，受控源可分为下面四种类型：电压控制电压源(VCVS)、电流控制电压源(CCVS)、电压控制电流源(VCCS)和电流控制电流源(CCCS)，如图 1-20 所示。受控源用菱形符号表示，以与独立源区别。图中 u_1 和 i_1 分别表示控制电压和控制电流，μ、r、g 和 β 为控制参数，分别为电压放大倍数(无量纲)、转移电阻(量纲为 Ω)、转移电导(量纲为 S)和电流放大倍数(无量纲)。控制参数为常数的受控源称为线性受控源，本书只涉及线性受控源，一般略去“线性”二字。

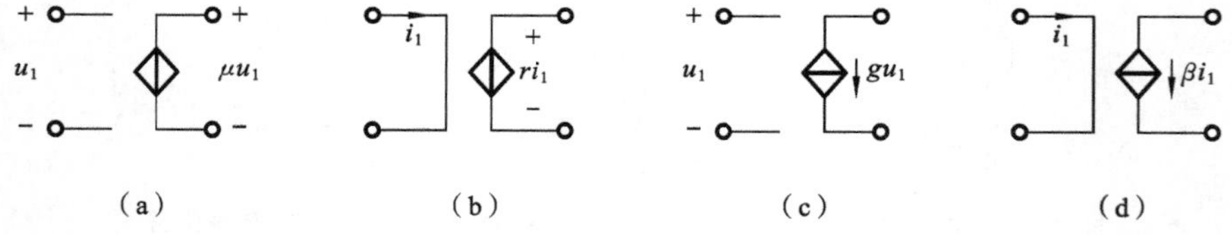

图 1-20 受控电源

(a) VCVS；(b) CCVS；(c) VCCS；(d) CCCS

受控源和独立源是两个既有联系又有区别的概念。所谓联系是指两者都能输出规定的电压或电流。所谓差别是指：① 独立源电压(或电流)由电源本身决定，与电路中其他电压、电流无关，而受控源的电压(或电流)由控制量决定；② 独立源在电路中起“激励”作用，代表外界对电路的激励，提供电路能量，而受控源只是反映输出端与输入端的受控关系，在电路中不能作为“激励”。

分析含受控源电路时，原则上可将受控源当作独立源处理，但应注意到它的控制作用。

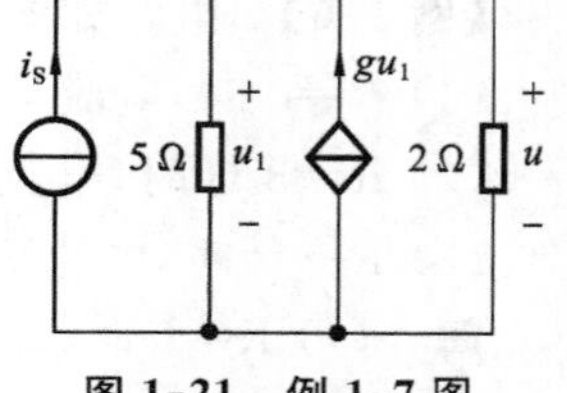

图 1-21 例 1-7 图

【例 1-7】 图 1-21 所示电路中，$i_S=2$ A，控制系数 $g=2$ S，求电压 u。

解 $$u_1=5i_S=10\ \text{V}$$

故
$$u=2gu_1=2\times2\times10\ \text{V}=40\ \text{V}$$

1.7　基尔霍夫定律

基尔霍夫定律包括基尔霍夫电流定律(KCL)和基尔霍夫电压定律(KVL),是分析集总参数电路的依据。它反映电路中所有支路电流和电压所遵循的基本规律。基尔霍夫定律与元件特性构成了电路分析的基础。

为便于阐述,下面先介绍几个相关的名词术语。

(1) 支路　单个二端元件或电路中通过同一电流的分支称为支路,通常用 b 表示。图 1-22 中,有 aed、ab、ac、bc、bd 和 cd 六条支路。其中 aed 支路由电压源 u_S 和电阻 R_5 串联构成,其余支路均由单个元件构成。这里,也可以把 aed 分支视为 ae 和 ed 两条支路,这样电路共有七条支路。

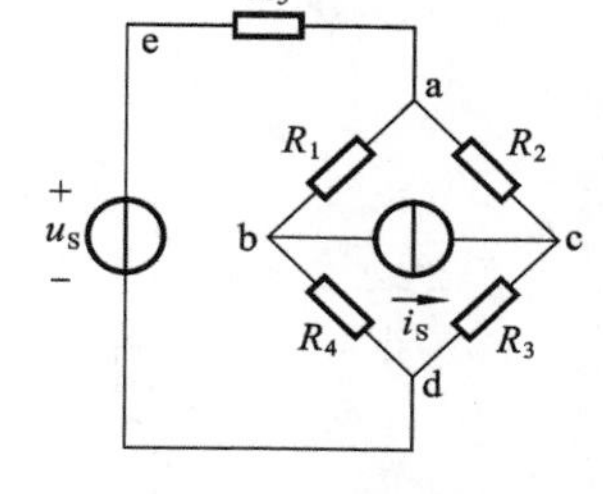

图 1-22　名词术语

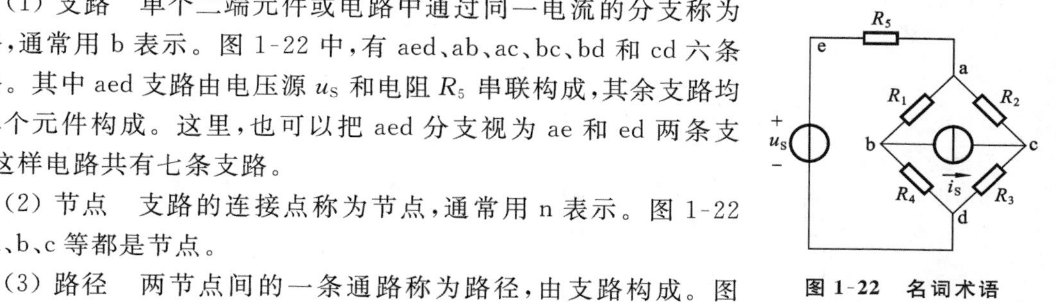

(2) 节点　支路的连接点称为节点,通常用 n 表示。图 1-22 中,a、b、c 等都是节点。

(3) 路径　两节点间的一条通路称为路径,由支路构成。图 1-22 中,abd、acd、abcd 等都是节点 a、d 之间的路径。

(4) 回路　由支路组成的闭合路径称为回路,通常用 l 表示。图 1-22 中,abca、abdea、abdca等都是回路。

(5) 网孔　对于平面电路,其内部不含任何支路的回路称为网孔。图 1-22 中,有 abca、bcdb、aedba 三个网孔。显然,网孔是回路,但回路不一定是网孔。

支路中流过的电流称为支路电流,连接支路的两个节点间的电压称为支路电压。

1.7.1　基尔霍夫电流定律

基尔霍夫电流定律(KCL)描述了电路中与节点相连的各支路电流间的相互关系。KCL的内容是:在集总参数电路中,任意时刻,对于任一节点,流出或流入该节点电流的代数和恒等于零。此处电流的代数和是根据电流是流出还是流入节点判断的。若流入节点的电流取“+”,则流出的电流取“−”,电流是流入还是流出节点,均根据电流的参考方向判断。因而有

$$\sum i(t)=0 \tag{1-16}$$

式中取和是对连接于该节点的所有支路电流进行的。

例如,对于图 1-23 所示电路中的节点 a,设流出节点的电流为“+”,则有

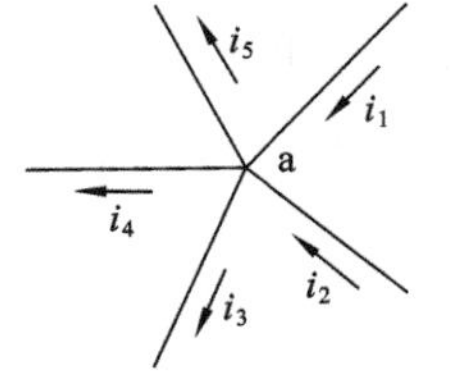

图 1-23　某电路中的一部分

$$-i_1-i_2+i_3+i_4+i_5=0$$

上式可写为
$$i_1+i_2=i_3+i_4+i_5$$

其一般形式为
$$\sum i_{\text{入}}=\sum i_{\text{出}} \tag{1-17}$$

则 KCL 又可叙述为:对于集总参数电路中的任意节点,在任意时刻流出该节点的电流之和等于流入该节点的电流之和。

KCL 是电荷守恒定律和电流连续性在集总参数电路中任一

节点处的具体反映。电荷守恒定律认为，电荷是不能创造和消灭的。因而任一时刻，对集总参数电路中某一支路的横截面来说，流入横截面多少电荷即刻又从该横截面流出多少电荷(因为流入的电荷不会消失，也不能在无限薄的横截面中存储)，这就是电流的连续性。对于集总参数电路中的节点，在任意时刻，它"收支"也是完全平衡的，所以 KCL 是成立的。

事实上，KCL 不仅适用于电路中的节点，对于电路中任意假设的闭合曲面(可看作广义节点)，也是成立的。如图 1-24(a)所示电路，对于节点 a、b、c，分别有

$$i_1-i_2-i_3=0,\quad i_2-i_4-i_6=0,\quad i_3+i_4-i_5=0$$

以上三式相加，可得闭合面 S 的电流代数和为

$$i_1-i_5-i_6=0$$

图 1-24(b)所示电路中，作闭曲面 S，因只有一条支路穿出 S 面，根据 KCL，有 $i=0$。

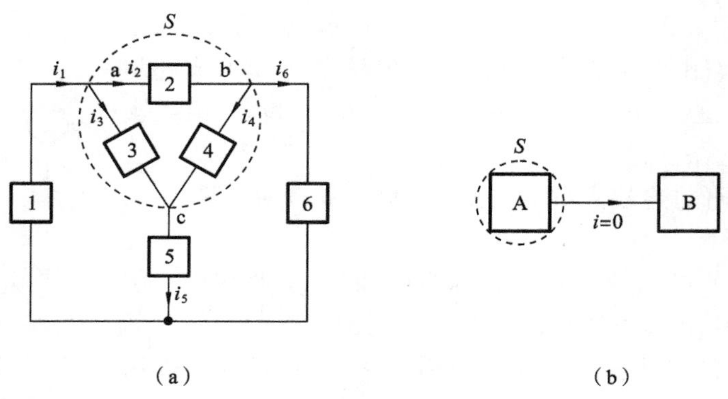

图 1-24　KCL 应用于闭合曲面

关于 KCL 的应用，需明确以下几点：

(1) KCL 是电荷守恒和电流连续性原理在电路中任意节点处的反映；

(2) KCL 是对支路电流和的约束，与支路上接的是什么元件无关，与电路是线性还是非线性无关；

(3) KCL 方程是按电流参考方向列写的，与电流实际方向无关。

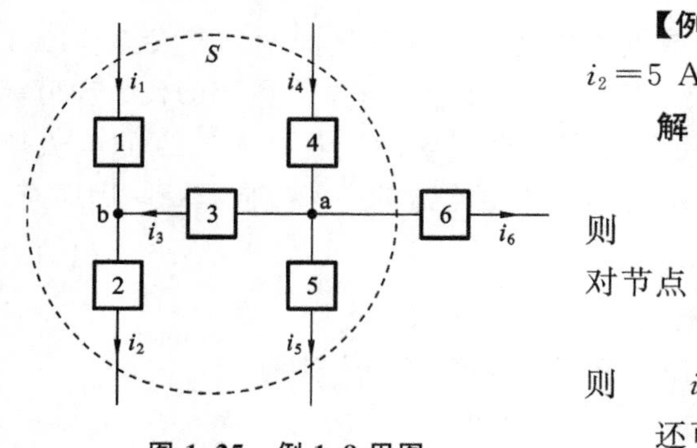

图 1-25　例 1-8 用图

【例 1-8】　电路如图 1-25 所示，已知 $i_1=2$ A，$i_2=5$ A，$i_4=8$ A，$i_5=-3$ A，求电流 i_3、i_6。

解　对节点 b 列 KCL 方程，有

$$i_1+i_3=i_2$$

则
$$i_3=i_2-i_1=(5-2)\ \text{A}=3\ \text{A}$$

对节点 a 列 KCL 方程，有

$$i_3+i_5+i_6=i_4$$

则
$$i_6=i_4-i_3-i_5=[8-3-(-3)]\ \text{A}=8\ \text{A}$$

还可应用闭曲面 S 列 KCL 方程求出 i_6，则有

$$i_6=i_1-i_2+i_4-i_5=[2-5+8-(-3)]\ \text{A}=8\ \text{A}$$

1.7.2　基尔霍夫电压定律

KVL 是描述回路中各支路(或各元件)电压之间关系的定律。它的基本内容是：对于集总

参数电路，在任意时刻，沿任一回路，所有支路电压的代数和恒等于零。其数学式为

$$\sum u(t)=0 \tag{1-18}$$

式(1-18)称为回路电压方程或 KVL 方程。列写 KVL 方程时，需首先设定各支路电压的参考方向，指定回路的绕行方向，然后按绕行方向巡行一周，当支路电压参考方向与回路绕行方向一致时，该电压前面取"＋"号，相反时，取"－"号。另外，各支路电压值本身也有正、负之分。因而，应注意两套正、负号在含义上的差别。

图 1-26 所示电路中，各支路电压参考方向如图 1-26 所示，对回路 cedc 取逆时针绕行方向，回路 bceb 和 adcba 取顺时针绕行方向，分别列出 KVL 方程为

$$\begin{gathered}u_6-u_7-u_4=0\\u_3+u_6-u_5=0\\u_1+u_2-u_4-u_3=0\end{gathered} \tag{1-19}$$

将式(1-19)改写为

$$u_1+u_2=u_4+u_3 \tag{1-20}$$

其一般形式为

$$\sum u_{降}=\sum u_{升} \tag{1-21}$$

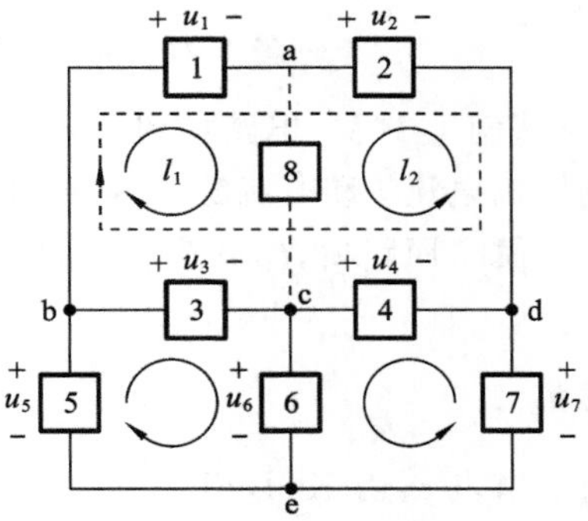

图 1-26　KVL 应用电路

因而，KVL 也可叙述为：对于集总参数电路，在任一时刻，沿任一回路，电位降的和等于电位升的和。电位降低，表示支路吸收能量；电位升高，表示支路提供能量。所以，KVL 实质上反映了集总参数电路遵从能量守恒定律。

KVL 不仅适用于电路中的具体回路，也适用于电路中任何一假想的回路。例如，求图 1-26中节点 a、c 间的电压 u_{ac}，对于假设回路 l_1，应用 KVL 有

$$u_1+u_{ac}-u_3=0$$

则

$$u_{ac}=u_3-u_1 \tag{1-22}$$

同理，也可通过假设回路 l_2，应用 KVL 可求得

$$u_{ac}=u_2-u_4 \tag{1-23}$$

根据式(1-20)可知，式(1-22)和式(1-23)的计算结果是相同的。

KVL 是电压与路径无关这一性质的反映。关于 KVL 的应用，需要明确的是：

(1) KVL 的实质反映了电路遵从能量守恒定律；

(2) KVL 是对回路电压的线性约束，与回路各支路上接的是什么元件无关，与电路是线性还是非线性无关；

(3) KVL 方程是按电压参考方向列写的，与电压实际方向无关。

【例 1-9】 电路如图 1-27 所示，已知 $R_1=2\ \Omega$，$R_2=4\ \Omega$，$u_{S1}=4\ \text{V}$，$u_{S2}=8\ \text{V}$，$u_{S3}=10\ \text{V}$，求 a 点电位 u_a。

解　由 KCL 可知 $i_1=0$，所以回路 l 中各元件上流过的是同一电流 i，由 KVL 得

$$R_1i+u_{S3}+R_2i-u_{S1}=0$$

代入已知数据，得

$$2i+10+4i-4=0$$

$$i=-1\ \text{A}$$

所以

$$u_a=u_{ab}+u_{bc}+u_{cd}=2i+10+(-8)=(-2\times1+10-8)\ \text{V}=0\ \text{V}$$

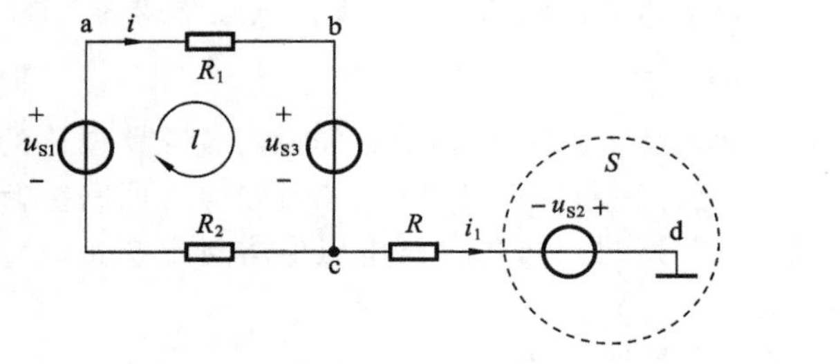

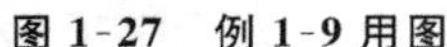

图 1-27　例 1-9 用图

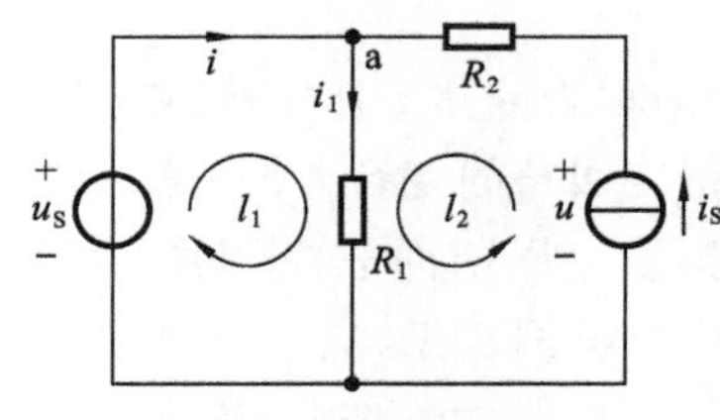

图 1-28　例 1-10 用图

【例 1-10】　电路如图 1-28 所示，已知 $u_S=10\ \text{V}$，$i_S=5\ \text{A}$，$R_1=5\ \Omega$，$R_2=1\ \Omega$，求电压源 u_S 的输出电流 i 和电流源 i_S 两端的电压 u。

解　回路 l_1、l_2 的绕行方向如图 1-28 所示，对于回路 l_1 有

$$i_1R_1-u_S=0$$

解得

$$i_1=\frac{u_S}{R_1}=\frac{10}{5}\ \text{A}=2\ \text{A}$$

对于节点 a，由 KCL 得

$$i_1-i-i_S=0$$

则

$$i=i_1-i_S=(2-5)\ \text{A}=-3\ \text{A}$$

对于回路 l_2，由 KVL 得

$$R_2i_S+R_1i_1-u=0$$

则

$$u=R_2i_S+R_1i_1=(5+10)\ \text{V}=15\ \text{V}$$

【例 1-11】　电路如图 1-29 所示，已知 $R_1=2\ \text{k}\Omega$，$R_2=500\ \Omega$，$R_3=200\ \Omega$，$u_S=12\ \text{V}$，$i_d=5i_1$，求电阻 R_3 两端的电压 u_3。

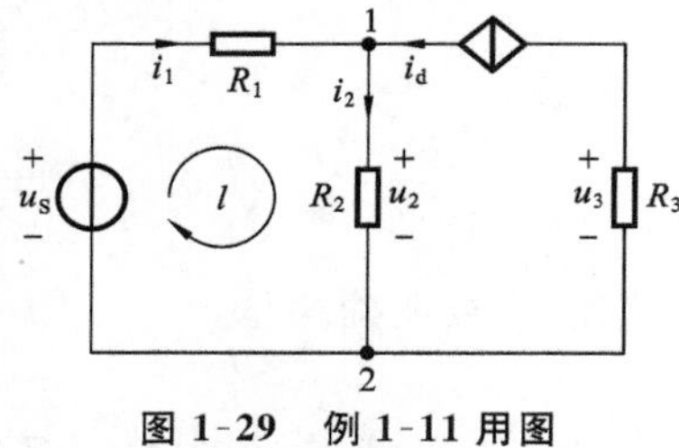

图 1-29　例 1-11 用图

解　该电路含有受控源，可选择控制量 i_1 作为未知量先求解，再通过 i_d 求 u_3。对于节点 1，由 KCL 得

$$i_2=i_1+i_d=i_1+5i_1=6i_1$$

对于回路 l，由 KVL 得

$$u_S=R_1i_1+R_2i_2=(R_1+6R_2)i_1$$

可解得

$$i_1=2.4\ \text{mA}$$

所以

$$u_3=-R_3i_d=-R_3\times5i_1=-2.4\ \text{V}$$

1.8　计算机辅助分析电路举例

Matlab (Matrix Laboratory)是当今很流行的科学计算软件。信息技术、计算机技术发展到今天，科学计算在各个领域得到了广泛的应用。在诸如控制论、时间序列分析、系统仿真等方面产生了大量的矩阵及其他计算问题，Matlab 软件适时推出，为人们提供了一个方便的数值计算和动态仿真平台。

运用基尔霍夫定律分析电路时，若电路中节点、回路较多，则所列的线性方程组也较多，求解时比较复杂且容易出错，运用 Matlab 的矩阵运算功能可以很好地解决该问题。

【例 1-12】　例 1-10 可由 Matlab 辅助求解。

解　例1-10的求解可由以下Matlab程序实现。

```
clear,close all,
R1=5;R2=1;us=10;is=5;                    %给出原始数据
i1=us/R1,i=i1-is,u=R2*is+R1*i1           %由已知条件求出i和u
该程序的运行结果为:
i =
    -3
u =
    15
```

另外,也可用Matlab解方程。设线性方程组为

$$i_1R_1-u_S=0$$
$$i_1-i-i_S=0$$
$$R_2i_S+R_1i_1-u=0$$

代入已知数据得

$$5i_1=10$$
$$i_1-i=5$$
$$5i_1-u=-5$$

以矩阵的形式联立以上三式得

$$\begin{bmatrix}5 & 0 & 0\\1 & -1 & 0\\5 & 0 & -1\end{bmatrix}\begin{bmatrix}i_1\\i\\u\end{bmatrix}=\begin{bmatrix}10\\5\\-5\end{bmatrix}$$

编写Matlab程序如下:

```
K=[5 0 0;1 -1 0;5 0 -1];
K1=[10;5;-5];
fprintf('i1,i,u分别为');
A=K\K1;
i1=A(1),i=A(2),u=A(3)
该程序的运行结果为:
i1,i,u分别为
i1 =
    2
i =
    -3
u =
    15
```

【例1-13】　图1-30所示电路中,已知 $R_1=2\ \Omega$, $R_2=3\ \Omega$, $R_3=2\ \Omega$, $U_{S1}=12\ \text{V}$, $U_{S2}=4\ \text{V}$。求电阻 R_2 两端的电压 U_2。

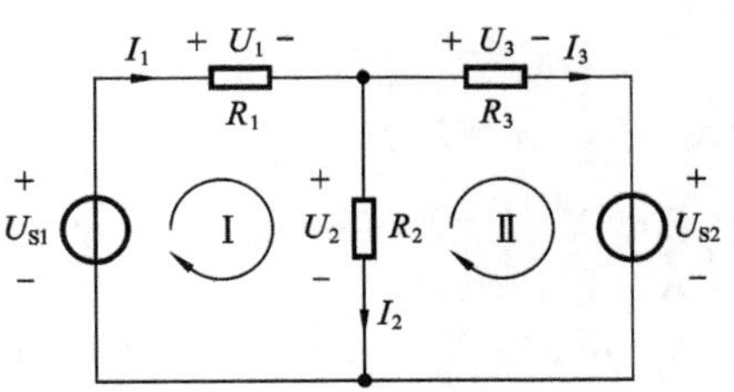

图1-30　例1-13用图

解　应用KCL、KVL及元件的VCR可列出线性方程组为

$$I_1-I_2-I_3=0$$

$$2I_1+3I_2=12$$
$$-3I_2+2I_3=-4$$

以矩阵的形式联立以上三式得

$$\begin{bmatrix}1 & -1 & -1\\2 & 3 & 0\\0 & -3 & 2\end{bmatrix}\begin{bmatrix}I_1\\I_2\\I_3\end{bmatrix}=\begin{bmatrix}0\\12\\-4\end{bmatrix}$$

编写 MATLAB 程序如下：

```
K=[1 -1 -1;2 3 0;0 -3 2];
K1=[0;12;-4];
fprintf('I1,I2,I3 分别为')
V=K\K1;
I1=V(1),I2=V(2),I3=V(3)
该程序的运行结果为：
I1,I2,I3 分别为
I1 =
    3
I2 =
    2
I3 =
    1
```

【例 1-14】 求图 1-31 所示电路中 8 Ω 电阻两端的电压 U。

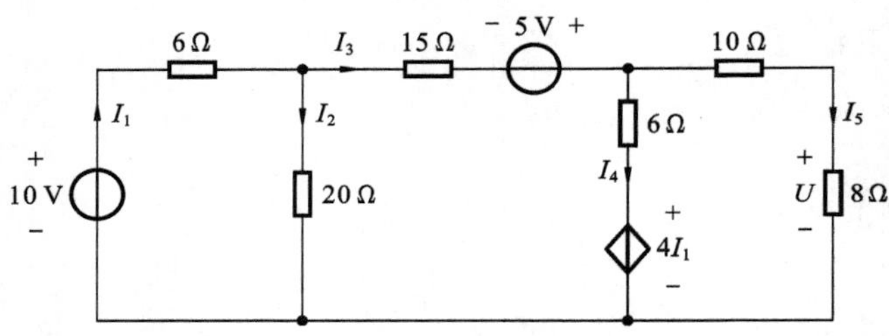

图 1-31 例 1-14 用图

解 线性方程组为

$$I_1-I_2-I_3=0$$
$$I_3-I_4-I_5=0$$
$$6I_1+20I_2=10$$
$$4I_1-20I_2+15I_3+6I_4=5$$
$$-4I_1-6I_4+18I_5=0$$

编写 Matlab 程序如下：

```
K=[1 -1 -1 0 0;0 0 1 -1 -1;6 20 0 0 0;4 -20 15 6 0;-4 0 0 -6 18];
K1=[0;0;10;5;0];
V=K\K1;          %V=[ I1,I2,I3,I4,I5]
fprintf('电阻 RL 两端的电压 U 为')
U=8 * V(5)
```

该程序的运行结果为：

电阻 RL 两端的电压 U 为

```
U =

    1.8341
```

该题也可用 Matlab 中的 simulink 模块辅助分析，其仿真电路如图 1-32 所示。可见，8 Ω 电阻上的电压显示为 1.834 V。

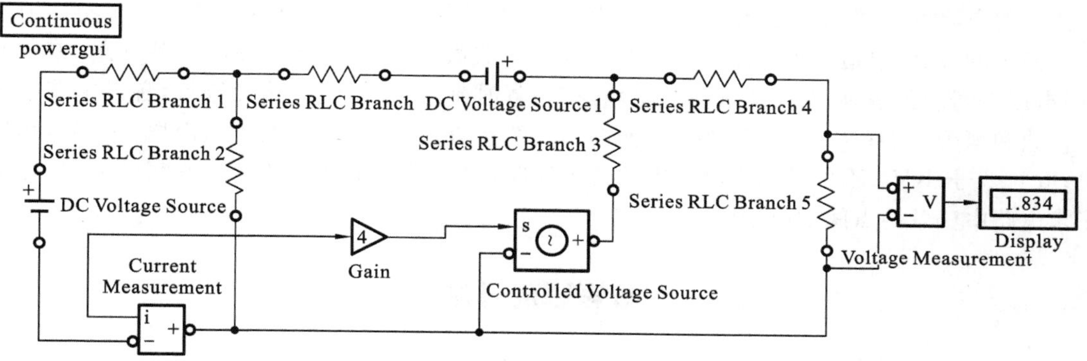

图 1-32　Simulink **仿真电路图**

该题也可用 Multisim 软件辅助分析，其仿真电路如图 1-33 所示。

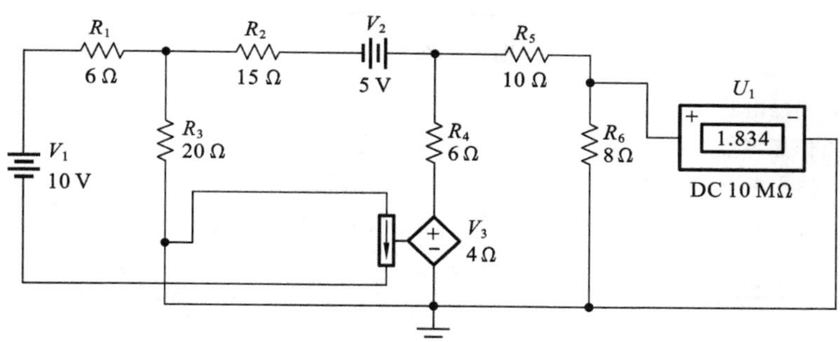

图 1-33　Multisim **仿真电路图**

小　　结

本章内容是后续所有章节的基础，学习时要深刻理解基本概念，熟练掌握分析方法。重点内容为：电流和电压的参考方向；电阻元件和电源元件的特性；基尔霍夫定律。本章的难点为：电压、电流的实际方向与参考方向的联系和差别；独立电源与受控电源的联系和差别。

(1) 分析电路前需选定电压和电流的参考方向，参考方向可任意选定，在选定的参考方向下，电压、电流值的正和负可反映其实际方向（"正"反映了参考方向与实际方向相同，"负"反映了参考方向与实际方向相反）。电压、电流参考方向一致时为关联，不一致时为非关联。

(2) 线性电阻元件的伏安特性是通过原点的一条直线，端电压和电流服从欧姆定律，即 $u=\pm iR$（关联时取正，非关联时取负）；理想电压源两端电压由电压源本身决定，与外电路无关，通过电压源的电流由电压源及外电路共同决定；理想电流源的输出电流由电流源本身决定，与外电路无关，电流源两端的电压由其本身输出电流及外部电路共同决定。受控源反映了电路中某处的电压或电流控制另一处的电压或电流的关系，在电路中不能作为“激励”，有四种类型：VCVS、CCVS、VCCS、CCCS。

(3) KCL 描述了电路中与节点相连的各支路电流间的相互关系，即对于集总参数电路中的任意节点，在任意时刻流出或流入该节点电流的代数和等于零；若流入节点的电流取“+”，则流出的电流取“−”，电流是流入还是流出节点，均根据电流的参考方向判断；KCL 不仅适用于电路中的节点，也适用于电路中任意假设的闭合曲面。KVL 描述了回路中各支路（或各元件）电压之间的关系，即对于集总参数电路，在任意时刻，沿任意闭合路径绕行，各段电路电压的代数和恒等于零；当支路电压参考方向与回路绕行方向一致时，该电压前面取“+”号，相反时，取“−”号；KVL 不仅适用于电路中的具体回路，也适用于电路中任何一假想的回路，可用于求电路中任意两点间的电压。

思考题及习题

1.1 电路如图 1 所示，已知 2 s 内有 4 C 正电荷均匀地由 a 点移至 b 点时电场力做功 12 J，由 b 点移至 c 点时电场力做功为 4 J。

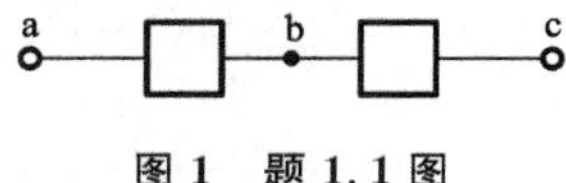

图 1 题 1.1 图

(1) 计算电路中的电流 I；

(2) 若以 b 点作参考点，求电位 U_a、U_b、U_c 及电压 U_{ab}、U_{bc}；

(3) 若以 c 点作参考点，再求电位 U_a、U_b、U_c 及电压 U_{ab}、U_{bc}。

1.2 求图 2 所示各支路中的 u、i、R，并说明电流和电压的实际方向。

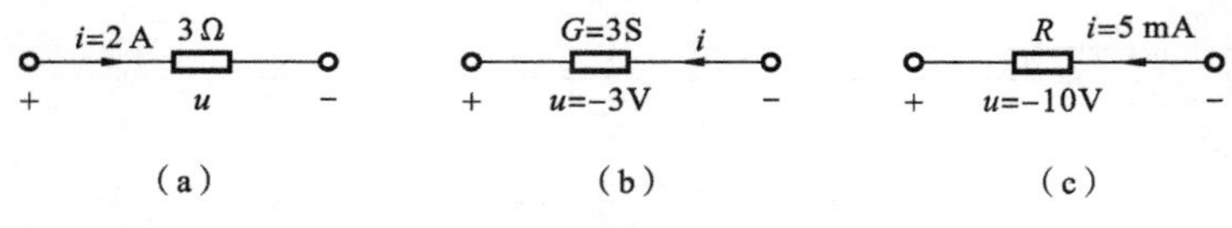

图 2 题 1.2 图

1.3 分别说明图 3(a)、(b)中：

(1) u、i 的参考方向是否关联？

(2) 若图 3(a)中 $u>0$、$i<0$，图 3(b)中 $u>0$、$i>0$，元件实际发出还是吸收功率？

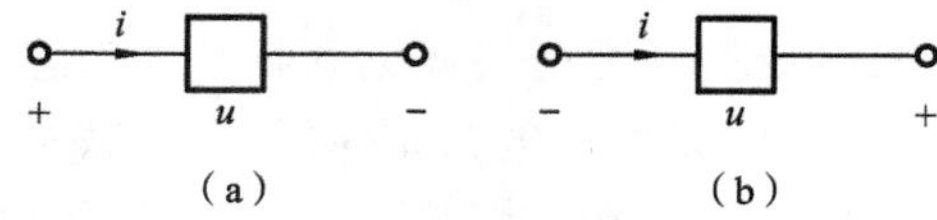

图 3 题 1.3 图

1.4 图 4 中，已知元件 A 吸收功率 20 W，元件 B 产生功率 15 W，元件 C 吸收功率 20 W，分别求出三个元件中的电流 I_1、I_2 和 I_3。

1.5 画出图 5 中元件或支路的伏安特性曲线。

1.6 求图 6 所示各电路的电流 i 和电压 u。

1.7 求图 7 所示各电路中的电压源、电流源及电阻的功率。

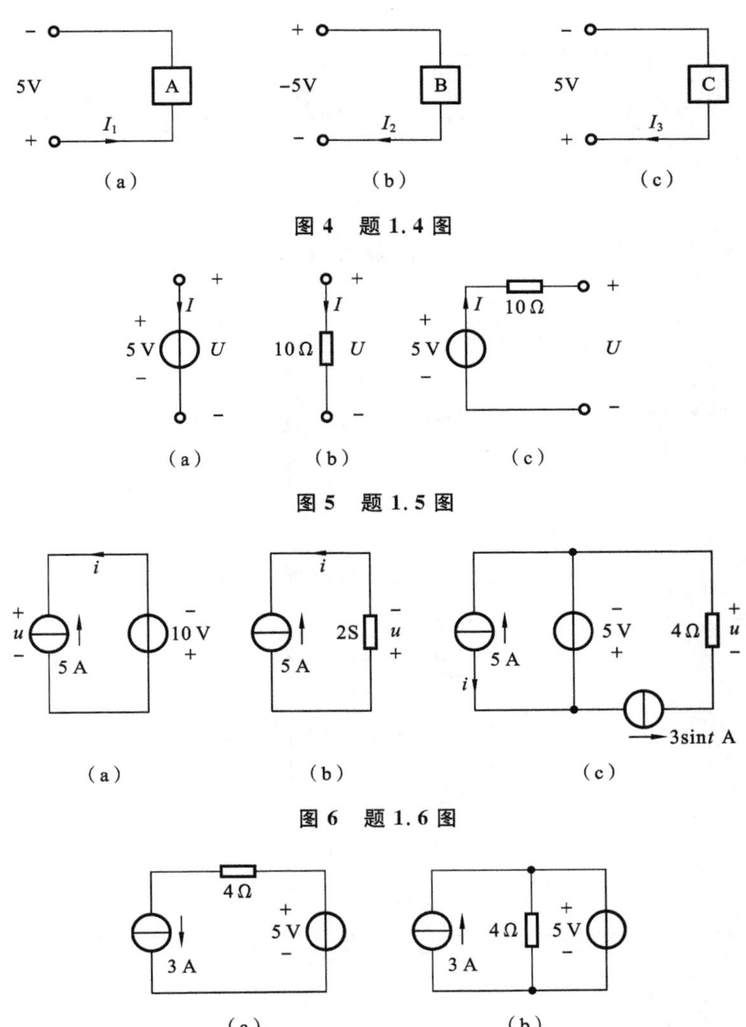

1.8　求图 8 所示电路中的电压 u。

1.9　如图 9 所示的电路，求电压 U_{ab}。

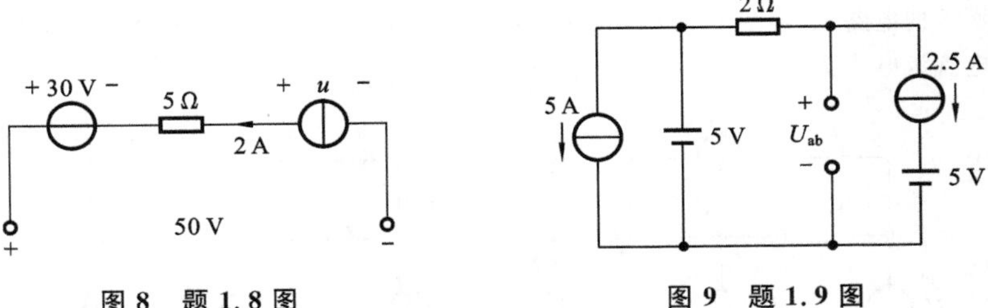

图 8　题 1.8 图　　图 9　题 1.9 图

1.10　求图 10 所示各电路中的电流 i。

1.11　求图 11 所示各电路中的电压 u。

1.12　求图 12 中各元件的功率。

1.13　电路如图 13 所示，求电流 I_1、I_2 和电压 U_{ab}。

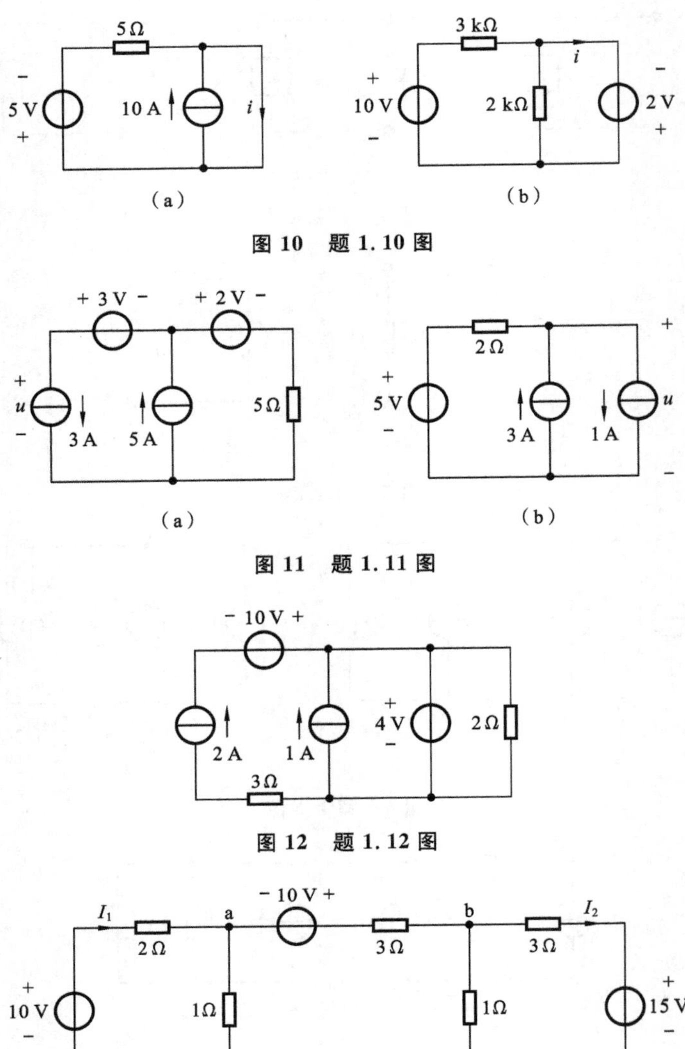

图 10　题 1.10 图

图 11　题 1.11 图

图 12　题 1.12 图

图 13　题 1.13 图

1.14　如图 14 所示的电路，已知图 14(b)中 $I_1=1$ A，求：(1) 图 14(a)中电阻 R 和电压源端电压 U_S；(2) 图 14(b)中电流源电流 I_S。

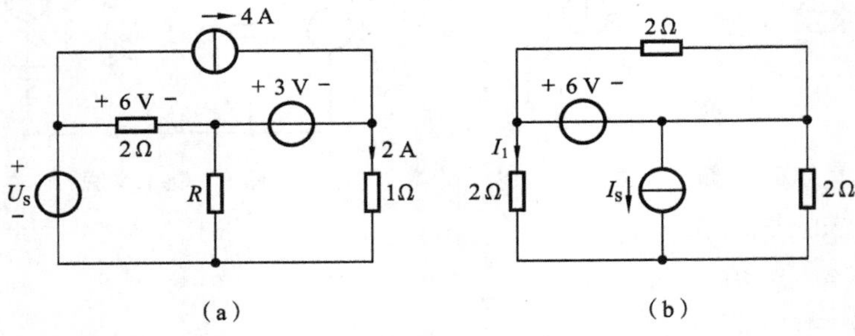

图 14　题 1.14 图

1.15　已知 R_3 的吸收功率 $P_3=12$ W，求图 15 中各未知量。

1.16　利用 KCL、KVL 求图 16 所示电路中的电流 I。

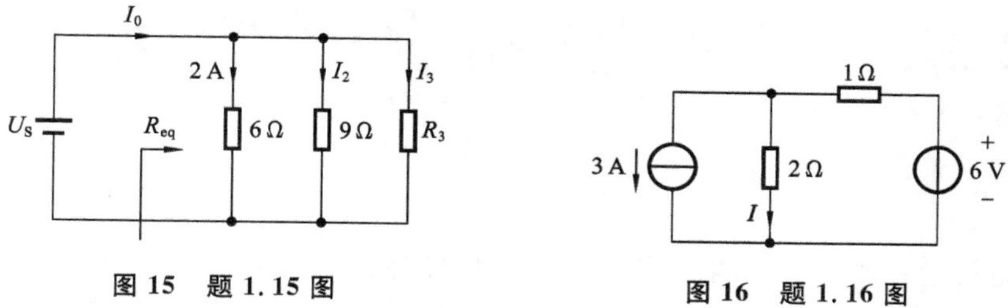

图 15　题 1.15 图　　　图 16　题 1.16 图

1.17　如图 17 所示的电路，已知 $R_1=1\ \Omega$，$R_2=2\ \Omega$，$R_3=6\ \Omega$，$U_{S1}=2$ V，$U_{S2}=6$ V，求各电阻的吸收功率。

1.18　如图 18 所示的电路，求电压 U_{ab}。

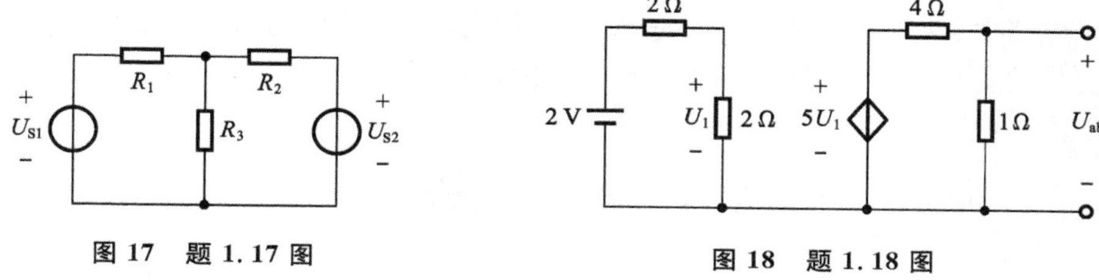

图 17　题 1.17 图　　　图 18　题 1.18 图

1.19　(1) 如图 19(a)所示的电路，已知 $R=4\ \Omega$，$i_1=1$ A，求电流 i；

(2) 求图 19(b)中的 i_1 和 u_{ab}。

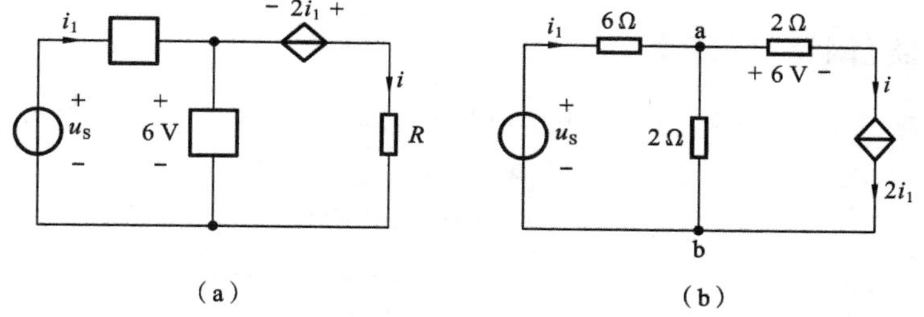

图 19　题 1.19 图

1.20　求图 20 所示电路中的电流 I_1。

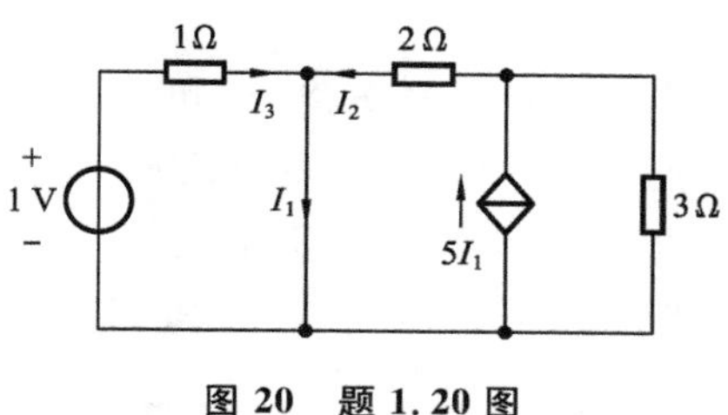

图 20　题 1.20 图

计算机辅助分析电路练习题

1.21　用 Matlab 软件辅助分析题 1.15。

1.22　用 Matlab 软件辅助分析题 1.17。

1.23　用 Multisim 软件辅助分析题 1.20。

第 2 章　电阻电路的等效变换

电阻电路是指由独立电源、电阻及受控电源组成的电路。电阻电路的电路结构比较简单，但其分析过程也需要应用电路分析所依赖的两个基本依据：基尔霍夫定律和组成电路各元件自身的 VCR。本章在简单电阻电路分析的基础上，引入二端电路的等效变换这一重要概念，力求使电路中不感兴趣的部分尽可能简单化，这是一种很重要的思考方法。

在电阻电路中，由于各元件都是无记忆元件，因此，不管电路的激励是直流还是随时间作任何规律变化的交流，其分析计算方法都是一样的，没有任何区别。

2.1　等效的含义

在对电路进行分析和计算时，为了减少计算量，有时需要对电路进行等效变换，其主要目的就是简化电路的分析，方便计算。

1. 二端电路(网络)的定义

任何一个复杂的电路，向外部有两个引出端钮且从一个端子流入的电流等于从另外一个端子流出的电流，这种电路即为二端电路(或一端口电路)。若二端电路仅由无源元件构成，则称为无源二端电路。图 2-1 中的 a、b 端即构成一个端口，此电路即为二端电路，端口上的电压 u 和电流 i 分别称为端口电压和端口电流，u 与 i 的关系称为端口伏安关系。

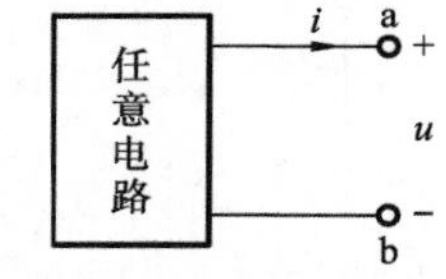

图 2-1　二端电路的定义

2. 二端电路等效的概念

一般来说，对两个由线性元件组成的二端电路 N_1 和 N_2(N_1 和 N_2 可以是无源的，也可以是有源的)，若 N_1 和 N_2 端口上的 u-i 关系(即伏安关系)完全相同，如图 2-2 所示，则称电路 N_1 和 N_2 是等效的。注意，这里的等效是对外电路而言的，即对外电路而言，不论是接入 N_1，还是 N_2，外电路中各处的电流、电压是完全相同的，但 N_1 和 N_2 的内部不一定等效。

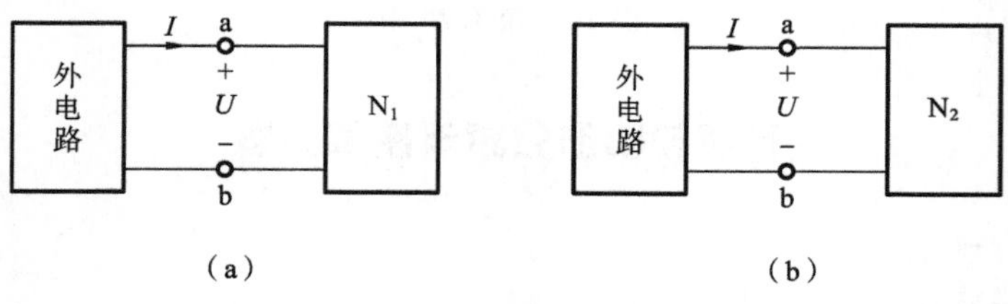

图 2-2　等效电路

2.2　电阻元件的等效变换

1. 电阻的串联

电路中多个电阻一个接一个地顺序相连，并且流过这些电阻的电流为同一电流，这种连接方法称为电阻的串联。图 2-3(a)所示的为 n 个电阻的串联电路。

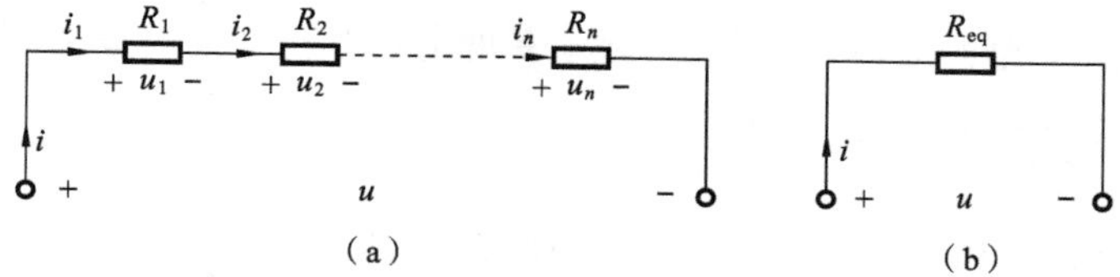

图 2-3　电阻的串联

根据 KVL 和欧姆定律，有

$$u=u_1+u_2+\cdots+u_n=R_1i_1+R_2i_2+\cdots+R_ni_n \tag{2-1}$$

其中

$$i_1=i_2=\cdots=i_n=i \tag{2-2}$$

将式(2-2)代入式(2-1)，可得

$$u=(R_1+R_2+\cdots+R_n)i$$

令

$$R_{eq}=R_1+R_2+\cdots+R_n=\sum_{k=1}^{n}R_k$$

这就是串联电阻等效电阻的计算公式，则

$$u=R_{eq}i \tag{2-3}$$

根据式(2-3)，可以画出对应的电路，如图 2-3(b)所示。由于图 2-3(a)、(b)所示的两个电路有相同的端口特性，所以这两个电路是等效的。

电阻串联时，各电阻上的电压为

$$u_k=iR_k=\frac{u}{R_{eq}}R_k=\frac{R_k}{R_{eq}}u \tag{2-4}$$

式(2-4)为串联电阻的分压公式。该式表明，各电阻元件承受电压的大小，是按它们电阻的大小分配的。

各电阻的功率为

$$p_1=R_1i^2,p_2=R_2i^2,\cdots,p_k=R_ki^2,\cdots,p_n=R_ni^2$$

所以

$$p_1:p_2:\cdots:p_k:\cdots:p_n=R_1:R_2:\cdots:R_k:\cdots:R_n$$

总功率为

$$\begin{aligned}p&=R_{eq}i^2=(R_1+R_2+\cdots+R_k+\cdots+R_n)i^2=R_1i^2+R_2i^2+\cdots+R_ki^2+\cdots+R_ni^2\\&=p_1+p_2+\cdots+p_k+\cdots+p_n\end{aligned}$$

电阻串联时，各电阻消耗的功率与电阻大小成正比，即电阻值大者消耗的功率大，并且等效电阻消耗的功率等于各串联电阻消耗功率的总和。

【例 2-1】 为了应急照明，有人把额定电压为 110 V，功率分别为 100 W 和 25 W 的两只灯泡串联后接到 220 V 电源上，这样做合适吗？请说明理由。

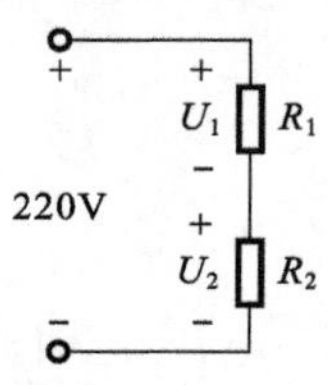

图 2-4 例 2-1 图

解 用线性电阻元件作为灯泡的近似模型，根据题意，画出如图2-4所示的电路。根据灯泡上标出的额定电压和功率，各灯泡的电阻大小分别为

$$R_1=\frac{(110\ \text{V})^2}{100\ \text{W}}=121\ \Omega$$

$$R_2=\frac{(110\ \text{V})^2}{24\ \text{W}}=484\ \Omega$$

串联后接到 220 V 电源上时，各灯泡实际承受的电压和消耗的功率分别为

$$U_1=220\ \text{V}\times\frac{121\ \Omega}{(484+121)\ \Omega}=44\ \text{V},\quad P_1=\frac{(44\ \text{V})^2}{121\ \Omega}=16\ \text{W}$$

$$U_2=220\ \text{V}\times\frac{484\ \Omega}{(484+121)\ \Omega}=176\ \text{V},\quad P_2=\frac{(176\ \text{V})^2}{484\ \Omega}=64\ \text{W}$$

由上可知，这样做的结果是，对于额定功率较大的灯泡，实际承受的电压低于额定值，不能正常发光。而额定功率较小的灯泡，实际承受的电压又高于额定值，实际消耗的功率也超过额定功率，有可能使得灯泡损坏，所以这样做是不合适的。

2. 电阻的并联

电路中多个电阻的首末端连接在两个公共的节点之间，这样的连接法称为电阻的并联。图 2-5(a)所示的为 n 个电阻的并联电路。

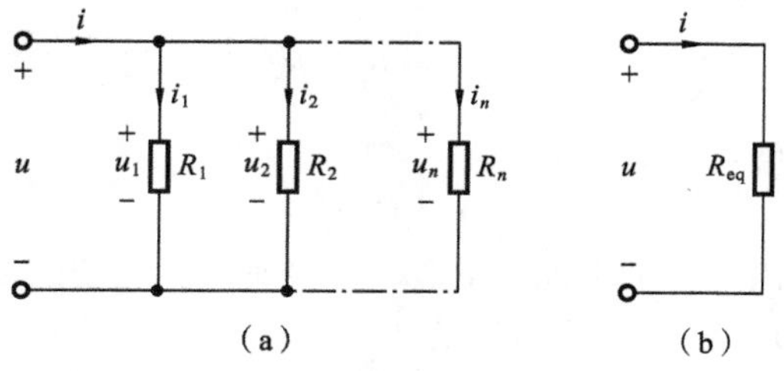

图 2-5 电阻的并联

显然，根据 KVL 可知，各元件承受的电压为同一电压，即

$$u_1=u_2=\cdots=u_n=u \tag{2-5}$$

根据 KCL 和欧姆定律，有

$$i=i_1+i_2+\cdots+i_n=\frac{u_1}{R_1}+\frac{u_2}{R_2}+\cdots+\frac{u_n}{R_n} \tag{2-6}$$

将式(2-5)代入式(2-6)，可得

$$i=\left(\frac{1}{R_1}+\frac{1}{R_2}+\cdots+\frac{1}{R_n}\right)u$$

令

$$\frac{1}{R_{\text{eq}}}=\frac{1}{R_1}+\frac{1}{R_2}+\cdots+\frac{1}{R_n}=\sum_{k=1}^{n}\frac{1}{R_k}$$

如果用电导 G(单位为西门子 S)表示，由于 $G=\frac{1}{R}$，可得

$$G_{\text{eq}}=G_1+G_2+\cdots+G_n=\sum_{k=1}^{n}G_k$$

即若干个电阻元件并联的等效电导等于各电阻元件的电导之和，则

$$i=\frac{u}{R_{eq}} \tag{2-7}$$

或

$$i=G_{eq}u \tag{2-8}$$

根据式(2-7)，可以画出对应的电路，如图 2-5(b)所示。由于图 2-5(a)、(b)所示的两个电路有相同的端口特性，所以这两个电路是等效的。

电阻并联时，流过各电阻的电流为

$$i_k=G_ku=\frac{i}{G_{eq}}G_k=\frac{G_k}{G_{eq}}i \tag{2-9}$$

式(2-9)为并联电阻的分流公式。该式表明，流过各元件电流的大小是按它们电导的大小分配的。电阻越大，电导就越小，分得的电流就越小。

各电阻的功率为

$$p_1=G_1u^2, p_2=G_2u^2, \cdots, p_k=G_ku^2, \cdots, p_n=G_nu^2$$

所以

$$p_1 : p_1 : \cdots : p_k : \cdots : p_n=G_1 : G_2 : \cdots : G_k : \cdots : G_n$$

总功率为

$$\begin{aligned} p &=G_{eq}u^2=(G_1+G_2+\cdots+G_k+\cdots+G_n)u^2=G_1u^2+G_2u^2+\cdots+G_ku^2+\cdots+G_nu^2 \\ &=p_1+p_2+\cdots+p_k+\cdots+p_n \end{aligned}$$

当电阻并联时，各电阻消耗的功率与电阻大小成反比，即电阻值大者消耗的功率小，并且等效电阻消耗的功率等于各并联电阻消耗功率的总和。

当电阻的连接中既有串联又有并联时，称为电阻的串并联，简称混联。求混联电路的等效电路时，只需利用串、并联电阻的公式逐步进行化简即可。

【例 2-2】 求解图 2-6 所示电路中的等效电阻 R_{ab}。

解 依据电阻的串并联等效公式，可得

$$\begin{aligned} R_{ab}&=R_1/\!/[R_2+R_3/\!/(R_4+R_5)]=30/\!/[7.2+64/\!/(6+10)]\ \Omega \\ &=30/\!/\left[7.2+\frac{1}{\frac{1}{64}+\frac{1}{16}}\right]\ \Omega=30/\!/20\ \Omega=\frac{1}{\frac{1}{30}+\frac{1}{20}}\ \Omega=12\ \Omega \end{aligned}$$

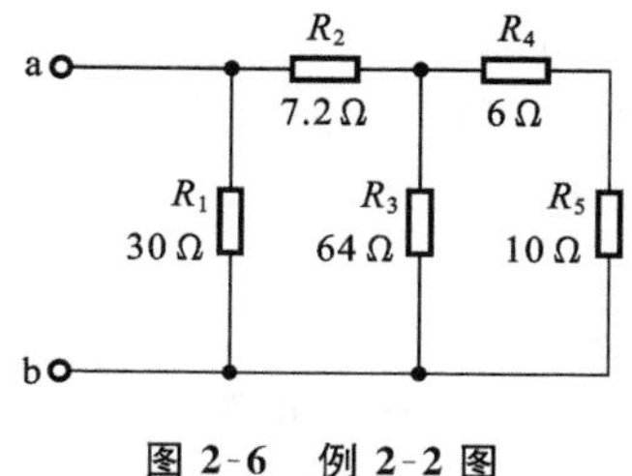

图 2-6 例 2-2 图

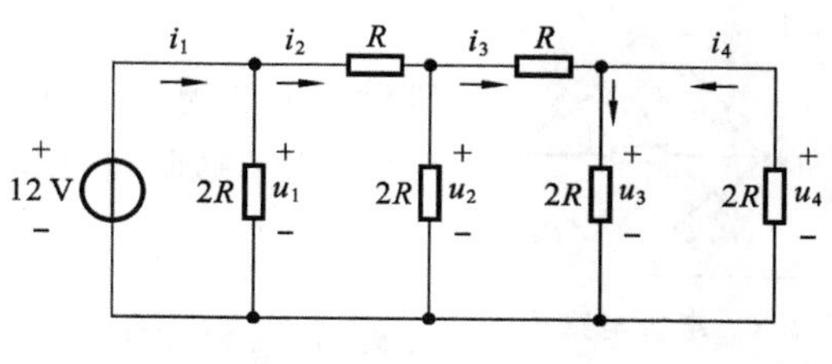

图 2-7 例 2-3 图

【例 2-3】 求图 2-7 所示电路中的 i_1、i_4 和 u_4。

解 (1) 用分流方法求解。

$$i_4=-\frac{1}{2}i_3=-\frac{1}{4}i_2=-\frac{1}{8}i_1=-\frac{1}{8}\times\frac{12}{R}=-\frac{3}{2R}$$

$$u_4=-i_4\times 2R=3\ \text{V}, \quad i_1=\frac{12}{R}$$

(2) 用分压方法求解。

$$u_4=\frac{u_2}{2}=\frac{u_1}{4}=3\ \text{V},\quad i_4=-\frac{3}{2R}$$

从此可得求解串、并联电路的一般步骤：① 求出等效电阻或等效电导；② 应用欧姆定律求出总电压或总电流；③ 应用欧姆定律或分压、分流公式求各电阻上的电流和电压。

因此，分析串并联电路的关键问题是判别电路的串并联关系。

判别电路的串并联关系一般应掌握下述 4 点。

(1) 看电路的结构特点。若两电阻是首尾相连，那就是串联；若首首、尾尾相连，那就是并联。

(2) 看电压电流关系。若流经两电阻的电流是同一个电流，那就是串联；若两电阻上承受的是同一个电压，那就是并联。

(3) 对电路作变形等效。如左边的支路可以扭到右边，上面的支路可以翻到下面，弯曲的支路可以拉直等；对电路中的短路线可以任意压缩与伸长；对多点接地可以用短路线相连。一般地，如果真正是电阻串联电路的问题，都可以判别出来。

(4) 找出等电位点。对于具有对称特点的电路，若能判断某两点是等电位点，则根据电路等效的概念，一是可以用短接线把等电位点连起来；二是把连接等电位点的支路断开(因支路中无电流)，从而得到电阻的串、并联关系。

2.3 电阻的星形(Y 形)和三角形(△形)联结

前面讨论了电阻串、并联的等效变换，以及利用串、并联公式对混联电路进行等效化简的方法。实际上，电阻元件还有比较复杂的连接方式，既非串联，也非并联，如图 2-8 所示的电路称为电桥电路，其中 $R_1 \sim R_4$ 构成电桥的桥臂。下面介绍两种情况。

2.3.1 平衡电桥电路

在图 2-8 所示的电桥电路中，如果相对桥臂电阻元件的电阻乘积相等，即

$$R_1R_3=R_2R_4 \tag{2-10}$$

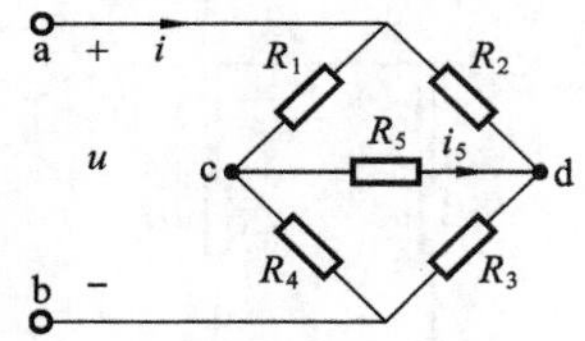

图 2-8 电桥电路

则称该电路为平衡电桥电路。可以证明，在满足式(2-10)的条件时，$u_{cd}=0$，这时通过 cd 支路的电流

$$i_5=\frac{u_{cd}}{R_5}=0$$

这样，可选择以下两种方法之一求端口的输入电阻。

(1) 由于 $i_5=0$，可将 cd 支路看作断路或开路，如图 2-9(a)所示。a、b 端口的输入电阻就是 R_1 与 R_4、R_2 与 R_3 分别串联后再并联的等效电阻，即

$$R_{ab}=\frac{(R_1+R_4)(R_2+R_3)}{R_1+R_4+R_2+R_3}$$

(2) 由于 $u_{cd}=0$，可以把 c 和 d 两点短接，并除去 R_5，对电路没有任何影响，如图 2-9(b)所示。于是 R_{ab} 就是 R_1 与 R_2、R_3 与 R_4 分别并联后再串联的等效电阻，即

$$R_{ab}=\frac{R_1R_2}{R_1+R_2}+\frac{R_3R_4}{R_3+R_4}$$

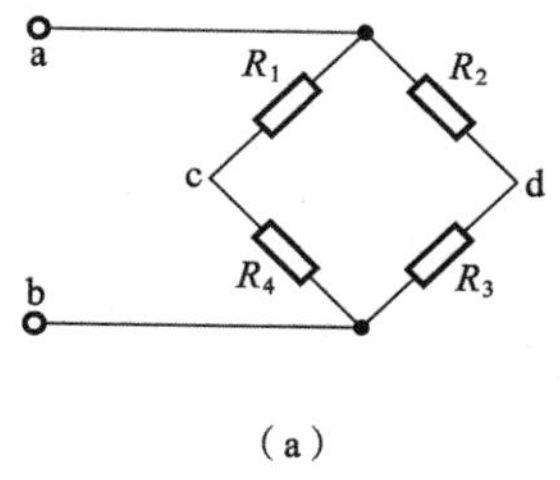

（a）

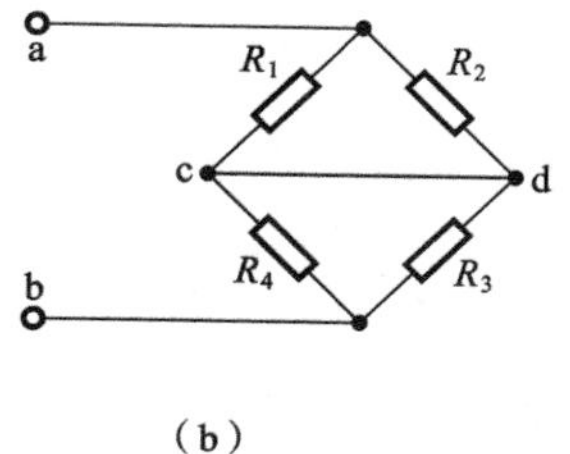

（b）

图 2-9　求平衡电桥电路输入电阻的两种处理方法

这两种处理方法所得的结果是相同的。

【例 2-4】　求图 2-10(a)所示二端电路的等效电阻 R_{ab}。

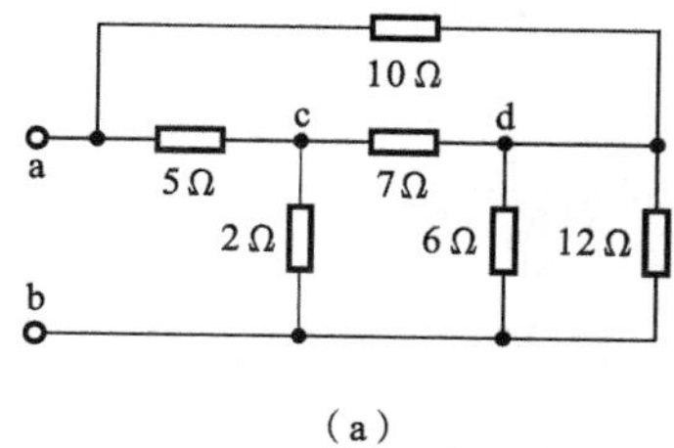

（a）

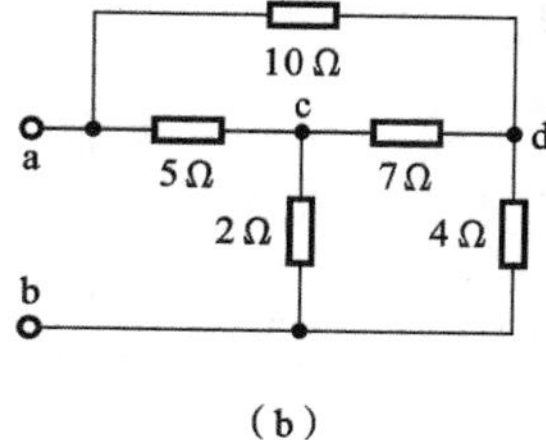

（b）

图 2-10　例 2-4 图

解　从图 2-10 很容易看出，d、b 之间连接的两个电阻 6 Ω 和 12 Ω 为并联关系，可得 $R_{db}=4\ \Omega$，原电路可以简化为图 2-10(b)所示的电路，因为 $5\ \Omega\times4\ \Omega=10\ \Omega\times2\ \Omega$，所以该电路为平衡电桥电路。

方法一：将 7 Ω 电阻元件支路断开，有

$$R_{ab}=\frac{(5+2)(10+4)}{5+2+10+4}\ \Omega=4.667\ \Omega$$

方法二：将 7 Ω 电阻元件支路短路，或看作导线，有

$$R_{ab}=\left(\frac{5\times10}{5+10}+\frac{2\times4}{2+4}\right)\ \Omega=4.667\ \Omega$$

2.3.2　电阻的 Y-△联结等效变换

对于图 2-8 所示的电路，当不满足电桥平衡条件时，如何来求解端口的输入电阻 R_{ab} 呢？

仔细观察这种电路，可以看出电路中具有如图 2-11 所示的两种典型连接，图 2-11(a)所示的连接方式称为 Y 形联结(或星形联结)，其特点是，三个电阻的一端连接在一起，另外三个端钮与电路的其他部分相连；图 2-11(b)所示的连接方式称为△形联结(或三角形联结)，其特点是，三个电阻元件连成一个三角形，三角形的三个顶点和电路的其他部分相连。这是两个三端电路，若这两个电路之间能进行等效变换，则图 2-8 所示电桥电路中 a、b 间的等效电阻就可以通过 Y-△变换和电阻的串并联公式求出。

下面证明电阻的 Y 形联结和△形联结之间确实存在等效变换。

假设图 2-11 所示的两个电路等效，根据等效的定义，在接有外电路时，如果对应端之间加载有相同的电压，则流入对应端的电流也分别相等，即

$$I_1=I_1',\quad I_2=I_2',\quad I_3=I_3'$$

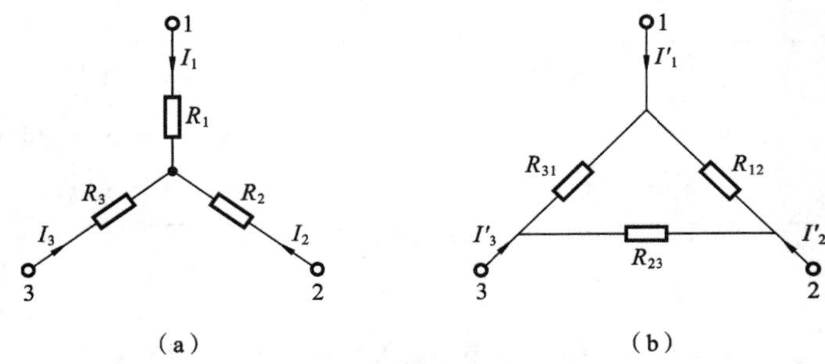

图 2-11 电阻的 Y 形联结和△形联结

对 Y 形联结电路，根据 KCL 和 KVL，有

$$I_1+I_2+I_3=0,\quad R_1I_1-R_2I_2=U_{12},\quad R_2I_2-R_3I_3=U_{23},\quad R_3I_3-R_1I_1=U_{31}$$

求解可得

$$I_1=\frac{R_3U_{12}}{R_1R_2+R_2R_3+R_3R_1}-\frac{R_2U_{31}}{R_1R_2+R_2R_3+R_3R_1}$$

$$I_2=\frac{R_1U_{23}}{R_1R_2+R_2R_3+R_3R_1}-\frac{R_3U_{12}}{R_1R_2+R_2R_3+R_3R_1}$$

$$I_3=\frac{R_2U_{31}}{R_1R_2+R_2R_3+R_3R_1}-\frac{R_1U_{23}}{R_1R_2+R_2R_3+R_3R_1}$$

对于△形联结电路，根据 KCL，有

$$I'_1=I_{12}-I_{31}=\frac{U_{12}}{R_{12}}-\frac{U_{31}}{R_{31}},\quad I'_2=I_{23}-I_{12}=\frac{U_{23}}{R_{23}}-\frac{U_{12}}{R_{12}},\quad I'_3=I_{31}-I_{23}=\frac{U_{31}}{R_{31}}-\frac{U_{23}}{R_{23}}$$

由 $I_1=I'_1, I_2=I'_2, I_3=I'_3$，得

$$\left.\begin{aligned}\frac{R_3U_{12}}{R_1R_2+R_2R_3+R_3R_1}-\frac{R_2U_{31}}{R_1R_2+R_2R_3+R_3R_1}&=\frac{U_{12}}{R_{12}}-\frac{U_{31}}{R_{31}}\\ \frac{R_1U_{23}}{R_1R_2+R_2R_3+R_3R_1}-\frac{R_3U_{12}}{R_1R_2+R_2R_3+R_3R_1}&=\frac{U_{23}}{R_{23}}-\frac{U_{12}}{R_{12}}\\ \frac{R_2U_{31}}{R_1R_2+R_2R_3+R_3R_1}-\frac{R_1U_{23}}{R_1R_2+R_2R_3+R_3R_1}&=\frac{U_{31}}{R_{31}}-\frac{U_{23}}{R_{23}}\end{aligned}\right\}\tag{2-11}$$

不论端口电压 U_{12}、U_{23}、U_{31} 取何值，式(2-11)有解，这就说明电阻的 Y 形联结和△形联结之间存在等效变换，且等效变换公式为

$$R_{12}=\frac{R_1R_2+R_2R_3+R_3R_1}{R_3},\quad R_{23}=\frac{R_1R_2+R_2R_3+R_3R_1}{R_1},\quad R_{31}=\frac{R_1R_2+R_2R_3+R_3R_1}{R_2}\tag{2-12}$$

反过来，从△形联结接到 Y 形联结的等效变换公式为

$$R_1=\frac{R_{12}R_{31}}{R_{12}+R_{23}+R_{31}},\quad R_2=\frac{R_{12}R_{23}}{R_{12}+R_{23}+R_{31}},\quad R_3=\frac{R_{23}R_{31}}{R_{12}+R_{23}+R_{31}}\tag{2-13}$$

为便于记忆，式(2-12)和式(2-13)可写成如下形式：

$$\triangle\text{形电阻}=\frac{\text{Y 形电阻两两乘积之和}}{\text{Y 形不相邻电阻}}$$

$$\text{Y 形电阻}=\frac{\triangle\text{形相邻电阻之积}}{\triangle\text{形电阻之和}}$$

当 $R_1=R_2=R_3=R_Y$ 时，由式(2-12)可知，

$$R_{12}=R_{23}=R_{31}=R_{\triangle}=3R_Y$$

当 $R_{12}=R_{23}=R_{31}=R_{\triangle}$ 时，由式(2-13)可知，

$$R_1=R_2=R_3=R_Y=\frac{1}{3}R_{\triangle}$$

【例 2-5】 图 2-12(a)所示电路中，求 56 V 电压源提供的功率。

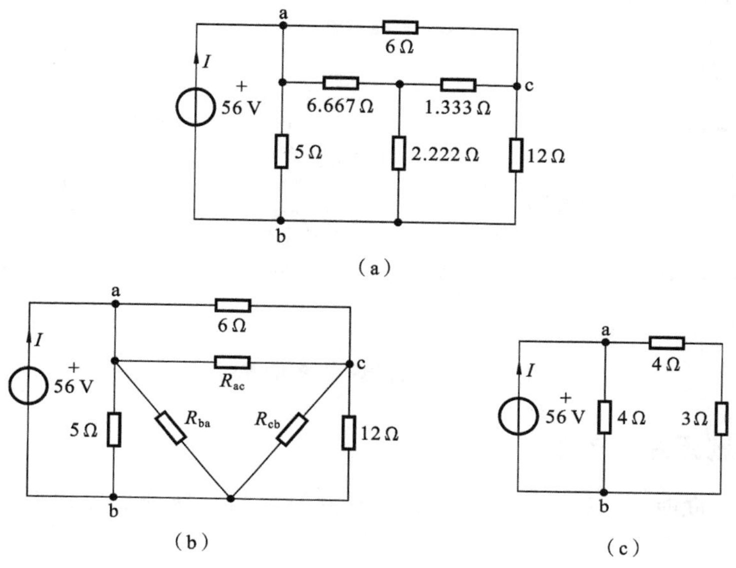

图 2-12　例 2-5 图

解　根据题意，为了求解电压源的功率，可以先求出流过电压源的电流 I。电压源右侧部分电路中，没有所要求的变量，可以对这部分电路进行等效化简，将图 2-12(a)中 6.667 Ω、1.333 Ω 和 2.222 Ω 三个电阻所组成的 Y 形联结转换为△形联结，如图 2-12(b)所示，其中

$$R_{ac}=\frac{(6.667\times1.333+1.333\times2.222+2.222\times6.667)\ \Omega^2}{2.222\ \Omega}=\frac{26.663\ \Omega^2}{2.222\ \Omega}=12\ \Omega$$

$$R_{cb}=\frac{26.663\ \Omega^2}{6.667\ \Omega}=4\ \Omega$$

$$R_{ba}=\frac{26.663\ \Omega^2}{1.333\ \Omega}=20\ \Omega$$

可以看出，R_{ac} 与 6 Ω 电阻元件、R_{cb} 与 12 Ω 电阻元件、R_{ba} 与 5 Ω 电阻元件分别都是并联的，因此，可将电路进一步等效化简为图 2-12(c)所示的电路，并很容易地求出电流 I 为

$$I=\frac{56\ \text{V}}{4\ \Omega}+\frac{56\ \text{V}}{7\ \Omega}=22\ \text{A}$$

电压源提供的功率为

$$P=56\ \text{V}\times22\ \text{A}=1232\ \text{W}$$

当然，本例也可以将 6.667 Ω、1.333 Ω 和 6 Ω 三个电阻元件等效变换为 Y 形联结。

2.4　理想电源的串联与并联等效

由理想电压源、电流源的伏安特性，并结合电路的等效条件，可以得到理想电源串联与并

联情况下的几种等效形式。

1. 理想电压源串联等效

理想电压源串联时，其等效电压源的端电压等于相串联理想电压源端电压的代数和，即

$$u_S = u_{S1} \pm u_{S2}$$

如图 2-13(a)、(b)所示。

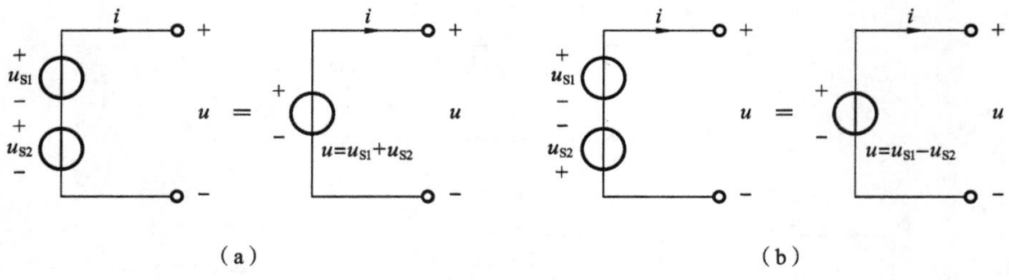

图 2-13 理想电压源串联等效

2. 理想电流源并联等效

理想电流源并联时，其等效电流源的输出电流等于相并联理想电流源输出电流的代数和，即

$$i_S = i_{S1} \pm i_{S2}$$

如图 2-14(a)、(b)所示。

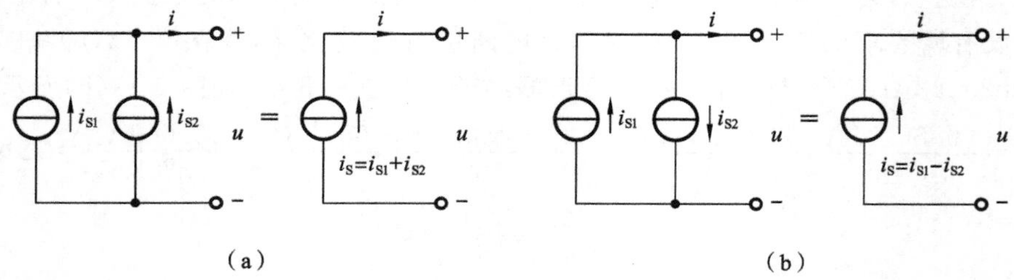

图 2-14 理想电压源串联等效

3. 任何电路元件与理想电压源 u_S 并联等效

任何电路元件(也包括理想电流源元件)与理想电压源 u_S 并联时，均可将其对外等效为理想电压源 u_S，如图 2-15 所示。需注意的是，等效是对虚线框起来的二端电路外部等效。

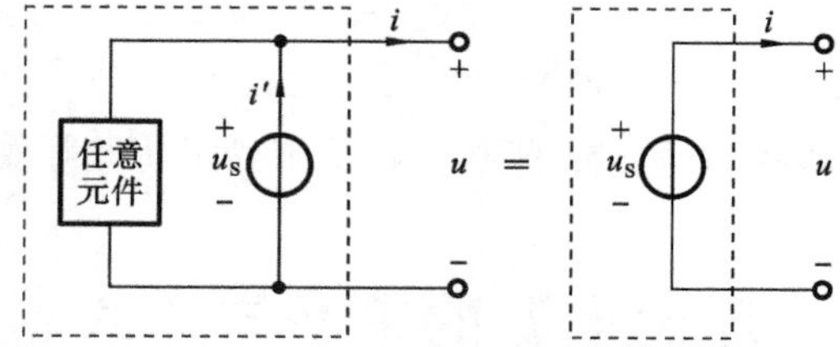

图 2-15 任意元件与理想电压源并联等效

4. 任何电路元件与理想电流源 i_S 串联等效

任何电路元件(也包括理想电压源元件)与理想电流源 i_S 串联时,均可将其对外等效为理想电流源 i_S,如图 2-16 所示。注意:等效是对虚线框起来的二端电路外部等效。

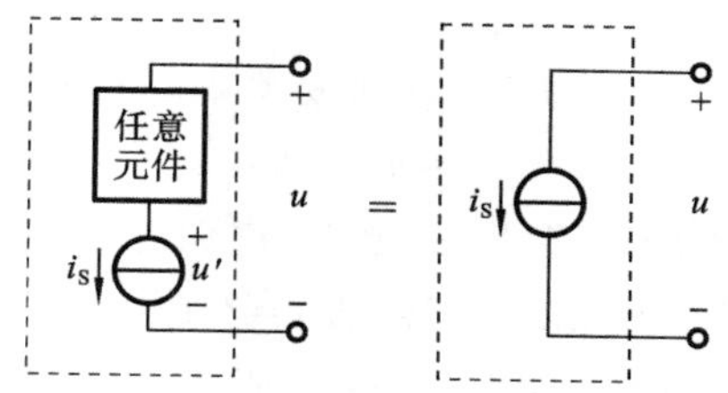

图 2-16　任意元件与理想电流源串联等效

除了上面讲的 4 种情况的等效以外,由理想电压源和理想电流源的定义可知:只有电压源相等、方向一致的电压源才能够并联,只有电流值相等、方向一致的理想电流源才能够串联。

【例 2-6】　如图 2-17 所示的电路,求:

(1) 图(a)中的电流 i;

(2) 图(b)中的电压 u。

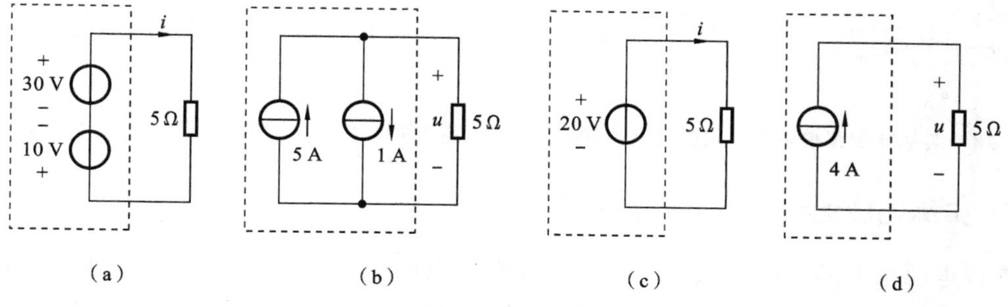

图 2-17　例 2-6 图

解　(1) 由理想电压源的串联等效可知,图(a)中虚线部分可等效为一个理想电压源,如图(c)所示。由图(c)得

$$i=\frac{20\ \text{V}}{5\ \Omega}=4\ \text{A}$$

(2) 由理想电流源的并联等效可知,图(b)中虚线部分可等效为一个理想电流源,如图(d)所示。由图(d)得

$$u=4\ \text{A}\times 5\ \Omega=20\ \text{V}$$

2.5　实际电源的两种模型及其等效变换

第 1 章介绍的独立电压源和电流源都是理想电源元件,但事实上,当实际电源接入电路时,电源自身都会有一定的损耗。实际电源有如下两种电路模型。

1. 实际电源的戴维宁(Thevenin)电路模型

实际电源可以用一个电压源 u_S 和一个表征电源损耗的电阻 R_S 的串联电路来模拟，如图 2-18(a)所示。它也称为实际电压源模型，其中 R_S 为实际电源的内阻，又称为电源的输出电阻。

在图 2-18 所示电压、电流参考方向下，其伏安关系可以表示为

$$u=u_S-R_S i \tag{2-14}$$

式(2-14)表明，当电源输出端开路，即 $i=0$ 时，电源的输出电压(即开路电压)等于电压源 u_S 的电压，即 $u=u_{OC}=u_S$；当电源输出端短路，即 $u=0$ 时，电源的输出电流(即短路电流)达到最大，即 $i=i_{SC}=u_S/R_S$。其特性曲线如图 2-18(b)所示，它是一条斜率为 $-R_S$ 的直线。电源内阻 R_S 越小，伏安特性曲线越平坦，i_{SC} 越大。理想情况下，$R_S=0$，则输出电压 $u=u_S$ 为定值，其伏安特性曲线如图 2-18(b)中虚线所示。这时就为电压源。

注意，实际电源在使用时不允许短路，防止电流过大损坏电源。

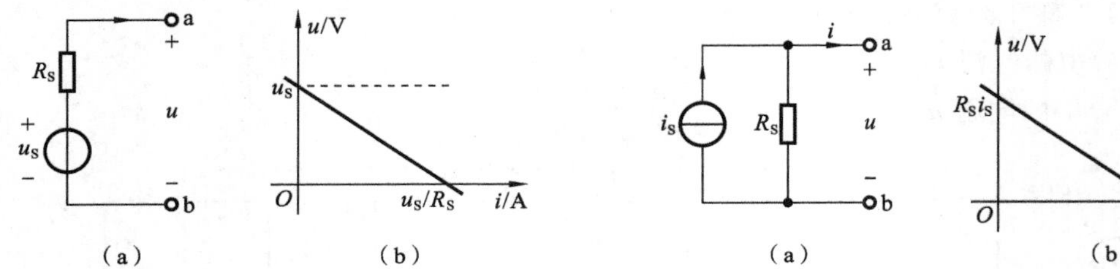

图 2-18 实际电压源模型及其伏安特性曲线　　图 2-19 实际电流源模型及其伏安特性曲线

2. 实际电源的诺顿(Norton)模型

实际电源也可用一个电流源 i_S 和内阻 R_S 的并联电路来模拟，如图 2-19(a)所示。它也称为实际电流源模型。在图 2-19 所示电压、电流参考方向下，其伏安关系可以表示为

$$i=i_S-G_S u=i_S-\frac{u}{R_S} \tag{2-15}$$

式(2-15)表明，当电源输出端开路，即 $i=0$ 时，电源的输出电压最大，即 $u=R_S i_S$；当电源输出端短路，即 $u=0$ 时，电源的输出电流(即短路电流)等于电流源 i_S 的电流，即 $i=i_{SC}=i_S$。其特性曲线如图 2-19(b)所示，它是一条斜率为 $-R_S$ 的直线。电源内阻 R_S 越大，分流作用越小，伏安特性曲线越陡峭。理想情况下，$R_S\to\infty\left(G_S=\frac{1}{R_S}=0\right)$，则输出电流 $i=i_S$ 为定值，其伏安特性曲线如图 2-19(b)中虚线所示。这时就为电流源。

3. 两种电源模型的等效变换

前面介绍的两种电源模型，如果是化学电池，则这类实际电源可以用实际电压源模型来模拟；而光电池这类实际电源可以用实际电流源模型来模拟。但在电路分析中，通常关心的是电源的外特性而不是其内部的情况。根据等效概念，只要外特性完全相同，上述两种电源模型可以等效互换。

由实际电压源模型的伏安特性曲线(见图 2-18(b))和实际电流源模型的伏安特性曲线

(见图 2-19(b))可知,两类实际电源等效互换的条件为这两条曲线完全相同,即它们的电压轴截距和电流轴截距分别相等,得

$$u_S=R_Si_S \tag{2-16}$$

$$i_S=\frac{u_S}{R_S} \tag{2-17}$$

若已知电流源模型,可用式(2-16)求得其等效的电压源模型的 u_S,并把 R_S 和 u_S 串联即可。若已知电压源模型,可用式(2-17)求得其等效的电流源模型的 i_S,并把 R_S 和 i_S 并联即可。要注意的是,电压源 u_S 的极性和电流源 i_S 的方向要相互一致,即电流源 i_S 的方向必须顺着电压源 u_S 的负极到正极。

应该指出,上述两种电路的等效变换只是对外电路而言的,对其内部并不等效。由图 2-18(b)和图 2-19(b)中的虚线可知,单个电压源和电流源的伏安特性曲线无法重复,故不存在等效变换。

【例 2-7】 求图 2-20(a)所示电路的等效电流源模型和图 2-20(c)所示电路的电压源模型。

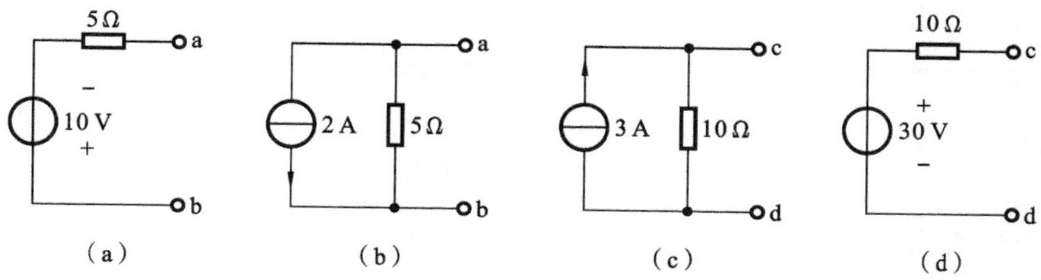

图 2-20　例 2-7 图

解　由式(2-17),图 2-20(a)所示的等效电流源参数为

$$i_S=\frac{u_S}{R_S}=2\ \text{A}$$

其等效电路如图 2-20(b)所示。

由式(2-16),图 2-20(c)所示的等效电压源参数为

$$u_S=R_Si_S=30\ \text{V}$$

其等效电路如图 2-20(d)所示。

利用上述实际电源的两种等效变换和电压源、电流源的串并联等效变换方法,可以化简或计算多种复杂电路。

【例 2-8】 计算图 2-21(a)所示电路中的电流 i。

解　将待求解支路看作外电路,等效化简 a、b 端含源电路。

由图 2-21(a)所示电路,8 V 电压源与 10 V、10 Ω 支路并联,等效变换为 8 V 电压源;10 V 电压源与 3 A 电流源串联,等效变换为 3 A 电流源;20 V 电压源和 10 Ω 电阻串联,等效变换为 2 A 电流源,如图 2-21(b)所示。在图 2-21(b)中,两电流源并联、两电阻并联,等效为图2-21(c)所示电路。再将电流源模型等效为电压源模型,如图 2-21(d)所示;最后得到图 2-21(e)所示简单电路。电流 i 的值为

$$i=\frac{3}{5+5}\ \text{A}=0.3\ \text{A}$$

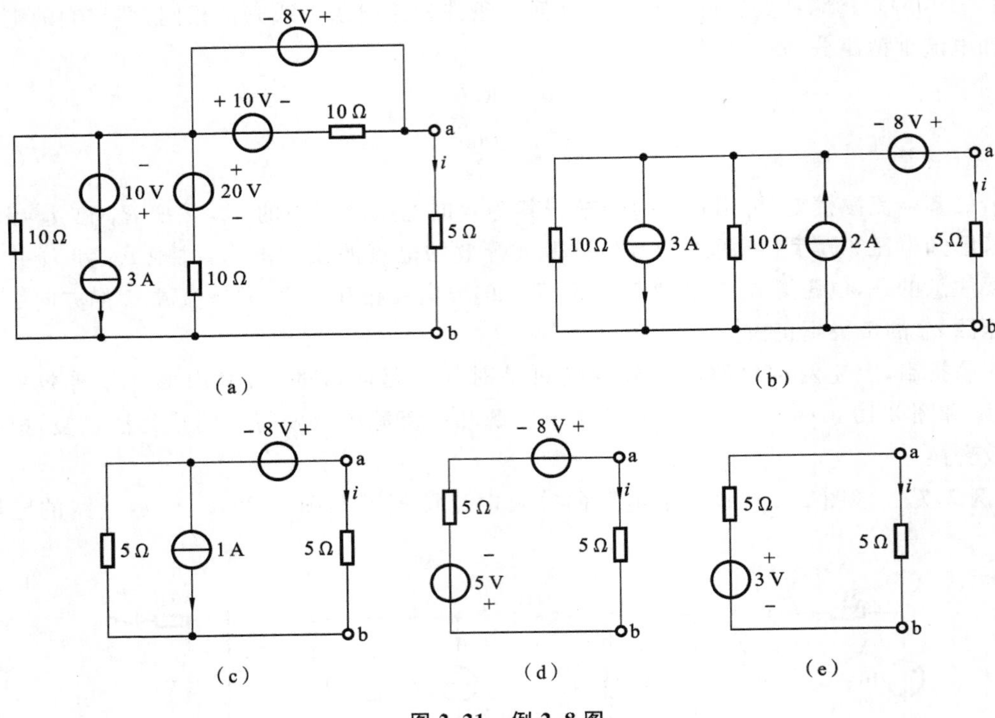

图 2-21 例 2-8 图

从该例可以看出，串并联连接的有源二端网络经过等效变换总能简化成戴维宁电路或诺顿电路。

2.6 计算机辅助分析电路举例

【例 2-9】 在 Multisim 中构建电阻电路，如图 2-22(a)所示，验证其等效电阻值，仿真结果如图 2-22(b)所示。

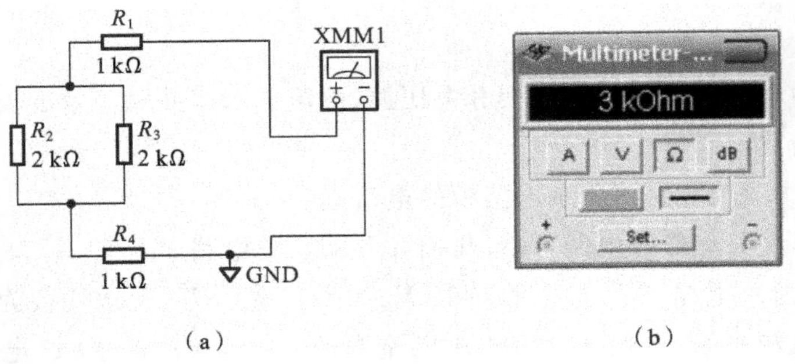

图 2-22 例 2-9 图

【例 2-10】 在 Multisim 中构建电阻电路，如图 2-23(a)所示，验证其等效电阻值，仿真结果如图 2-23(b)所示。

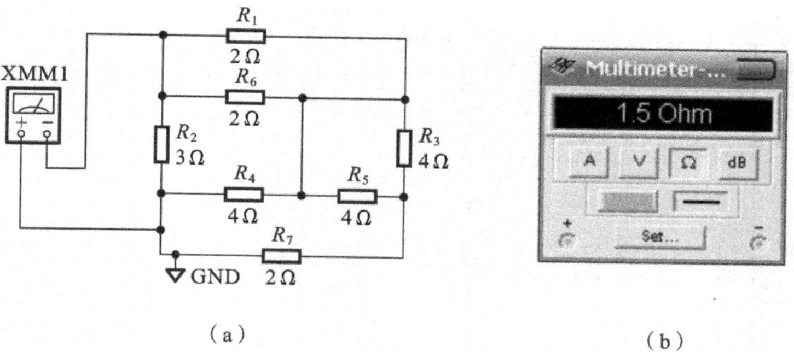

（a）　　　　　　　　（b）

图 2-23　例 2-10 图

小　　结

1. 等效定义

两部分电路 N_1 和 N_2，若对于任意外电路，两者相互代换能使外电路具有相同的电压、电流、功率，则称 N_1 和 N_2 电路是互为等效的。

2. 等效条件

N_1 和 N_2 电路具有相同的 VCR。

3. 等效对象

任意外电路中的电压、电流、功率。

4. 等效目的

为简化电路方便分析（求解）。

将本章所讲的等效变化法归纳起来，如表 2-1 所示。

表 2-1

		类别	结构形式	重要公式
二端电路等效	电阻（电导）串并联	串联	i, u, R_1 (G_1) u_1, R_2 (G_2) u_2, R_n (G_n) u_n	$R_{eq}=R_1+R_2+\cdots+R_n=\sum_{k=1}^{n}R_k$ $\left(\frac{1}{G_{eq}}=\frac{1}{G_1}+\frac{1}{G_2}+\cdots+\frac{1}{G_n}=\sum_{k=1}^{n}\frac{1}{G_k}\right)$ $u_k=\frac{R_k}{R_{eq}}u\quad\left(u_k=\frac{G_{eq}}{G_k}u\right)$ $p=p_1+p_2+\cdots+p_n\quad(p=p_1+p_2+\cdots+p_n)$ $p_i:p_j=R_i:R_j\quad(p_i:p_j=G_j:G_i)$

续表

		类别	结构形式	重要公式
	电阻（电导）串并联	并联	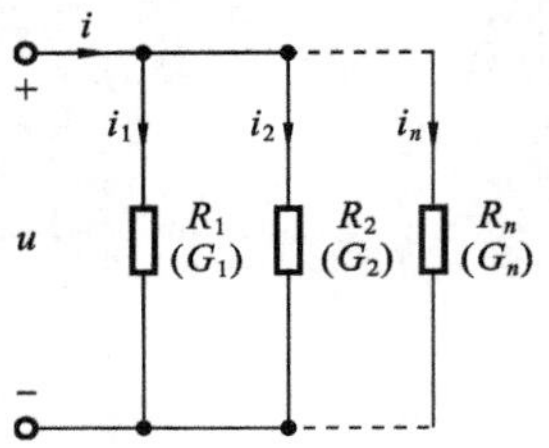	$\frac{1}{R_{eq}}=\frac{1}{R_1}+\frac{1}{R_2}+\cdots+\frac{1}{R_n}=\sum_{k=1}^{n}\frac{1}{R_k}$ $\left(G_{eq}=G_1+G_2+\cdots+G_n=\sum_{k=1}^{n}G_k\right)$ $i_k=\frac{R_{eq}}{R_k}i \quad \left(i_k=\frac{G_k}{G_{eq}}i\right)$ $p=p_1+p_2+\cdots+p_n \quad (p=p_1+p_2+\cdots+p_n)$ $p_i : p_j=R_j : R_i \quad (p_i : p_j=G_i : G_j)$

		类别	等效形式	重要关系
二端电路等效	理想电源串联与并联	理想电压源串联	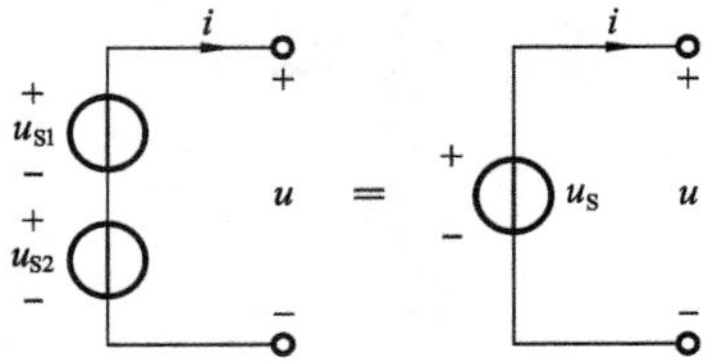	$u_S=u_{S1}+u_{S2}$
			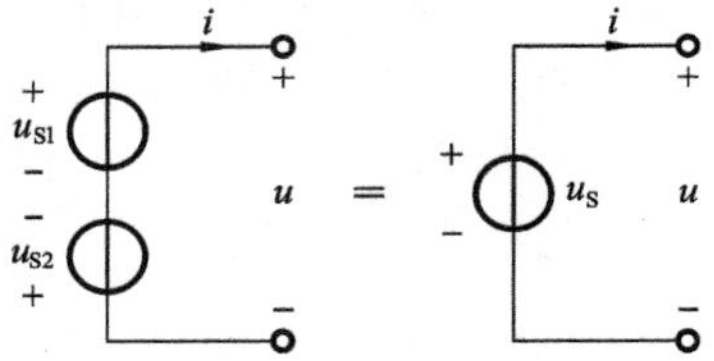	$u_S=u_{S1}-u_{S2}$
		理想电流源串联	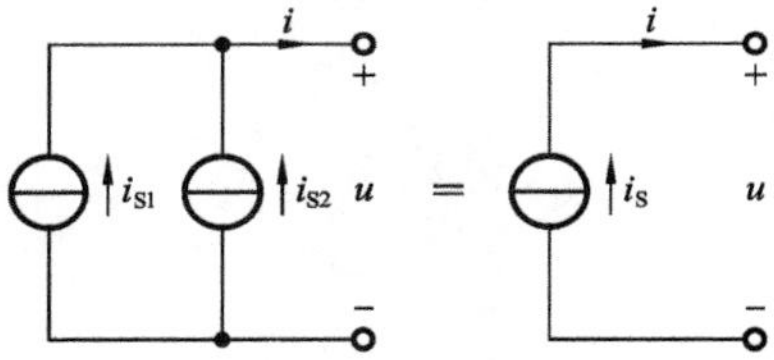	$i_S=i_{S1}+i_{S2}$
			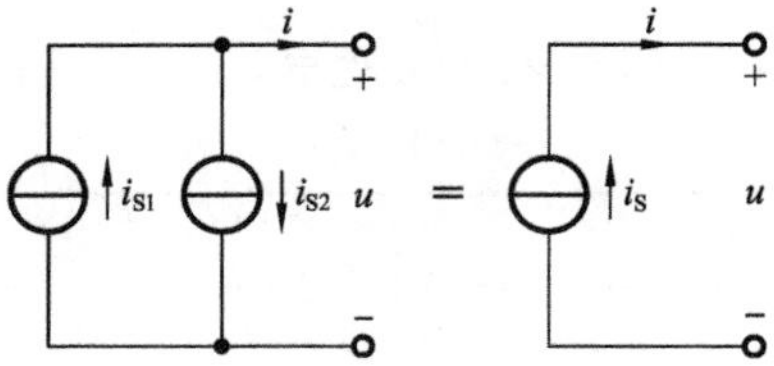	$i_S=i_{S1}-i_{S2}$
		类别	等效形式	重要关系
	理想电源串联与并联	任意元件与理想电压源并联	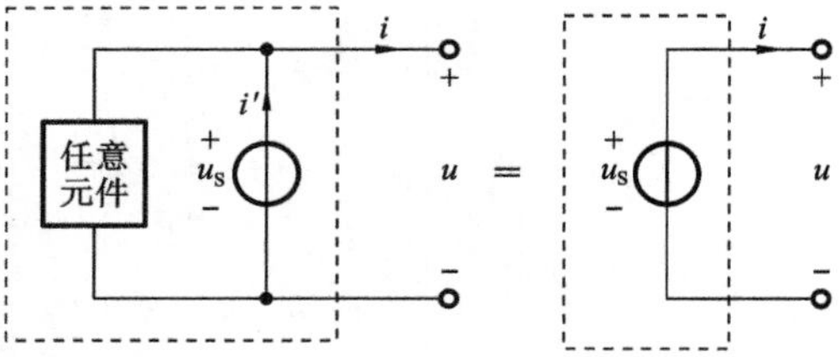	$u=u_S$ $i\neq i'$

续表

		类别	等效形式	重要关系
二端电路等效	理想电源串联与并联	任意元件与理想电压源并联	任意元件；i_S；u'；u = i_S；u	$i=i_S$ $u\neq u'$
			等效形式	重要关系
	电源互换等效		R_S；u_S；i；a；b；u = i_S；R_S；i；a；b；u	$u_S=R_S i_S$ $i_S=\dfrac{u_S}{R_S}$
			等效形式	变换关系
多端电路等效	电阻Y形联结和△形联结等效		1；I_1；R_1；R_3；R_2；I_3；I_2；3；2 = 1；I'_1；R_{31}；R_{12}；I'_3；R_{23}；I'_2；3；2	$R_{12}=\dfrac{R_1R_2+R_2R_3+R_3R_1}{R_3}$ $R_{23}=\dfrac{R_1R_2+R_2R_3+R_3R_1}{R_1}$ $R_{31}=\dfrac{R_1R_2+R_2R_3+R_3R_1}{R_2}$ $R_1=\dfrac{R_{12}R_{31}}{R_{12}+R_{23}+R_{31}}$ $R_2=\dfrac{R_{12}R_{23}}{R_{12}+R_{23}+R_{31}}$ $R_3=\dfrac{R_{23}R_{31}}{R_{12}+R_{23}+R_{31}}$

思考题及习题

2.1 求图 1 所示二端电路的输入电阻 R。

2.2 求图 2 所示二端网络的等效电阻 R。

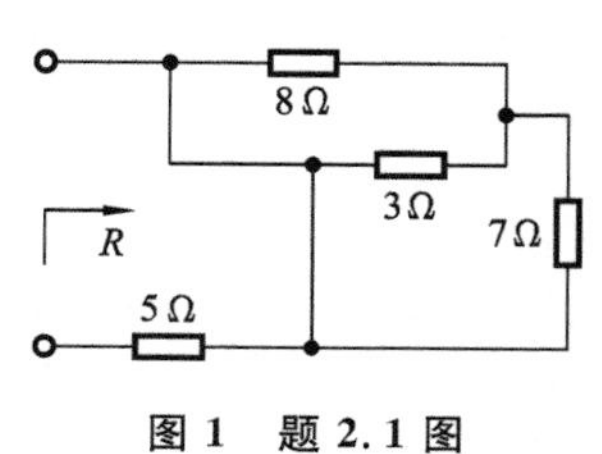

图 1 题 2.1 图

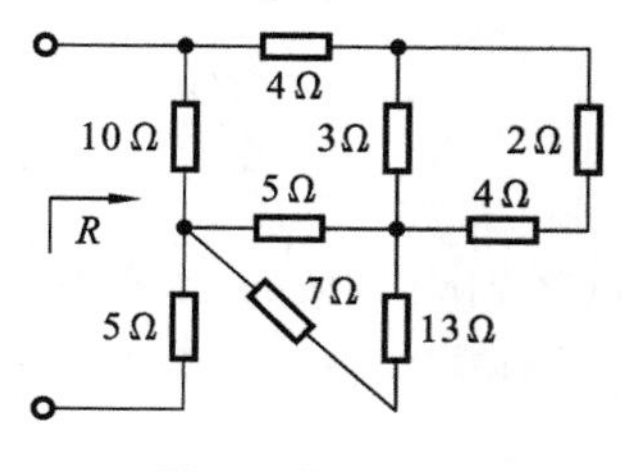

图 2 题 2.2 图

2.3 求图 3 所示电路的各支路电流及电流源的电压 U。

2.4 图 4 所示电路中，已知 $R_1=25\ \Omega$，$R_2=50\ \Omega$，求连接到电源端的等效电阻和节点①～⑥的电压。

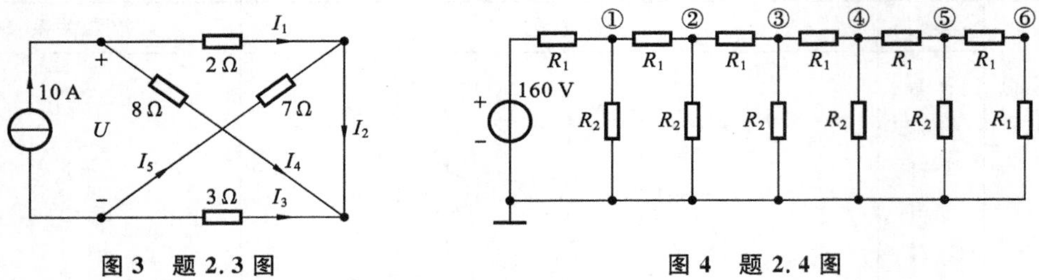

图 3 题 2.3 图　　图 4 题 2.4 图

2.5 用电阻的 Y-△等效变换求图 5 所示电路的等效电阻。

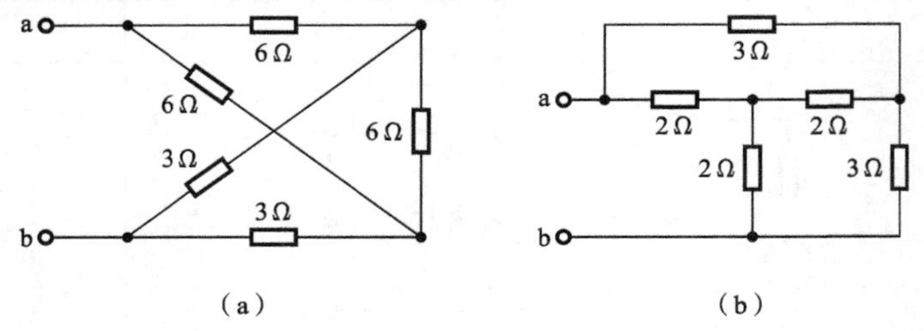

(a)　　(b)

图 5 题 2.5 图

2.6 求图 6 所示电路中电压源提供的功率。

2.7 如图 7 所示的电路，已知图中电流 $I_{ab}=1$ A，求电压源 U_S 产生的功率 P_S。

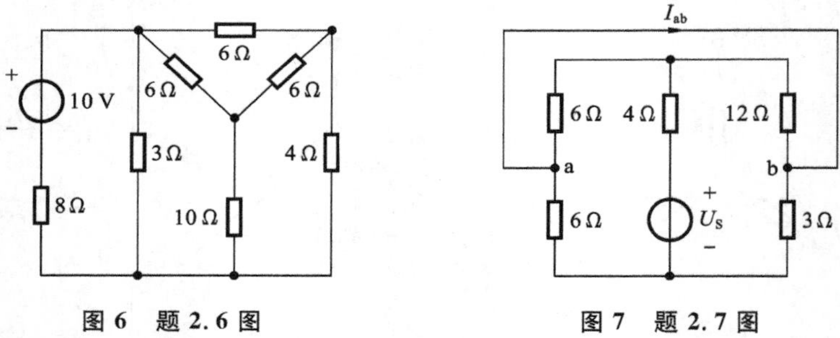

图 6 题 2.6 图　　图 7 题 2.7 图

2.8 将图 8 所示电路变换为等效电流源电路。

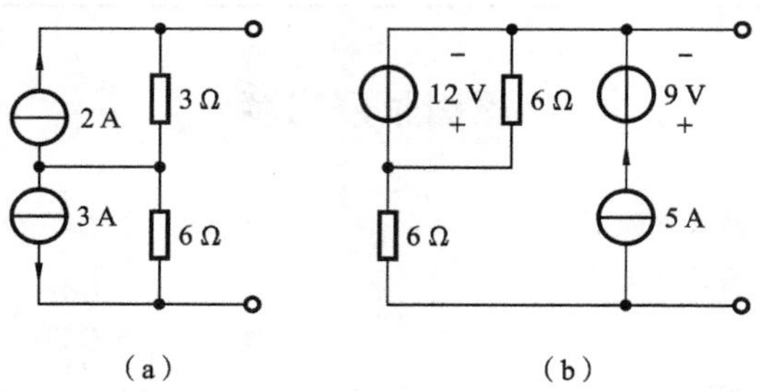

(a)　　(b)

图 8 题 2.8 图

2.9 将图 9 所示电路变换为等效电压源电路。

2.10 试确定图 10(a)所示电路中 R 和 I_S 的值，使其所具有的端口特性与图 10(b)所示电路的端口特性相同。

2.11 将图 11 所示的两个二端电路等效变换为最简单的形式。

2.12 用电源等效变换的方法，求图 12 中的电流 I。

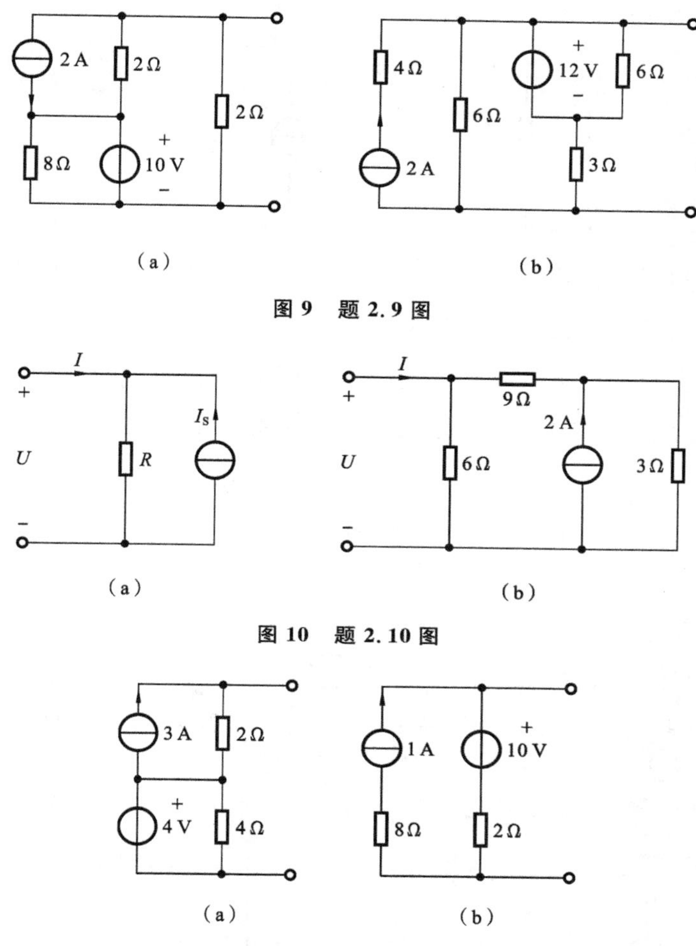

图 9　题 2.9 图

图 10　题 2.10 图

图 11　题 2.11 图

2.13　求图 13 所示电路中的电压 U_{ab}，并且作出可以求 U_{ab} 的最简单的等效电路。

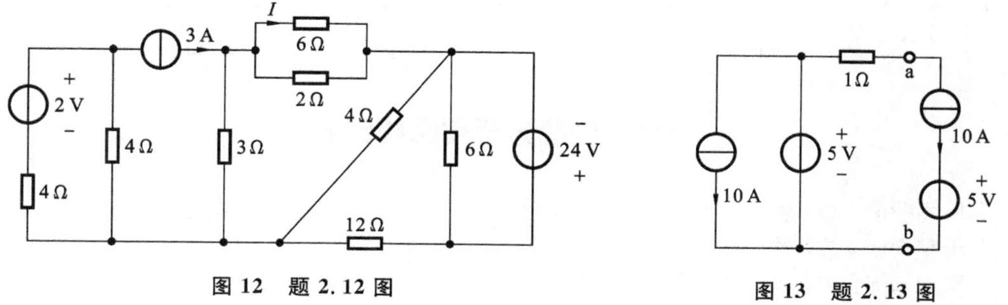

图 12　题 2.12 图　　　　图 13　题 2.13 图

2.14　化简图 14 所示电路为等效戴维宁电路。

2.15　化简图 15 所示电路为等效诺顿电路。

2.16　已知图 16(a)、(b)所示二端网络 N_1、N_2 的伏安关系均为 $u=4+3i$，试分别画出其等效戴维宁电路。

2.17　图 17(a)、(b)电路中，已知 $U_S=5$ V，$R=5$ Ω，$I_S=5$ A，试分别求出各电路中元件的吸收功率。

2.18　试用等效变换的方法求解图 18 所示电路中的电流 i。

2.19　试求图 19 所示电路中的等效电阻 R_{ab} 和电流 i。

2.20　电路如图 20 所示，求电流源提供的功率。

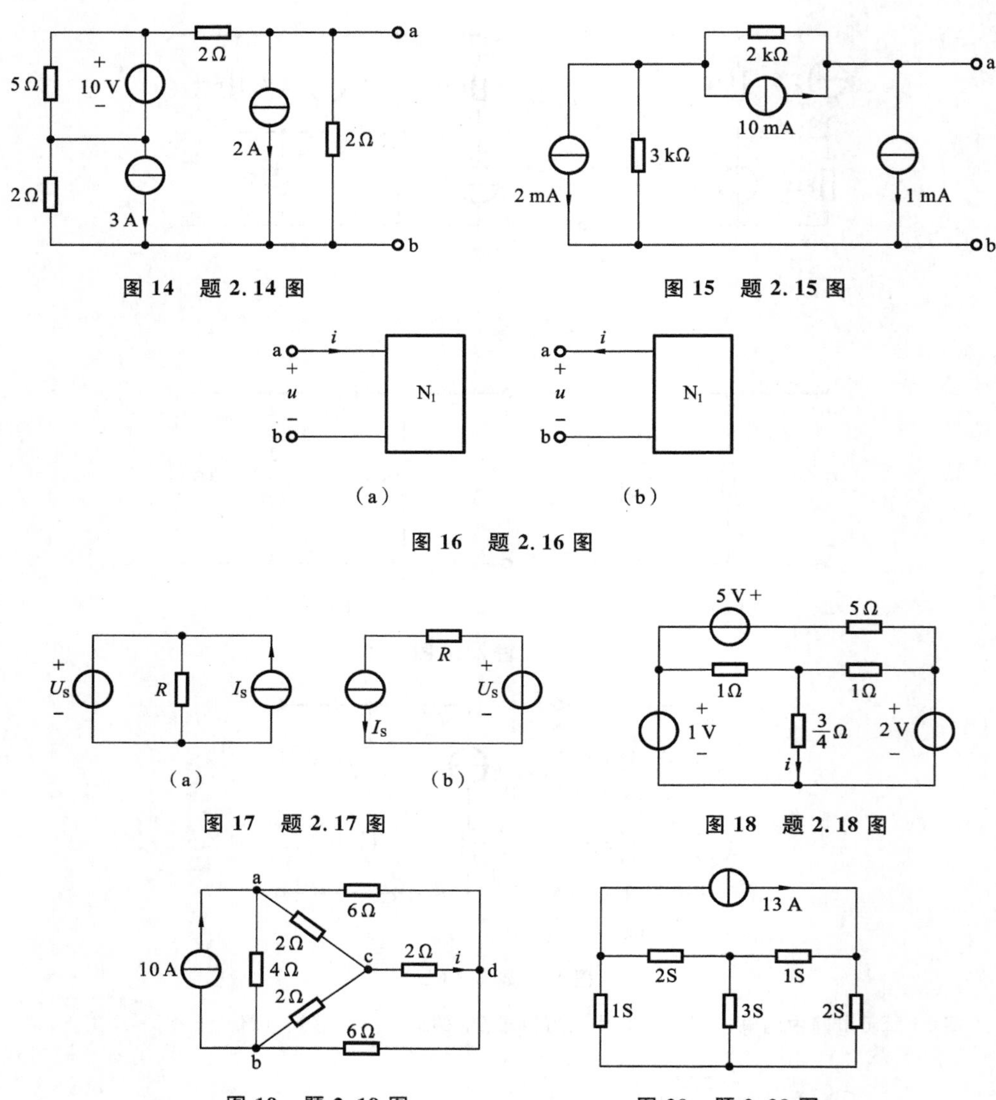

图 14　题 2.14 图

图 15　题 2.15 图

图 16　题 2.16 图

图 17　题 2.17 图

图 18　题 2.18 图

图 19　题 2.19 图

图 20　题 2.20 图

计算机辅助分析电路练习题

2.21　利用 Multisim 仿真软件仿真题 2.1 所示电路图。

2.22　利用 Multisim 仿真软件仿真题 2.2 所示电路图。

2.23　利用 Multisim 仿真软件仿真题 2.5 所示电路图。

第3章 电阻电路的一般分析方法

对于较简单的电路，应用第2章所介绍的等效变换的方法进行分析求解是可以的，但是实际应用中的电子线路为了能够实现各种各样的功能，其结构一般都较复杂，仍然采用简单的等效变换的方法就不能解决问题了。对这些千变万化的电路进行具体分析时，必须透过现象看本质，其本质也就是两类约束，即元件约束（VCR）和拓扑约束（KCL、KVL）。根据这两类约束建立电路方程组，然后求解方程组即可得到所要求的电路变量。

本章主要介绍电阻电路的基本分析方法，其中包括支路电流法、回路电流法、节点电压法等，具体选用什么方法要根据实际电路，结合待求量以及电路方程求解的难易程度等各方面来决定。

3.1 KCL 和 KVL 的独立方程数

集总参数电路（模型）由电路元件连接而成，电路中各支路电流受到 KCL 约束，各支路电压受到 KVL 约束，这类约束只与电路元件的连接方式有关，与元件特性无关，称为拓扑约束。集总参数电路（模型）的电压和电流还要受到元件特性的约束，这类约束只与元件的 VCR 有关，与元件连接方式无关，称为元件约束。任何集总参数电路的电压和电流都必须同时满足这两类约束关系。根据电路的结构和参数，列出反映这两类约束关系的 KCL、KVL 和 VCR 方程（称为电路方程），然后求解电路方程就能得到各电压和电流。

对于一个电路，到底需要列出多少个方程才能求解出所有的电路变量呢？下面举例来说明。如图3-1所示，电路中有6条支路，4个节点。

对节点①、②、③、④分别列出 KCL 方程如下。

节点①：　$-i_1-i_2-i_3=0$

节点②：　$i_2+i_5-i_6=0$

节点③：　$i_3+i_4-i_5=0$

节点④：　$i_1-i_4+i_6=0$

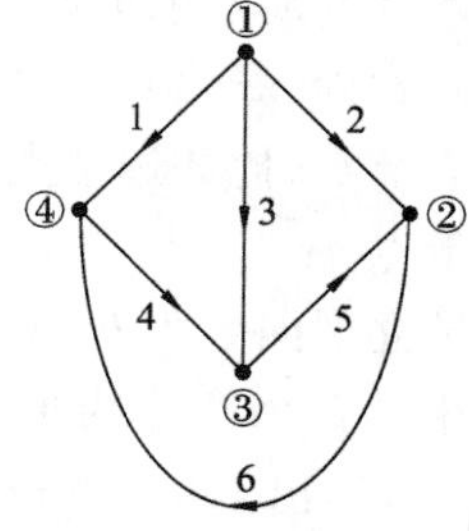

图3-1 KCL 独立方程数示例图

由于每个支路电流都流进一个节点然后又流出该节点，所以每个支路电流在上述方程组中都出现两次，一次为“+”，一次为“−”。若把以上四个方程相加，必然得到等号右边为零的结果。这说明上述4个方程是相互关联的，但是同时也可以验证其中的任意3个方程之间是相互独立的。可以证明，对于具有 n 个节点的电路，在任意 $(n-1)$ 个节点上列出的 KCL 方程是相互独立的。相应的 $(n-1)$ 个节点称为独立节点。

若要求解出一个电路，除了列出 $(n-1)$ 个独立的 KCL 方程外，还需要多少个独立的 KVL 方程呢？可以证明，还需要列出 $(b-n+1)$ 个独立的 KVL 方程，其中 b 为该电路的支路数。习惯上把能列写出独立 KVL 方程的回路称为独立回路。独立回路可以这样选取:使所选各回路都包含一条其他回路所没有的新支路。对于具有 b 条支路、n 个节点的平面电路,其网孔数正好也为$(b-n+1)$,所以根据各网孔列出的 KVL 方程组即为独立的 KVL 方程组。

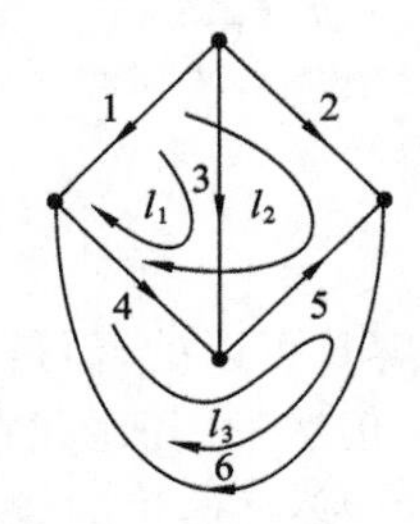

图 3-2 KVL 独立方程数示例图

如图 3-2 所示,选取一组独立回路 l_1、l_2、l_3。从图 3-2 可以看出,回路 l_1 包含支路 3,是其他两个回路 l_2、l_3 所没有的,回路 l_2 包含支路 2,是其他两个回路 l_1、l_3 所没有的,回路 l_3 包含支路 6,是其他两个回路 l_1、l_2 所没有的。按照图 3-2 中各支路电流和电压的参考方向以及所选取回路的绕行方向,可以列出独立的 KVL 方程组如下。

回路 l_1: $-u_{S1}+u_{S3}-u_{S4}=0$

回路 l_2: $-u_{S1}+u_{S2}-u_{S5}-u_{S4}=0$

回路 l_3: $u_{S4}+u_{S5}+u_{S6}=0$

综上所述,对于具有 b 条支路、n 个节点的连通电路(连通电路是指任意两节点间都有支路相连接的电路),可以列出$(n-1)$个线性无关的 KCL 方程和$(b-n+1)$个线性无关的 KVL 方程,共 b 个独立方程。再加上 b 条支路的 VCR 方程,得到以 b 个支路电压和 b 个支路电流为变量的电路方程(简称为 $2b$ 方程)。由这 $2b$ 个方程求解可以得到 b 个支路电压和 b 个支路电流,这种分析电路的方法称为 $2b$ 法。$2b$ 法是最原始的电路分析方法,是分析电路的基本依据,前提是电路中仅含独立电源和线性二端电阻。

3.2 支路电流法

$2b$ 法求解电路虽然原理上比较通俗易懂,但是总的方程数较多。为了减少方程数,可以将各支路电压用支路电流表示,这样方程总数就减少了 b 个,这种求解电路的方法称为支路电流法,简称支路法。下面以图 3-3 所示的电路为例,说明支路法的求解过程。

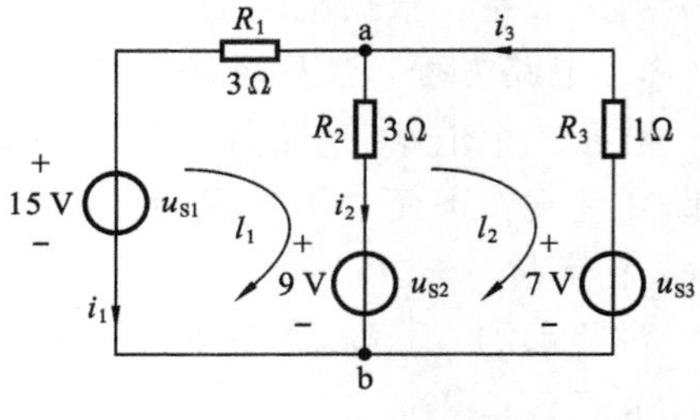

图 3-3 支路法用图

图 3-3 所示的电路中共有 2 个节点,3 条支路,独立节点数为$(n-1)=1$,所以任意选取其中 1 个节点作为独立节点,比如选节点 a 列出 KCL 方程。

节点 a: $-i_1-i_2+i_3=0$

独立回路数为 $b-(n-1)=3-1=2$,所以任意选取其中 2 条回路作为独立回路,比如选图 3-3 所示回路 l_1、l_2,列出 KVL 方程。

回路 l_1: $-i_1R_1+i_2R_2+u_{S2}-u_{S1}=0$

回路 l_2: $-i_3R_3+u_{S3}-u_{S2}-i_2R_2=0$

方程总数为 3 个,即可求解出电路中各电压、电流变量。

综上,支路法分析电路的具体步骤如下。

首先,在电路图中标出各支路电流的参考方向,任意选取其中$(n-1)$个节点作为独立节点,列写出 KCL 方程。

其次,任意选取一组独立回路(平面电路选每个网孔作为一组独立回路较简便)并标出回路的绕行方向,按照绕行方向列出各独立回路的 KVL 方程。

然后，求解列出的 KCL 方程和 KVL 方程。如果电路中含有受控源，则应将控制量用支路电流表示出来，即增加辅助方程，与原有的 KCL 方程和 KVL 方程联合求解出各支路电流。

最后，如果需要，可以根据元件约束关系求解出其他变量。

但是上述步骤只适用于电路中每一条支路电压都能用支路电流来表示的情况，如果电路中含有仅由独立电流源或受控源构成的支路，则前述步骤就不能直接使用了，还需要具体情况具体分析。

【例 3-1】 图 3-3 所示电路中，已知 $R_1=3\ \Omega, R_2=3\ \Omega, R_3=1\ \Omega, u_{S1}=15\ \text{V}, u_{S2}=9\ \text{V}, u_{S3}=7\ \text{V}$。求电压 u_{ab} 及各电源产生的功率。

解 根据上述分析，列出的 KCL 方程为

$$-i_1-i_2+i_3=0 \tag{3-1}$$

列出的 KVL 方程为

$$-3i_1+3i_2=15-9 \tag{3-2}$$

$$-3i_2-i_3=9-7 \tag{3-3}$$

上述三个方程可以用克莱姆法则求解，Δ 与 Δ_j 分别为

$$\Delta=\begin{vmatrix} -1 & -1 & 1 \\ -3 & 3 & 0 \\ 0 & -3 & -1 \end{vmatrix}=15,\quad \Delta_1=\begin{vmatrix} 0 & -1 & 1 \\ 6 & 3 & 0 \\ 2 & -3 & -1 \end{vmatrix}=-30$$

$$\Delta_2=\begin{vmatrix} -1 & 0 & 1 \\ -3 & 6 & 0 \\ 0 & 2 & -1 \end{vmatrix}=0,\quad \Delta_3=\begin{vmatrix} -1 & -1 & 0 \\ -3 & 3 & 6 \\ 0 & -3 & 2 \end{vmatrix}=-30$$

所以可以求得各电流为

$$i_1=\frac{\Delta_1}{\Delta}=-2\ \text{A},\quad i_2=\frac{\Delta_2}{\Delta}=0\ \text{A},\quad i_3=\frac{\Delta_3}{\Delta}=-2\ \text{A}$$

$$u_{ab}=i_2R_2+u_{S2}=9\ \text{V}$$

考虑到各电源上电压和流过该电源的电流的参考方向，可以求得各电源产生的功率如下。

电压源 u_{S1} 产生的功率为

$$P_1=-u_{S1}i_1=-15\ \text{V}\times-2\ \text{A}=30\ \text{W}$$

电压源 u_{S2} 产生的功率为

$$P_2=-u_{S2}i_2=-9\ \text{V}\times0\ \text{A}=0\ \text{W}$$

电压源 u_{S3} 产生的功率为

$$P_3=u_{S3}i_3=7\ \text{V}\times-2\ \text{A}=-14\ \text{W}$$

可以验证所有电源产生的功率与所有电阻消耗的功率是平衡的。

【例 3-2】 某晶体管放大器的等效电路如图 3-4 所示，试用支路电流作为未知变量列写出求解该电路所必需的方程组。

解 图 3-4 所示电路共有 3 个节点，独立节点数为$(3-1)=2$ 个，选节点 a、b 为独立节点，列写 KCL 方程如下：

$$i_1-i_2-i_b=0$$

$$i_2-i_3-h_{fc}i_b=0$$

电路中共有 i_1、i_2、i_3、i_b 四个未知变量，所以还需要列写$(4-2)=2$ 个独立 KVL 方程，选取两个独立回路 l_1、l_2，如图 3-4 所示，列写 KVL 方程如下：

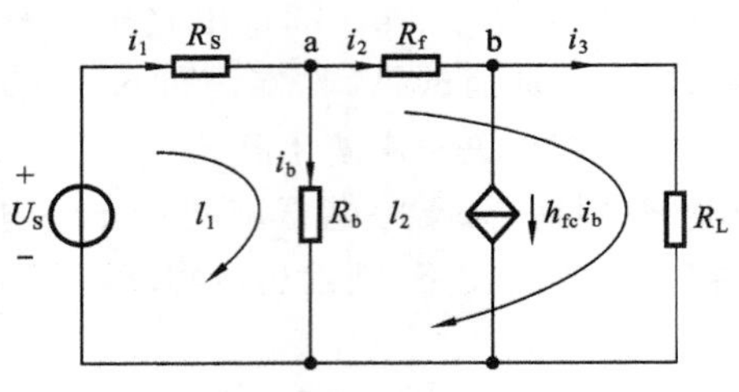

图 3-4　例 3-2 题图

$$i_1 R_S + i_b R_b = u_S$$

$$i_2 R_f + i_3 R_L - i_b R_b = 0$$

四个独立方程即可求解出四个支路电流。

该题电路中含有受控源支路，它两端电压取决于电路的其余部分，所以列写回路方程时尽量避免通过这一支路。

特别提醒的是，如果受控源的控制量不是某一支路电流而是另外的变量，那么需要按照常规过程列出方程后再附加一个方程，附加的方程应体现出控制量与支路电流变量的关系。

3.3　回路电流法

以沿回路连续流动的假想电流为未知量，列写电路方程，进行分析电路的方法称回路电流法。回路电流法的基本思想就是假想每个回路中均有一个回路电流，且能自动满足 KCL，同时取回路电流的方向为绕行方向，各支路电流可用回路电流表示。对于一个具有 b 条支路，n 个节点的电路，由于有$(n-1)$个独立节点约束着 b 条支路上的电流，所以独立的支路电流数只有$(b-n+1)$个，等于独立回路电流数。也就是说，只需要选取$(b-n+1)$个独立回路，列写回路电流方程就可以求解出所有的电路变量。具体总结出回路电流方程的过程如下。

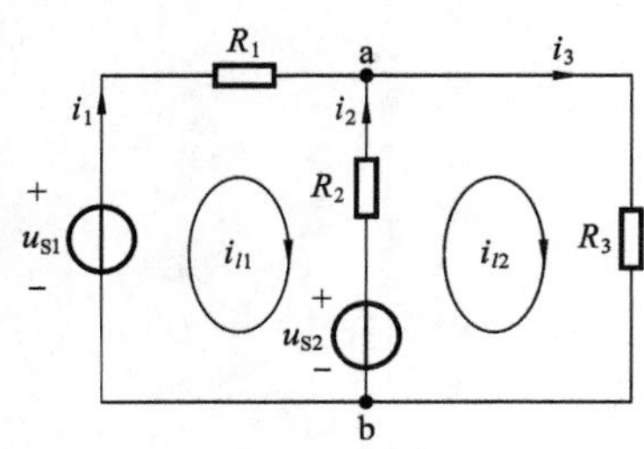

图 3-5　回路电流法用图

以图 3-5 所示的电路为例，图中有 3 条支路，2 个节点，所以独立回路数为$(b-n+1)=2$ 个，选取两个网孔作为独立回路，标出独立回路的回路电流 i_{l1} 和 i_{l2} 的绕行方向，如图 3-5 所示。把各支路电流用回路电流表示出来，即

$$i_1 = i_{l1},\quad i_3 = i_{l2},\quad i_2 = i_{l2} - i_{l1} = i_3 - i_1$$

从上述各式可以看出 KCL 自动满足，所以只需要列写出电路的 KVL 方程。

回路 1：$R_1 i_{l1} + R_2 (i_{l1} - i_{l2}) + u_{S2} - u_{S1} = 0$

回路 2：　$R_2 (i_{l2} - i_{l1}) + R_3 i_{l2} - u_{S2} = 0$

整理成关于回路电流 i_{l1} 和 i_{l2} 的方程组如下。

回路 1：　$(R_1 + R_2) i_{l1} - R_2 i_{l2} = u_{S1} - u_{S2}$

回路 2：　$-R_2 i_{l1} + (R_2 + R_3) i_{l2} = u_{S2}$

写成一般形式如下。

回路 1：　$R_{11} i_{l1} + R_{12} i_{l2} = u_{S11}$

回路 2：　$R_{21} i_{l1} + R_{22} i_{l2} = u_{S22}$

对于具有 l 个独立回路的电路，其回路电流方程的一般形式为

$$R_{11}i_{l1}+R_{12}i_{l2}+R_{13}i_{l3}+\cdots+R_{1l}i_{ll}=u_{S11}$$
$$R_{21}i_{l1}+R_{22}i_{l2}+R_{23}i_{l3}+\cdots+R_{2l}i_{ll}=u_{S22}$$
$$\vdots$$
$$R_{l1}i_{l1}+R_{l2}i_{l2}+R_{l3}i_{l3}+\cdots+R_{ll}i_{ll}=u_{Sll}$$

上式中具有相同下标的电阻 R_{11}，R_{22}，…，R_{ll} 是各独立回路的电阻之和，称为自电阻，简称自阻，记作 R_{jj}，恒为正。在图 3-5 中，回路 1 的自电阻 $R_{11}=R_1+R_2$，回路 2 的自电阻 $R_{22}=R_2+R_3$。式中具有不同下标的电阻 R_{12}，R_{23}，…，$R_{l(l-1)}$ 是各独立回路之间共有的电阻之和，称为互电阻，简称互阻，记作 R_{jk}，可正可负，这取决于互阻上流过的两个回路电流的方向，如果两回路电流方向相同则互阻取正，否则取负。显然，应该有 $R_{jk}=R_{kj}$。在图 3-5 中，$R_{12}=R_{21}=-R_2$。等式右侧的 u_{S11}，u_{S22}，…，u_{Sll} 分别为各独立回路中的电压源的代数和，求和时，与回路电流方向一致的电压源变量前应取"－"号，否则取"＋"号。在图 3-5 所示的电路中，$u_{S11}=u_{S1}-u_{S2}$，$u_{S22}=u_{S2}$。

如果电路中有电压源和电阻的并联组合，则可以等效变换为电压源和电阻的串联组合，然后再按步骤列写回路电流方程。

【例 3-3】 用回路电流法求解图 3-6 所示电路电流 i。

解 选各网孔为独立回路，标出各独立回路电流 i_{l1}、i_{l2}、i_{l3} 的绕行方向，如图 3-6 所示。求出各独立回路的自电阻和互电阻如下：

$$R_{11}=R_S+R_1+R_4,\quad R_{22}=R_1+R_2+R_5,\quad R_{33}=R_3+R_4+R_5$$
$$R_{12}=R_{21}=-R_1,\quad R_{23}=R_{32}=-R_5,\quad R_{31}=R_{13}=-R_4$$

只有回路 1 含有一个电压源，所以 $u_{S11}=U_S$，$u_{S22}=0$，$u_{S33}=0$。

根据回路电流方程的一般形式可以列出该电路的回路电流方程为

$$(R_S+R_1+R_4)i_{l1}+(-R_1)i_{l2}+(-R_4)i_{l3}=U_S$$
$$(-R_1)i_{l1}+(R_1+R_2+R_5)i_{l2}+(-R_5)i_{l3}=0$$
$$(-R_4)i_{l1}+(-R_5)i_{l2}+(R_3+R_4+R_5)i_{l3}=0$$

求解上述方程组可得各独立回路电流 i_{l1}、i_{l2}、i_{l3}，则电流 $i=i_{l2}-i_{l3}$。

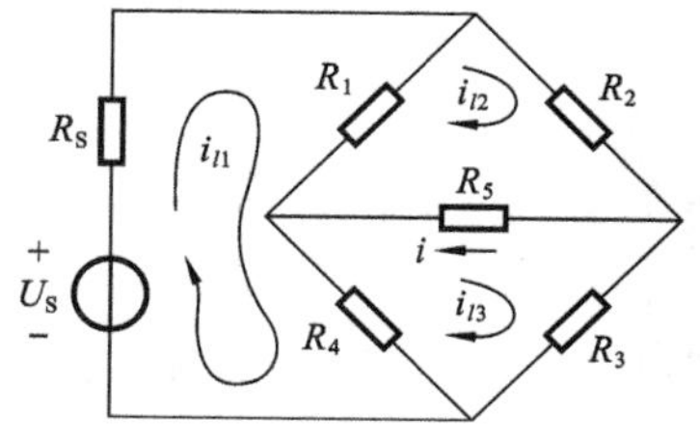

图 3-6 例 3-3 用图

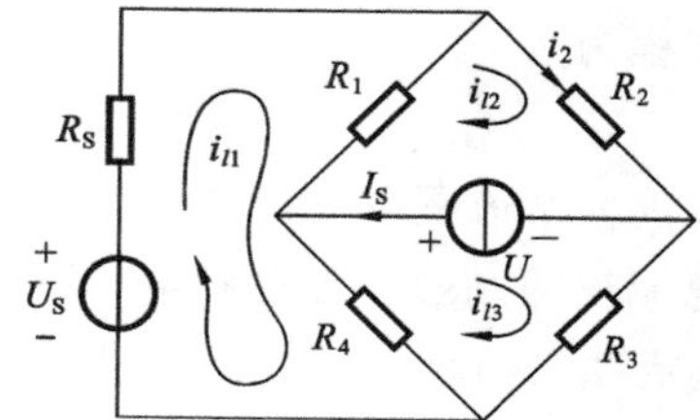

图 3-7 例 3-4 方法一用图

【例 3-4】 用回路电流法求解图 3-7 所示电路电流 i_2。

解 电路中含有一个无伴电流源，无法用等效变换的方法把它转换成电压源与电阻的串联形式，所以就无法使用常规的求解方法。但是可以根据电路的特点采用特殊的方法求解。

方法一：把电流源 I_S 两端的电压 U 作为附加变量，相当于把电流源 I_S 视为电压源 U。

仍然选取三个网孔为一组独立回路，列写回路电流方程如下：

$$(R_S+R_1+R_4)i_{l1}+(-R_1)i_{l2}+(-R_4)i_{l3}=U_S$$

$$(-R_1)i_{l1}+(R_1+R_2)i_{l2}=U$$
$$(-R_4)i_{l1}+(R_3+R_4+R_5)i_{l3}=-U$$

无伴电流源所在支路有 i_{l2} 和 i_{l3} 两个回路电流通过，所以可增加附加方程为

$$I_S=i_{l2}-i_{l3}$$

根据上述四个方程可求解出 i_{l1}、i_{l2}、i_{l3} 和 U，则 $i_2=i_{l2}$ 也可以求出。

方法二：选取独立回路，使理想电流源支路仅仅属于一个回路，该回路电流即 I_S。

如图 3-8 所示，选取一组独立回路，使电流源 I_S 仅属于回路 2，由此列写的回路电流方程为

$$(R_S+R_1+R_4)i_{l1}+(-R_1)i_{l2}+(-R_4)i_{l3}=U_S$$
$$i_{l2}=I_S$$
$$(-R_1-R_4)i_{l1}+(R_1+R_2)i_{l2}+(R_1+R_2+R_3+R_4)i_{l3}=0$$

电流源电流 I_S 为已知量，所以实际的方程只有两个，相比方法一减少了一个方程，当然也就减少了运算量。但要注意此时支路电流 $i_2=i_{l2}+i_{l3}$。

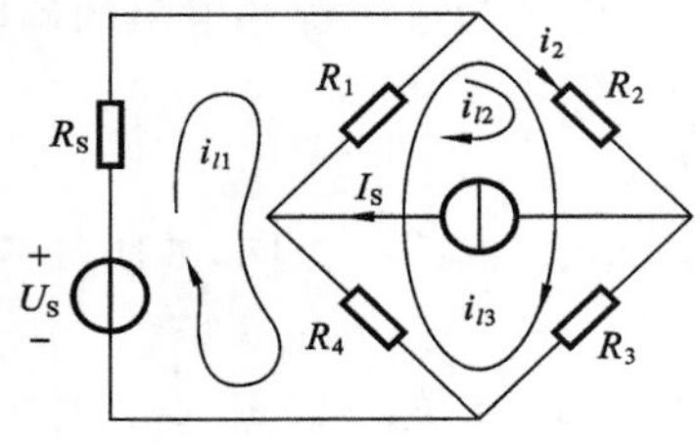

图 3-8 例 3-4 方法二用图

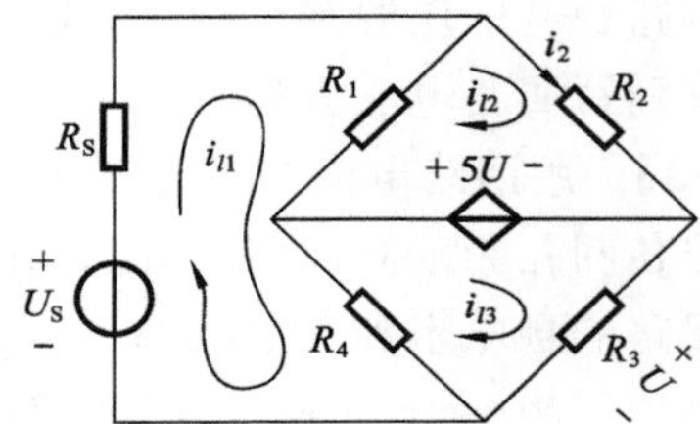

图 3-9 例 3-5 用图

【例 3-5】 用回路电流法求解图 3-9 所示电路电流 i_2。

解 对于含有受控电源支路的电路，可先把受控源看作独立电源按常规方法列方程，再将控制量用回路电流表示即可。

$$(R_S+R_1+R_4)i_{l1}+(-R_1)i_{l2}+(-R_4)i_{l3}=U_S$$
$$(-R_1)i_{l1}+(R_1+R_2)i_{l2}=5U$$
$$(-R_4)i_{l1}+(R_3+R_4+R_5)i_{l3}=-5U$$

增补方程为

$$U=i_{l3}R_3$$

根据上述四个方程可求解出 i_{l1}、i_{l2}、i_{l3} 和 U，则 $i_2=i_{l2}$ 也可以求出。

回路电流法的一般步骤可归纳如下。

(1) 选定独立回路，并标出独立回路电流的绕行方向。一般取回路的绕行方向与回路电流的方向一致。

(2) 以回路电流为未知量，按照回路电流方程的一般形式列写方程。注意自阻总是正的，互阻的正负取决于流过互阻的两个回路电流的参考方向，如果两参考方向相同则取正，否则取负。同时也要注意等式右边相关的各电压源前面的“+”号和“−”号。

(3) 如果电路中含有受控源或无伴电流源，则需另行处理。

(4) 求解方程，得到各回路电流，然后可以进行其他分析，如求功率等。

回路电流法对于平面电路或立体电路都适用。如果电路是平面电路，比较简便的方法是，可以选各网孔作为一组独立回路，然后列其回路电流方程，求解过程与回路法的一样，这种求

解电路的方法又称为网孔电流法。换句话说,网孔电流法只是回路电流法的一种特殊形式,归根结底还是回路电流法。

3.4　节点电压法

节点电压法是以独立节点电压为未知量,根据KCL和元件的伏安特性列写方程来求解独立节点电压的一种方法。当一个电路的支路数较多而节点数较少时,采用节点电压法可以减少列写方程的个数,从而简化了对电路的计算。只要求解出独立节点电压,就可以求解出各支路的其他参量。目前,在计算机辅助分析中,节点电压法得到了广泛的应用。

【例3-6】　在图3-10所示电路中,$U_{S1}=U_{S2}=1\ \text{V}$,$U_{S3}=2\ \text{V}$,$R_1=R_2=5\ \Omega$,$R_3=R_4=10\ \Omega$,试用节点电压法求各支路的电流。

解　图3-10所示的电路中共有2个节点,选取其中之一节点b为参考点,则节点a的电位记为U_a,此时各支路电流可以表示为

$$I_1=\frac{U_{S1}-U_a}{R_1} \tag{3-4}$$

$$I_2=\frac{U_{S2}-U_a}{R_2} \tag{3-5}$$

$$I_3=\frac{U_a-U_{S3}}{R_3} \tag{3-6}$$

$$I_4=\frac{U_a}{R_4} \tag{3-7}$$

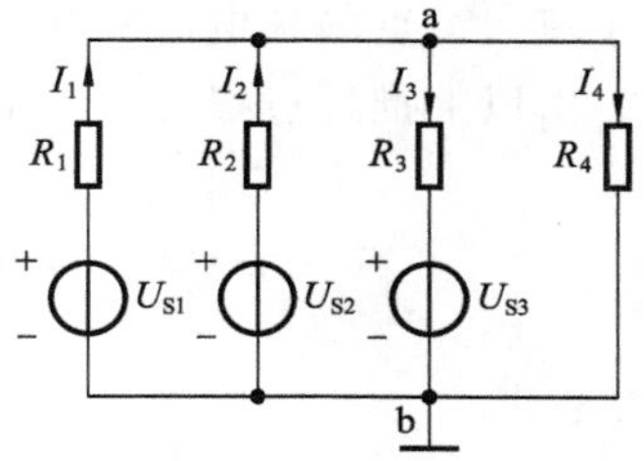

图3-10　节点电压法

同时,对于节点a,由KCL定律可知流入的电流之和等于流出的电流之和,所以有

$$I_1+I_2-I_3-I_4=0 \tag{3-8}$$

将式(3-4)、式(3-5)、式(3-6)和式(3-7)代入式(3-8),得

$$\frac{U_{S1}-U_a}{R_1}+\frac{U_{S2}-U_a}{R_2}-\frac{U_a-U_{S3}}{R_3}-\frac{U_a}{R_4}=0 \tag{3-9}$$

代入数值,整理可得节点a的电位为

$$U_a=1\ \text{V} \tag{3-10}$$

然后根据式(3-4)、式(3-5)、式(3-6)和式(3-7)就可相应求出I_1、I_2、I_3和I_4。

图3-11所示的电路,共有3个节点,把节点0作为参考点,节点1和节点2的电位分别记为U_1和U_2,那么电导G_1上的电压就为U_1,电导G_3上的电压就为U_2,电导G_2上的电压可以用节点电压表示为$U_{12}=U_1-U_2$。

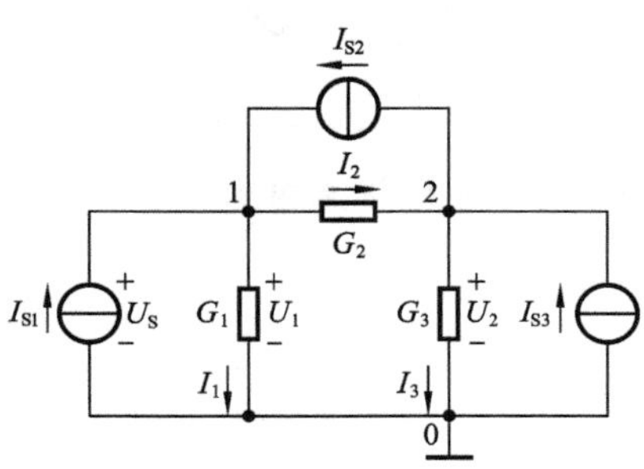

图3-11　含电流源的节点电压法

在G_1、G_2、G_3所组成的回路中,若各支路电压用节点电压表示,则由KVL可知,$U_{12}+U_2-U_1=0$,也就是说,规定节点电压后,KVL一定自动满足。

应用KCL于节点1和节点2。

对于节点1,有

$$I_1+I_2=I_{S1}+I_{S2} \tag{3-11}$$

对于节点2,有

$$I_3-I_2=-I_{S2}+I_{S3} \tag{3-12}$$

而由各支路方程可得

$$\left.\begin{aligned}I_1&=G_1U_1\\I_2&=G_2(U_1-U_2)\\I_3&=G_3U_2\end{aligned}\right\}\tag{3-13}$$

将式(3-13)代入式(3-11)和式(3-12),可得

$$(G_1+G_2)U_1-G_2U_2=I_{S1}+I_{S2}\tag{3-14}$$

$$-G_2U_1+(G_2+G_3)U_2=-I_{S2}+I_{S3}\tag{3-15}$$

为了方便理解节点电压法的要点,把式(3-14)和式(3-15)写成一般形式为

$$G_{11}U_1+G_{12}U_2=I_{S11}\tag{3-16}$$

$$G_{21}U_1+G_{22}U_2=I_{S22}\tag{3-17}$$

其中 $G_{11}=G_1+G_2$,$G_{22}=G_2+G_3$ 分别是节点 1 和节点 2 的自导,自导总是正的,等于与各节点相连的支路电导之和;$G_{12}=G_{21}=-G_2$ 是节点 1 和节点 2 之间的互导,互导总是负的,等于连接两节点间支路电导的负值。I_{S11} 和 I_{S22} 分别表示注入节点 1 和节点 2 的电流,注入电流等于流向节点的各电流源电流的代数和,流入取"+",流出则取"-"。

由以上推理过程可以看出,很容易推广到 n 个节点的情况,即

$$\left.\begin{aligned}&G_{11}U_1+G_{12}U_2+\cdots+G_{1(n-1)}U_{(n-1)}=I_{S11}\\&G_{21}U_1+G_{22}U_2+\cdots+G_{2(n-1)}U_{(n-1)}=I_{S22}\\&\qquad\vdots\\&G_{(n-1)1}U_1+G_{(n-2)2}U_2+\cdots+G_{(n-1)(n-1)}U_{(n-1)}=I_{S(n-1)(n-1)}\end{aligned}\right\}\tag{3-18}$$

节点电压法所选未知量是各节点的电压,KVL 自动满足,因此就无需列写 KVL 方程,只需列写各节点的 KCL 方程,独立方程数为$(b-n+1)$个。各支路电流、电压可视为节点电压的线性组合,求出节点电压后,便可方便地得到各支路电压、电流。

【例 3-7】 求图 3-12 所示电路中电导 G_1 上的电流 i_1。

解 图 3-12 所示电路中共有 4 个节点,独立节点数为 $n-1=3$ 个,选取其中一个为参考点,其余 3 个节点为独立节点①、②、③,各节点电压分别为 U_{n1}、U_{n2}、U_{n3},如图 3-13 所示。

其中的电压源串联电导支路可以看作是电流源与电导的并联,如图 3-13 所示。

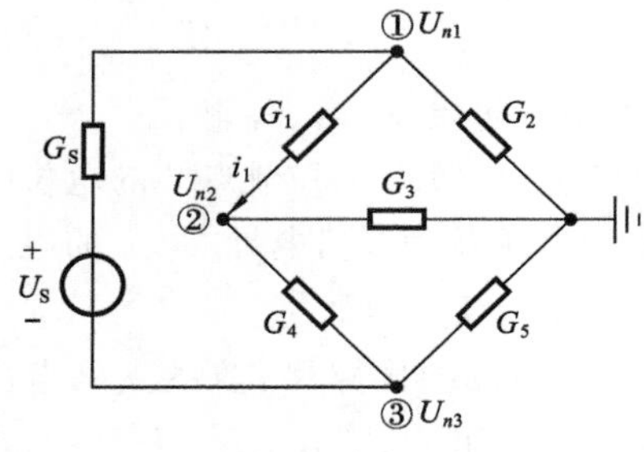

图 3-12 例 3-7 用图

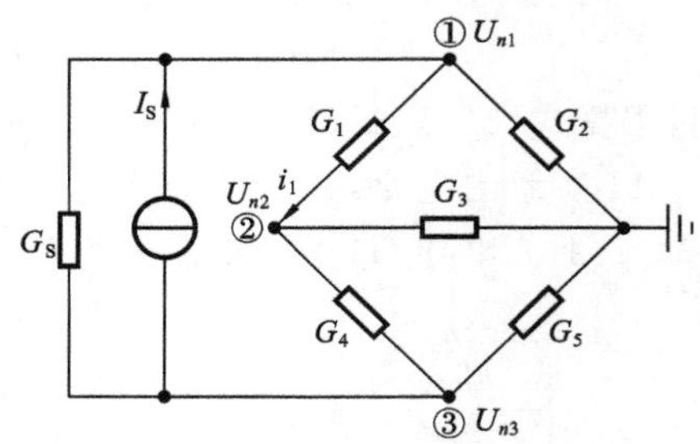

图 3-13 例 3-7 题解用图

列写各节点的节点电压方程。

$$\left.\begin{aligned}&\text{节点①}:(G_1+G_2+G_S)U_1-G_1U_2-G_SU_3=G_SU_S\\&\text{节点②}:-G_1U_1+(G_1+G_3+G_4)U_2-G_4U_3=0\\&\text{节点③}:-G_SU_1-G_4U_2+(G_4+G_5+G_S)U_3=-U_SG_S\end{aligned}\right\}\tag{3-19}$$

根据方程式(3-19)可以求解出各节点电压 u_{n1}、u_{n2}、u_{n3},则待求量 i_1 为

$$i_1=(u_{n1}-u_{n2})G_1$$

即图 3-12 所示电路中电导 G_1 上的电流为

$$i_1=(u_{n1}-u_{n2})G_1$$

节点电压法的一般步骤可归纳如下。

(1) 选定参考节点，标定($n-1$)个独立节点，独立节点对参考节点之间电压就是节点电压，通常以参考节点为节点电压的低电位端。

(2) 对于($n-1$)个独立节点，以节点电压为未知量，列写其 KCL 方程，即节点电压方程。列写方程时要注意自导和互导的正负，以及等式右边电流源的极性。

(3) 求解上述方程组，得到($n-1$)个节点的电压。

(4) 根据节点电压求解其他未知量，如各支路电流、某一元件释放或吸收的功率等。

(5) 还可以继续进行其他分析。

但是当电路中含有受控源或无伴电压源支路时需另行处理，具体可参考如下例题。

【例 3-8】 列写图 3-14 所示电路的节点电压方程。

解 图 3-14 所示电路中共有 3 个节点，选其中一个为参考节点，其余两个为独立节点，如图中节点①、②。电路中含有受控源，可以先把受控源当作独立源列写方程。

$$\left.\begin{aligned}&\left(\frac{1}{R_1}+\frac{1}{R_2}\right)u_{n1}-\frac{1}{R_1}u_{n2}=i_{S1}\\&-\frac{1}{R_1}u_{n1}+\left(\frac{1}{R_1}+\frac{1}{R_3}\right)u_{n2}=-g_m u_{R_2}-i_{S1}\end{aligned}\right\}\quad(3\text{-}20)$$

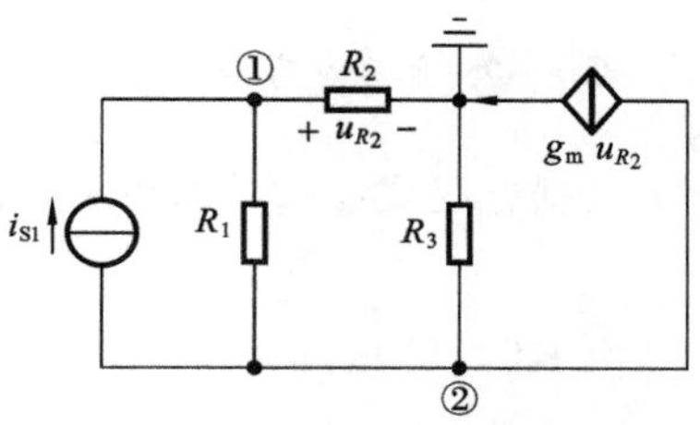

图 3-14　例 3-8 用图

上述方程组中除了两个节点电压 u_{n1} 和 u_{n2} 为未知量，还有另外一个未知量 u_{R_2}，要想求解这 3 个未知量，还需增加一个方程，根据图 3-14 所示电路不难发现如下关系：

$$u_{R_2}=u_{n1}\quad（增补方程）\qquad(3\text{-}21)$$

方程(3-21)即为增补方程，根据上述 3 个方程可以求解出未知量 u_{n1} 和 u_{n2}，如果需要可以继续求解其他量。

【例 3-9】 电路如图 3-15 所示，请列写出能够求解出电流 I 的方程。

解 图 3-15 所示电路中含有一个无伴电压源，这种情况无法用等效电源法来处理，但是针对电路的这个特点也有相应的处理方法。

方法一：把电压源视为电流源，电流源的大小即为 I。

首先选定参考点，并标出各独立节点的节点电压 U_1、U_2、U_3，如图 3-16 所示。

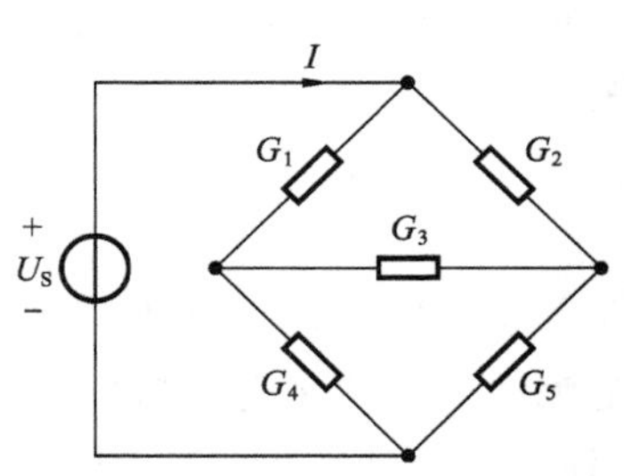

图 3-15　例 3-9 用图

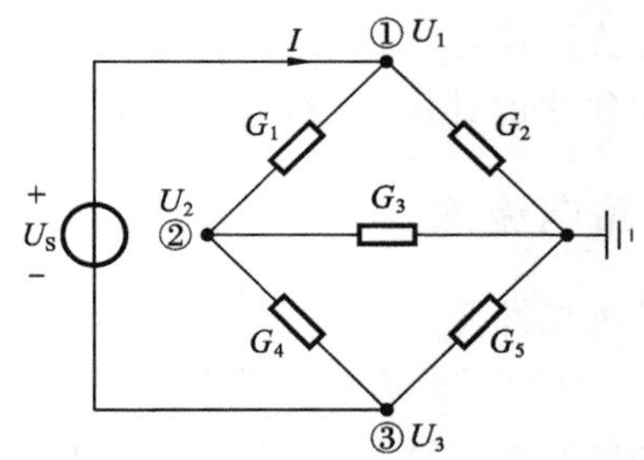

图 3-16　例 3-9 方法一用图

列写节点电压方程如下：

$$\left.\begin{aligned}&(G_1+G_2)U_1-G_1U_2=I\\&-G_1U_1+(G_1+G_3+G_4)U_2-G_4U_3=0\\&-G_4U_2+(G_4+G_5)U_3=-I\end{aligned}\right\}\tag{3-22}$$

方程式(3-22)中多了一个未知数 I，所以需要增加一个方程

$$U_1-U_3=U_S\quad\text{(增补方程)}\tag{3-23}$$

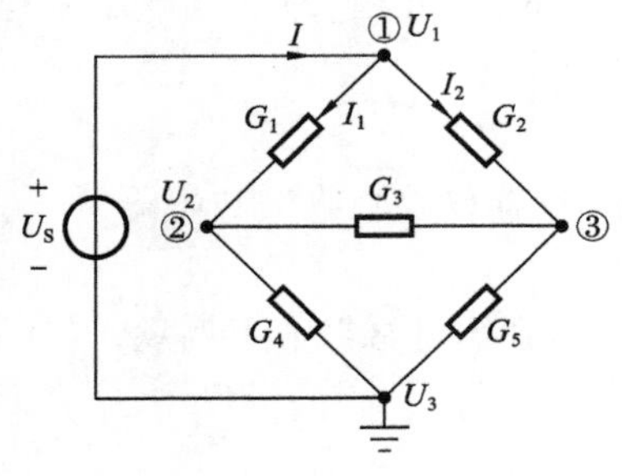

图 3-17 例 3-9 方法二用图

根据方程式(3-22)和式(3-23)即可求解出电流 I。

方法二：巧选参考点。

选无伴电压源的两个端子之一作为参考点，则另一端子到参考点之间的电压即为节点电压，正好等于无伴电压源的电压，如图 3-17 所示。

列写节点电压方程如下：

$$\left.\begin{aligned}&U_1=U_S\\&-G_1U_1+(G_1+G_3+G_4)U_2-G_3U_3=0\\&-G_2U_1-G_3U_2+(G_2+G_3+G_5)U_3=0\end{aligned}\right\}\tag{3-24}$$

根据方程式(3-24)即可求解出各节点电压 U_1、U_2、U_3，然后可得

$$I_1=(U_1-U_2)G_1,\quad I_2=(U_1-U_3)G_2$$

由 KCL 可知，$I=I_1+I_2$，解得未知量。

3.5 分析方法的选用原则

前面介绍了电路分析的几种主要方法，包括支路电流法、回路电流法、节点电压法，这三种方法的共同特点都是依据电路的基本定律、元件 VCR 建立方程进行求解的，统称为方程法分析。各方法的特点总结归纳如下。

1. 支路电流法

具有 n 个节点、b 条支路的电路，以支路电流为未知量，依 KCL、KVL、元件 VCR 建立 $(n-1)$ 个独立节点 KCL 方程、$(b-n+1)$ 个独立回路 KVL 方程，联立求解这 b 个方程即可得各支路电流，进而可求得电路中的电压、功率，这就是支路电流法。此法优点是，直观，解得的电流就是各支路电流，可以用电流表测量；缺点是，当电路较复杂时手算解方程的运算量太大，但如使用现代化的计算手段，这个问题也就不成为问题了。

2. 回路电流法

以虚拟的回路电流作为未知量，依据 KVL 及元件 VCR 建立 $(b-n+1)$ 个回路 KVL 方程，求解方程组即可得各回路电流，进而求得各支路电流、电压、功率等，这就是回路电流法。前面提到的网孔电流法是回路电流法的特殊情况。这种方法的优点是，所需方程个数较支路电流法的少，而且归纳总结出了方程的一般形式，规律易于掌握。回路电流法对于平面和立体电路都适用，但是网孔电流法只适用于平面电路。

3. 节点电压法

节点电压法是选择电路中的其中一个节点作参考点，以$(n-1)$个节点电压为未知量，依KCL、元件VCR建立$(n-1)$个独立节点的节点电压方程，求解该方程组可得各节点电压，进而求得支路电流、电压、功率等变量的方法。此法优点主要有两方面：一是所需求解的方程个数少于支路电流法的方程个数，而且归纳总结出了方程的一般形式，规律易于掌握；二是节点电压容易选择，不存在选取独立回路的问题。其缺点是，对一般给出的电阻参数、电压源形式的电路用节点电压法分析时稍显烦琐。

综上所述，回路电流法、节点电压法求解方程的数目明显少于支路电流法求解方程的数目，所以对于一般电路可以优先选用这两种方法。当平面电路的回路或网孔个数少于或等于独立节点数时，一般选回路电流法分析较简单；反之，选用节点电压法分析较简单。

3.6　计算机辅助分析电路举例

采用各种电路分析方法分析电路时建立的方程组可以用Matlab软件求解，使得解方程的过程变得简单。

【例3-10】　在图3-18所示电路中，$R_1=R_2=10\ \Omega$，$R_3=4\ \Omega$，$R_4=R_5=8\ \Omega$，$R_6=2\ \Omega$，$u_{S3}=20\ \text{V}$，$u_{S6}=40\ \text{V}$，用支路电流法求解电流i_5。

解　该题可用以下Matlab程序求解。

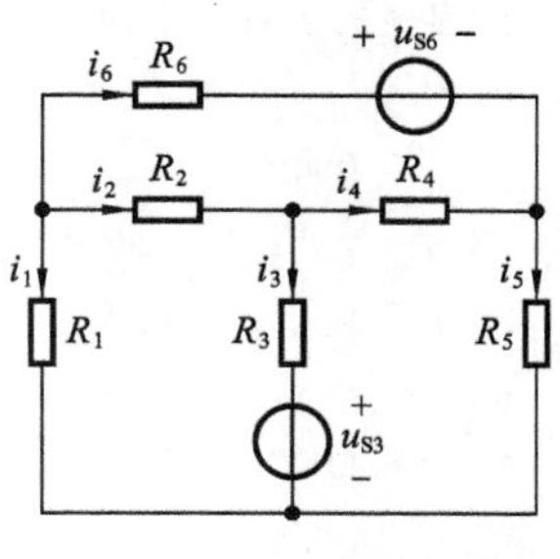

图3-18　例3-10用图

```
R1=10;R2=10;R3=4;R4=8;R5=8;R6=2;us3=20;us6=40;
A=[1 1 0 0 0 1;0 -1 1 1 0 0;0 0 0 -1 1 -1
   0 -R2 0 -R4 0 R6;-R1 R2 R3 0 0 0;0 0 -R3 R4 R5 0];
B=[0;0;0;-us6;-us3;us3];
fprintf('I1,I2,I3,I4,I5,I6 分别为');
I=A\B;
I1=I(1),I2=I(2),I3=I(3),I4=I(4),I5=I(5),I6=I(6)
```

该程序的运行结果为：

```
I1,I2,I3,I4,I5,I6 分别为
I1 =
    2.5078
I2 =
    1.1285
I3 =
   -1.5517
I4 =
    2.6803
I5 =
   -0.9561
I6 =
   -3.6364
```

即电流 $i_5=-0.9561$ A。

该题也可只用 Matlab 求解，程序如下：

```
A=[1 1 0 0 0 1;0 -1 1 1 0 0;0 0 0 -1 1 -1
   0 -10 0 -8 0 2;-10 10 4 0 0 0;0 0 -4 8 8 0];
B=[0;0;0;-40;-20;20];
fprintf('I1,I2,I3,I4,I5,I6 分别为');
I=A\B;
I1=I(1),I2=I(2),I3=I(3),I4=I(4),I5=I(5),I6=I(6)
```

【例 3-11】 用回路电流法求图 3-19 所示电路中电压 U。

解 该题可由以下 Matlab 程序求解。

```
R1=2;R2=8;R3=40;R4=10;us1=136;us2=50;
a11=1;a12=0;a13=0;
a21=-R2;a22=R1+R2+R3;a23=R1+R2;
a31=-R2-R4;a32=R1+R2;a33=R1+R2+R4;
b1=3;b2=us1;b3=us1-us2;
A=[a11,a12,a13;a21,a22,a23;a31,a32,a33];
B=[b1;b2;b3];I=A\B;
il1=I(1),il2=I(2),il3=I(3)
u=R3 * il2
```

该程序的运行结果为：

```
il1 =
    3.0000
il2 =
    2
il3 =
    6.0000
u =
    80
```

即电路中电压 $U=80$ V。

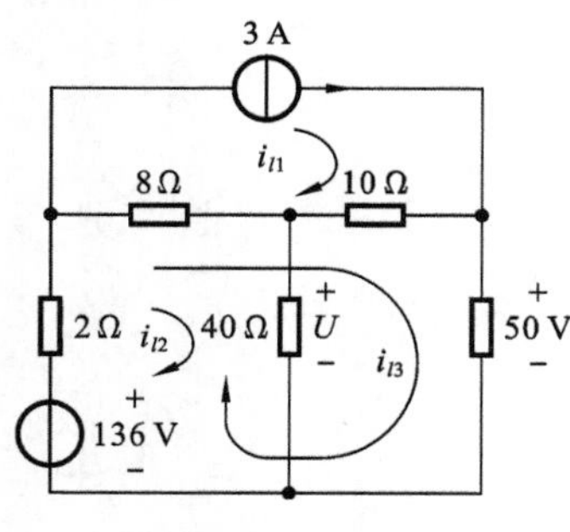

图 3-19 例 3-11 用图

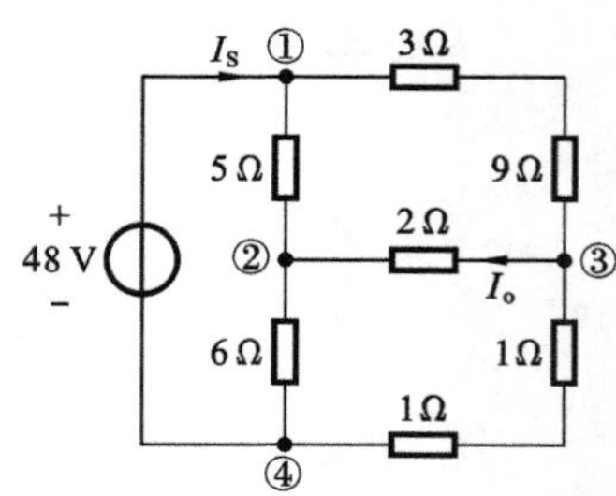

图 3-20 例 3-12 用图

【例 3-12】 用节点电压法求解图 3-20 所示电路中电流 I_S 和 I_o。

解 选节点④为参考节点，可得方程组为

$$u_{n1}=48$$

$$-\frac{1}{5}u_{ni}+\left(\frac{1}{5}+\frac{1}{2}+\frac{1}{6}\right)u_{n2}-\frac{1}{2}u_3=0$$

$$-\frac{1}{3+9}u_{ni}-\frac{1}{2}u_{n2}+\left(\frac{1}{3+9}+\frac{1}{2}+\frac{1}{1+1}\right)u_3=0$$

用 Matlab 程序解以上方程组如下。

```
A=[1 0 0;-1/5 1/5+1/2+1/6 -1/2;-1/(3+9) -1/2 1/(3+9)+1/2+1/(1+1)];
B=[48;0;0];
u=A\B;
un1=u(1);un2=u(2);un3=u(3);
Is=(un1-un2)/5+(un1-un3)/(3+9),Io=(un3-un2)/2
```

该程序的运行结果为：

```
Is =
      9
Io =
    -3.0000
```

即电流 $I_S=9$ A，$I_o=-3$ A。

【例 3-13】 电路如图 3-21 所示，电压源 $U_1=8$ V，$U_2=6$ V，电阻 $R_1=20\ \Omega$，$R_2=40\ \Omega$，$R_3=60\ \Omega$。试用网孔电流分析法求网孔 1、2 的电流。

解 假定网孔电流在网孔中顺时针方向流动，用网孔电流分析法可求得网孔 1、2 的电流分别为 127 mA、-9.091 mA。在 Multisim 的电路窗口中创建图 3-22 所示的电路，启动仿真软件，图中电流表的读数即为仿真分析的结果。可见，理论计算与电路仿真结果相同。

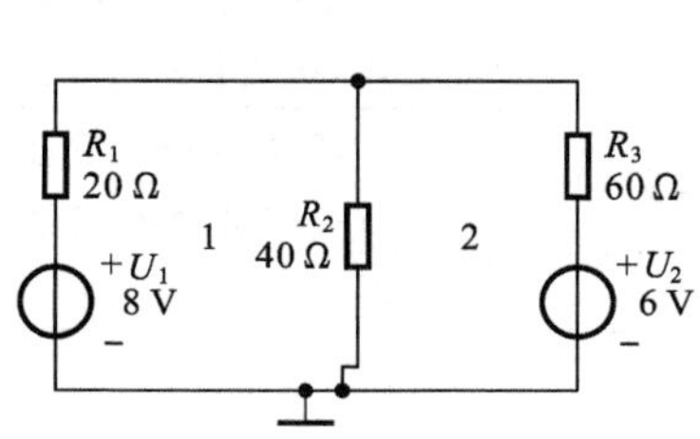

图 3-21　例 3-13 电路图

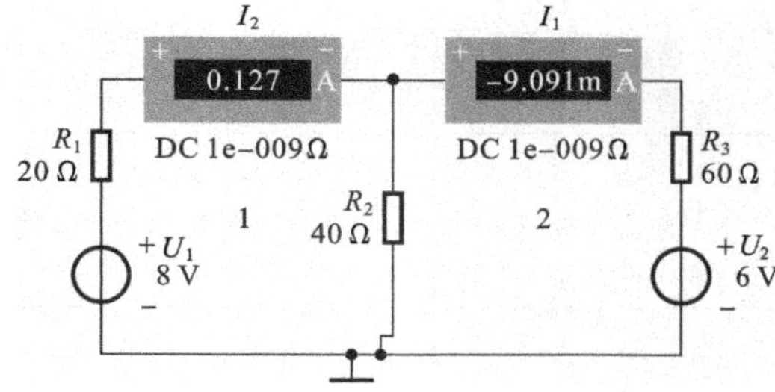

图 3-22　例 3-13 仿真电路

【例 3-14】 节点电位分析是以节点电位为变量列 KCL 方程求解电路的方法。当电路比较复杂时，节点电位法的计算步骤非常烦琐，但利用 Multisim 可以快速、方便地仿真出各节点的电位。电路如图 3-23 所示，试用 Multisim 求节点 a、b 电位。

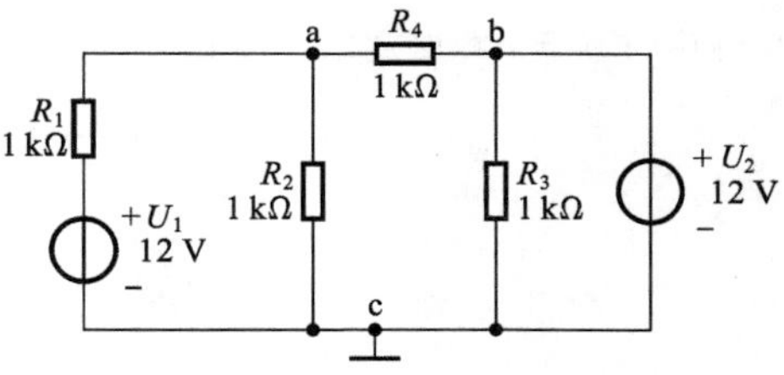

图 3-23　例 3-14 电路图

解 图 3-23 所示的电路为 3 节点电路，指定参考点 c 后，利用 Multisim 可直接仿真出节点 a、b 的电位，仿真结果如图 3-24 所示电压表的读数，$V_a=7.997$ V，$V_b=12.000$ V，与理论计算结果相同。

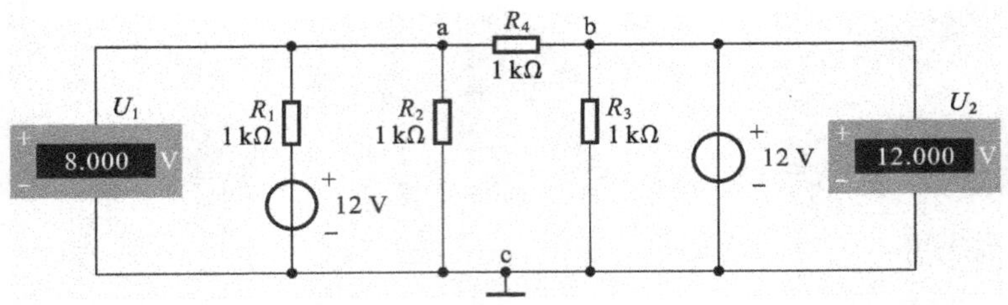

图 3-24 例 3-14 仿真电路

小 结

本章介绍了几种电阻电路的基本分析方法，其中包括支路电流法、回路电流法、节点电压法等。这些方法都是依据电路的基本定律、元件伏安关系建立方程对电路进行求解的。对几种方法进行比较，总结如表 3-1 所示。

表 3-1 电路分析的基本方法

名称	定 义	独立方程个数	优 缺 点
支路电流法	直接以 b 个支路电流为待求变量，对 $(n-1)$ 个独立节点列写 KCL 方程，对 $b-(n-1)$ 个独立回路列写 KVL 方程，然后对这 b 个方程联立求解的方法	等于电路的支路数 b	当方程个数较多时，宜用计算机计算
回路电流法	以基本回路电流为独立、完备的待求变量，对基本回路列写 KVL 方程，进而对电路进行分析的方法	等于电路的连支数，即 $b-(n-1)$ 个	灵活性强，但是互有电阻的识别难度加大，易遗漏互有电阻
节点电压法	以独立节点电位为独立、完备的待求变量，对独立节点列写 KCL 方程组，进而对电路进行分析的方法	等于电路独立节点的个数，即 $(n-1)$ 个	灵活性强（因参考节点的选择不是唯一的）

思考题及习题

3.1 如图 1 所示的电路，求 I_1、I_2、I_3。

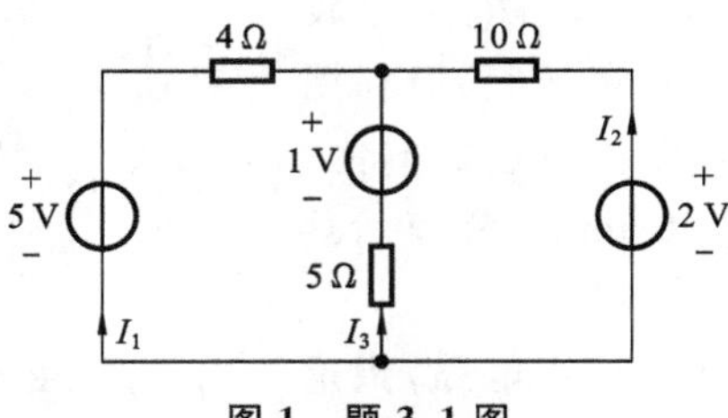

图 1 题 3.1 图

3.2 如图 2 所示的电路，已知电流 $i_1=2$ A，$i_2=1$ A，求电压 u_{bc}、电阻 R 及电压源 u_S。

3.3 如图 3 所示的电路，试求 U_A 和 I_1、I_2。

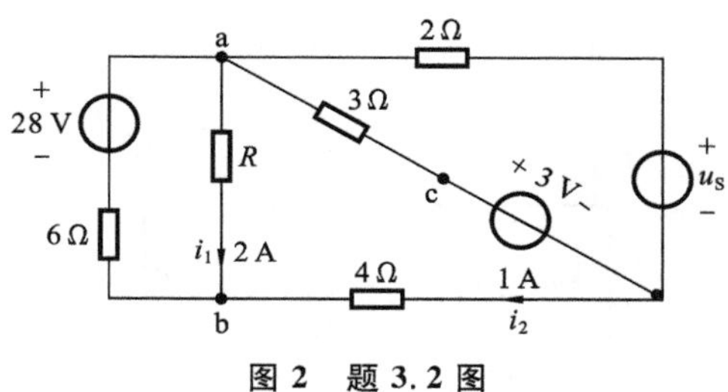

图 2　题 3.2 图

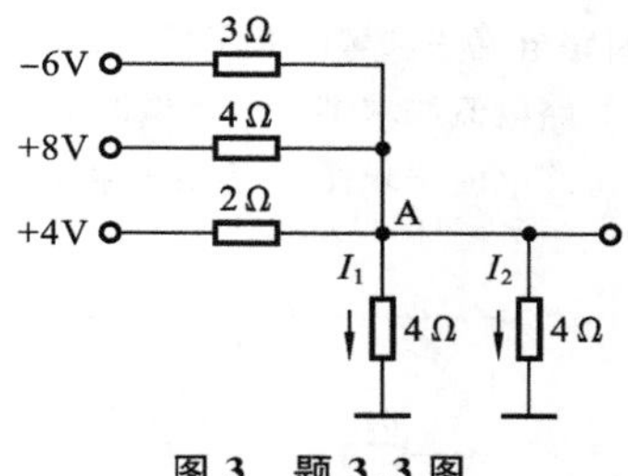

图 3　题 3.3 图

3.4　用支路电流法计算图 4(a)、(b)所示电路中的各支路电流。

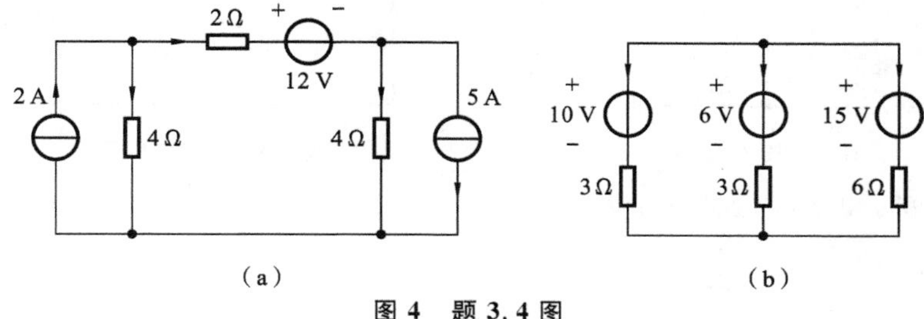

图 4　题 3.4 图

3.5　如图 5 所示的电路，已知 $R_1=R_2=10\ \Omega$，$R_3=4\ \Omega$，$R_4=R_5=8\ \Omega$，$R_6=2\ \Omega$，$u_{S3}=20\ V$，$u_{S6}=40\ V$，用支路电流法求解电流 i_5。

3.6　用支路电流法计算图 6 中所示电路的电流 I_1 和 I_2。

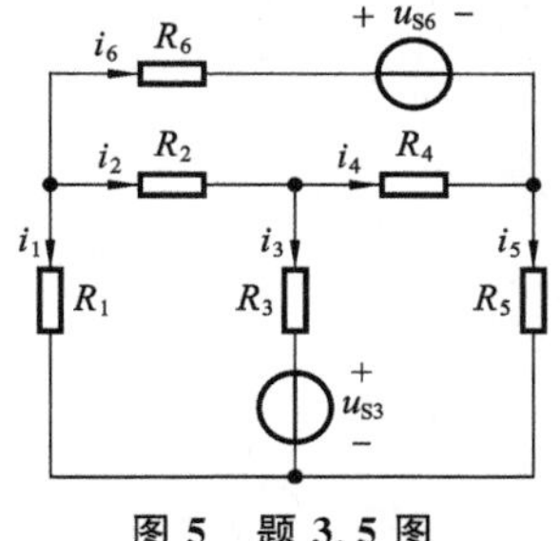

图 5　题 3.5 图

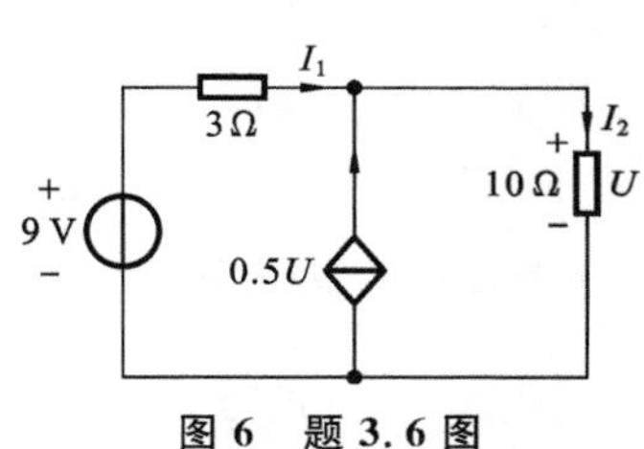

图 6　题 3.6 图

3.7　用网孔法求解图 5 所示电路的电流 i_5。

3.8　如图 7 所示电路，负载电阻 R_L 是阻值可变的电气设备。它由一台直流发电机和一串联蓄电池组并联供电。蓄电池组常接在电路内。当用电设备需要大电流(R_L 值变小)时蓄电池组放电；当用电设备需要小电流(R_L 值变大)时，蓄电池组充电。设 $U_{S1}=40\ V$，内阻 $R_{S1}=0.5\ \Omega$，$U_{S2}=32\ V$，内阻 $R_{S2}=0.2\ \Omega$。

(1) 如果用电设备的电阻 $R_L=1\ \Omega$ 时，求负载吸收的功率和蓄电池组所在电路的电流 I_1。这时蓄电池组是充电还是放电？

(2) 如果用电设备的电阻 $R_L=17\ \Omega$ 时，求负载吸收的功率和蓄电池组所在支路的电流 I_1。这时蓄电池组是充电还是放电？

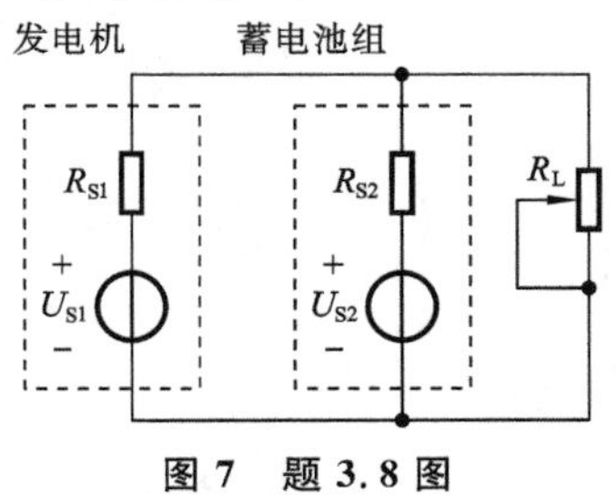

图 7　题 3.8 图

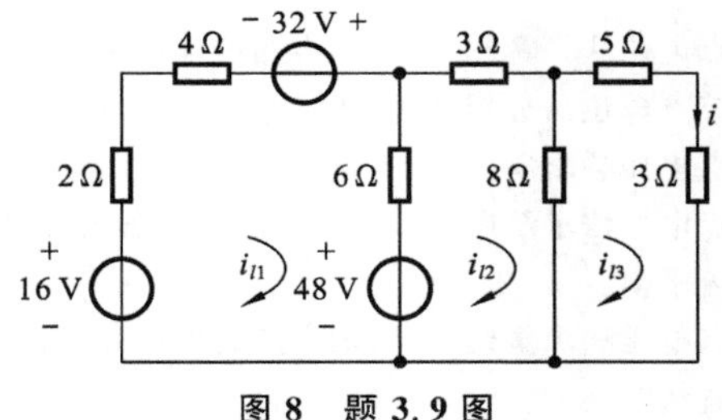

图 8　题 3.9 图

3.9　用回路电流法求解图 8 所示电路的电流 i。

3.10　用回路电流法求图 9 所示电路的电压 U。

3.11　用回路电流法求图 10 所示电路的电压 U。

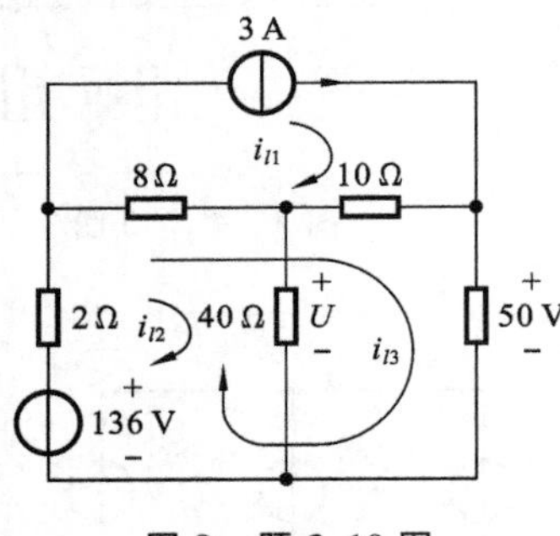

图 9　题 3.10 图

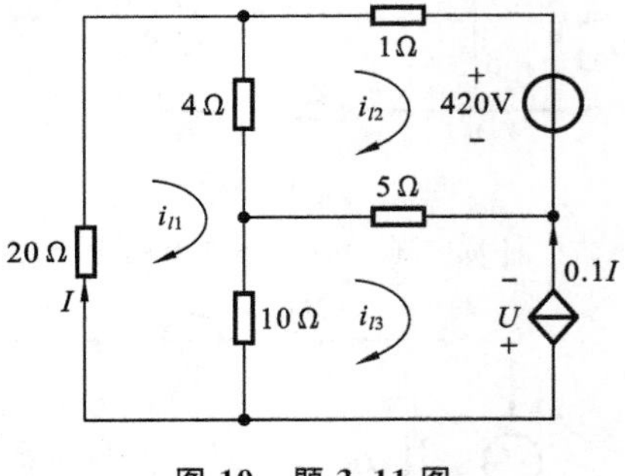

图 10　题 3.11 图

3.12　列出图 11 所示电路的节点电压方程。

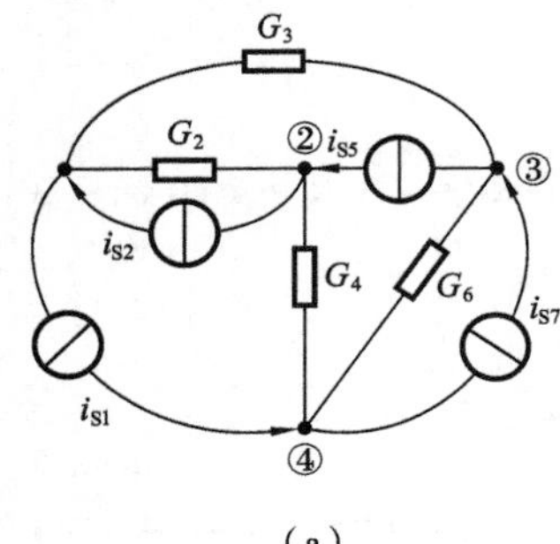

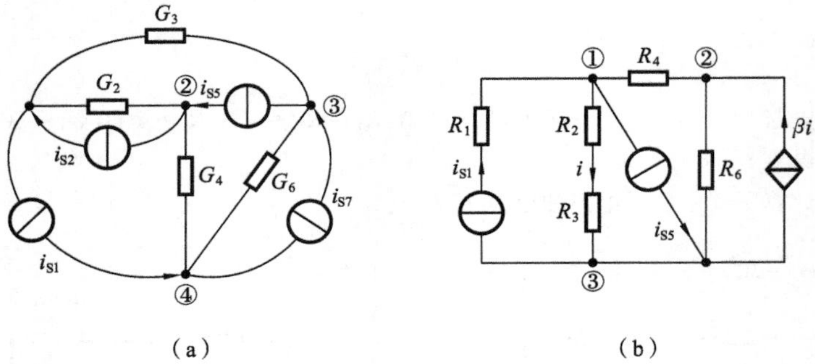

(a)

(b)

图 11　题 3.12 图

3.13　列出图 12 中电路的节点电压方程。

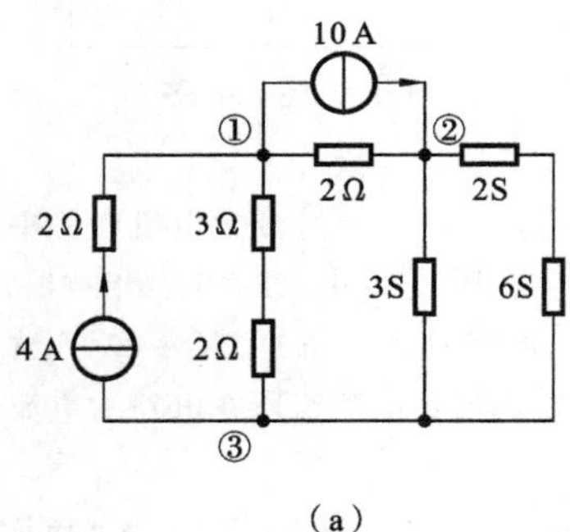

(a)

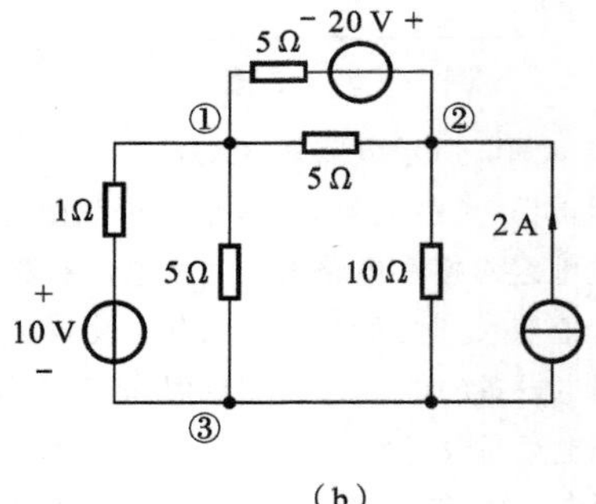

(b)

图 12　题 3.13 图

3.14　用节点电位法计算图 13 所示电路的电位 V_1 和 V_2 的值。

3.15　试用节点电位法分析图 14 所示电路各节点的电位值。

3.16　用节点电压法求解图 15 中电压 U。

3.17　用节点电压法求解图 16 所示电路后，求各元件的功率并检验功率是否平衡。

3.18　用节点电压法求解图 17 所示电路的电压 u_1 和 u_2。你对此题有什么看法？

3.19　如图 18 所示电路，求图中受控源产生的功率。

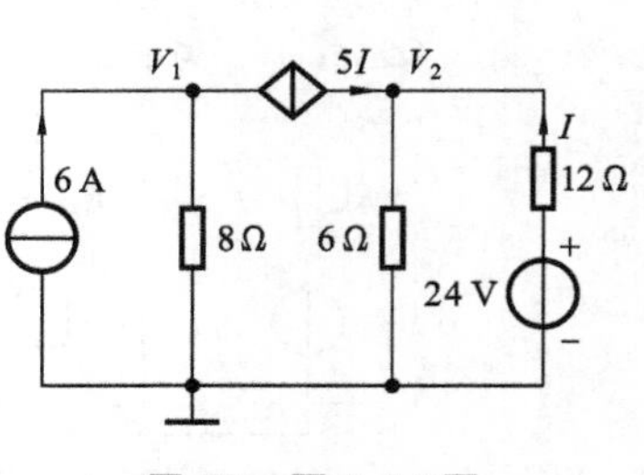

图 13　题 3.14 图

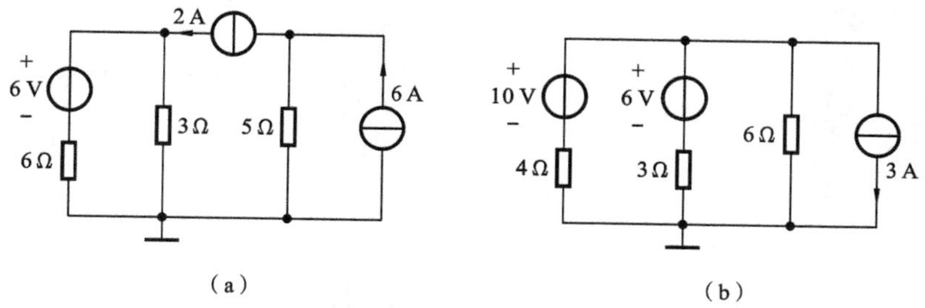

图 14　题 3.15 图

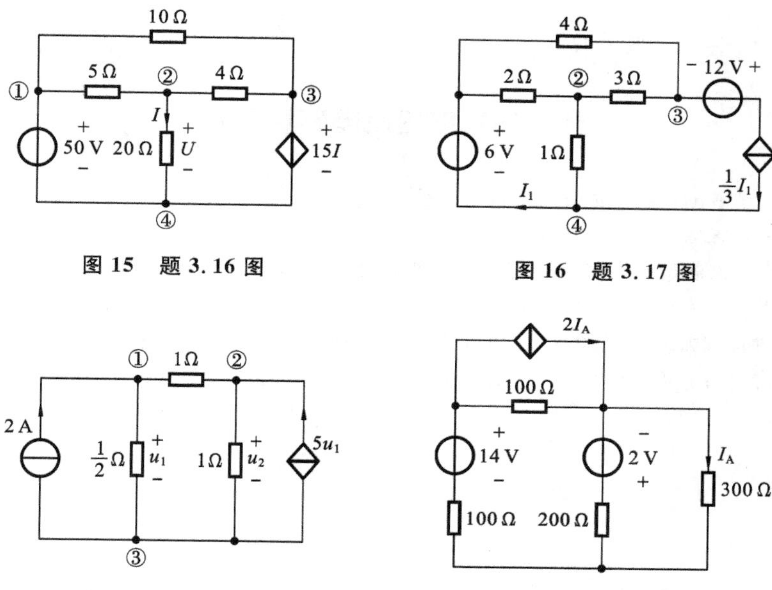

图 15　题 3.16 图

图 16　题 3.17 图

图 17　题 3.18 图

图 18　题 3.19 图

3.20　求图 19 所示电路中负载电阻 R_L 上吸收的功率 P_L。

3.21　图 20 所示电路为晶体管放大器等效电路，电路中各电阻及 β 均为已知，求电流放大系数 $A_i(A_i=i_2/i_1)$，电压放大系数 $A_u(A_u=u_2/u_i)$。

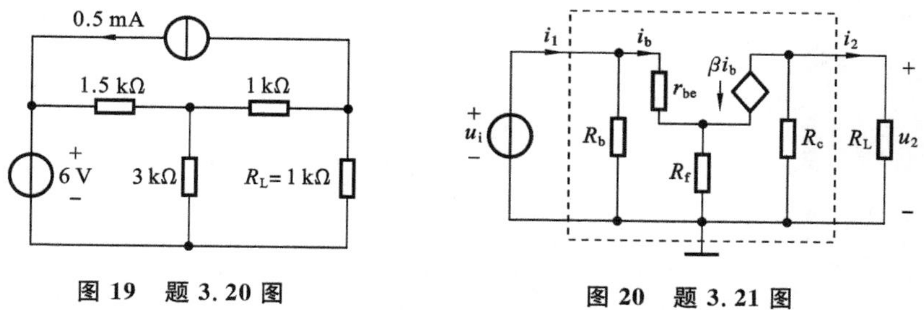

图 19　题 3.20 图

图 20　题 3.21 图

3.22　试设计一个电路，使其节点方程为如下方程。

节点 1：$3V_1-V_2-V_3=1$

节点 2：$-V_1+5V_2-3V_3=-1$

节点 3：$-V_1-3V_2+5V_3=-1$

式中 V_1、V_2、V_3 分别为节点 1、2、3 的电位。

3.23　如图 21 所示的调压电路，端子 a 开路，$R_2=R_1$，当调 R_2 的活动点时，求 V_a 的变化范围。

3.24　求图 22 所示电路的电流 i 及电压 u。

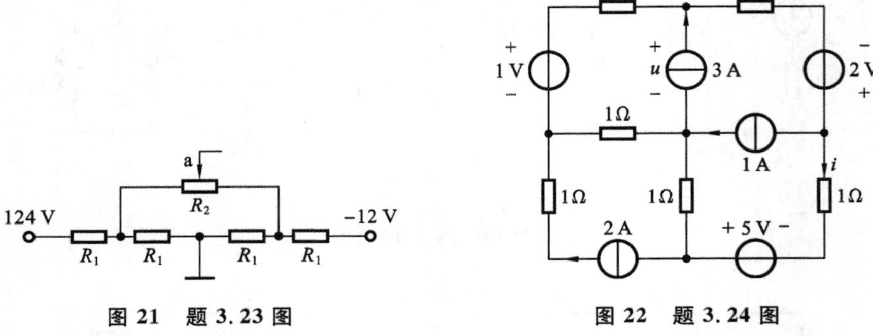

图 21　题 3.23 图　　　　图 22　题 3.24 图

计算机辅助分析电路练习题

3.25　用 Multisim 仿真测量题 3.4 中电路的待求量。

3.26　用 Multisim 仿真测量题 3.11 电路中电压 U。

3.27　用 Multisim 仿真测量题 3.18 中各元件所消耗的功率，并检验功率是否平衡。

3.28　用 Matlab 辅助解方程，求题 3.10 中的电压 U。

3.29　用 Matlab 辅助解方程，求题 3.11 中的电压 U，并与题 3.27 的仿真结果做比较。

3.30　用 Matlab 辅助解方程，求题 3.17 中的电压 U。

第 4 章 电路定理

前 3 章主要介绍了电路中的基本元件，电路分析的重要约束之一：电路拓扑约束，即 KCL、KVL，也介绍了电路分析的几种重要方法，其中包括支路电流法、回路电流法、节点电压法等。本章将进一步讨论电路分析中常用的一些重要定理，其中包括叠加定理、替代定理、戴维宁定理和诺顿定理，以及最大功率输出定理。

4.1 叠加定理

只含有独立源和线性元件的电路称为线性电路。叠加性是线性网络特有的重要性质，叠加定理是体现线性电路特点的重要定理。

叠加定理的内容是：由多个电源共同作用的线性电路中，任何一个支路中的电流（或电压）等于各个电源单独作用时，在此支路中所产生的电流（或电压）的代数和。所谓单独作用即把该支路之外的恒压源视为短路、恒流源视为开路时，此支路的激励源对全部电路网络的作用。

【例 4-1】 如图 4-1(a)所示电路，试用叠加定理求电压 U。

解 首先画出各独立源单独作用时的电路。图 4-1(b)所示的为电压源单独作用时的电路（图中电流源开路），图 4-1(c)所示的为电流源单独作用时的电路（图中电压源短路）。

然后，求出各独立源单独作用时的响应分量。

在图 4-1(b)所示电路中，不难算出

$$U^{(1)}=-\frac{12}{9}\times 3\ \text{V}=-4\ \text{V} \tag{4-1}$$

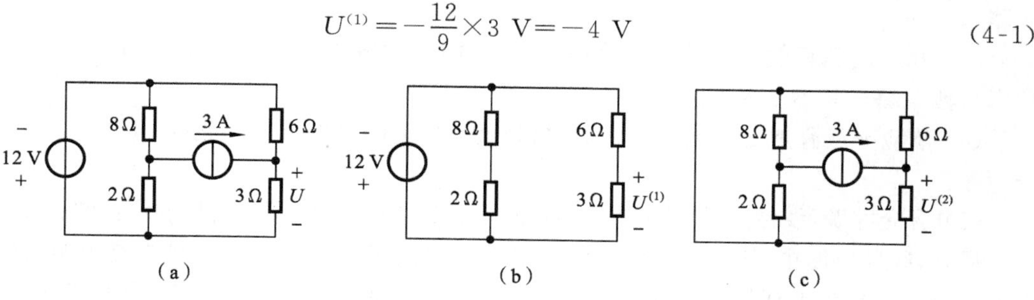

图 4-1 例 4-1 用图

在图 4-1(c)所示电路中，有

$$U^{(2)}=(6/\!/3)\ \Omega\times 3\ \text{A}=6\ \text{V} \tag{4-2}$$

最后，由叠加定理可得

$$U=(-4+6)\ \text{V}=2\ \text{V}$$

【例 4-2】 图 4-2(a)所示电路含一受控源，试用叠加定理求电压 U 和电流 I。

解 要求得变量的值，可以应用叠加定理分别考虑独立源单独作用时的响应，然后叠加。

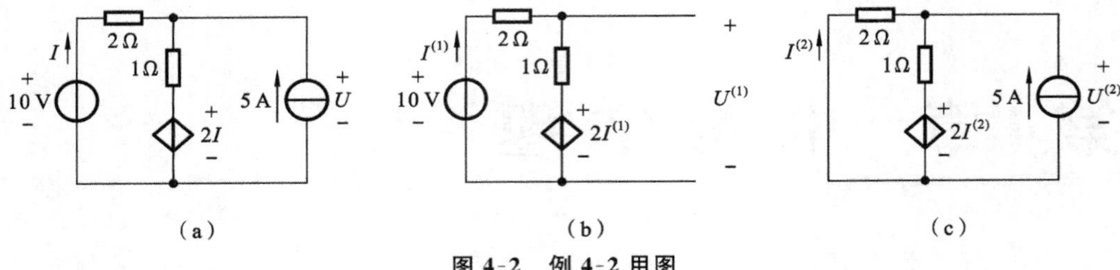

图 4-2　例 4-2 用图

当电压源单独作用时，其等效电路如图 4-2(b)所示，有

$$I^{(1)}=(10-2I^{(1)})/(2+1) \tag{4-3}$$

由式(4-3)可以计算出

$$I^{(1)}=2\ \text{A} \tag{4-4}$$

同时，根据欧姆定律也可计算出

$$U^{(1)}=1\times I^{(1)}+2I^{(1)}=3I^{(1)}=6\ \text{V} \tag{4-5}$$

当电流源单独作用时，其等效电路如图 4-2(c)所示。

由回路法可知，对于左边的回路有

$$2I^{(2)}+1\times(5+I^{(2)})+2I^{(2)}=0 \tag{4-6}$$

由式(4-6)可计算出

$$I^{(2)}=-1\ \text{A}$$

同时可得

$$U^{(2)}=-2I^{(2)}=-2\times(-1)\ \text{V}=2\ \text{V}$$

最后，由叠加定理可求得

$$U=(6+2)\ \text{V}=8\ \text{V},\quad I=[2+(-1)]\ \text{A}=1\ \text{A}$$

使用叠加定理分析电路时还须注意以下几点。

(1) 叠加定理仅适用于线性电路。

(2) 计算各独立源单独作用的电路响应时，其余独立源须置为零(把电压源短路，电流源开路)。

(3) 叠加定理只能用于计算电路中的线性变量，如电压或电流，不能用于计算功率，因为功率与独立源之间不是线性关系。

(4) 响应分量叠加是代数量的叠加，当分量与总量的参考方向一致时，取“+”号，反之取“—”号。

(5) 含受控源(线性)电路也可用叠加，但叠加只适用于独立源，受控源应始终保留。

另外，线性电路中，所有激励(独立源)都增大(或减小)同样的倍数，则电路中响应(电压或电流)也增大(或减小)同样的倍数。这一特性就是线性电路中的齐次特性，有些资料上也称为齐性定理。

齐次特性是很容易在线性电路中验证的，比如某一支路中有一个电压源，此电压源增大 K 倍，也就相当于在此支路中有 K 个电压源串联；如果支路中有一个电流源，此电流源增大 K 倍，就相当于有 K 个同样的电流源并联。然后应用叠加定理不难算出电路中的响应也增大 K 倍，因此，齐次特性得以验证。

例 4-2 中电压源由 10 V 增至 20 V，电流源由 5 A 增至 10 A，则根据齐次特性，此时电路中的响应应为

$$U=16\ \text{V},\quad I=2\ \text{A}$$

也就是说，全部的激励增大到原来的 2 倍，则电路中任意一处的响应也增大到原来的 2 倍。

齐次特性对于分析梯形电路特别有效。

【例 4-3】 求图 4-3 所示梯形电路中各支路电流。

解 根据电路的特点，设支路电流 $i_5=i_5'=1\ \text{A}$，则

$$u_{bc}'=(R_5+R_6)i_5'=22\ \text{V}$$

$$i_4'=\frac{u_{bc}'}{R_4}=1.1\ \text{A}$$

$$i_3'=i_4'+i_5'=2.1\ \text{A}$$

$$u_{ac}'=R_3i_3'+R_4i_4'=26.2\ \text{V}$$

$$i_2'=\frac{u_{ac}'}{R_2}=1.31\ \text{A}$$

$$i_1'=i_2'+i_3'=3.41\ \text{A}$$

$$u_S'=R_1i_1'+R_2i_2'=33.02\ \text{V}$$

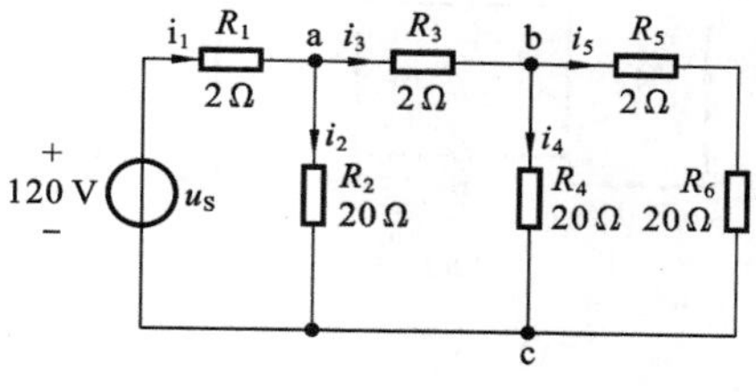

图 4-3 例 4-3 用图

由于已知 $u_S=120\ \text{V}$，相当于电压源 u_S 的大小增至假设值的 $\frac{120\ \text{V}}{33.02\ \text{V}}$ 倍，也即比例系数 $K=\frac{120\ \text{V}}{33.02\ \text{V}}$，所以各支路电流的大小也应以同样的比例增加，所以有

$$i_1=Ki_1'=12.38\ \text{A}$$

$$i_2=Ki_2'=4.76\ \text{A}$$

$$i_3=Ki_3'=7.62\ \text{A}$$

$$i_4=Ki_4'=3.99\ \text{A}$$

$$i_5=Ki_5'=3.63\ \text{A}$$

本例的求解过程是从离激励最远的支路倒推至激励处，这种求解方法称为“倒推法”。这也是分析问题的一种思维方式，可以应用于工程实际问题的解决。

4.2 替代定理

替代定理可表述为：对于任意一个电路，若某一支路（或二端网络）电压为 u_k、电流为 i_k，那么这条支路（或二端网络）就可以用一个电压等于 u_k 的独立电压源，或者用一个电流等于 i_k 的独立电流源来替代。如果该支路（或二端网络）不含独立源，还可以用一个电阻值为 $R=\frac{u_k}{i_k}$ 的电阻来替代，替代后电路中全部电压和电流均保持原有值不变，如图 4-4 所示。替代定理应用范围很广泛，它不仅适用于线性电路，也适用于非线性电路，可以达到简化电路的目的。

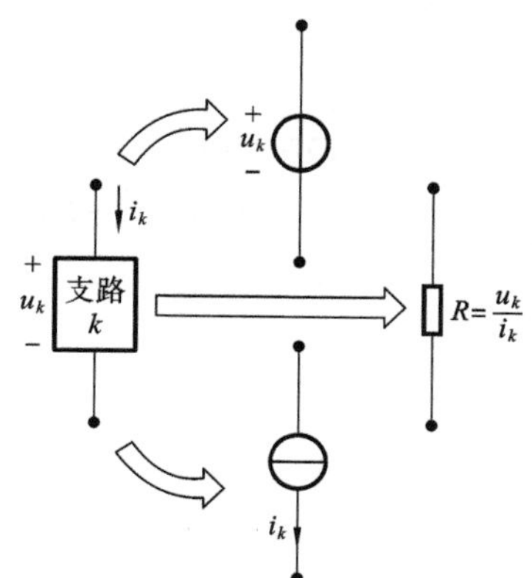

图 4-4 替代定理用图

替代定理的证明过程如图 4-5 所示。假设图 4-5(a)所示的二端网络 N_B 两端电压为 u_k，如果在二端网络 N_A 和 N_B 间串接方向相反且大小都为 u_k 的两个电压源，则对 N_A 和

N_B 内部的电压或电流都不会有影响，如图 4-5(c)所示。由于图 4-5(c)所示的二端网络 N_B 两端电压为 u_k，所以可看出 c、b 两点电压为零，因此 c、b 两点可用导线代替，即可得图 4-5(b)所示电路，这说明二端网络 N_B 可用电压为 u_k 的电压源替代，替代前后二端网络 N_A 中的电压或电流都不会发生变化。同理也可证明二端网络 N_B 可用一个电流源或一个电阻替代。

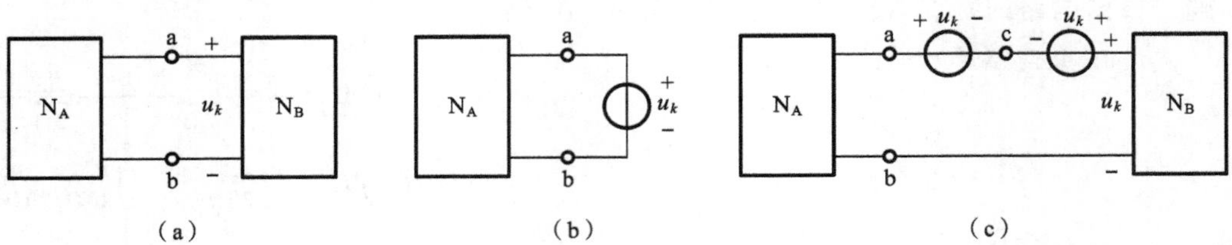

图 4-5 替代定理的证明

【例 4-4】 求图 4-6 所示电路的电流 I。

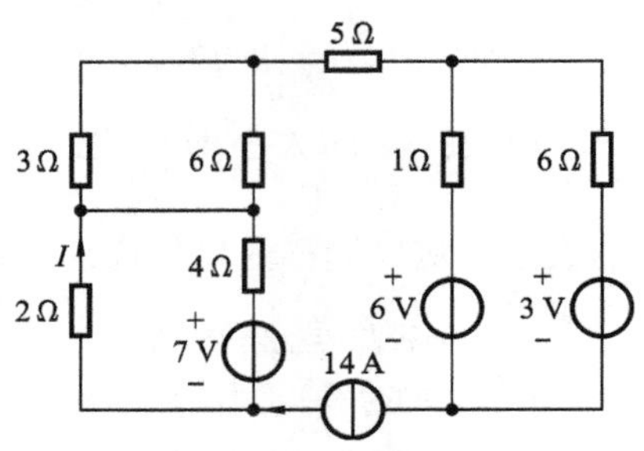

图 4-6 例 4-4 用图

解 如图 4-7 所示，虚线框内的模块对于外电路而言可以用一个大小为 14 A 的电流源替代，替代后的电路如图 4-8 所示。

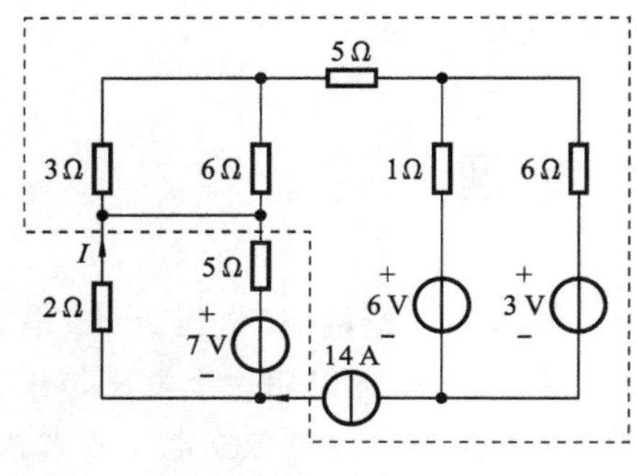

图 4-7 例 4-4 题解用图

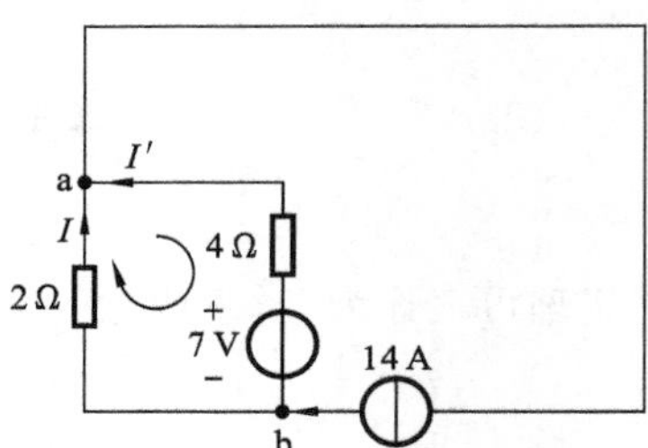

图 4-8 替代后的电路图

在图 4-8 所示电路中，可以很方便地求出电流 I。设电压源所在支路电流为 I'，则根据 KCL 在节点 a 上有

$$I+I'=14$$

根据 KVL 在图 4-8 所示回路中有

$$-5I'+7+2I=0$$

求解上述两个方程组成的方程组可求得电流

$$I=9\ \text{A}$$

4.3 戴维宁定理及诺顿定理

工程实际中，常常碰到只需研究某一支路的电压、电流或功率的问题。对所研究的支路来说，电路的其余部分就成为一个有源二端网络，可等效变换为较简单的含源支路（电压源与电阻串联或电流源与电阻并联支路），使分析和计算简化。戴维宁定理和诺顿定理给出了等效含源支路的分析方法和计算方法。

4.3.1 戴维宁定理

任何一个线性含源二端网络，对外电路来说，总可以用一个电压源和电阻的串联组合来等效置换；此电压源的电压等于外电路断开时端口处的开路电压 U_{oc}，而电阻等于端口的输入电阻（或等效电阻 R_{eq}）。这就是戴维宁定理。

如图 4-9(a)、(b)所示，N 为线性有源二端网络，R 为求解支路。等效电压源 U_{oc} 数值等于有源二端网络 N 的端口开路电压。串联电阻 R_{eq} 等于二端网络 N 内部独立源置零时网络两端子间的等效电阻，如图 4-9(c)、(d)所示。

图 4-9(b)所示的电压源串联电阻电路称为戴维宁等效电路。戴维宁定理可以用叠加定理加以证明，这里不再赘述。

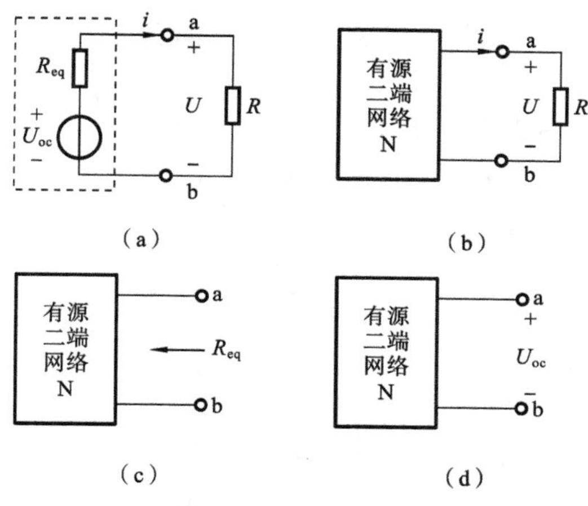

图 4-9 戴维宁定理

1. 开路电压 U_{oc} 的计算

戴维宁等效电路中，电压源电压等于将外电路断开时的开路电压 U_{oc}，电压源方向与所求开路电压方向有关。计算 U_{oc} 的方法可视电路形式选择前面学过的任意方法，以易于计算。

2. 等效电阻的计算

等效电阻为将二端网络内部独立电源全部置零（电压源短路，电流源开路）后，所得无源二端网络的输入电阻，常用下列方法计算。

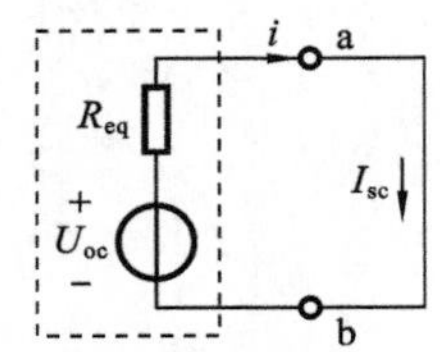

图 4-10 开路电压，短路电流法

(1) 当网络内部不含受控源时，可采用电阻串并联和△-Y互换的方法计算等效电阻。

(2) 外加电源法(加电压求电流或加电流求电压)。

(3) 开路电压、短路电流法。

在图 4-10 所示电路中，用方法(3)可以计算出等效电阻为

$$R_{eq}=\frac{U_{oc}}{I_{sc}}$$

【例 4-5】 如图 4-11 所示，计算 R_x 分别为 1.2 Ω、5.2 Ω 时流过其上的电流 I。

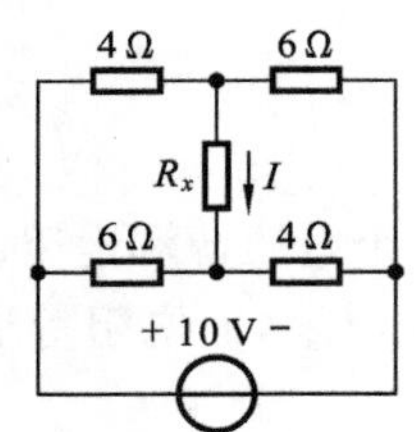

图 4-11 戴维宁定理的应用

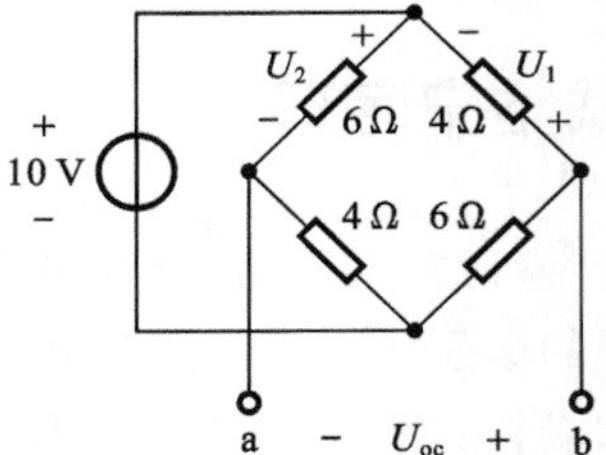

图 4-12 去掉 R_x 后的二端网络

解 保留 R_x 支路，将其余二端网络化为戴维宁等效电路。

(1) 求图 4-12 所示电路的开路电压。

$$U_{oc}=U_1+U_2=[-10\times4/(4+6)+10\times6/(4+6)]\ \text{V}=2\ \text{V}$$

(2) 求等效电阻 R_{eq}。

$$R_{eq}=(4//6+6//4)\ \Omega=4.8\ \Omega$$

(3) 求电流。

当 $R_x=1.2\ \Omega$ 时，由欧姆定律可求得

$$I=U_{oc}/(R_{eq}+R_x)=0.333\ \text{A}$$

当 $R_x=5.2\ \Omega$ 时，同理可得

$$I=0.2\ \text{A}$$

4.3.2 诺顿定理

任何一个含源线性二端电路，对外电路来说，可以用一个电流源和电导(电阻)的并联组合来等效置换；电流源的电流等于该端口的短路电流，而电导(电阻)等于把该端口的全部独立电源置零后的输入电导(电阻)，如图 4-13 所示。

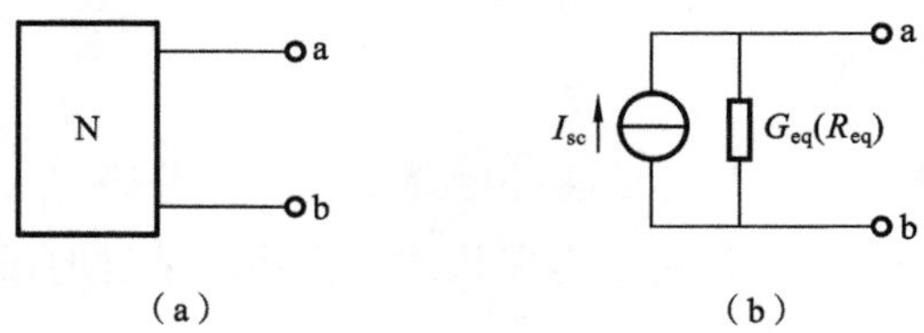

图 4-13 诺顿定理

诺顿等效电路可由戴维宁等效电路经电源等效变换得到。诺顿等效电路可采用与戴维宁定理类似的方法证明。证明过程从略。

【例 4-6】 如图 4-14 电路，求电流 I。

解 由图 4-14 可看出，本题使用诺顿定理来求解比较简便。

(1) 求短路电流 I_{sc}。

把 a、b 端视为短路时，其等效电路如图 4-15(a)所示，各电流可以计算如下：

$$I_1=12/2\ \text{A}=6\ \text{A}$$

$$I_2=(24+12)/10\ \text{A}=3.6\ \text{A}$$

$$I_{sc}=-I_1-I_2=(-3.6-6)\ \text{A}=-9.6\ \text{A}$$

图 4-14 诺顿定理的应用

(2) 求等效电阻 R_{eq}。

如图 4-15(b)所示，有

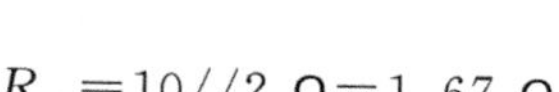

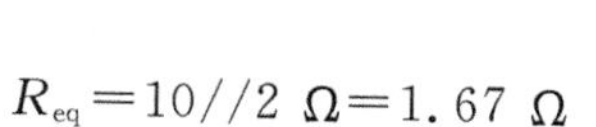

$$R_{eq}=10//2\ \Omega=1.67\ \Omega$$

(3) 诺顿等效电路。

如图 4-15(c)所示，应用分流公式可得

$$I=2.83\ \text{A}$$

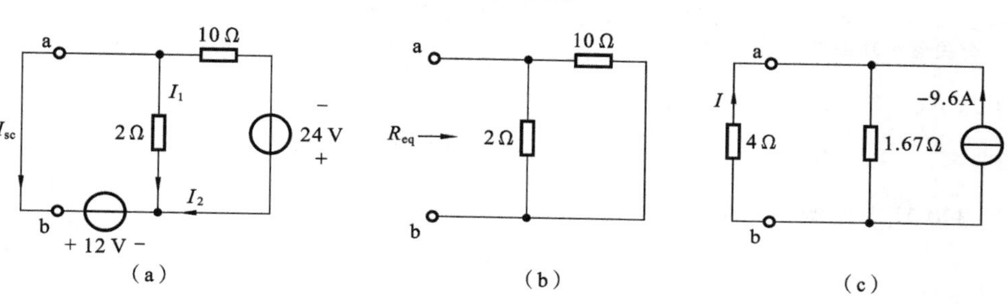

图 4-15 诺顿定理的应用题解图

使用等效定理时应注意：

(1) 被等效的有源二端网络必须是线性的，内部允许含有独立源和线性元件；

(2) 应根据实际情况选用合理的方法求解，正确计算各个等效参数比较关键。

4.4 最大功率传输定理

一个含源线性一端口电路，当所接负载不同时，一端口电路传输给负载的功率就不同，讨论负载为何值时能从电路获取最大功率以及最大功率的值是多少的问题是有工程意义的。

由图 4-16 可知，负载获得的功率可表示为

$$P=R_L\left(\frac{u_{oc}}{R_{eq}+R_L}\right)^2 \tag{4-7}$$

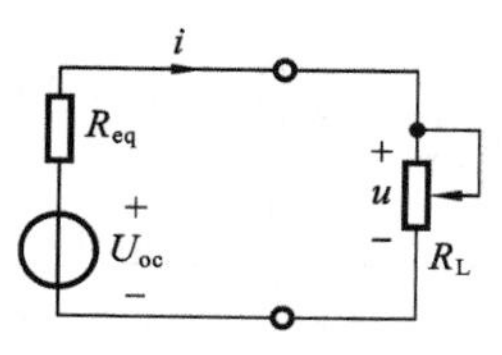

图 4-16 最大功率传输条件

为了求得 P 的最大值，将式(4-7)对 R_L 求导，并令其为零，可得

$$P'=u_{oc}^2\frac{(R_{eq}+R_L)^2-2R_L(R_{eq}+R_L)}{(R_{eq}+R_L)^4}=0 \tag{4-8}$$

并且考虑到 $P''<0$，所以可知，当负载满足

$$R_L=R_{eq} \tag{4-9}$$

时，就能获得最大功率。此时最大功率为

$$P_{\max}=\frac{u_{oc}^2}{4R_{eq}} \tag{4-10}$$

通常，当 $R_L=R_{eq}$ 时，称负载与二端网络等效电阻匹配。此时，负载能从给定的有源网络获得最大功率，因此也称它为最大功率匹配条件或最大功率传输条件。这就是最大功率传输定理的内容。

【例 4-7】 如图 4-17 所示电路，(1) 求 R_L 获得最大功率时的阻值；(2) 计算此时 R_L 所得到的功率；(3) 当 R_L 获得最大功率时，求电压源产生的功率传递给 R_L 的百分数。

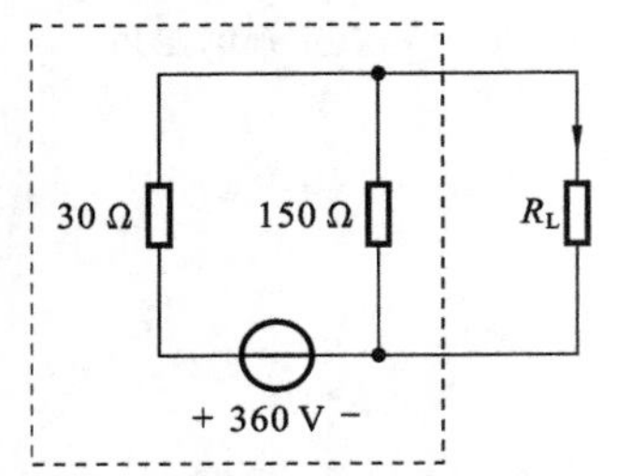

图 4-17 有关最大功率传输条件

解 (1) 求 N 的戴维宁等效电路。

$$U_{oc}=360\times\frac{150}{180}\ \text{V}=300\ \text{V}$$

$$R_o=30/\!/150\ \Omega=25\ \Omega$$

(2) 求 R_L 获得的最大功率。

$$I_{R_L}=300/(25+25)\ \text{A}=6\ \text{A}$$

因此，负载获得的最大功率是

$$P_{P_L\max}=I_{R_L}^2R_L=6^2\times25\ \text{W}=900\ \text{W}$$

(3) 当 $R_L=25\ \Omega$ 时，其两端电压为

$$U_{R_L}=\frac{1}{2}U_{oc}=150\ \text{V}$$

流过 360 V 电压源的电流为

$$I=\frac{360-U_{R_L}}{30}=\frac{360-150}{30}\ \text{A}=7\ \text{A}$$

360 V 电压源的功率为

$$P=-360\times7\ \text{W}=-2520\ \text{W}$$

负号说明电压源产生了功率。

负载所消耗功率的百分数为

$$\frac{P_{R_L\max}}{P}=\frac{900}{2520}\times100\%=35.71\%$$

4.5 计算机辅助分析电路举例

【例 4-8】 叠加定理。

电路如图 4-18 所示，试用叠加定理求流过电阻 R_2 的电流 I 及其两端的电压 U。

解 图 4-19(a)中电流表、电压表的读数为电压源单独作用时流过电阻 R_2 的电流 I_1 及其两端的电压 U_1。图 4-19(b)中电流表、电压表的读数为电流源单独作用时流过电阻 R_2 的电流 I_2 及其两端的电压 U_2。图 4-19(c)中的电流表、电压表的读数为电流源、电压源同时作用时流过电阻 R_2 的电流 I 及其两端的电压 U。可见，$I=I_1+I_2$，$U=U_1+U_2$，电路仿真结果与理论计算相同。

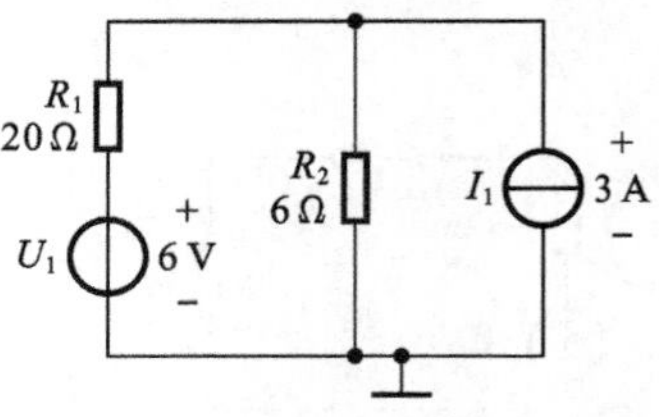

图 4-18 仿真电路

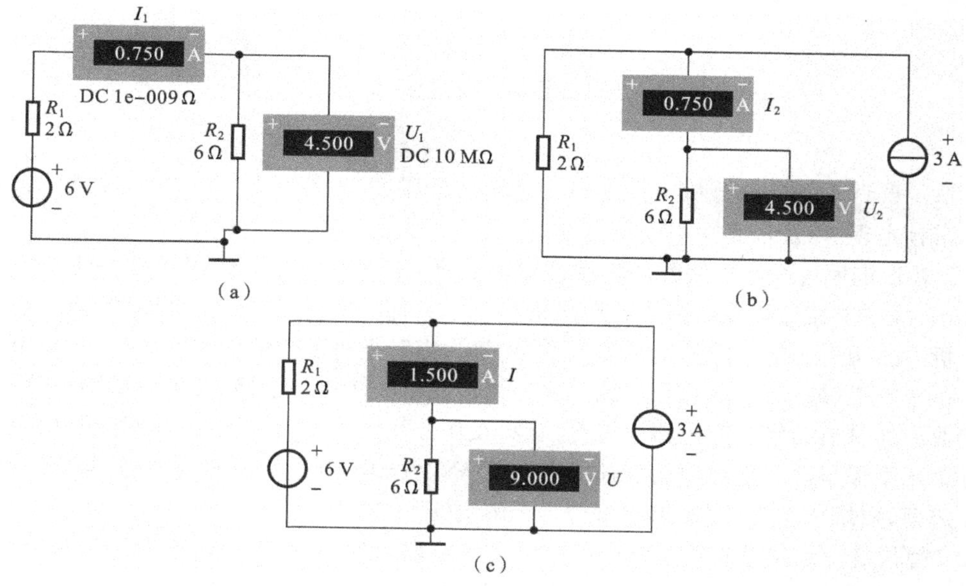

图 4-19 例 4-8 题解图

(a) 电压源单独作用仿真电路；(b) 电流源单独作用仿真电路；(c) 电压源和电流源共同作用仿真电路

【例 4-9】 戴维宁定理。

电路如图 4-20 所示，试用戴维宁定理求流过电阻 R_L 的电流。

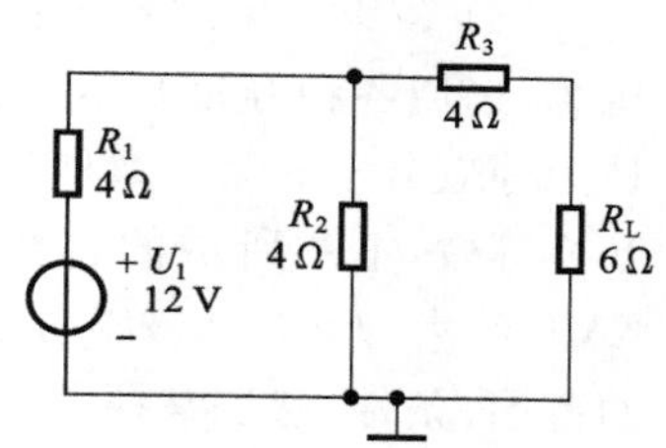

图 4-20 例 4-9 电路图

解 图 4-21(a)中电压表的读数为开路电压；图 4-21(b)中数字万用表的读数为等效电阻；图 4-21(c)中电流表的读数为戴维宁等效前流经电阻 R_L 的电流；图 4-21(d)中电流表的读数为戴维宁等效后流经电阻 R_L 的电流。可见，戴维宁等效前、后流经电阻 R_L 的电流相等，从而验证了戴维宁定理。

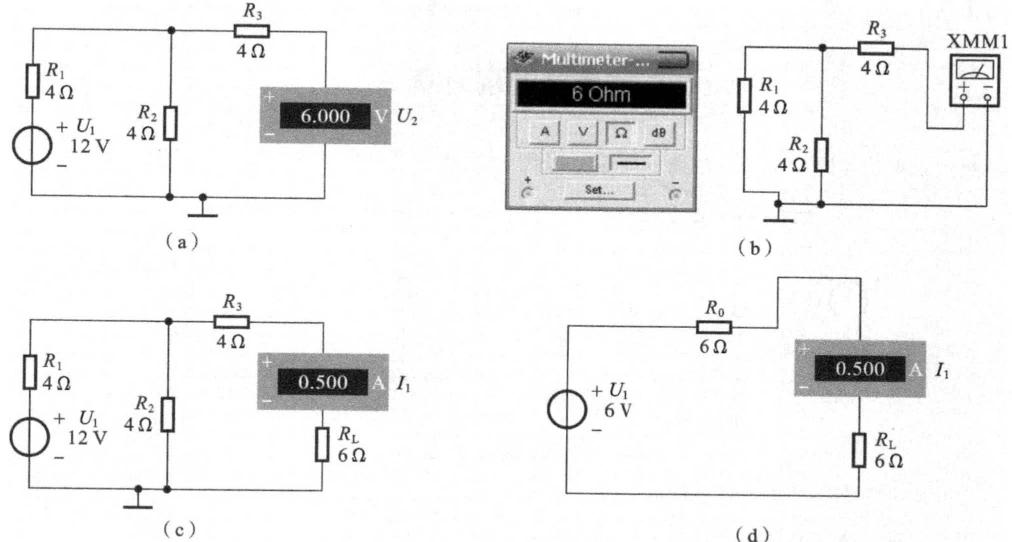

图 4-21 例 4-9 图解

(a) 求开路电压；(b) 求等效电阻；(c) 等效前仿真结果；(d) 等效后仿真结果

小 结

本章主要讨论了电路分析中常用的一些重要定理，其中包括叠加定理、替代定理、戴维宁定理和诺顿定理，以及最大功率输出定理。

(1) 叠加定理是线性电路叠加特性的概括表征，它的重要性不仅在于可用叠加法分析电路本身，而且在于它为线性电路的定性分析和一些具体计算方法提供了理论依据。叠加定理作为分析方法用于求解电路的基本思想是"化整为零"，即将多个独立源作用的、较复杂的电路分解为一个一个(或一组一组)独立源单独作用的几个较简单的电路，在各分解图中分别计算，然后代数相加求出结果。若电路含有受控源，在作分解图时受控源不要单独作用，而且要在每一个分解图中保留。齐性定理是表征线性电路齐次性(均匀性)的一个重要定理，它常用来辅助叠加定理、戴维宁定理、诺顿定理来分析求解电路。

(2) 替代定理是集总参数电路中的一个重要定理，它本身也是一种常用的电路等效方法，常用来辅助其他分析电路的方法分析求解电路。对有些电路，在关键之处、在最需要的时候，经替代定理化简等效，会给分析和求解电路带来很多简便之处。在测试电路或实验设备中也经常使用替代定理。

(3) 戴维宁定理和诺顿定理是应用等效法分析电路中常使用的等效变换方法。依据等效概念，运用各种等效变换方法，将电路由繁化简，最后能方便地求得结果的分析电路的方法统称为等效方法。第2章所讲的电阻、电导串并联等效，Y-△型等效，独立源串并联等效，电源互换等效，本章所讲的替代定理，这些方法或定理都遵从两类约束(即拓扑约束——KCL、KVL约束和元件VAR约束)的前提下针对某类电路归纳总结出的，要理解其内容，注意使用的范围、条件，熟练掌握使用方法和步骤。

(4) 最大功率传输定理具有广泛的工程实际意义，它主要用于一端口电路给定、负载电阻可调的情况。计算最大功率问题结合应用戴维宁定理或诺顿定理最方便。

思考题及习题

4.1 用叠加定理计算图1(a)所示电路的电压 U 及图1(b)所示电路的电流 I。

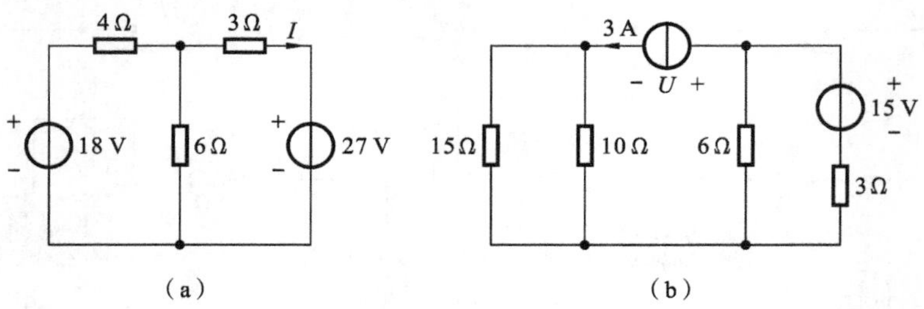

图1 题4.1图

4.2 应用叠加定理求图2所示电路的电压 u。

4.3 应用叠加定理求图3所示电路的电压 u_2。

4.4 如图4所示电路，试用叠加定理求电压 u 和电流 i。

4.5 如图5所示电路，试用叠加定理求3 A电流源两端的电压 u 和电流 i。

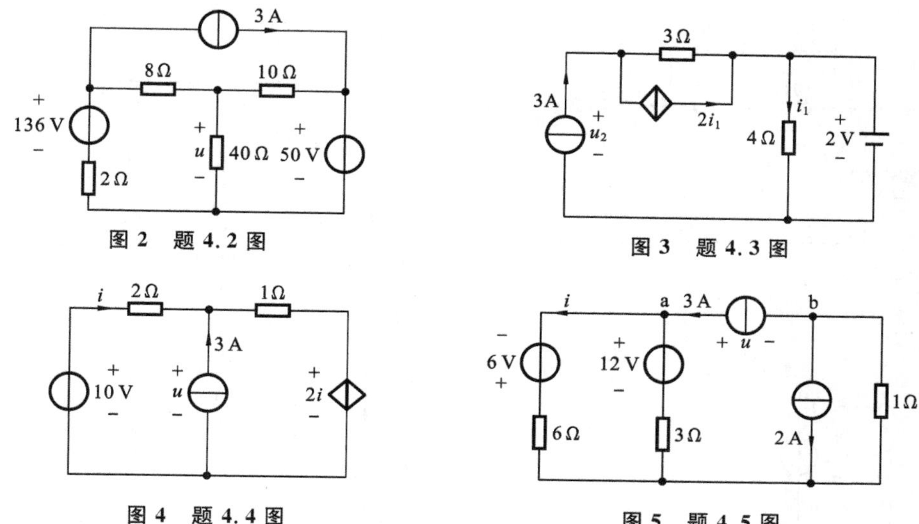

图 2 题 4.2 图

图 3 题 4.3 图

图 4 题 4.4 图

图 5 题 4.5 图

4.6 如图 6 所示电路，已知 $u_{ab}=0$，用替代定理求电阻 R 的值。

4.7 如图 7 所示电路，开关 S 置于位置 a 时，安培表读数为 5 A，置于 b 时，安培表读数为 8 A，问当 S 置于 c 时，安培表读数为多少？

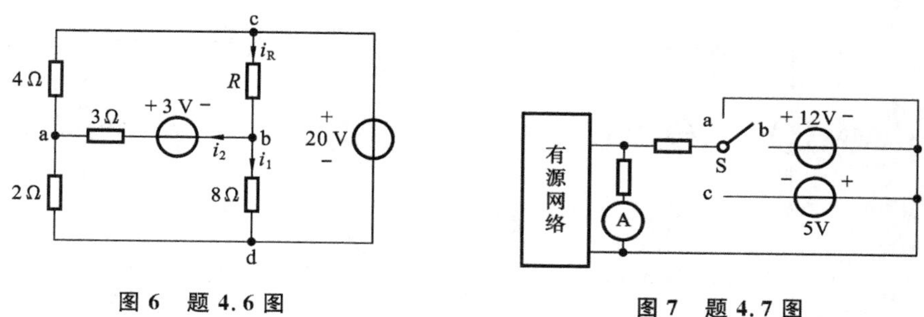

图 6 题 4.6 图

图 7 题 4.7 图

4.8 试求图 8 所示电路的戴维宁等效电路。

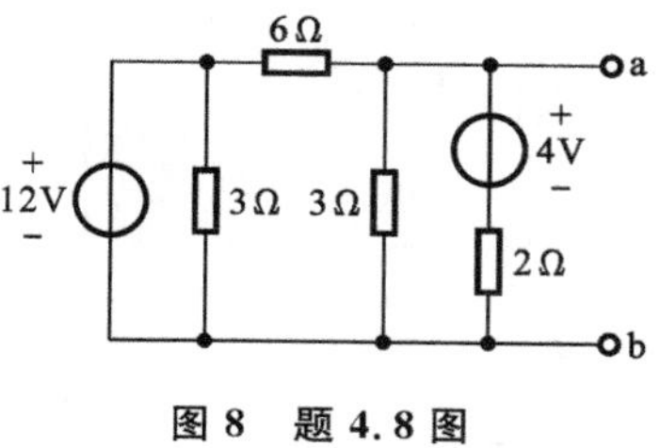

图 8 题 4.8 图

4.9 求图 9 所示各电路的戴维宁等效电路或诺顿等效电路。

4.10 用戴维宁定理求图 10 所示电路中的电流 i_L。

4.11 如图 11 所示电路，求端口输入电阻 R_i 的值。

4.12 如图 12 所示电路，已知当 $i_S=0$ 时，$i=1$ A；当 $i_S=-2$ A 时，求 i 的值。

4.13 如图 13 所示电路，N 为含有独立源的电阻电路，当 S 打开时有 $i_1=1$ A，$i_2=5$ A，$u_{oc}=10$ V；当 S 闭合且调节 $R=6$ Ω 时，有 $i_1=2$ A，$i_2=4$ A；当调节 $R=4$ Ω 时，R 获得了最大功率。求调节 R 到何值时，可使 $i_1=i_2$（提示：综合运用等效电源定理、替代定理、叠加定理）。

4.14 如图 14 所示电路，用等效电源定理求电流 I。

4.15 试求图 15 所示电路的电阻 R 的阻值。

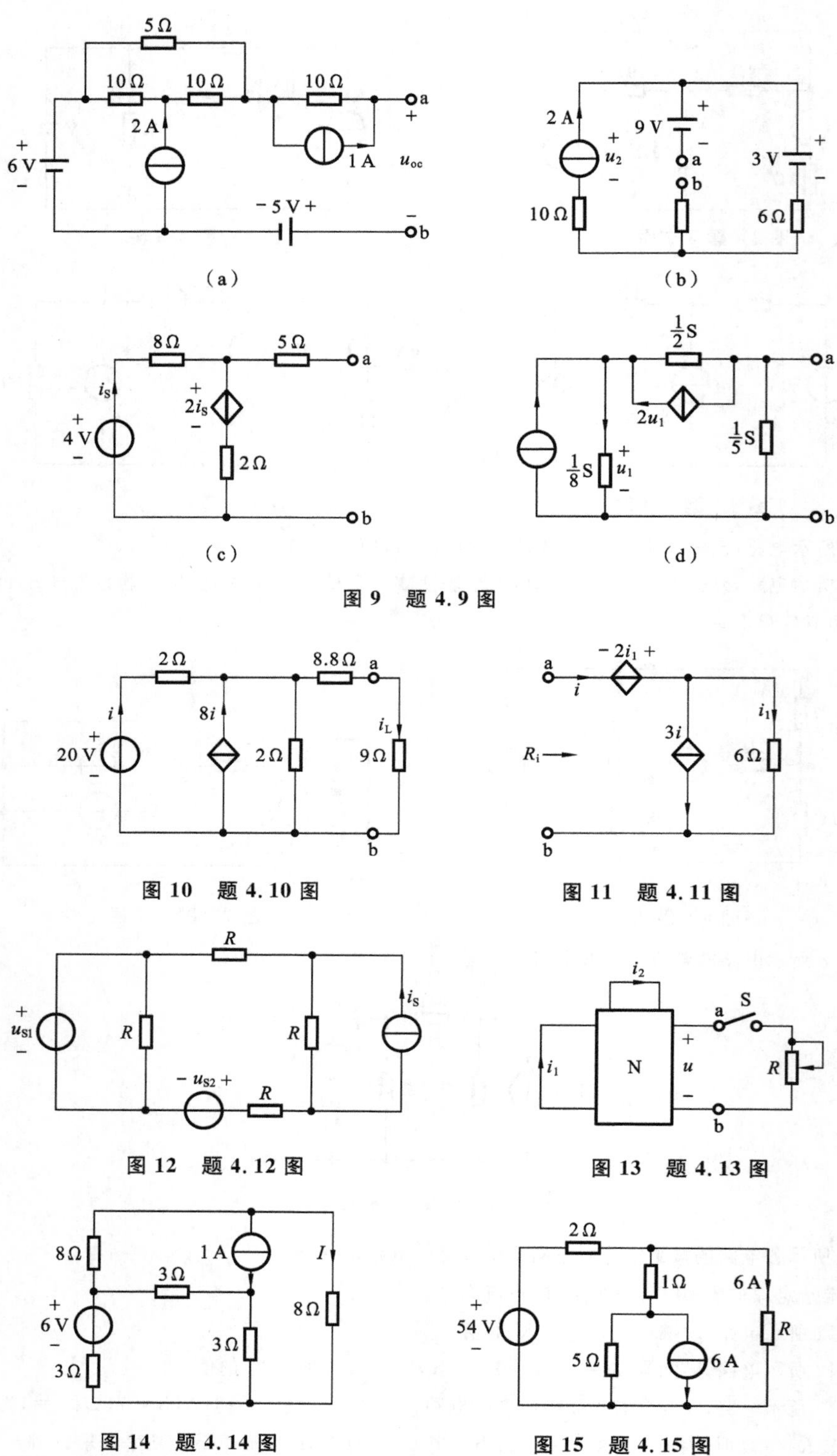

图 9　题 4.9 图

图 10　题 4.10 图

图 11　题 4.11 图

图 12　题 4.12 图

图 13　题 4.13 图

图 14　题 4.14 图

图 15　题 4.15 图

4.16　如图 16 所示电路，试用戴维宁定理计算各电路中的电流 I。

4.17　求出图 17 所示电路的戴维宁等效电路和诺顿等效电路。

4.18　求图 18 所示两个一端口的戴维宁或诺顿等效电路，并解释所得结果。

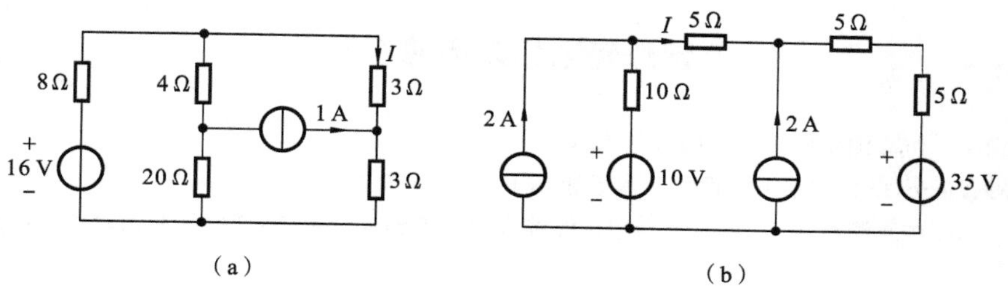

图 16　题 4.16 图

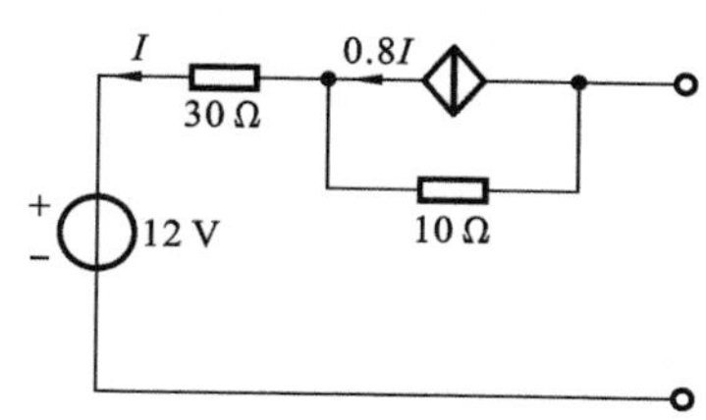

图 17　题 4.17 图

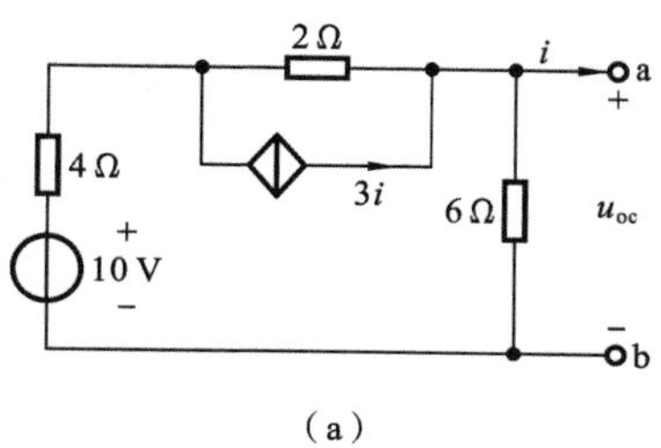

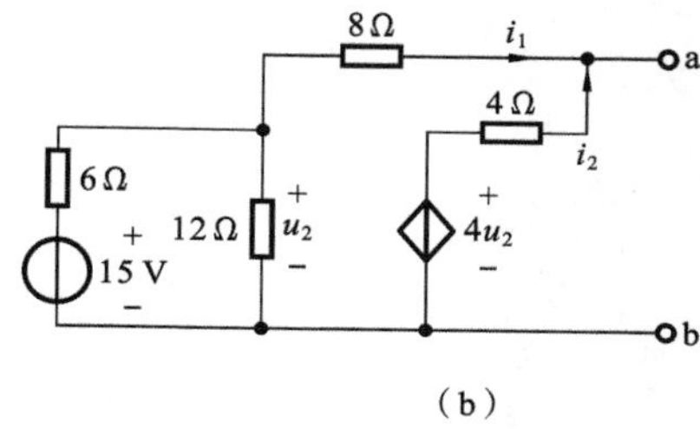

图 18　题 4.18 图

4.19　如图 19 所示电路，求 R 为何值时它能获得最大功率 P_m，P_m 的值多大？

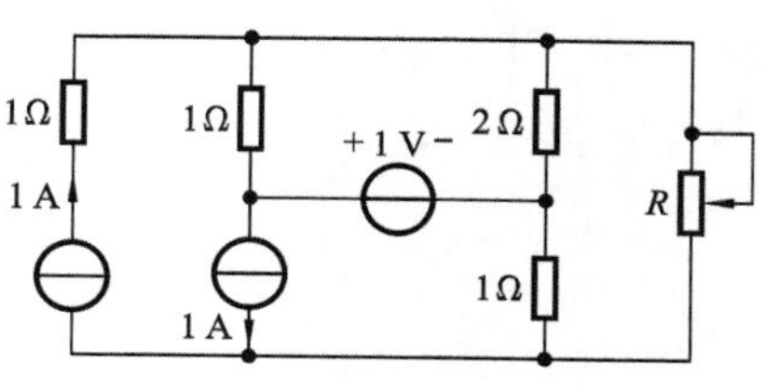

图 19　题 4.19 图

4.20　如图 20 所示电路，N 为含有独立源的单口电路，已知其端口电流为 i，今欲使 R 中的电流为 $\frac{1}{3}i$，求 R 的值。

4.21　如图 21 所示电路，试问：

(1) R 为多大时，它吸收的功率最大？求此最大功率。

(2) 若 $R=80\ \Omega$，欲使 R 中电流为零，则 a、b 间并接什么元件，其参数为多少？画出电路图。

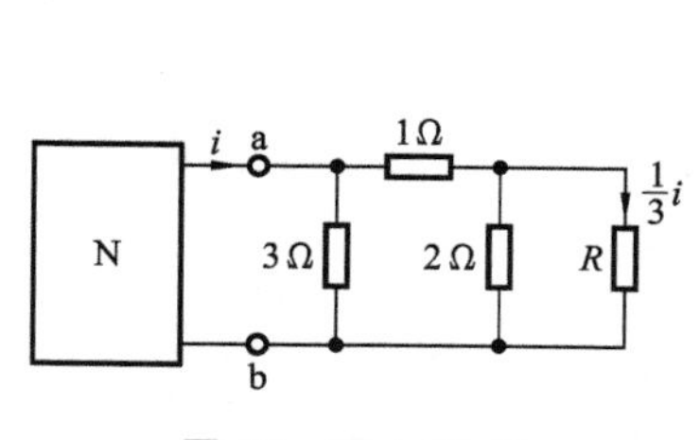

图 20　题 4.20 图

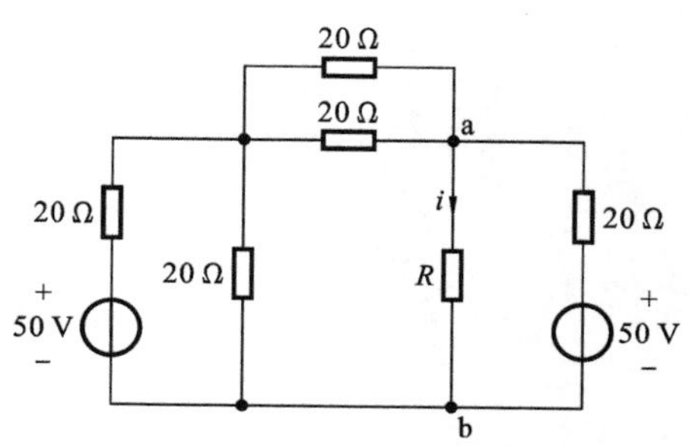

图 21　题 4.21 图

计算机辅助分析电路练习题

4.22 用 Multisim 仿真测量题 4.3 中的电压 i_1、u_2。

4.23 借助 Multisim，根据戴维宁定理仿真测量题 4.16 各电路中的电流 I。

4.24 用 Multisim 仿真测量题 4.18 两个一端口的戴维宁或诺顿等效电路，并将结果与题 4.18 比较。

第5章 电容与电感元件

本章讨论电容元件和电感元件的定义、VCR特性及其储能情况，同时介绍电容及电感的串、并联计算方法。本章的知识将为动态电路的分析奠定基础。

5.1 电容元件

电容是表征电容器容纳电荷的本领的物理量。把电容器的两极板间的电势差增加1 V所需的电量，称为电容器的电容。从物理学上讲，电容是一种静态电荷存储介质(就像一只水桶一样，你可以把电荷充存进去，在没有放电回路的情况下，刨除介质漏电自放电效应/电解电容比较明显，可能电荷会永久存在，这是它的特征)。电容的用途较广，是电子、电力领域中不可缺少的电子元件。电容主要用于电源滤波、信号滤波、信号耦合、谐振、隔直流等电路中。

电容可分为电解电容、固态电容、陶瓷电容、钽电解电容、云母电容、玻璃釉电容、聚苯乙烯电容、玻璃膜电容、合金电解电容、涤纶电容、聚丙烯电容、泥电解电容、有极性有机薄膜电容、铝电解电容等。

电容的定义是：一个二端元件，如果在任一时刻 t，其端点间的电压(简称端电压) $u(t)$ 与通过其中的电流 $i(t)$ 之间的关系可以由 q-u 平面上的一条曲线所确定，则此二端元件称为电容元件(简称为电容)。其电路符号如图5-1所示。

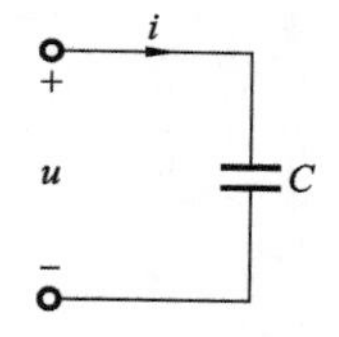

图5-1 二端电容元件的电气符号

与电阻情况类似，电容也可分为非线性时变电容、非线性时不变电容、线性时变电容和线性时不变电容，它们的库伏特性如图5-2所示。本书只介绍线性非时变电容。

其中图5-2(c)、(d)所示的是非线性电容元件(如某些陶瓷电容和半导体器件中的电容)的库伏特性。图5-2(a)、(b)所示的是线性电容元件的库伏特性。在电容上电压、电荷的参考极性一致时，描述电容的库伏特性可用线性方程表示为

$$q(t)=Cu(t) \tag{5-1}$$

式中：C 为电容，其单位是法[拉](F)，实用上常以微法($1\ \mu\text{F}=10^{-6}\ \text{F}$)或皮法($1\ \text{pF}=10^{-12}\ \text{F}$)作单位。

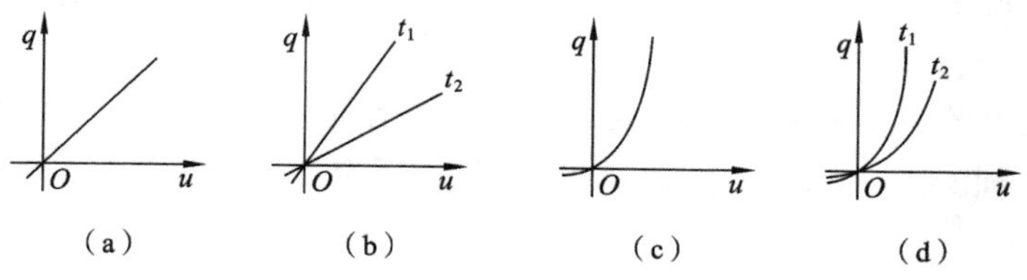

图5-2 二端电容元件的库伏特性

电容元件上电压与电流的关系，可从库伏特性及式(5-1)求出。对于线性电容，有

$$i=\frac{\mathrm{d}q}{\mathrm{d}t}=C\,\frac{\mathrm{d}u}{\mathrm{d}t} \tag{5-2}$$

这里电流的参考方向是从电容假定的“+”极注入，所以是充电电流。式(5-2)说明线性时不变电容器在某一时刻 t 的电流值取决于同一时刻电压的变化率，所以电容器是一种动态元件。显然，某一时刻通过电容元件的端电流不是取决于这一时刻的电压值，而是取决于这一时刻电压变动的速率。

【例 5-1】 如图 5-3(a)所示，电压 u_C 施加于一个电容 $C=500\ \mu\text{F}$ 上，如图 5-3(b)所示。试求 $i(t)$，并绘出波形图。

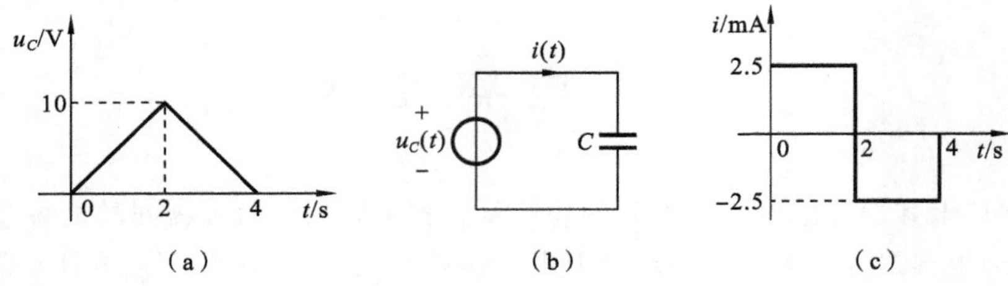

图 5-3 例 5-1 电路图

解 根据 $u_C(t)$ 的波形图，写出 $u_C(t)$ 的表达式为

$$u_C(t)=\begin{cases}5t & (0\leqslant t\leqslant 2)\\ -5t+20 & (2\leqslant t\leqslant 4)\\ 0 & (t\geqslant 4)\end{cases}$$

$u_C(t)$、$i(t)$取并联方向，则

$$i(t)=C\,\frac{\mathrm{d}u_C(t)}{\mathrm{d}t}$$

所以

$$i(t)=\begin{cases}2.5\ \text{mA} & (0\leqslant t\leqslant 2)\\ -2.5\ \text{mA} & (2\leqslant t\leqslant 4)\\ 0\ \text{mA} & (t\geqslant 4)\end{cases}$$

$i(t)$波形如图 5-3(c)所示。

线性时不变电容具有如下的基本性质。

(1) 电容电压具有记忆特性，即电容电压具有记忆其电流的特性。对式(5-1)从 $-\infty$ 到 t 进行积分，并设 $u(-\infty)=0$，可得

$$u(t)=\frac{1}{C}\int_{-\infty}^{t} i(\xi)\,\mathrm{d}\xi \tag{5-3}$$

式(5-3)说明，线性时不变电容在某一时刻 t 时的电压值是与电流在该时刻以前的全部历史有关，所以电容元件是一种记忆元件。式(5-2)和式(5-3)分别称为电容的微分形式和积分形式。

(2) 电容电压具有连续特性。一个线性时不变电容元件，在$[t_0,t]$区间，电流若为有限值，则电容的端电压不能跃变，或认为电容可以阻止其电压突变，即满足换路定律(以后章节会讲到)。

$$u(t_{0_-})=u(t_{0_+}) \tag{5-4}$$

由例 5-1 中的图 5-3(b)、(c)可以看出，在 $t=2$ s 时，尽管电流出现跳变，但由于电容上的

电流为有限量，电容上的电压是连续的。

(3) 只有在初始电压为零的条件下，线性时不变电容的电压与电流之间才呈线性关系。

(4) 线性电容元件是一个无源元件。

任意时刻，线性时不变电容的功率为

$$p(t)=u(t)i(t)=Cu(t)\frac{\mathrm{d}u(t)}{\mathrm{d}t}$$

而 t 时刻电容获得的总能量为

$$\begin{aligned}W(t) &= \int_{-\infty}^{t} p(\xi)\mathrm{d}\xi = \int_{-\infty}^{t} Cu(\xi)\frac{\mathrm{d}u(\xi)}{\mathrm{d}\xi} = \int_{u(-\infty)}^{u(t)} Cu(\xi)\mathrm{d}u(\xi)\\ &= \frac{1}{2}Cu^2(t) - \frac{1}{2}Cu^2(-\infty) = \frac{1}{2}Cu^2(t)\end{aligned}$$

计算过程认为 $u(-\infty)=0$，前面已说明 C 是正的，由计算结果可知，从任一时刻来看，从外界输入电容的能量总和，总是大于或等于零。

5.2　电容元件的串联和并联

1. 电容的串联

线性时不变电容与电阻一样，在电路中有串联和并联两种基本的连接方式。图 5-4(a)所示的为电容 C_1、C_2 串联的形式，两电容的端电流为同一电流。

根据电容元件的 VCR 形式，有

$$u_1 = \frac{1}{C_1}\int_{-\infty}^{t} i(\xi)\mathrm{d}\xi,\quad u_2 = \frac{1}{C_2}\int_{-\infty}^{t} i(\xi)\mathrm{d}\xi \tag{5-5}$$

由 KVL 得端口电压为

$$\begin{aligned}u &= u_1 + u_2 = \left(\frac{1}{C_1}+\frac{1}{C_2}\right)\int_{-\infty}^{t} i(\xi)\mathrm{d}\xi\\ &= \frac{1}{C}\int_{-\infty}^{t} i(\xi)\mathrm{d}\xi\end{aligned} \tag{5-6}$$

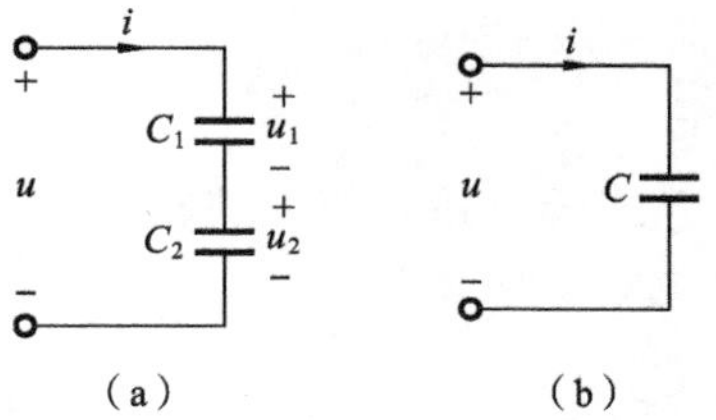

图 5-4　线性时不变电容的串联

式中：

$$\frac{1}{C}=\frac{1}{C_1}+\frac{1}{C_2}\quad 或\quad \frac{1}{C}=\frac{C_1C_2}{C_1+C_2} \tag{5-7}$$

式(5-7)可以扩展到 n 个电容相串联的情况，其等效电容为

$$\frac{1}{C} = \frac{1}{C_1}+\frac{1}{C_2}+\cdots+\frac{1}{C_n} = \sum_{k=1}^{n}\frac{1}{C_k} \tag{5-8}$$

由式(5-3)可知

$$\int_{-\infty}^{t} i(\xi)\mathrm{d}\xi = Cu \tag{5-9}$$

将式(5-9)代入式(5-5)可得出两电容电压与端口总电压的关系为

$$\left.\begin{aligned}u_1 &= \frac{C}{C_1}u = \frac{C_2}{C_1+C_2}u\\ u_2 &= \frac{C}{C_2}u = \frac{C_1}{C_1+C_2}u\end{aligned}\right\}$$

可见两个串联电容上电压的大小与其电容值成反比，这个运算关系与电阻的并联关系运算相同。

2. 电容的并联

图 5-5(a)所示的为电容 C_1、C_2 并联的形式，两电容的端端电压相同，都等于端口电压。

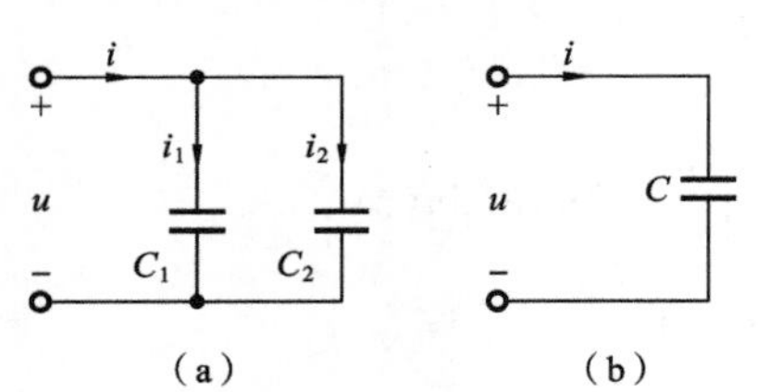

图 5-5 电容并联

根据电容 VCR 的微分形式，有

$$i_1 = C_1\frac{\mathrm{d}u}{\mathrm{d}t},\quad i_2 = C_2\frac{\mathrm{d}u}{\mathrm{d}t} \tag{5-10}$$

由 KCL 可得

$$i = i_1 + i_2 = (C_1 + C_2)\frac{\mathrm{d}u}{\mathrm{d}t} = C\frac{\mathrm{d}u}{\mathrm{d}t} \tag{5-11}$$

式中：$C = C_1 + C_2$。

C 称为 C_1、C_2 并联时的等效电容，图 5-5(a)所示电路的等效电路如图 5-5(b)所示，同理式(5-11)可以扩展成 n 个电容相并联的情况，其等效电容为

$$C = C_1 + C_2 + \cdots + C_n = \sum_{k=1}^{n} C_k \tag{5-12}$$

可见电容的并联关系运算方法与电阻的串联关系运算方法相同，由式(5-5)可知

$$\frac{\mathrm{d}u}{\mathrm{d}t} = \frac{1}{C}i \tag{5-13}$$

将式(5-13)代入式(5-10)，可得两电容电流与端口电流的关系为

$$\left.\begin{aligned} i_1 &= \frac{C_1}{C}i = \frac{C_1}{C_1 + C_2}i \\ i_2 &= \frac{C_2}{C}i = \frac{C_2}{C_1 + C_2}i \end{aligned}\right\} \tag{5-14}$$

式(5-14)表明，并联电容中流过的电流与其电容值成反比。

5.3 电感元件

电路中另一种二端元件是电感元件，集总参数电路中与磁场有关的物理过程集中在电感元件中进行，电感元件是构成各种线圈的电路模型所必需的一种理想电路元件。电感元件的符号如图 5-6 所示。将导线绕制成 N 匝螺线管，即构成一个电感线圈，如图 5-6(a)所示，其电气符号如图 5-6(b)所示。

为了说明其电路功能，我们来了解一下其物理原形——线圈。线圈通常用导线绕制而成。从物理学已知：一个线圈回路中通过电流，在此回路所包围的面积上将形成磁通(磁链)Φ。磁通是连续的，电流也是连续的，它们的方向之间符合右手螺旋定则。磁通或磁链的单位为韦[伯](Wb)。

电感元件的一般定义为：一个二端元件，如果在任一时间 t，它的磁通 $\Phi(t)$ 与通过它的电流 $i(t)$ 之间的关系是由 Φ-i 平面或 i-Φ 平面上的一条曲线所确定的，则此二端元件称为二端电感。

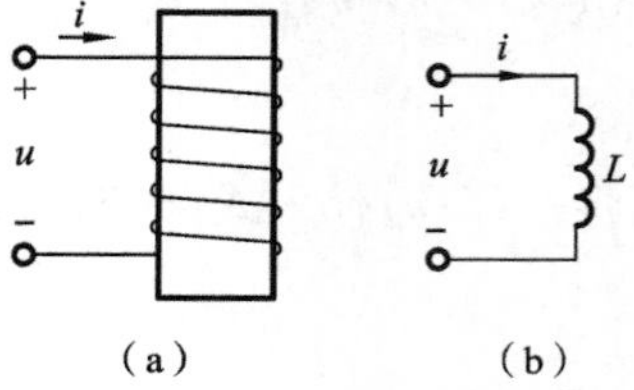

图 5-6 二端电感元件及其电气符号

端电感也可分为线性时变电感、线性时不变电感、非线性时变电感和非线性时不变电感。

图5-7所示的为电感的韦安特性。其中图5-7(c)、(d)所示的是非线性情况，如具有饱和铁芯的线圈，由于铁磁材料导磁性质的非线性，形成这种非线性韦安特性。图5-7(a)、(b)所示的韦安特性是一条通过原点的直线，故是线性的，本章主要介绍线性电感元件。其磁通与形成磁通的电流具有正比关系，即

$$\Phi(t)=Li(t) \tag{5-15}$$

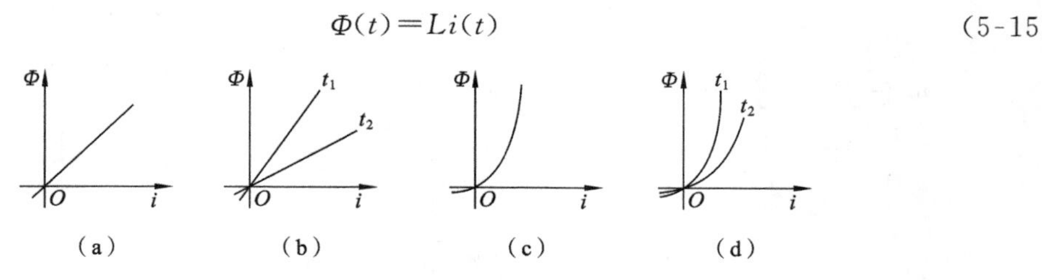

图5-7 二端电感元件的特性曲线

式(5-15)中参数 L 称为电感，它是一个正值。前已约定 Φ 与 i 参考方向之间遵循右手螺旋定则，故式(5-15)中 L 前带正号。由式(5-15)可见，电感的单位是韦/安，称为亨[利](H)。实际上常取毫亨($1\ \mathrm{mH}=10^{-3}\ \mathrm{H}$)或微亨($1\ \mu\mathrm{H}=10^{-6}\ \mathrm{H}$)作单位。

根据电磁感应定律，当线圈中的磁通随时间 t 变化时，在线圈回路中要引起感应电动势。我们知道，电动势的方向是电位升高的方向，取其参考方向和电流的参考方向一致，亦即它和磁通的参考方向间符合右手螺旋定则，则感应电动势应为

$$\varepsilon(t)=-\frac{\mathrm{d}\Phi}{\mathrm{d}t} \tag{5-16}$$

式(5-16)中"—"号是楞次定律的反映，表明感应电动势的产生，总是要反抗磁通的变化。当 Φ 为正值，但在减小时，得 ε 为正值，表明 ε 的实际方向与 i 的方向相同，反抗磁通 Φ 减小。

电路理论中更需要知道电感元件的电压与电流的关系。电压是电位降，故其实际方向恰好与电动势的方向相反，有

$$u(t)=\frac{\mathrm{d}\Phi}{\mathrm{d}t} \tag{5-17}$$

须注意电感元件的电压的参考方向仍与电流的参考方向一致，因而它和磁通的参考方向间也符合右手螺旋定则。对于线性时不变电感元件，可以得到

$$u(t)=L\frac{\mathrm{d}i}{\mathrm{d}t} \tag{5-18}$$

式(5-18)说明，线性时不变电感元件在某一时刻 t 时的电压值取决于同一时刻电流的变化率，所以电感元件是一种动态元件。某一瞬间电感元件的端电压不是取决于这一时刻的电流值，而是取决于这一时刻电流变化的速率。

电路理论中，常将元件划分为静态元件和动态元件。元件的静态与动态的划分取决于用什么变量来描述该类元件，如果描述元件特性的变量之间的关系为代数方程，则称为静态(无记忆)元件，否则称为动态(有记忆)元件。例如，对于电感元件，若选用(Φ,i)来描述它的特性，则为静态元件，因为这两个变量之间的关系满足定义该类元件的代数方程 $\Phi=Li$；但若选用(u,i)为其描述变量，则称为动态元件，因为这两个变量之间满足微分或积分关系。实际工作中，我们通常关心的是电感元件的 u-i 关系，所以一般称其为动态元件。对电容元件也可作

出类似的讨论。

【例 5-2】 如图 5-8(a)所示电路，已知电感 $L=100$ mH，其电流如图 5-8(b)所示。(1) 计算并绘出 $t\geqslant 0$ 时的电压 $u_L(t)$；(2) 求出 $t=1$ μs 时电感元件的功率。

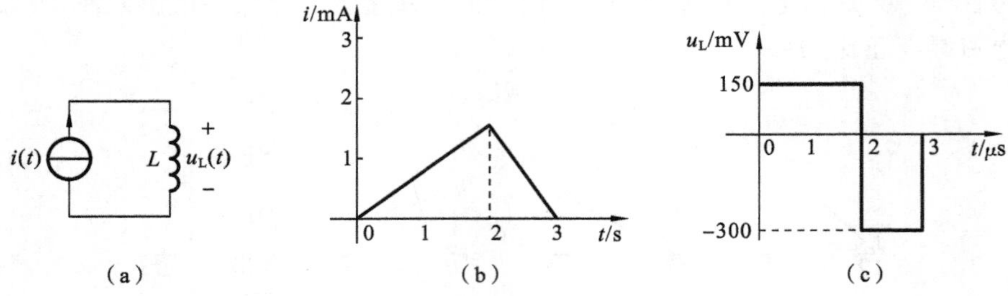

图 5-8 例 5-2 电路

解 (1) 由图 5-8(b)可得

$$i(t)=\begin{cases}\dfrac{3}{2}t & (0\leqslant t\leqslant 2)\\ -3t+9 & (2\leqslant t\leqslant 3)\\ 0 & (t\geqslant 3)\end{cases}$$

由

$$u_L(t)=L\frac{\mathrm{d}i(t)}{\mathrm{d}t}$$

可得

$$i(t)=\begin{cases}150\ \text{mV} & (0\leqslant t\leqslant 2)\\ -300\ \text{mV} & (2\leqslant t\leqslant 3)\\ 0 & (t\geqslant 3)\end{cases}$$

电压 $u_L(t)$ 的波形如图 5-7(c)所示。

(2) $p(1\ \mu\text{s})=u_L(t)i(t)=225\ \mu\text{W}$

实际电路中使用的电感线圈类型很多，电感的变化范围很大，例如，高频电路中使用的线圈容量可以小到几个微亨，低频滤波电路中使用扼流圈的电感可以大到几亨。实际电感线圈可以用一个电感或一个电感与电阻的串联作为它的电路模型。在工作频率很高的情况下，还需要增加一个电容来构成线圈的电路模型，如图 5-9 所示。

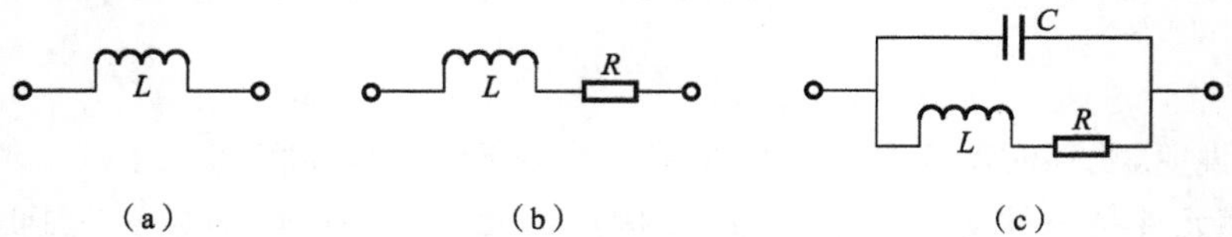

图 5-9 实际电感的电路模型

线性时不变电感具有如下的基本性质。

(1) 电感电流具有记忆特性，即电感电流具有记忆其电压的特性。

如果已知电感电压，可由式(5-15)及式(5-17)得到电流

$$i(t)=\frac{\Phi}{L}=\frac{1}{L}\int_{-\infty}^{t}u(\tau)\mathrm{d}\tau \tag{5-19}$$

由式(5-19)可知，电感元件在某一瞬间的磁通或电流的量值，与该瞬间以前电压的历史

累积有关，因而它是一种记忆元件。这一点与电阻元件完全不同。

(2) 电感电流具有连续特性。一个线性时不变电感元件，如果在所研究的时间区间内，其端电压均为有限量，则流过该电感元件的电流为连续量，即电感元件的电流不能跳变。即满足换路定律

$$i(t_{0_-})=i(t_{0_+}) \tag{5-20}$$

由题 5-2 中的图 5-8(b)、(c)可知，在 $t=2\ \mu\text{s}$ 时，尽管电压出现跳变，但由于电感端电压为有限量，电感上的电流是连续的。

(3) 一个线性时不变电感元件只有在其初始电流为零的条件下，流经电感元件的电流 $i(t)$ 才是电压波形 $u(t)$ 的线性函数。

(4) 线性时不变电感是一个无源元件。

我们可以从能量的角度作一分析。任意时刻，线性时不变电感的功率为

$$p(t)=u(t)i(t)=Li(t)\frac{\mathrm{d}i(t)}{\mathrm{d}t} \tag{5-21}$$

对式(5-21)从 $-\infty$ 到时间 t 进行积分，并设定 $i(-\infty)=0$，而时刻 t 获得的总能量为

$$W(t)=\int_{-\infty}^{t}p(\xi)\mathrm{d}\xi=L\int_{-\infty}^{t}i(\xi)\frac{\mathrm{d}i(\xi)}{\mathrm{d}\xi}\mathrm{d}\xi=L\int_{i(-\infty)}^{i(t)}i(\xi)\mathrm{d}i(\xi)=\frac{1}{2}Li^2(t) \tag{5-22}$$

前面已说明 L 是正的，故从式(5-22)可知，从任一时刻来看，从外界输入电感的能量总和，总是大于或等于零。换句话说，从全过程来看，电感元件本身不能提供任何能量，它也是一种无源元件。这里要注意，电感和电阻虽同属无源元件，但是两者有本质差异：电阻是耗能元件，而电感元件中能量并没有消耗；输入的电能只不过是储藏在与此元件相关的磁场中，所以电感是一种储能元件。在一定条件下，储能元件可以把所储藏的能量释放出来，但是最多只能把全部储能放完而已。

5.4　电感元件的串联和并联

1. 电感的串联

电感 L_1 与 L_2 相串联的电路如图 5-10(a)所示。

流过两个电感的电流为同一电流 i。根据电感 VCR 的微分形式和 LVL，可知

$$u_1=L_1\frac{\mathrm{d}i}{\mathrm{d}t},\quad u_2=L_2\frac{\mathrm{d}i}{\mathrm{d}t} \tag{5-23}$$

$$u=u_1+u_2=(L_1+L_2)\frac{\mathrm{d}i}{\mathrm{d}t}=L\frac{\mathrm{d}i}{\mathrm{d}t} \tag{5-24}$$

式中：$L=L_1+L_2$，称为 L_1 与 L_2 相串联的等效电感。

图 5-10(a)所示电路的等效电路如图 5-10(b)所示。同理，该式可以扩展成 n 个电感相串联的情况，其等效电感为

$$L=L_1+L_2+\cdots+L_n=\sum_{k=1}^{n}L_k \tag{5-25}$$

由式(5-24)可知

$$\frac{\mathrm{d}i}{\mathrm{d}t}=\frac{1}{L}u \tag{5-26}$$

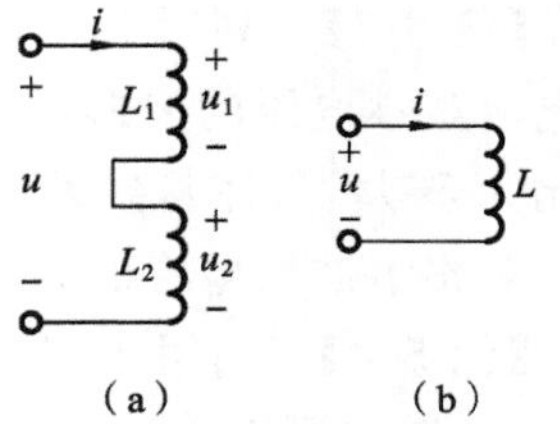

(a)　(b)

图 5-10　电感串联

将式(5-26)代入式(5-23)，可求出两电感上电压与端口电压的关系为

$$\left.\begin{aligned} u_1 &= \frac{L_1}{L}u = \frac{L_1}{L_1+L_2}u \\ u_2 &= \frac{L_2}{L}u = \frac{L_2}{L_1+L_2}u \end{aligned}\right\} \tag{5-27}$$

可见串联电感上电压的大小与其电感值成正比。

2. 电感的并联

电感 L_1 与 L_2 相并联的电路如图 5-11(a)所示。

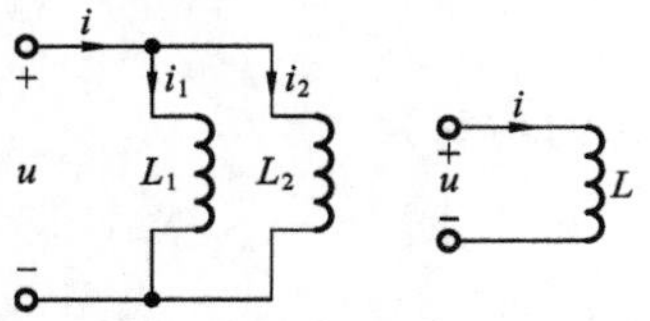

图 5-11 电感并联

两电感电压相同且等于端口电压，根据 VCR 的积分形式和 KCL，有

$$i_1 = \frac{1}{L_1}\int_{-\infty}^{t} u(\xi)\,\mathrm{d}\xi, \quad i_2 = \frac{1}{L_2}\int_{-\infty}^{t} u(\xi)\,\mathrm{d}\xi \tag{5-28}$$

$$i = i_1 + i_2 = \left(\frac{1}{L_1}+\frac{1}{L_2}\right)\int_{-\infty}^{t} u(\xi)\,\mathrm{d}\xi = \frac{1}{L}\int_{-\infty}^{t} u(\xi)\,\mathrm{d}\xi \tag{5-29}$$

式中：$\frac{1}{L}=\frac{1}{L_1}+\frac{1}{L_2}$ 或 $L=\frac{L_1L_2}{L_1+L_2}$，称为电感 L_1 与 L_2 相并联的等效电感。

图 5-11(a)所示电路的等效电路如图 5-11(b)所示。同理，可以扩展成 n 个电感相并联的情况，其等效电感为

$$\frac{1}{L} = \frac{1}{L_1} + \frac{1}{L_2} + \cdots + \frac{1}{L_n} = \sum_{k=1}^{n}\frac{1}{L_k} \tag{5-30}$$

由式(5-24)可知

$$\int_{-\infty}^{t} u(\xi)\,\mathrm{d}\xi = Li \tag{5-31}$$

将式(5-31)代入式(5-28)，可得出两电感中的电流与端口电流的关系为

$$\left.\begin{aligned} i_1 &= \frac{L}{L_1}i = \frac{L_2}{L_1+L_2}i \\ i_2 &= \frac{L}{L_2}i = \frac{L_1}{L_1+L_2}i \end{aligned}\right\} \tag{5-32}$$

式(5-32)表明，并联电感中电流的大小与电感值成反比。

5.5 计算机辅助分析电路举例

【例 5-3】 利用 Multisim 观察电容的充放电情况，在 Multisim 中构建电容电路，输入方波电流观察电压的波形情况。电路构建如图 5-12 所示。信号源选择方波，频率为 500 Hz，占空比为 50%，具体参数设置如图 5-13 所示。

观察示波器电容的充放电过程如图 5-14 所示。

【例 5-4】 利用 Multisim 观察电感的充放电情况，在 Multisim 中构建电感电路，输入方波电流，图中可以通过 J1 开关的切换完成方波的输入，观察电感电压的波形。电路构建如图 5-15 所示。

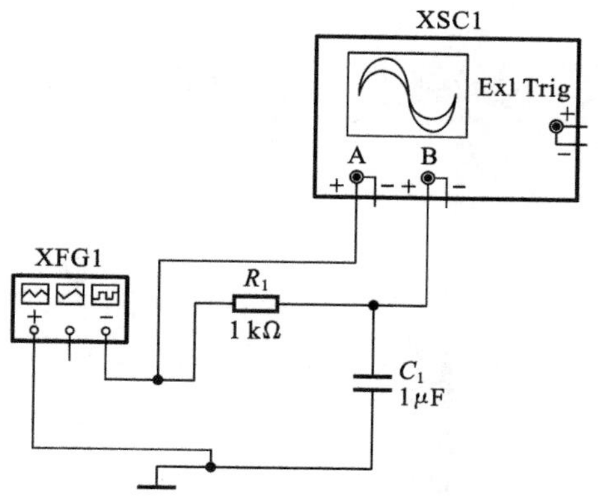

图 5-12　例 5-3 电路图

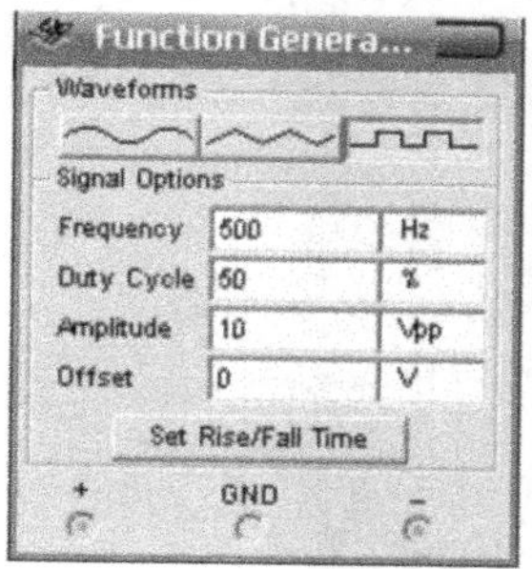

图 5-13　信号源的参数设置

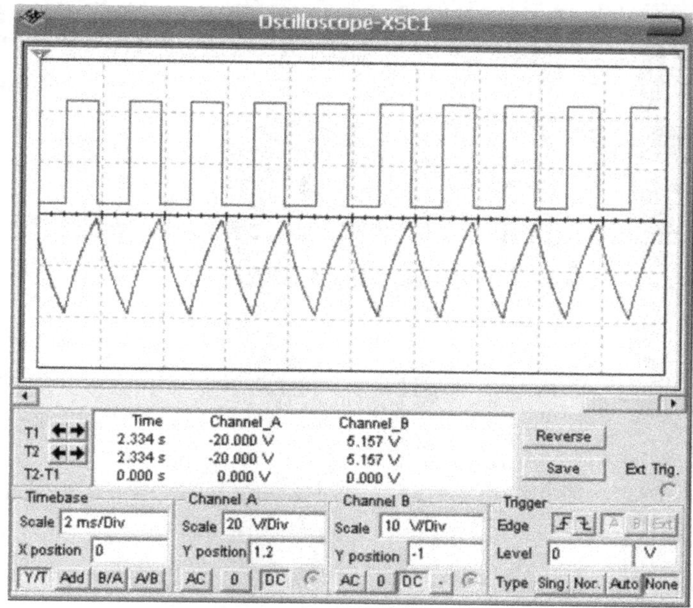

图 5-14　示波器显示的波形

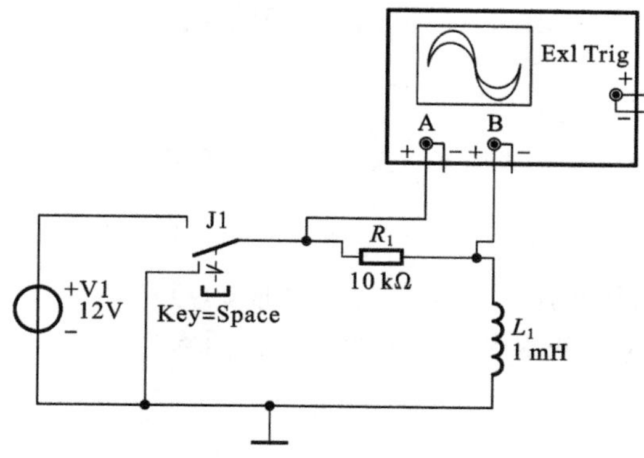

图 5-15　例 5-4 电感电路

示波器的波形如图 5-16 所示。

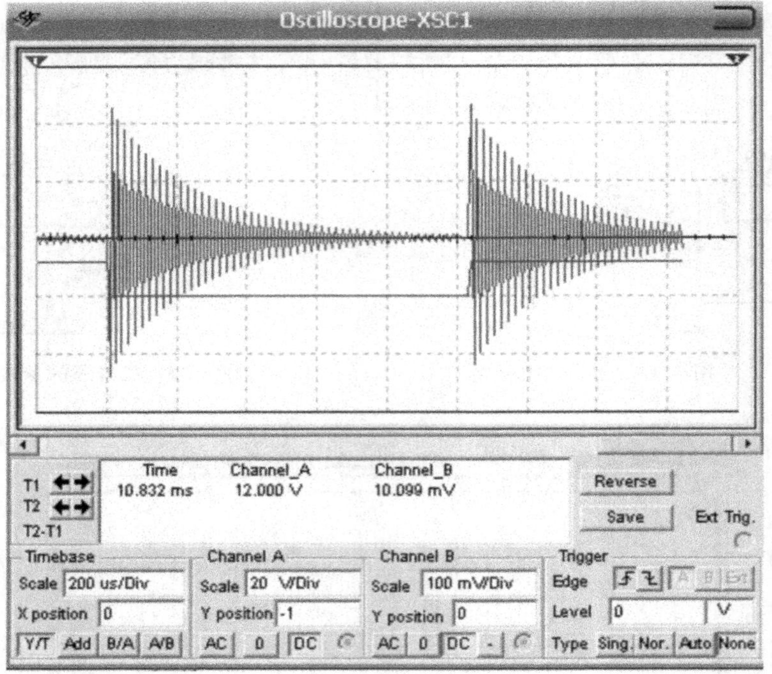

图 5-16 电感电压波形

小 结

(1) 一个在任一时刻 t 所积聚电荷 $q(t)$ 与端电压 $u(t)$ 可以用 q-u 平面上的一条曲线来描述的二端元件称为电容。

线性非时变电容元件：$q(t)=Cu(t)$。

电压、电流取关联参考方向时，其微分形式：$i(t)=C\dfrac{\mathrm{d}u(t)}{\mathrm{d}t}$。

上式表明电容是一种双向、动态、惯性元件，一般情况下电容电压不能跳变。

积分形式：$u(t)=u(t_0)+\dfrac{1}{C}\int_{-\infty}^{t}i(\xi)\mathrm{d}\xi$。

上式表明，电容是一种有记忆的元件，实际运算中必须已知电容电压的初始值。电容是一种储能元件，储存电场能为$\dfrac{1}{2}Cu^2(t)$。

(2) 一个二端元件，如果在任一时间 t，它的磁通 $\Phi(t)$ 与通过它的电流 $i(t)$ 之间的关系是由 Φ-i 平面或 i-Φ 平面上的一条曲线所确定的二端元件称为二端电感。

线性非时变电感元件：$\Phi(t)=Li(t)$。

电压、电流取关联参考方向时，微分形式：$u(t)=\dfrac{\mathrm{d}\Phi}{\mathrm{d}t}$。

上式表明电感是一种双向、动态、惯性元件，一般情况下电感电流不能跳变。

积分形式：$i(t)=i(t_0)+\frac{1}{L}\int_{-\infty}^{t}u(\tau)\mathrm{d}\tau$。

上式表明，电感是一种有记忆的元件，实际运算中必须已知电感的初始值。电感是一种储能元件，储存磁场能为$\frac{1}{2}Li^2(t)$。

思考题及习题

5.1　电阻的电压波形与电流的相同，而电容的电压波形与电流的不完全相同，这是为什么？

5.2　为什么说在开关转换瞬间，若电容电流为有限值时，则电容电压不能跃变？

5.3　为什么电容的储能与电容电流的数值没有关系？

5.4　为什么说在开关转换瞬间，若电感电压为有限值时，则电感电流不能跃变？

5.5　为什么电感的储能与电感电压的数值没有关系？

5.6　电容及电感的微分形式和积分形式各说明了什么含义？

5.7　如图 1 所示的电路，求各电路 ab 端的等效电容。

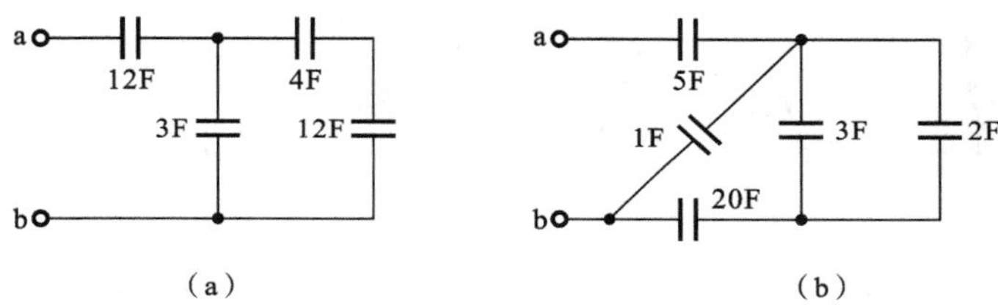

图 1　题 5.7 图

5.8　如图 2 所示的电路，求各电路 ab 端的等效电感。

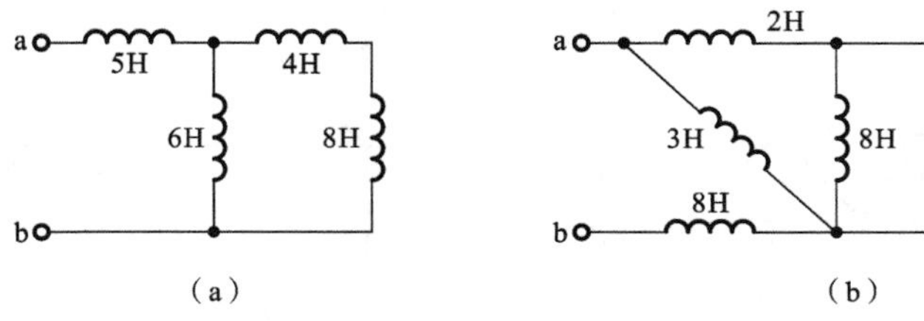

图 2　题 5.8 图

5.9　电容元件与电感元件中电压、电流参考方向如图 3 所示，且知 $u_C(0)=0$，$i_L(0)=0$。

(1) 写出电压用电流表示的性能方程；

(2) 写出电流用电压表示的性能方程。

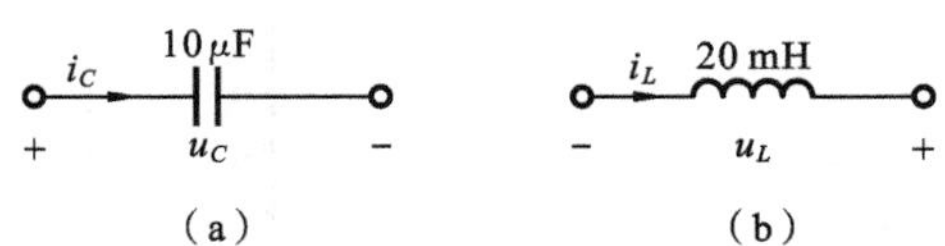

图 3　题 5.9 图

5.10　如图 4(a)所示的电路，$C=2$ F 且 $u_C(0)=0$，电容电流 i_C 的波形如图 4(b)所示。试求 $t=1$ s，$t=2$ s 和 $t=4$ s 时电容电压 u_C。

5.11　如图 5(a)所示的电路，$C=2$ F 且 $u_C(0)=0$，电容电流 i_C 的波形如图 5(b)所示。

(1) 求 $t\geqslant 0$ 时电容电压 $u_C(t)$，并画出其波形；

(2) 计算 $t=2$ s时电容吸收的功率 $p(2)$；

(3) 计算 $t=2$ s时电容的储能 $W_C(2)$。

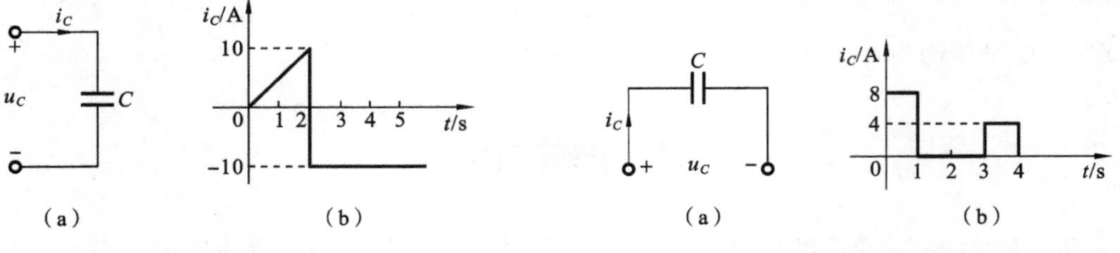

图4　题5.10图　　图5　题5.11图

5.12　有一电感元件如图6(a)所示，已知 $L=10$ mH，通过的电流 $i_L(t)$ 的波形如图6(b)所示，求电感 L 两端的电压，并画出 $u_L(t)$ 的波形。

5.13　已知电容 $C=1$ mF，无初始储能，通过电容的电流波形如图7所示。试求与电流参考方向关联的电容电压，并画出波形图。

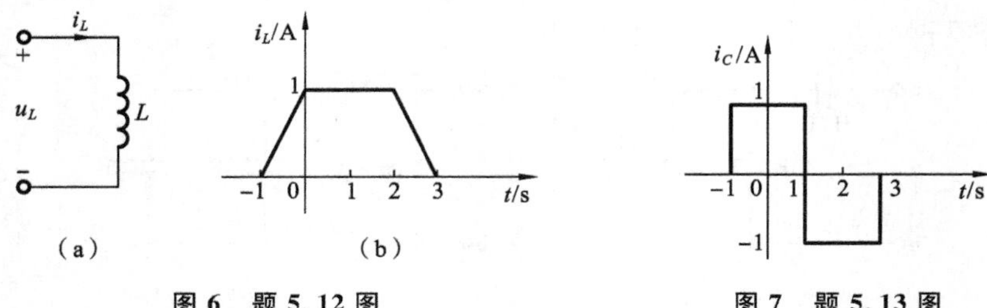

图6　题5.12图　　图7　题5.13图

5.14　已知电容 $C=1\ \mu$F 上的电压波形如图8所示。试求电流，并画出波形图。

5.15　已知电感 $L=0.5$ H 上的电流波形如图9所示。试求电感电压，并画出波形图。

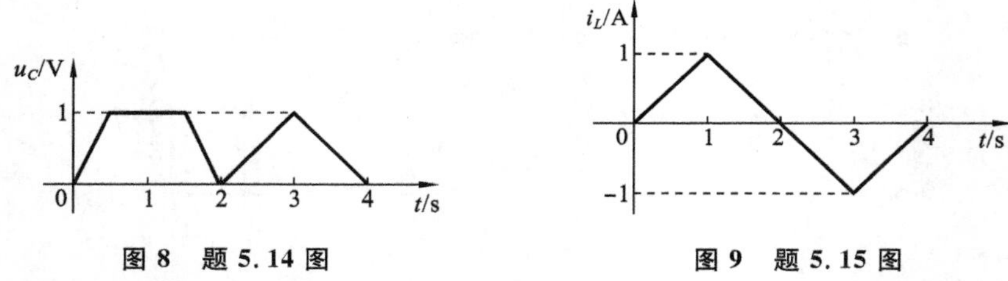

图8　题5.14图　　图9　题5.15图

5.16　电容 $C=1$ mF 中电流 i_S 的波形如图10所示，已知 $t=0$ 时的电容电压等于零，试求电容电压，并画出波形图。

5.17　电容 $C=2$ pF 中的电流波形如图11所示，已知 $u_C(0_-)=-1$ mV，试求电容电压，并画出波形。

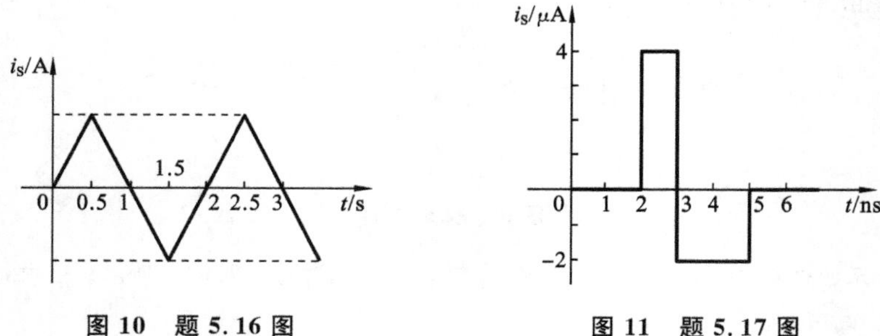

图10　题5.16图　　图11　题5.17图

5.18　图12所示的电路处于直流稳态。计算电容和电感储存的能量。

5.19　图13所示的电路处于直流稳态。试选择电阻 R 的电阻值，使得电容和电感储存的能量相同。

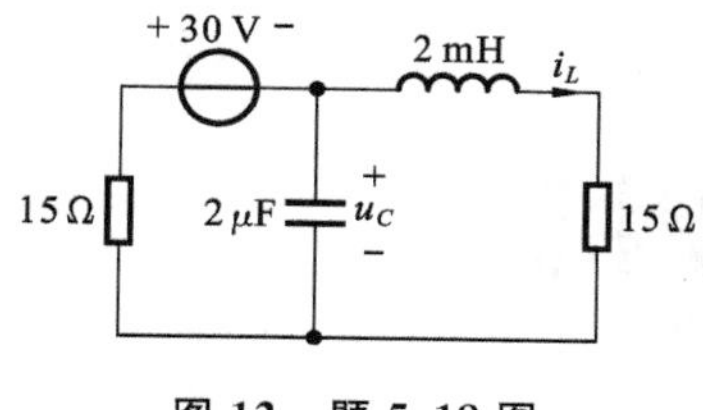

图 12　题 5.18 图

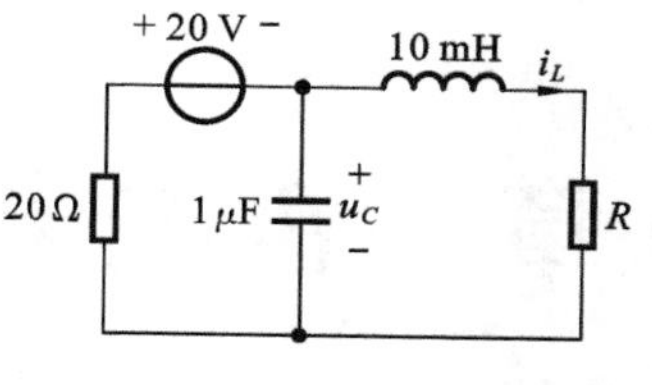

图 13　题 5.19 图

5.20　如图 14 所示的电路，列出以电感电流为变量的一阶微分方程。

5.21　如图 15 所示的电路，列出以电容电压为变量的二阶微分方程。

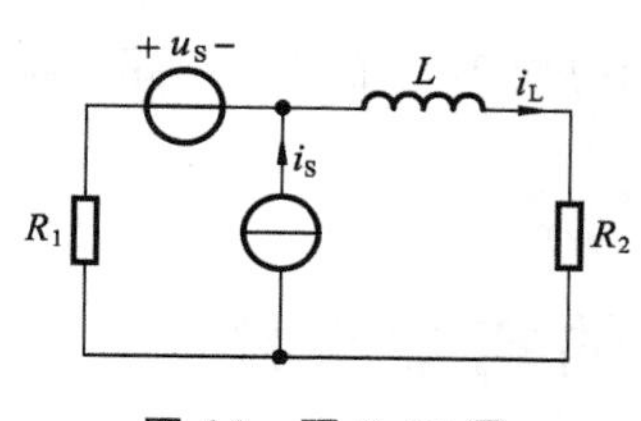

图 14　题 5.20 图

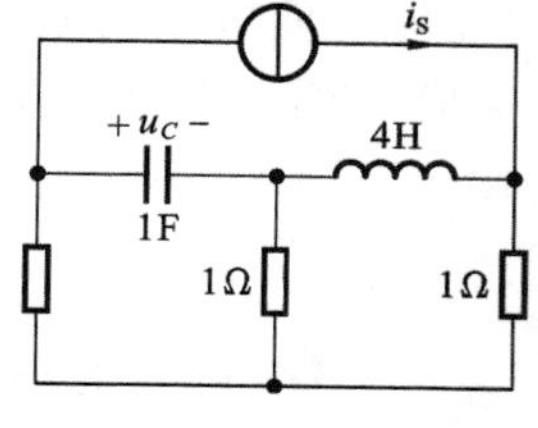

图 15　题 5.21 图

计算机辅助分析电路练习题

5.22　利用 Multisim 仿真软件仿真题 5.13 所示电路图，利用示波器观察电容电压波形。

5.23　利用 Multisim 仿真软件仿真题 5.15 所示电路图，利用示波器观察电感电压波形。

5.24　利用 Multisim 仿真软件仿真题 5.16 所示电路图，利用示波器观察电容电压波形。

5.25　利用 Multisim 仿真软件仿真题 5.17 所示电路图，利用示波器观察电容电压波形。

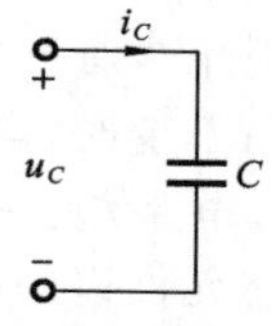

图 16　题 5.26 图

5.26　如图 16 所示的电路，$C=2$ F 且 $u_C(0)=0$，电容电流 i_C 的波形为 $i_C=20\sin\omega t$，利用示波器观察电容电压波形。

第 6 章 暂态电路分析

本章讨论可以用一阶微分方程描述的电路，主要是 RC 电路和 RL 电路，介绍一阶电路的经典法，以及一阶电路的时间常数的概念。还介绍零输入响应、零状态响应、全响应、瞬态分量、稳态分量、阶跃响应、冲激响应等重要概念。同时简单介绍二阶电路零输入响应、零状态响应等基本分析方法。

6.1 动态电路的初始条件

第 5 章介绍了电容元件和电感元件，这两种元件的电压和电流的约束关系是通过导数(或积分)表达的，所以称为动态元件，又称为储能元件。当电路中有电容和电感时，根据 KVL 和 KCL 以及元件的 VCR 建立的电路方程是以电流和电压为变量的微分方程或微分、积分方程，这不同于前几章讨论的电阻电路。

对于含有一个电容和一个电阻，或一个电感和一个电阻的电路，当电路的无源元件都是线性和时不变时，电路方程将是一阶线性常微分方程，相应的电路称为一阶电阻电容电路(简称为 RC 电路)或一阶电阻电感电路(简称为 RL 电路)。如果电路仅含一个动态元件，则可以把该动态元件以外的电阻电路用戴维宁定理或诺顿定理置换为电压源和电阻的串联组合，或电流源和电阻并联组合，从而把它变换为 RC 电路或 RL 电路。这种电路称为一阶动态电路。

动态电路的一个特征是，当电路的结构或元件的参数发生变化时(例如，电路中电源或无源元件的断开或接入，信号的突然注入等)，可能使电路改变原来的工作状态，转变到另一个工作状态，这种转变往往需要经历一个过程，在工程上称为过渡过程。

上述电路结构或参数变化引起的电路变化统称为“换路”，并认为换路是在 $t=0$ 时刻进行的。为了叙述方便，把换路前的最终时刻记为 $t=0_-$，把换路后的最初时刻记为 $t=0_+$，换路经历的时间为 0_- 到 0_+。

分析动态电路的过渡过程的方法之一是：根据 KCL、KVL 和支路的 VCR 建立描述电路的方程，建立的方程是以时间为自变量的线性常微分方程，然后求解常微分方程，从而得到电路所求变量(电压或电流)。此方法称为经典法，它是一种在时间域中进行的分析方法。

用经典法求解常微分方程时，必须根据电路的初始条件确定解答中的积分常数。设描述电路动态过程的微分方程为 n 阶，所谓初始条件就是指电路中所求变量(电压或电流)及其 $(n-1)$ 阶导数在 $t=0$ 时的值，也称初始值。电容电压 u_C 和电感电流 i_L 的初始值，即 $u_{C(0_+)}$ 和 $i_{L(0_+)}$ 称为独立的初始条件，其余的称为非独立的初始条件。

6.1.1 换路定律

电路理论中把电路中支路的接通、切断、短路，电源或电路参数的突然改变以及电路连接方式的其他改变统称为换路，并认为换路是即时完成的。这个过程被认为是在 $t=0$ 时刻瞬间完成的。显然，在 $t=0$ 之前，电路是一种状态，在 $t=0$ 之后，电路是另一种状态。我们规定：$t=0_-$ 表示换路前的时刻，它与 $t=0$ 时刻的间隔趋于 0；$t=0_+$ 表示换路后的时刻，它与 $t=0$ 时刻的间隔也趋于 0。设 $t=0$ 时刻电路发生换路，根据电容元件、电感元件的伏安关系，$t=0_+$ 的电容的电压 u_C 和电感的电流 i_L 可分别表示为

$$\left.\begin{aligned} u_C(0_+) &= u_C(0_-) + \frac{1}{C}\int_{0_-}^{0_+} i_C(\xi)\mathrm{d}\xi \\ i_L(0_+) &= i_L(0_-) + \frac{1}{L}\int_{0_-}^{0_+} u_L(\xi)\mathrm{d}\xi \end{aligned}\right\} \tag{6-1}$$

如果在无穷小的区间 $0_- < t < 0_+$ 内，电容电流 i_C 和电感电压 u_L 为有限值，则式(6-1)中的积分结果为零，式(6-1)可以写成

$$\left.\begin{aligned} u_C(0_+) &= u_C(0_-) \\ i_L(0_+) &= i_L(0_-) \end{aligned}\right\} \tag{6-2}$$

上述除了电容电压及其电荷量，以及电感电流及其磁链以外，其余的电容电流、电感电压、电阻的电流和电压、电压源的电流、电流源的电压在换路瞬间都是可以跃变的。

6.1.2 变量初始值的计算

响应在换路后的最初一瞬间(即 0_+ 时)的值称为初始值。初始值组成求解电路微分方程的初始条件。电容电压的初始值 $u_{C(0_+)}$ 和电感电流的初始值 $i_{L(0_+)}$ 可按换路定律确定，称为独立初始值。其他可以跃变的量的初始值可由独立初始值求出，称为相关的初始值。

动态电路中电流与电压初始值的求法和步骤如下。

(1) 求出 $t=0_-$ 时，电感电流与电容电压的值。

画出换路前 $t=0_-$ 时刻的电路。对于直流电路，当电路已处稳态($i_C=0, u_L=0$)时，电容可用开路替代，电感用短路替代；独立源、电阻、受控源保持不变，得到 $t=0_-$ 时刻的等效电路——特殊的电阻电路。由此电路求出 $u_C(0_-)$ 和 $i_L(0_-)$。对于正弦交流电路，则是用相量法求出换路前正弦稳态电路的电容电压相量和电感电流相量，然后把电容电压相量和电感电压相量还原成时间函数 $u_C(t)$ 和 $i_L(t)$，代入 $t=0_-$，求出 $u_C(0_-)$ 和 $i_L(0_-)$。

(2) 求 $t=0_+$ 时，电感电流与电容电压的值。

由换路定则，求出电感电流与电容电压在 $t=0_+$ 的值，即

$$u_C(0_+)=u_C(0_-), \quad i_L(0_+)=i_L(0_-)$$

(3) $u_L(0_+)$、$i_C(0_+)$、$i_R(0_+)$、$u_R(0_+)$ 初始值的确定。

① 对于较为复杂的电路可以画出换路后初始时刻 $t=0_+$ 的电路，电容用电压为 $u_C(0_+)$ 的电压源替代；电感用电流 $i_L(0_+)$ 的电流源替代；受控源和电阻不变；独立电压源和电流源的电压和电流取其在 $t=0_+$ 时的值，电源性质不变。由此得到 $t=0_+$ 时刻的等效电路——特殊的电阻电路。

② 在 $t=0_+$ 等效电路中，应用 KCL、KVL 和欧姆定律等电阻电路的求解方法，即可求出 $u_L(0_+)$、$i_C(0_+)$、$i_R(0_+)$、$u_R(0_+)$ 等物理量的初始值。

【例 6-1】 电路如图 6-1 所示，已知 $u_S=20$ V，$R=10$ Ω，$u_C(0_-)=0$ 及 $i_L(0_-)=0$。当开关 S 于 $t=0$ 时闭合后，试求 $i(0_+)$、$i_L(0_+)$、$i_C(0_+)$ 及 $u_C(0_+)$ 的数值。

解 换路瞬间，根据换路定律有

$$\left.\begin{aligned}u_C(0_+)=u_C(0_-)=0\\ i_L(0_+)=i_L(0_-)=0\end{aligned}\right\}$$

电阻上的电压为

$$u_R(0_+)=u_S-u_C(0_+)=u_S=20\ \text{V}$$

则

$$i(0_+)=\frac{u_R(0_+)}{R}=\frac{u_S}{R}=\frac{20}{10}\ \text{A}=2\ \text{A}$$

电容支路的电流为

$$i_C(0_+)=i(0_+)-i_L(0_+)=2\ \text{A}$$

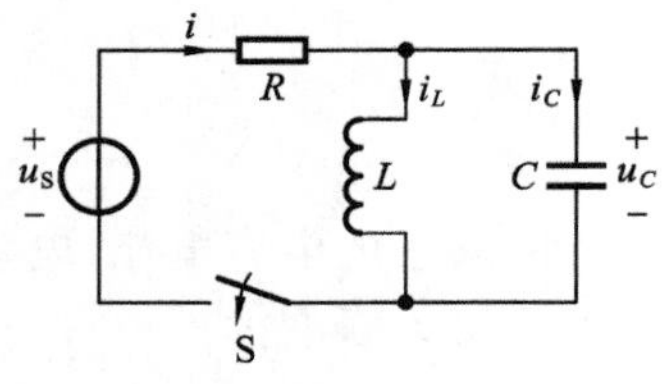

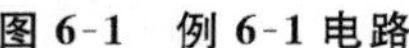
图 6-1　例 6-1 电路

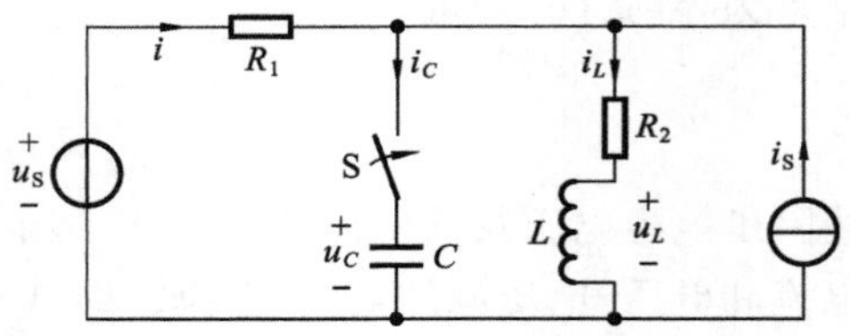

图 6-2　例 6-2 电路

【例 6-2】 电路如图 6-2 所示，开关 S 闭合前电路已处于稳态，电容 C 中无储能，已知 $u_S=20$ V，$R_1=R_2=5\ \Omega$，$i_S=10$ A，试确定 S 闭合后电压 u_C、u_L 和电流 i_1、i_C、i_L 的初始值。

解 根据换路定律求初始值

$$u_C(0_+)=u_C(0_-)=0\ \text{V}$$

$$i_L(0_+)=i_L(0_-)=\frac{u_S}{R_1+R_2}+\frac{R_1}{R_1+R_2}i_S=7\ \text{A}$$

$$i_1(0_+)=\frac{u_S}{R_1}=\frac{20}{5}\ \text{A}=4\ \text{A}$$

$$i_C(0_+)=i_1(0_+)+i_S-i_L(0_+)=(4+10-7)\ \text{A}=7\ \text{A}$$

$$u_L(0_+)=-i_L(0_+)R_2=-7\times5\ \text{V}=-35\ \text{V}$$

6.2　一阶电路的零输入响应

可用一阶微分方程描述的电路称为一阶电路。除电源（电压源或电流源）及电阻元件外，只含一个储能元件（电容或电感）的电路都是一阶电路。

含有储能元件的电路与电阻性电路不同，电阻性电路中如果没有独立源就没有响应，而含有储能元件时，即使没有独立源，只要储能元件的初始储能不为零，就由它们的初始储能引起响应。由于在这种情况下，电路中并无外电源输入，即输入为零，因而电路中引起的电压或电流就称为电路的零输入响应。

6.2.1　一阶 RC 电路的零输入响应

一阶电路仅有一个动态元件（电容或电感），如果在换路的瞬间动态元件已储存有能量（电能或磁能)，那么即使电路中无外加激励电源，换路后，电路中的动态元件将通过电路放电，在电路中产生响应(电流或电压)，即零输入响应。

如图 6-3 所示的电路，在 $t<0$ 时开关在位置 1，电容被电流源充电，电路已处于稳态，电容电压 $u_C(0_-)=R_0I_S$，$t=0$ 时，开关扳向位置 2，这样在 $t\geqslant 0$ 时，电容将对 R 放电，电路中形成电流 i。故 $t\geqslant 0$ 后，电路中无电源作用，电路的响应均是由电容的初始储能而产生，电容元件储有的能量，逐渐被电阻 R 消耗，故属于零输入响应。

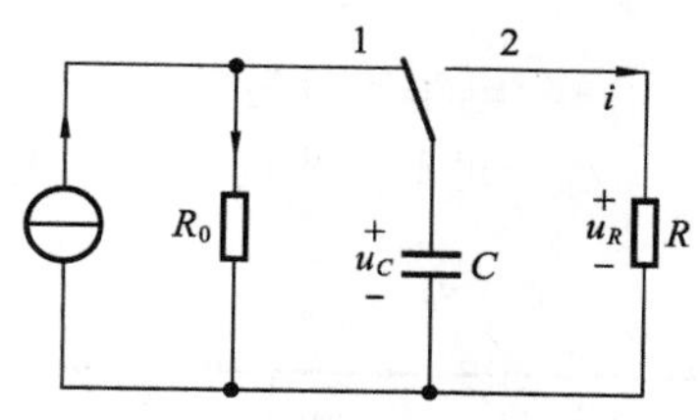

图 6-3　一阶 RC 电路的零输入响应

换路前电路处于稳定状态，电容已经充电完毕，此时 $u_C(0_-)=R_0I_S=U_0$。

换路后，根据 KVL 有

$$-u_R+u_C=0 \tag{6-3}$$

将 $i=-c\dfrac{\mathrm{d}u_C}{\mathrm{d}t}$ 代入式(6-3)，得微分方程为

$$\left.\begin{aligned}RC\frac{\mathrm{d}u_C}{\mathrm{d}t}+u_C=0\\ u_C(0_+)=R_0I_S=U_0\end{aligned}\right\}$$

特征方程为

$$RCP+1=0$$

特征根为

$$P=-\frac{1}{RC}$$

则方程的通解为

$$u_C=A\mathrm{e}^{pt}=A\mathrm{e}^{-\frac{1}{RC}t}$$

代入初始值得

$$A=u_C(0_+)=U_0$$

所以电容电压为

$$u_C=u_C(0_+)\mathrm{e}^{-\frac{t}{RC}}=U_0\mathrm{e}^{-\frac{t}{RC}}\quad(t\geqslant 0)$$

放电电流为

$$i=\frac{u_C}{R}=\frac{U_0}{R}\mathrm{e}^{-\frac{t}{RC}}\quad(t\geqslant 0)$$

从以上各式可以得出以下结论。

(1) 电压、电流是随时间按同一指数规律衰减的函数，如图 6-4 所示。

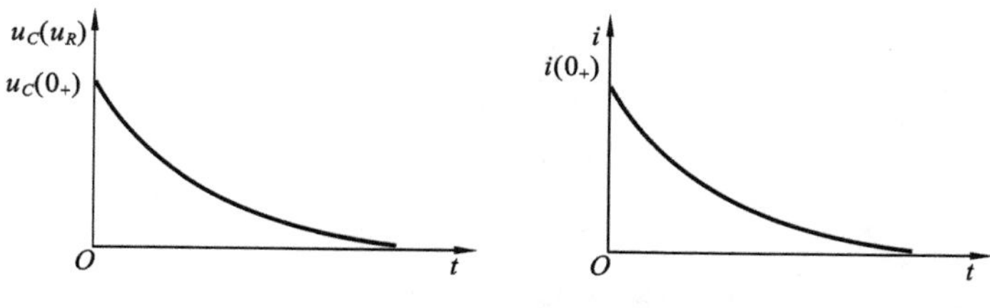

图 6-4　一阶 RC 电路零输入响应的关系

(2) 响应与初始状态呈线性关系，其衰减快慢与 R、C 有关。令 $\tau=RC$，τ 的量纲为

$$[\tau]=[RC]=[欧][法]=[欧]\left[\frac{库}{伏}\right]=[欧]\left[\frac{安秒}{伏}\right]=[秒]$$

称 τ 为一阶电路的时间常数。τ 的大小反映了电路过渡过程时间的长短，即 τ 大→过渡过程时间长，τ 小→过渡过程时间短。表 6-1 给出了电容电压在 $t=0$，$t=\tau$，$t=2\tau$，$t=3\tau$，$t=5\tau$ 时刻的值。

表 6-1 电容电压与 t 的关系

t	0	τ	2τ	3τ	5τ
$u_C=u_0\mathrm{e}^{-\frac{t}{\tau}}$	u_0	$u_0\mathrm{e}^{-1}$	$u_0\mathrm{e}^{-2}$	$u_0\mathrm{e}^{-3}$	$u_0\mathrm{e}^{-5}$
	u_0	$0.368u_0$	$0.135u_0$	$0.05u_0$	$0.007u_0$

表 6-1 中的数据表明，经过一个时间常数 τ，电容电压衰减到原来电压的 36.8%，因此，工程上认为，经过 3τ～5τ，过渡过程结束。

(3) 在放电过程中，电容不断放出能量为电阻所消耗，最后储存在电容中的电场能全部为电阻吸收而转换成热能，即

$$W_R=\int_0^{\infty}i^2R\mathrm{d}t=\int_0^{\infty}\left(\frac{U_0}{R}\mathrm{e}^{-\frac{t}{RC}}\right)^2R\mathrm{d}t=\frac{U_0^2}{R}\left(-\frac{RC}{2}\mathrm{e}^{-\frac{t}{RC}}\right)\Bigg|_0^{\infty}=\frac{1}{2}CU_0^2$$

【例 6-3】 如图 6-5(a)所示的电路，开关 S 原在位置 1，且电路已达稳态。$t=0$ 时开关由 1 合向 2，试求 $t\geqslant0$ 时的电流 $i(t)$。

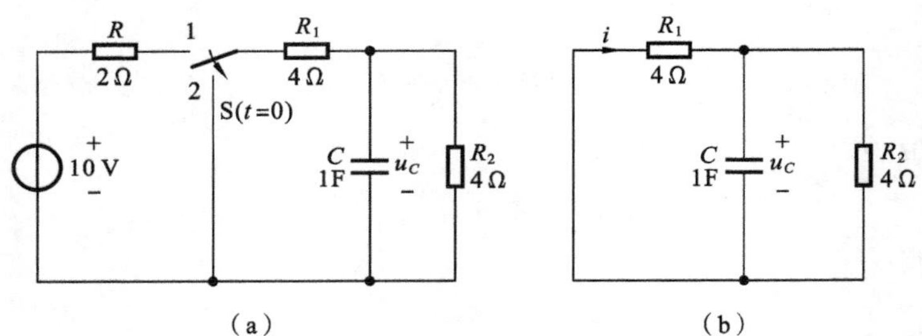

图 6-5 例 6-3 的图

解 首先求出

$$u_C(0_-)=\frac{10\times4}{2+4+4}\ \mathrm{V}=4\ \mathrm{V}$$

$$u_C(0_+)=u_C(0_-)=4\ \mathrm{V}$$

换路后，电路如图 6-5(b)所示，电容通过电阻 R_1、R_2 放电，由于 R_1、R_2 为并联，设等效电阻为 R'，有

$$R'=\frac{R_1R_2}{R_1+R_2}=2\ \Omega$$

$$\tau=R'C=2\ \mathrm{s}$$

所以

$$u_C=u_C(0_+)\mathrm{e}^{-\frac{t}{\tau}}=4\mathrm{e}^{-0.5t}\ \mathrm{V}$$

$$i=-\frac{u_C(t)}{4}=-\mathrm{e}^{-0.5t}\ \mathrm{A}$$

6.2.2　一阶 RL 电路的零输入响应

现在讨论 RL 电路的零输入响应。如图 6-6 所示的电路，在开关 S 动作之前电压和电流恒定不变，电感中有电流 $I_0=\dfrac{U_0}{R_0}=i(0_-)$。在 $t=0$ 时开关由 1 合到 2，具有初始电流 I_0，电感 L 和电阻 R 相连接，构成一个闭合回路，如图 6-6(b)所示。在 $t>0$ 时，放电回路中的电流及电压均是由电感 L 的初始储能产生的，电感元件储有能量，逐渐被电阻 R 消耗，所以为零输入响应。

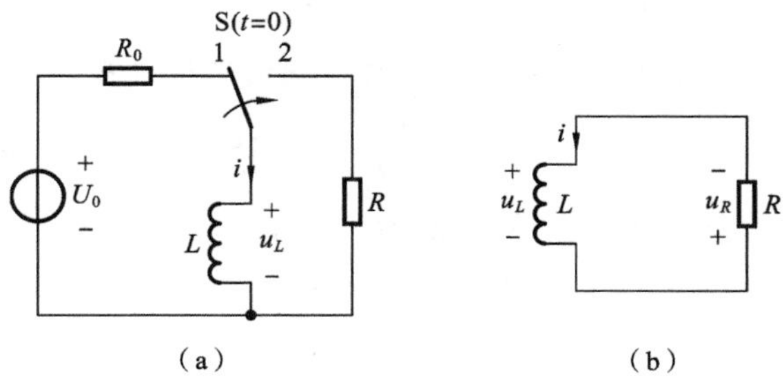

图 6-6　一阶 RL 电路的零输入响应

根据 KVL，有

$$u_R+u_L=0$$

而 $u_R=Ri$，$u_L=L\dfrac{\mathrm{d}i}{\mathrm{d}t}$，则电路的微分方程为

$$L\frac{\mathrm{d}i}{\mathrm{d}t}+Ri=0$$

这也是一个一阶齐次微分方程。令 $i=Ae^{pt}$，就可以得到相应的特征方程为

$$LP+R=0$$

其特征根为

$$p=-\frac{R}{L}$$

故电流为

$$i=Ae^{-\frac{R}{L}t} \tag{6-4}$$

根据 $i(0_+)=i(0_-)=I_0$，代入式(6-4)可求得 $A=i(0_+)=I_0$，而有

$$i=i(0_+)e^{-\frac{R}{L}t}=I_0e^{-\frac{R}{L}t}$$

电阻和电感上电压分别为

$$u_R=R_i=RI_0e^{-\frac{R}{L}t},\quad u_L=L\frac{\mathrm{d}i}{\mathrm{d}t}=-RI_0e^{-\frac{R}{L}t}$$

与 RC 电路类似，令 $\tau=\dfrac{L}{R}$，称为 RL 电路的时间常数，则上述各式可写为

$$i=I_0e^{-\frac{t}{\tau}},\quad u_R=RI_0e^{-\frac{t}{\tau}},\quad u_L=-RI_0e^{-\frac{t}{\tau}}$$

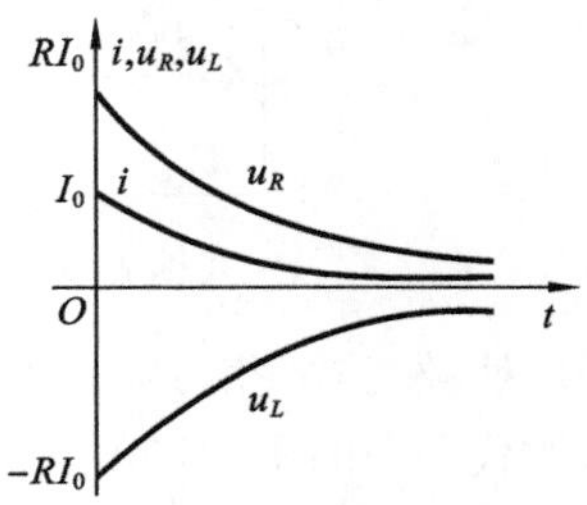

图 6-7　RL 电路的零输入响应曲线

图 6-7 所示的曲线分别为 i、u_L 和 u_R 随时间变化的曲线。

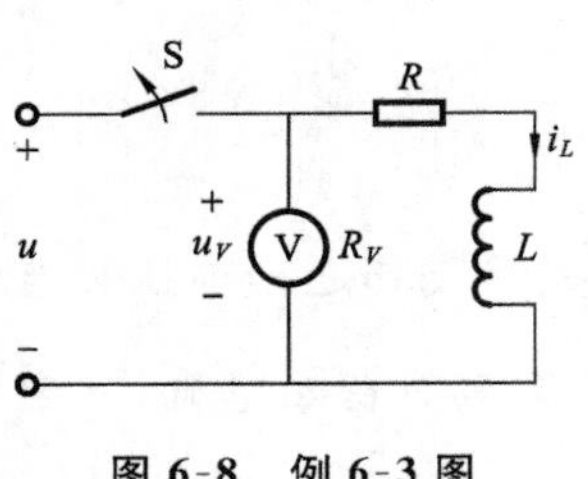

图 6-8 例 6-3 图

【例 6-4】 图 6-8 所示的是一台 300 kW 汽轮发电机的励磁回路。已知励磁绕组的电阻 $R=0.189\ \Omega$，电感 $L=0.398$ H，直流电压 $U=35$ V。电压表的量程为 50 V，内阻 $R_V=5\ \text{k}\Omega$。开关断开时，电路中电流已经恒定不变。在 $t=0$ 时，断开开关。求：(1) 电阻、电感回路时间常数；(2) 电流 i 的初始值和开关断开后电流 i 的最终值；(3) 电流 i 和电压表处的电压 u_V；(4) 开关刚断开时，电压表处的电压。

解 (1) 时间常数为

$$\tau=\frac{L}{R+R_V}=\frac{0.398}{0.189+5\times10^3}\ \text{s}=79.6\ \mu\text{s}$$

(2) 开关断开前，由于电流已恒定不变，电感 L 两端电压为零，故

$$i(0_-)=\frac{U}{R}=\frac{35}{0.189}\ \text{A}=185.2\ \text{A}$$

由于电感中电流不能跃变，电流的初始值为

$$i(0_+)=i(0_-)=185.2\ \text{A}$$

(3) 按 $i=i(0_+)\text{e}^{-\frac{t}{\tau}}$，可得

$$i=185.2\text{e}^{-12560t}\ \text{A}$$

电压表处的电压为

$$u_V=-R_Vi=-5\times10^3\times185.2\text{e}^{-12560t}\ \text{V}=-926\text{e}^{-12560t}\ \text{kV}$$

(4) 开关刚断开时，电压表处的电压为

$$u_V(0_+)=-926\ \text{kV}$$

在这个时刻电压表要承受很高的电压，其绝对值将远大于直流电源的电压 U，而且初瞬间的电流也很大，可能损坏电压表。由此可见，切断电感电流时必须考虑磁场能量释放。如果磁场能量较大，而又必须在短时间内完成电流的切断，则必须考虑如何熄灭因此而出现的电弧(一般出现在开关处)的问题。

【例 6-5】 如图 6-9 所示的电路，$t=0_-$ 时电路已处于稳态，$t=0$ 时开关 S 打开。求 $t\geqslant0$ 时的电压 u_C、u_R 和电流 i_C。

解 由于在 $t=0_-$ 时电路已处于稳态，在直流电源作用下，电容相当于开路。所以

$$u_C(0_-)=\frac{R_2}{R_1+R_2}U_\text{S}=\frac{2\times12}{4+2}\ \text{V}=4\ \text{V}$$

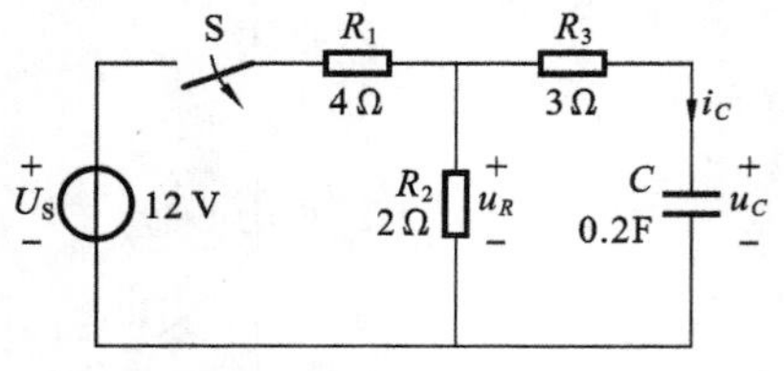

图 6-9 例 6-5 电路图

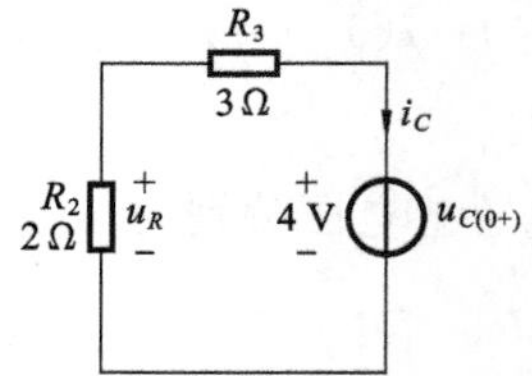

图 6-10 $t\geqslant0$ 时的等效电路

由换路定律，得 $u_C(0_+)=u_C(0_-)=4$ V，作出 $t\geqslant0$ 时的等效电路(见图 6-10)，电容用 4 V 电压源代替，由图 6-10 所示的电路可知

$$i_C(0_+)=-\frac{u_C(0_+)}{R_2+R_3}=-\frac{4}{2+3}\ \text{A}=-0.8\ \text{A}$$

在图 6-10 中，回路的等效电阻为

$$R=R_2+R_3=(3+2)\ \Omega=5\ \Omega$$

时间常数为

$$\tau=RC=5\times0.2\ \text{s}=1\ \text{s}$$

计算零输入响应，得

$$u_C=u_C(0_+)\mathrm{e}^{-\frac{t}{\tau}}=4\mathrm{e}^{-t}\ \text{V}\quad(t\geqslant0)$$

$$u_R=\frac{u_C}{R_2+R_3}\times R_2=\frac{4\mathrm{e}^{-t}}{2+3}\times2=1.6\mathrm{e}^{-t}\quad(t\geqslant0)$$

$$i_C=-\frac{u_C}{R_2+R_3}=\frac{4\mathrm{e}^{-t}}{2+3}=-0.8\mathrm{e}^{-t}\quad(t\geqslant0)$$

现总结如下。

(1) 一阶电路的零输入响应是由储能元件的初值引起的响应，都是由初始值衰减为零的指数衰减函数，其一般表达式可以写为

$$y_x(t)=y_x(0_+)\mathrm{e}^{-\frac{t}{\tau}}\quad(t\geqslant0)\tag{6-5}$$

其中 $y_x(0_+)$ 表示零输入响应的初始值，一阶 RC 电路中 $\tau=RC$，一阶 RL 电路中 $t=L/R$，R 为与动态元件相连的一端口电路的等效电阻。

(2) 零输入响应的衰减快慢取决于时间常数 τ，τ 越大，电路零输入响应衰减越慢，暂态过程进展就越慢，$t\to\infty$，暂态过程结束，电路达到新的稳态。

(3) 同一电路中所有响应具有相同的时间常数。

(4) 一阶电路的零输入响应与初始值成正比，称为零输入线性。

用经典法求解一阶电路零输入响应的步骤如下。

(1) 根据基尔霍夫定律和元件特性列出换路后的电路微分方程，该方程为一阶线性齐次常微分方程。

(2) 由特征方程求出特征根。

(3) 根据初始值确定积分常数，从而得方程的解。

总结一阶 RC 电路和一阶 RL 电路的零输入响应的分析，可知求解零输入响应的规律如下。

从物理意义上说，零输入响应是在零输入时非零初始状态下产生的，它取决于电路的初始状态，也取决于电路的特性。对一阶电路来说，它是通过时间常数 τ 或电路固有频率来体现的。

从数学意义上说，零输入响应就是线性齐次常微分方程，在非零初始条件下的解。

在激励为零时，线性电路的零输入响应与电路的初始状态呈线性关系，初始状态可看作电路的“激励”或“输入信号”。若初始状态增大 A 倍，则零输入响应也增大 A 倍，这种关系称为“零输入线性”。

6.3 一阶电路的零状态响应

一阶电路的零状态响应是指动态元件初始能量为零，$t>0$ 后由电路中外加输入激励作用所产生的响应。用经典法求零状态响应的步骤与求零输入响应的步骤相似，所不同的是零状

态响应的方程是非齐次的。

6.3.1 一阶 RC 电路的零状态响应

如图 6-11 所示，在 $t=0$ 时刻，开关闭合，问 i、u_R、u_C 如何变化？

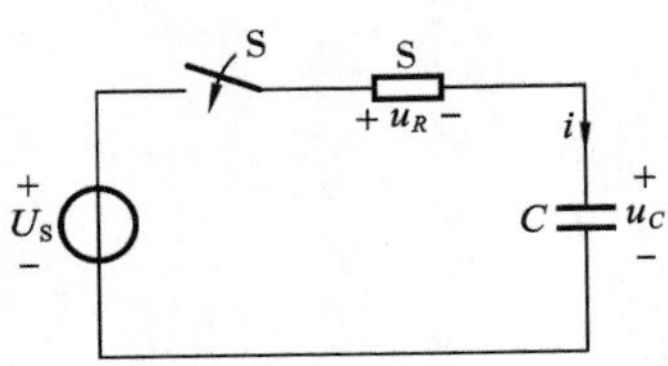

图 6-11 一阶 RC 电路的零状态响应电路

物理过程分析如下。

根据以前知识，$u_C(0_+)=u_C(0_-)=u_C(0)=0$。这就是说，在 $t=0$ 时刻，电容相当于短路，直流电压全部降落在 R 上，那么电流 $i(0_+)=\dfrac{U_S}{R}$。但是，电流一经流动，必然在电容极板上产生电荷堆积，$q=CU$。然而，总电压 U_S 不变，R 上压降必然减小，从而电流 $i=\dfrac{u_R}{R}$减小 。最终，$u_C\to U_S$，$i\to 0$，充电停止，电路达到另外一个稳态，此时，电容相当于开路。

如图 6-11 所示的 RC 充电电路，在开关闭合前处于零初始状态，即电容电压 $u(0_-)=0$，开关闭合后，根据 KVL 可得

$$u_R+u_C=U_S \tag{6-6}$$

把 $i=C\dfrac{\mathrm{d}u_C}{\mathrm{d}t}$，$u_R=Ri$ 代入式(6-6)，得微分方程为

$$RC\frac{\mathrm{d}u_C}{\mathrm{d}t}+u_C=U_S$$

其解的形式为

$$u_C=u_C'+u_C''$$

其中 u_C'' 为特解，也称强制分量或稳态分量，是与输入激励的变化规律有关的量。通过设微分方程中的导数项等于 0，可以得到任何微分方程的直流稳态分量，上述方程满足 $u_C''=U_S$。另一个计算直流稳态分量的方法是在直流稳态条件下，把电感看作短路，电容视为开路再加以求解。

u_C' 为齐次方程的通解，也称自由分量或暂态分量。

方程 $RC\dfrac{\mathrm{d}u_C}{\mathrm{d}t}+u_C=0$ 的通解为

$$u_C'=A\mathrm{e}^{-\frac{t}{RC}}$$

因此，

$$u_C(t)=u_C'+u_C''=U_S+A\mathrm{e}^{-\frac{t}{RC}}$$

由初始条件 $u_C(0_+)=u_C(0_-)=u_C(0)=0$，得积分常数为

$$A=-U_S$$

则

$$u_C=U_S-U_S\mathrm{e}^{-\frac{t}{RC}}=U_S(1-\mathrm{e}^{-\frac{t}{RC}})\quad(t\geqslant 0) \tag{6-7}$$

从式(6-7)可以得出电流为

$$i=C\frac{\mathrm{d}u_C}{\mathrm{d}t}=\frac{u_S}{R}\mathrm{e}^{-\frac{t}{RC}}$$

实际上，零状态响应的暂态过程即为电路储能元件的充电过程，当时间 $t\to\infty$ 时，电容电压趋近于充电值，充电过程结束，电路处于另一个稳态。而在工程中，常常认为电路经过 3τ～

5τ 时间后充电结束。

从以上各式可以得出以下结论。

(1) 电压、电流是随时间按同一指数规律变化的函数，电容电压由两部分构成，即稳态分量(强制分量)和暂态分量(自由分量)。

(2) 响应变化的快慢，由时间常数 $\tau=RC$ 决定；τ 大，充电慢，τ 小，充电就快。电路进入新的稳态后，电容视为开路，电流 $i_C(\infty)=0$，电压 $u_C(\infty)=U_S$。

(3) 响应与外加激励呈线性关系。

特别注意：在整个充电过程中，电源提供的能量、电阻消耗的能量、电容储存的能量有下列关系，即

$$W_S=\int_0^\infty U_S i\,\mathrm{d}i=\frac{U_S^2}{R}\int_0^\infty \mathrm{e}^{-\frac{t}{\tau}}\mathrm{d}t=CU_S^2$$

$$W_R=\int_0^\infty U_R i\,\mathrm{d}i=\frac{U_S^2}{R}\int_0^\infty \mathrm{e}^{-\frac{2t}{\tau}}\mathrm{d}t=\frac{1}{2}CU_S^2$$

$$\begin{aligned}W_C&=\int_0^\infty U_C i\,\mathrm{d}i=U_S\int_0^\infty \mathrm{e}^{-\frac{t}{\tau}}(1-\mathrm{e}^{-\frac{t}{\tau}})\mathrm{d}t=\frac{U_S^2}{R}\int_0^\infty \mathrm{e}^{-\frac{t}{\tau}}\mathrm{d}t-\frac{U_S^2}{R}\int_0^\infty \mathrm{e}^{-2\frac{t}{\tau}}\mathrm{d}t\\&=W_S-W_R=\frac{1}{2}CU_S^2\end{aligned}$$

使人惊奇的是：不论 C 和 R 的取值有多大，充电过程中，电源提供的能量中，正好一半转变成电场能存储于电容中，另一半则被 R 消耗掉了，即充电效率仅有 50%。

6.3.2　一阶 RL 电路的零状态响应

用类似方法分析图 6-12 所示的 RL 电路。电路在开关闭合前处于零初始状态，即电感电流 $i_L(0_-)=0$，开关闭合后，根据 KVL 可得

$$u_R+u_L=U_S$$

物理过程分析如下。

根据以前知识，在有限电压前提下，电流不能跃变，$i_C(0_+)=i_C(0_-)=i_C(0)=0$，即

$$u_{(R)}(0_+)=Ri(0_+)=0$$

换路瞬间，U_S 全部降落在 L 上，即

$$u_L(0_+)=U_S$$

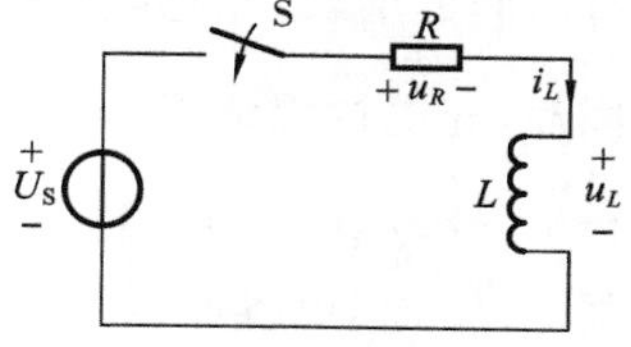

图 6-12　一阶 RL 电路的零状态响应

换句话说，L 相当于开路。

但是，电流一经流动，必然在 R 上产生压降，总电压 U_S 不变，故 L 上压降必然减小。最终，电流趋于最大值$\frac{U_S}{R}$，U_S 全部降在 R 上，此时，电感相当于短路。电路达到另外一个稳态。

换路后根据 KCL，回路方程为

$$u_L+u_R=U_S \tag{6-8}$$

把 $u_L=L\frac{\mathrm{d}i}{\mathrm{d}t}$，$u_R=Ri$ 代入式(6-8)，得微分方程为

$$L\frac{\mathrm{d}i_L}{\mathrm{d}t}+Ri_L=U_S$$

其解答形式为

$$i_L = i_L' + i_L''$$

令导数为零得稳态分量为

$$i_L'' = \frac{U_S}{R}$$

因此，

$$i_L = \frac{U_S}{R} + A\mathrm{e}^{-\frac{R}{L}t}$$

由初始条件 $i_L(0_+)=0$，得积分常数

$$A = -\frac{U_S}{R}$$

则 $$i_L = \frac{U_S}{R}(1-\mathrm{e}^{-\frac{R}{L}t}) = \frac{U_S}{R}(1-\mathrm{e}^{-\frac{t}{\tau}}),\quad u_L = L\frac{\mathrm{d}i}{\mathrm{d}t} = U_S\mathrm{e}^{-\frac{R}{L}t} = U_S\mathrm{e}^{-\frac{t}{\tau}}$$

此时时间常数为：$\tau=\dfrac{L}{R}$，单位是秒(s)。

电感的电流和电压波形如图 6-13 所示。

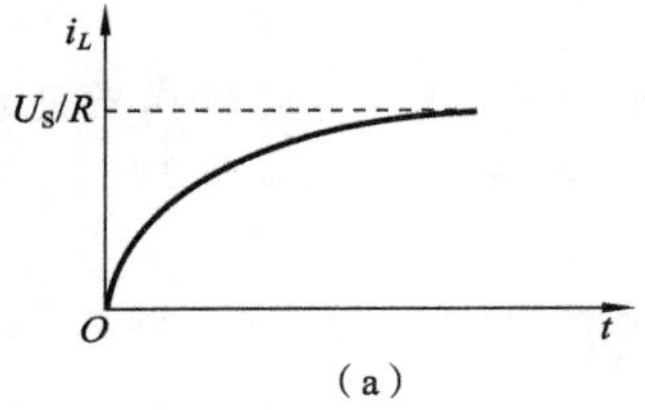

(a)

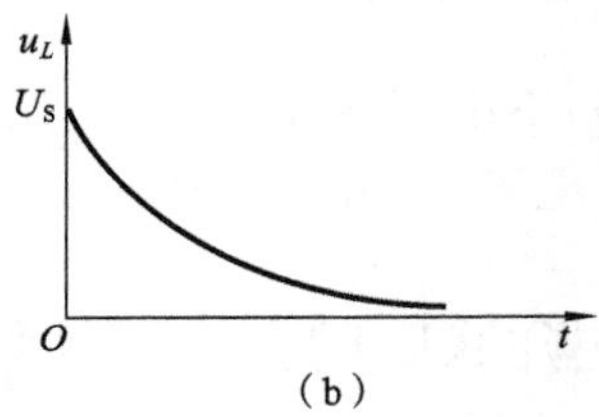

(b)

图 6-13 电感的电流和电压波形图

可见，换路后的瞬间，$i_C(0_+)=i_C(0_-)=0$，电感相当于开路，$u_L(0_+)=U_S$，$u_R(0_+)=0$。随着时间的增长，充电电流按指数规律增大，u_R 也随之增大，而 u_L 则逐渐减小。经历 $3\tau\sim5\tau$ 时间后，充电过程结束，电路达到新的稳态。此时电感相当于短路，其电流 $i_L(\infty)=\dfrac{U_S}{R}$，电压 $u_L(\infty)=0$，$u_R(\infty)=U_S$。实际上，零状态响应的暂态过程即为电路储能元件的充电过程，当时间 $t\to\infty$ 时，电容电压趋近于充电值，放电过程结束，电路处于另一个稳态。而在工程中，常常认为电路经过 $3\tau\sim5\tau$ 时间后充电结束。

如果用 $y_x(t)$ 表示电路的零状态响应，并将电路达到新的稳态时记为 $y_x(\infty)$，则一阶电路的零状态响应可统一表示为

$$y_x(t) = y_x(\infty)(1-\mathrm{e}^{-\frac{t}{\tau}})$$

总结一阶 RC 电路和一阶 RL 电路的零状态响应，其规律如下。

从物理意义上说，电路的零状态响应是由外加激励和电路特性决定的。一阶电路零状态响应反映的物理过程，实质上是动态元件的储能从无到有逐渐增加的过程，电容电压或电感电流都是从零值开始按指数规律上升到稳态值，上升的快慢由时间常数 τ 决定。

从数学意义上说，零状态响应就是线性非齐次常微分方程在零初始条件下的解。

当系统的起始状态为零时，线性电路的零状态响应与外施激励呈线性关系，即激励增大到 A 倍，响应也增大到 A 倍。多个独立源作用时，总的零状态响应为各独立源分别作用的响应的总和，这就是所谓“零状态线性”。

【例6-6】 如图6-14所示的电路，在$t=0$时，闭合开关S，已知$u(0)=0$，求：(1) 电容电压和电流；(2) 电容充电至$u=80$ V时所花费的时间t。

解 (1) 这是一个RC电路零状态响应问题，时间常数为

$$\tau=RC=500\times10^{-5}\ \text{s}$$

$$u_C(\infty)=U_S=100\ \text{V}$$

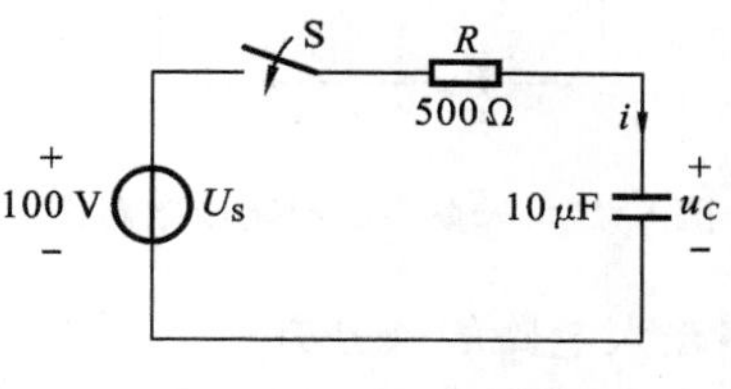

图6-14 例6-6图

$t>0$后，电容电压为

$$u_C=u_C(\infty)(1-e^{-\frac{t}{RC}})=U_S(1-e^{-\frac{t}{RC}})$$

$$=100(1-e^{-200t})\ \text{V}\quad(t\geqslant0)$$

充电电流为

$$i=C\frac{du_C}{dt}=\frac{U_S}{R}e^{-\frac{t}{RC}}=0.2e^{-200t}\ \text{A}$$

(2) 设经过t_1，$u=80$ V，即$80=100(1-e^{-200t})$，解得

$$t_1=8.045\ \text{ms}$$

【例6-7】 图6-15所示电路原本处于稳定状态，在$t=0$时打开开关S，求$t\geqslant0$后i_L和u_L的变化规律。

解 这是一个RL电路零状态响应问题，$t\geqslant0$后的等效电路如图6-16所示。

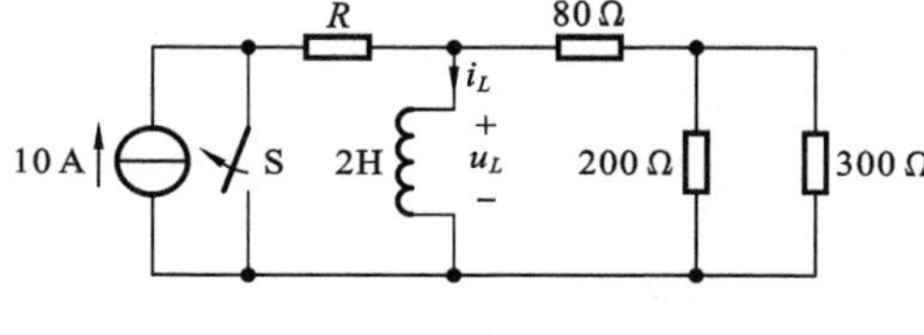

图6-15 例6-7图

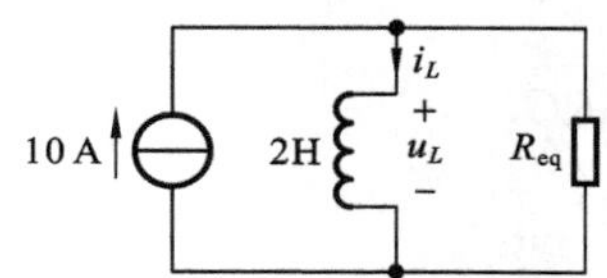

图6-16 $t\geqslant0$后的等效电路

其中 $$R_{eq}=(80+200/\!/300)\ \Omega=200\ \Omega$$

因此，时间常数为

$$\tau=\frac{L}{R_{eq}}=\frac{2}{200}\ \text{s}=0.01\ \text{s}$$

把电感短路，得电感电流的稳态解为

$$i_L(\infty)=10\ \text{A}$$

则

$$i_L(t)=10(1-e^{-100t})\ \text{A}$$

$$u_L=L\frac{di_L}{dt}=2000e^{-100t}\ \text{V}$$

6.4 一阶电路的全响应

由电路的初始状态和外加激励共同作用而产生的响应，称为全响应。

1. 电路求解过程

电路如图6-17所示。

开关闭合前电路已经处于稳定状态，电容电压为$u_C(0_-)=U_0$，在$t=0$时刻开关闭合，显

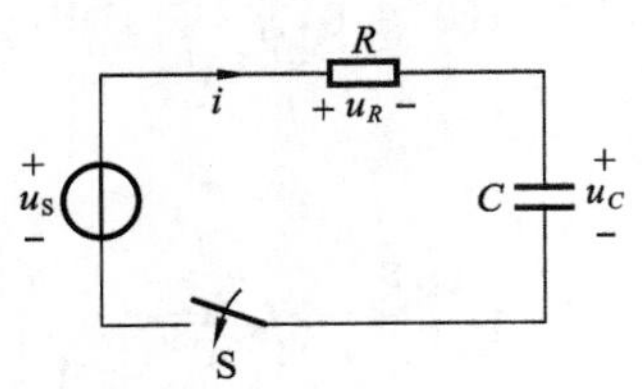

图 6-17　一阶 RC 全响应电路图

然电路中的响应属于全响应。对 $t=0$ 的电路，以 u_C 为求解变量，可列出描述电路的微分方程为

$$\left.\begin{aligned}RC\frac{\mathrm{d}u_C}{\mathrm{d}t}+u_C=U_S\\u_C(0_+)=U_0\end{aligned}\right\}\tag{6-9}$$

式(6-9)与描述零状态电路的微分方程式比较，仅只有初始条件不同，通过对式(6-9)分析可知，当 $U_S=0$ 时，即为 RC 零输入电路的微分方程。而当 $U_0=0$ 时，即为 RC 零状态电路的微分方程。这一结果表明，零输入响应和零状态响应都是全响应的一种特殊情况。具体求解过程如下。

电路微分方程为

$$RC\frac{\mathrm{d}u_C}{\mathrm{d}t}+u_C=U_S$$

方程的解为

$$u_C(t)=u'_C+u''_C$$

令微分方程的导数为零，得稳态解为

$$u''_C=U_S$$

暂态解为

$$u'_C=A\mathrm{e}^{-\frac{t}{\tau}}$$

其中，$\tau=RC$。

因此，

$$u_C=U_S+A\mathrm{e}^{-\frac{t}{\tau}}\quad(t\geqslant0)\tag{6-10}$$

由初始值定常数 A，因为电容有初始电压 $u(0)$，所以

$$u_C(0_-)=u_C(0_+)=U_0$$

代入式(6-10)得

$$u_C(0_+)=A+U_S=U_0$$

解得

$$A=U_0-U_S$$

所以电路的全响应为

$$u_C=U_S+A\mathrm{e}^{-\frac{t}{\tau}}=U_S+(U_0-U_S)\mathrm{e}^{-\frac{t}{\tau}}\quad(t\geqslant0)\tag{6-11}$$

2. 全响应的两种分解方式

(1) 式(6-11)的第一项是电路的稳态解，第二项是电路的暂态解，因此一阶电路的全响应可以看成是稳态解加暂态解，即

全响应＝强制分量(稳态解)＋自由分量(暂态解)

(2) 把式(6-11)改写成

$$u_C=U_S(1-\mathrm{e}^{-\frac{t}{\tau}})+U_0\mathrm{e}^{-\frac{t}{\tau}}\quad(t\geqslant0)$$

显然第一项是电路的零状态解，第二项是电路的零输入解，因此一阶电路的全响应也可以看成是零状态解加零输入解，即

全响应＝零状态响应＋零输入响应

因为电路的激励有两种，一是外加的输入信号，另一种是储能元件的初始储能，根据线性

电路的叠加性，电路的响应是两种激励各自所产生响应的叠加。

此种分解方式便于叠加计算，如图 6-18 所示。

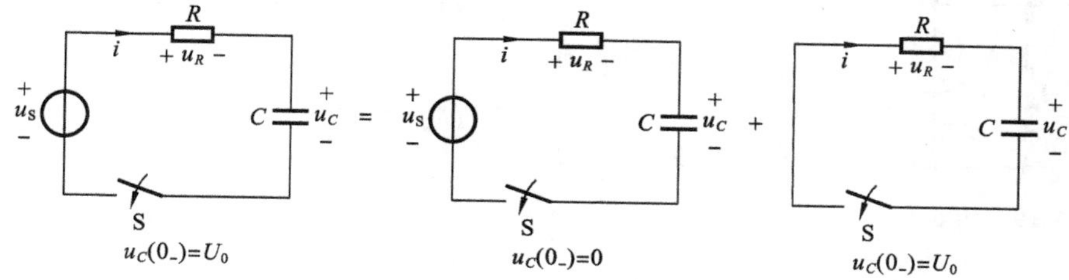

图 6-18　一阶 RC 全响应电路图的叠加

3. 三要素法分析一阶电路

三要素法是对一阶电路的求解法及其响应形式进行归纳后得出的一个有用的通用法则。由该法则能够比较迅速地获得一阶电路的全响应。

求解全响应与求解零状态响应一样，都可以通过求解电路的微分方程解决。在两种情况下，电路的微分方程相同，解决的表达式也相同，只是电路的初始储能或初始条件不同，方程解中待定常数 A 值不同而已。若用 $y(t)$ 表示方程变量，则完全响应可表示为

$$y(t)=y_p(t)+y_h(t)=y(\infty)+A\mathrm{e}^{-\frac{t}{\tau}} \tag{6-12}$$

在直流电源作用下，式(6-12)中 $y_p(t)$ 为常量，是 $t\to\infty$ 电路达到稳定状态时的响应值，记为 $y(\infty)$，齐次解 $y_h(t)$ 是含有待定常数的指数函数。设全响应初始值为 $y(0_+)$，则由式(6-12)可得 $y(0_+)=y(\infty)+A$。所以有

$$A=y(0_+)-y(\infty)\quad (t\geqslant 0)$$

将 A 代入式(6-12)，可得三要素公式为

$$y(t)=y(\infty)+[y(0_+)-y(\infty)]\mathrm{e}^{-\frac{t}{\tau}}\quad (t\geqslant 0) \tag{6-13}$$

式(6-13)中初始值 $y(0_+)$、稳态值 $y(\infty)$ 和时间常数 τ 称为三要素，把按三要素公式求解响应的方法称为三要素法。由于零输入响应和零状态响应是全响应的特殊情况，因此，三要素公式适用于求一阶电路的任一种响应，具有普遍适用性。

用三要素法求解直流电源作用下一阶电路的响应，其求解步骤如下。

(1) 确定初始值 $y(0_+)$。

初始值 $y(0_+)$ 是指任一响应在换路后瞬间 $t=0_+$ 时的数值，与本章前面所讲的初始值的确定方法是一样的。

(2) 确定稳态值 $y(\infty)$。

作 $t=\infty$ 时的等效电路。瞬态过程结束后，电路进入了新的稳态，用此时的电路确定各变量稳态值 $u(\infty)$、$i(\infty)$。在此电路中，电容 C 视为开路，电感 L 用短路线代替，可按一般电阻性电路来求各变量的稳态值。

(3) 求时间常数 τ。

电路中，$\tau=RC$；RL 电路中，$\tau=L/R$；其中，R 是将电路中所有独立源置零后，从 C 或 L 两端看进去的等效电阻(即戴维宁等效源中的 R_0)。

【例 6-8】 图 6-19 所示的电路原本处于稳定状态，$t=0$ 时开关闭合，求 $t\geqslant 0$ 后的电容电压 u_C 并画出波形图。

解 这是一个一阶 RC 电路全响应问题，应用三要素法。

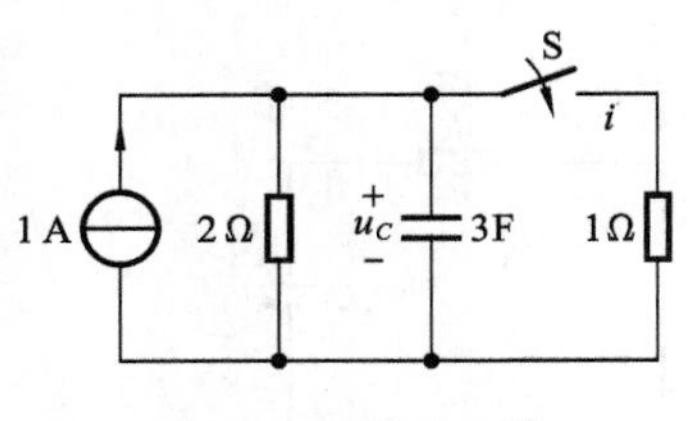

图 6-19 例 6-8 图

电容电压的初始值为

$$u_C(0_-)=u_C(0_+)=2\ \text{V}$$

稳态值为

$$u_C(\infty)=(2/\!/1)\times 1\ \text{V}=0.667\ \text{V}$$

时间常数为

$$\tau=R_{\text{eq}}C=\frac{2}{3}\times 3\ \text{s}=2\ \text{s}$$

代入三要素公式为

$$u_C(t)=u_C(\infty)+[u_C(0_+)-u_C(\infty)]\text{e}^{-\frac{t}{\tau}}=[0.667+(2-0.667)\text{e}^{-0.5t}]\ \text{V}$$
$$=(0.667+1.38\text{e}^{-0.5t})\ \text{V}\quad (t\geqslant 0)$$

u_C 波形如图 6-20 所示。

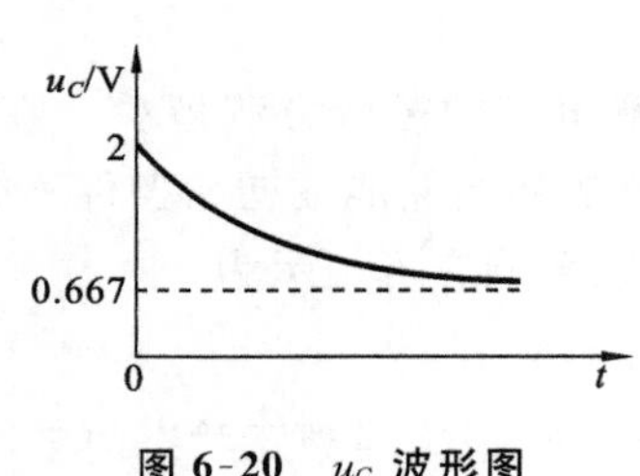

图 6-20 u_C 波形图

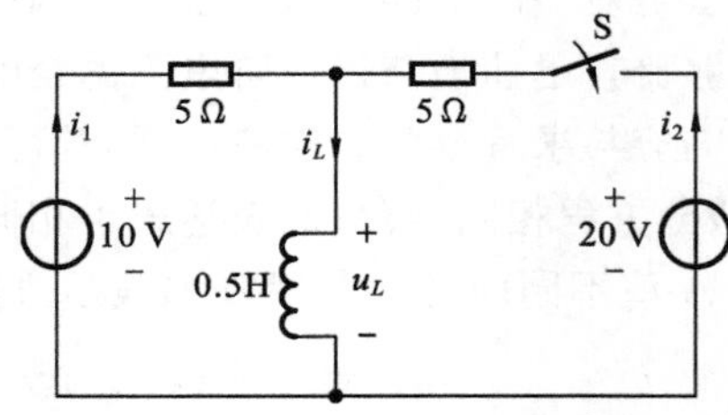

图 6-21 例 6-9 电路图

【例 6-9】 图 6-21 所示的电路原本处于稳定状态，$t=0$ 时开关闭合，求 $t\geqslant 0$ 后各支路的电流。

解 这是一个一阶 RL 电路全响应问题，应用三要素法。

三要素为

$$i_L(0_-)=i_L(0_+)=\frac{10}{5}\ \text{A}=2\ \text{A},\quad i_L(\infty)=\left(\frac{10}{5}+\frac{20}{5}\right)\ \text{A}=6\ \text{A}$$

$$\tau=\frac{L}{R}=\frac{0.5}{5/\!/5}\ \text{s}=0.2\ \text{s}$$

代入三要素公式为

$$i_L(t)=i_L(\infty)+[i_L(0_+)-i_L(\infty)]\text{e}^{-\frac{t}{\tau}}$$

所以

$$i_L(t)=[6+(2-6)\text{e}^{-5t}]\ \text{A}=(6-4\text{e}^{-5t})\ \text{A}$$

$$u_L(t)=L\frac{\text{d}i}{\text{d}t}=0.5\times(-4\text{e}^{-5t})\times(-5)\ \text{A}=10\text{e}^{-5t}\ \text{V}$$

支路电流为

$$i_1(t)=\frac{10-u_L}{5}=(2-2\text{e}^{-5t})\ \text{A},\quad i_2(t)=\frac{20-u_L}{5}=(4-2\text{e}^{-5t})\ \text{A}$$

6.5 一阶电路的阶跃响应和冲激响应

电路工作在过渡状态时，经常会遇到电压或电流的跃变，在电路分析中常常利用阶跃函数及冲激函数描述电路中激励和响应的跃变。阶跃函数和冲激函数属于奇异函数。本节先介绍阶跃函数的性质，然后介绍其在过渡过程分析中的应用。

6.5.1　一阶电路的阶跃响应

1. 单位阶跃函数简介

单位阶跃函数是一种奇异函数，定义为

$$\varepsilon(t)=\begin{cases}0 & (t<0)\\1 & (t>0)\end{cases}$$

当 $t=0$ 时，其值不定，但为有限值，即函数在 $t=0$ 时发生了阶跃，称为单位阶跃函数，其波形如图 6-22 所示。

如果定义一个新的时间变量 $t_1=t-t_0$，则单位阶跃函数变为

$$\varepsilon(t)=\begin{cases}0 & (t<t_0)\\1 & (t>t_0)\end{cases}$$

当 $t=t_0$ 时，其值不定，但为有限值，即函数在 $t=t_0$ 时发生了阶跃，称为延时的阶跃函数，其波形如图 6-23 所示。

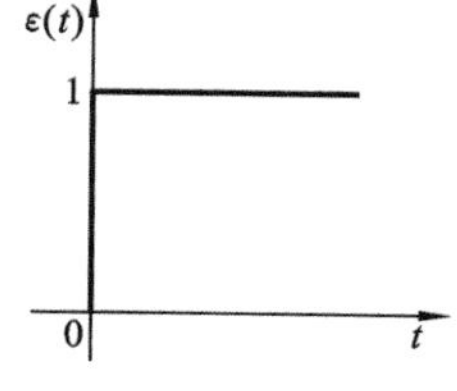

图 6-22　单位阶跃函数

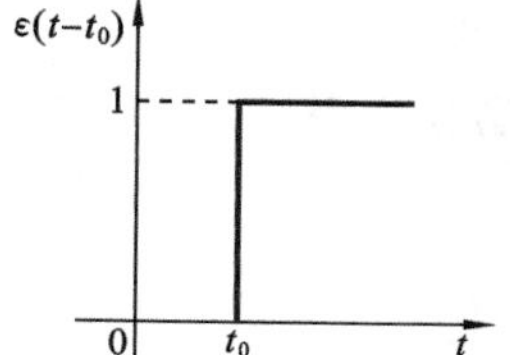

图 6-23　延时的阶跃函数

2. 单位阶跃函数的作用

(1) 阶跃函数可以用来描述开关的动作，实际上，在电路中常常会遇到阶跃函数，看图 6-24所示的例子。

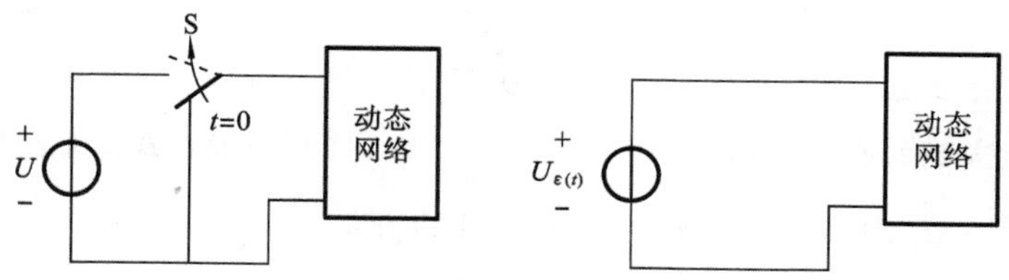

图 6-24　阶跃函数用来描述开关动作

(2) 阶跃函数可以用来起始任一函数；图 6-25 所示的为单位阶跃函数起始一个三角波函数。

$$f(t)\varepsilon(t-t_0)=\begin{cases}0 & (t\leqslant t_0)\\f(t) & (t>t_0)\end{cases}$$

(3) 可以用来表示复杂或特殊的信号，如图 6-26 所示函数，脉冲信号分解为两个阶跃信

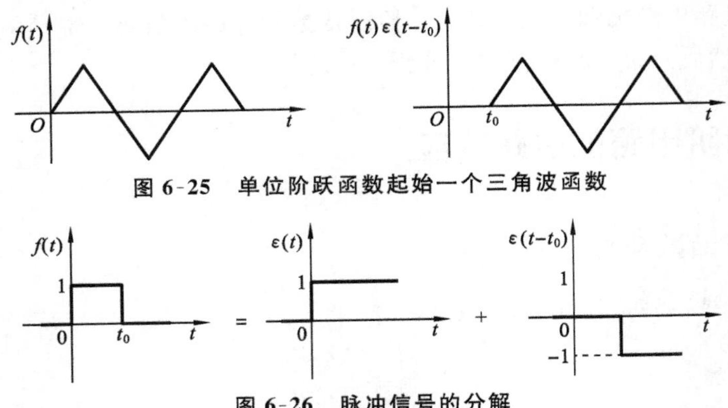

图 6-25　单位阶跃函数起始一个三角波函数

图 6-26　脉冲信号的分解

号叠加,其响应可直接用阶跃响应的叠加来计算。

3. 单位阶跃响应

阶跃响应是指激励为单位阶跃函数时,电路中产生的零状态响应。因此,一阶电路的阶跃响应可采用一阶电路的三要素法求解。延迟一阶电路的阶跃响应,可以先用三要素法求出一阶电路的阶跃响应,然后把一阶电路阶跃响应的时间全部用$(t-t_0)$表示。其求法与讲过的零状态响应的方法相同,只要把电源记为$\varepsilon(t)$即可。例如,以 RC 串联电路的单位阶跃响应加以说明,如图 6-27 所示。

根据阶跃函数的性质得

$$u_C(0_-)=0,\quad u_C(\infty)=1$$

所以阶跃响应为

$$u_C(t)=(1-\mathrm{e}^{-\frac{t}{RC}})\varepsilon(t)$$

$$i(t)=C\frac{\mathrm{d}u_C}{\mathrm{d}t}=\frac{\mathrm{e}^{-\frac{t}{RC}}}{R}\varepsilon(t)$$

响应的波形如图 6-28 所示。

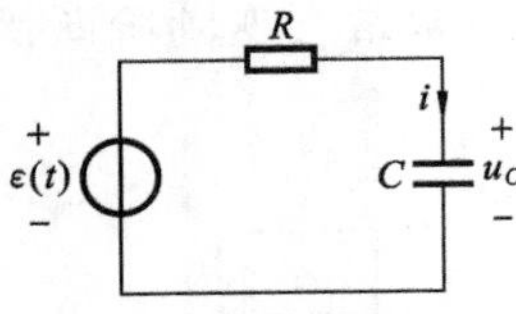

图 6-27　RC 串联电路的单位阶跃响应

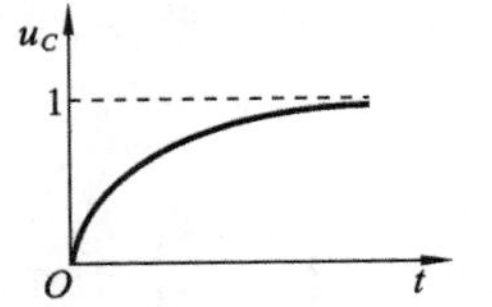

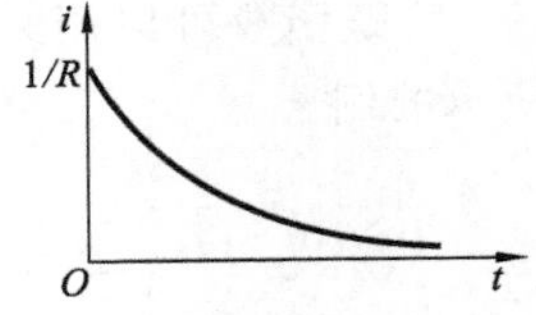

图 6-28　单位阶跃响应的波形图

若上述激励在 $t=t_0$ 时加入,则响应从 $t=t_0$ 开始,即

$$u_C(t)=(1-\mathrm{e}^{-\frac{t-t_0}{RC}})\varepsilon(t-t_0)$$

$$i(t)=C\frac{\mathrm{d}u_C}{\mathrm{d}t}=\frac{\mathrm{e}^{-\frac{t-t_0}{RC}}}{R}\varepsilon(t-t_0)$$

注意:上式为延迟的阶跃响应,不要写为

$$u_C(t)=(1-\mathrm{e}^{-\frac{t}{RC}})\varepsilon(t-t_0)$$

和

$$i(t)=C\frac{\mathrm{d}u_C}{\mathrm{d}t}=\frac{\mathrm{e}^{-\frac{t}{RC}}}{R}\varepsilon(t-t_0)$$

【例 6-10】　求图 6-29(a)所示电路中电流 i_C，已知电压源波形如图 6-29(b)所示。

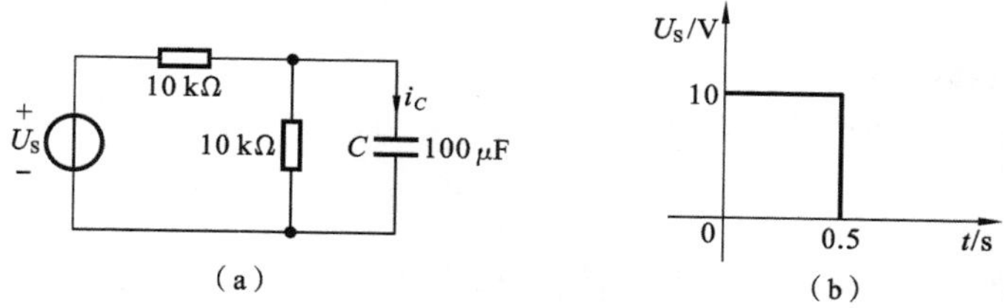

图 6-29　例 6-10 电路图

解　时间常数为

$$\tau=RC=100\times10^{-6}\times5\times10^{3}\ \mathrm{s}=0.5\ \mathrm{s}$$

等效电路的阶跃响应为

$$u_C(t)=(1-\mathrm{e}^{-2t})\varepsilon(t)$$

电压源波形可以用阶跃函数表示为

$$u_S(t)=[10\varepsilon(t)-10\varepsilon(t-0.5)]\ \mathrm{V}$$

即电源可以看成是阶跃激励和延迟的阶跃激励的叠加，因此等效电路可以用图 6-30 中右边两分电路图表示。

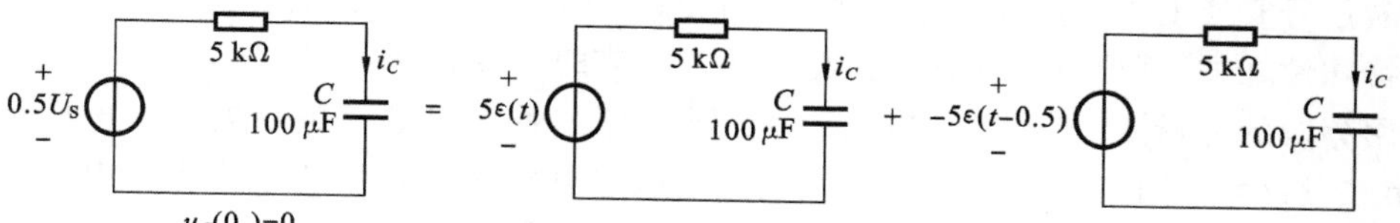

图 6-30　等效电路图

由齐次性和叠加性得实际响应为

$$i_C=5\left[\frac{1}{5}\mathrm{e}^{-2t}\varepsilon(t)-\frac{1}{5}\mathrm{e}^{-2(t-t_0)}\varepsilon(t-0.5)\right]=[\mathrm{e}^{-2t}\varepsilon(t)-\mathrm{e}^{-2(t-t_0)}\varepsilon(t-0.5)]\ \mathrm{mA}$$

6.5.2　一阶电路的冲激响应

1. 单位冲激函数简介

单位冲激函数也是一种奇异函数。函数在 $t=0$ 处发生冲激，在其余处为零，可定义为

$$\left.\begin{aligned}&\int_{-\infty}^{\infty}\delta(t)\,\mathrm{d}t=1\\&\delta(t)=0\quad(t\neq0)\end{aligned}\right\}$$

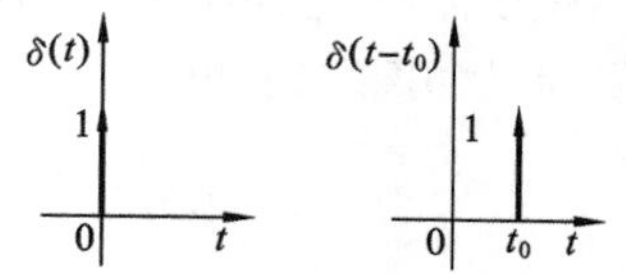

图 6-31　单位冲激函数和延时的单位冲激函数

该定义表明，冲激函数是一个具有无穷大振幅和零持续时间的脉冲，这样的模型抽象类似于点电荷、点质量的概念，其严格的数学定义在本书中不做介绍。单位冲激函数的表示如图 6-31 所示。

2. 单位冲激函数的特性

(1) $\delta(t)$与 $\varepsilon(t)$的关系是互为微积分关系，即

$$\int_{-\infty}^{t}\delta(\tau)\mathrm{d}\tau=\varepsilon(t),\quad \frac{\mathrm{d}\varepsilon(t)}{\mathrm{d}t}=\delta(t)$$

(2) 单位冲激函数的筛分性质。

对任意在时间 $t=0$ 连续的函数 $f(t)$，有

$$\int_{-\infty}^{\infty}f(t)\delta(t)\mathrm{d}t=f(0)\int_{-\infty}^{\infty}\delta(t)\mathrm{d}t=f(0)$$

同理，对任意在时间 $t=t_0$ 连续的函数 $f(t)$，有

$$\int_{-\infty}^{\infty}f(t)\delta(t-t_0)\mathrm{d}t=f(t_0)$$

说明冲激函数有把一个函数在某一时刻的值“筛”出来的本领。

3. 单位冲激响应

1）单位冲激响应的定义

一阶电路的冲激响应是指激励为单位冲激函数时，电路中产生的零状态响应。实质上，电路的冲激响应与电路的零输入响应相同。

2）冲激响应的计算

冲激信号实质上为电路建立了一个初始状态。而冲激响应的计算除了在初值计算方面有一定的特殊性之外，其他方面计算分析与零输入响应的计算就完全相同。

采用分段的分析方法。第一段：从 $t=0_-$ 到 $t=0_+$，冲激函数使电容电压或电感电流发生跃变；第二段：$t>0_+$ 时，冲激函数为零，但电容电压或电感电流初始值不为零。电路中将产生相当于初始状态引起的零输入响应。

【例 6-11】 如图 6-32 所示，RC 电路受单位冲击函数激励，求 u_C，i_C。

解 根据阶跃函数的性质得

$$u_C(0_-)=0$$

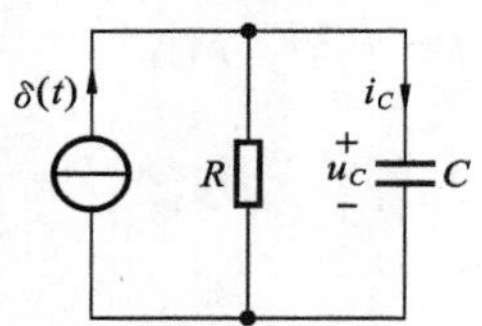

图 6-32 例 6-11 电路图

分两个时间段来考虑冲激响应。

(1) t 在 $0_-\rightarrow 0_+$ 区间，电容充电，电路方程为

$$C\frac{\mathrm{d}u_C}{\mathrm{d}t}+\frac{u_C}{R}=\delta(t)$$

对方程积分并根据冲击函数的性质得

$$\int_{0_-}^{0_+}C\frac{\mathrm{d}u_C}{\mathrm{d}t}\mathrm{d}t+\int_{0_-}^{0_+}\frac{u_C}{R}\mathrm{d}t=\int_{0_-}^{0_+}\delta(t)\mathrm{d}t=1$$

因为 u_C 不是冲激函数，否则电路的 KVL 方程中将出现冲击函数的导数项使方程不成立，因此上式第二项积分为零，得

$$C[u_C(0_+)-u_C(0_-)]=1,\quad u_C(0_+)=\frac{1}{C}\neq u_C(0_-)$$

说明电容上的冲激电流使电容电压发生跃变。

(2) $t>0_+$ 后冲击电源为零，电路为一阶 RC 零输入响应问题，如图 6-33 所示。因此，

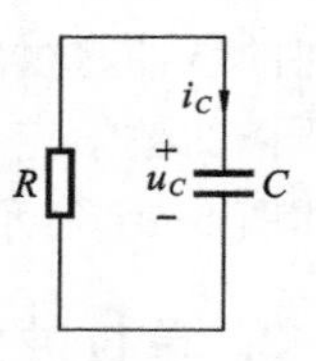

图 6-33 $t>0_+$ 的等效电路

$$u_C=u_C(0_+)\mathrm{e}^{-\frac{t}{RC}}=\frac{1}{C}\mathrm{e}^{-\frac{t}{RC}}\quad (t>0_+)$$

$$i_C=-\frac{u_C}{R}=-\frac{1}{RC}\mathrm{e}^{-\frac{t}{RC}}\quad (t>0_+)$$

上式也可以表示为

$$u_C=\frac{1}{C}e^{-\frac{t}{RC}}\varepsilon(t),\quad i_C=\delta(t)-\frac{1}{RC}e^{-\frac{t}{RC}}\varepsilon(t)$$

6.6　二阶电路分析简介

本小节将在一阶电路的基础上，用经典法分析二阶电路的过渡过程。通过简单的实例阐明二阶动态电路的零输入响应、零状态响应、全响应、阶跃响应和冲激响应等基本概念。

6.6.1　二阶电路的零输入响应

用二阶微分方程描述的动态电路称为二阶电路。在二阶电路中，给定的初始条件应有两个，它们由储能元件的初始值决定。

1. 二阶电路中的能量振荡

具体研究二阶电路的零输入响应之前，以仅仅含电容和电感的理想二阶电路（即 $R=0$，无阻尼情况）来讨论二阶电路的零输入时的电量及能量变化情况。LC 电路中能量的振荡如图 6-34 所示。

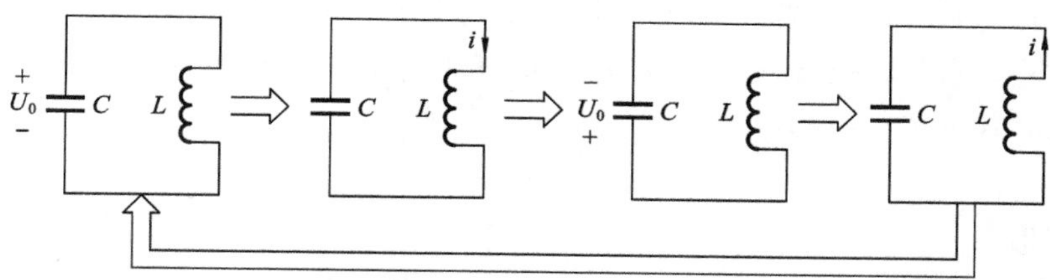

图 6-34　LC 电路中能量的振荡

设电容的初始电压为 u_0，电感的初始电流为零。在初始时刻，能量全部存储于电容中，电感中没有储能。此时电流为零，电流的变化率不为零，这样电流将不断增大，原来存储在电容中的电能开始转移，电容的电压开始逐渐减小。当电容电压下降到零时，电感电压也为零，此时电流的变化率也就为零，电流达到最大值 I_0，此时电场能全部转化为电磁能，存储在电感中。

电容电压虽然为零，但其变化率不为零，电路中的电流从 I_0 逐渐减小，电容在电流的作用下被充电（电压的极性与以前不同），当电感中的电流下降到零的瞬间，能量再度全部存储在电容中，电容电压又达到 u_0，只是极性与开始相反。

之后电容又开始放电，此时电流的方向与上一次电容放电时的电流方向相反，与刚才的过程相同，能量再次从电场能转化为电磁能，直到电容电压的大小、极性与初始情况一致，电路回到初始情况。

上述过程将不断重复，电路中的电压与电流也就形成周而复始的等幅振荡。

可以想象，当存在耗能元件时的情况：一种可能是电阻较小，电路仍然可以形成振荡，但由于能量在电场能与电磁能之间转化时，不断地被电阻元件消耗掉，所以形成的振荡为减幅振荡，即幅度随着时间衰减到零；另一种可能是电阻较大，电容存储的能量在第一次转移时就有大部分被电阻消耗掉，电路中的能量已经不可能在电场能与电磁能之间往返转移，电压、电流将直接衰减到零。

2. 二阶电路的微分方程

二阶电路如图 6-35 所示，其中电容电压的初始值为 $u_C(0_+)=u_C(0_-)=u_0$，电感电流的初始值为 $i_L(0_+)=i_L(0_-)=0$。

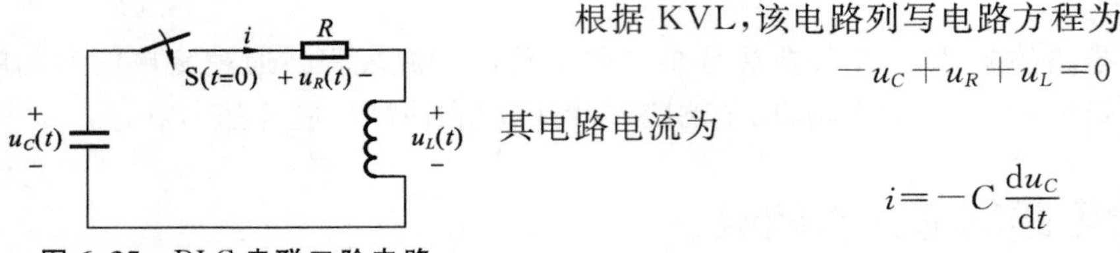

图 6-35 RLC 串联二阶电路

根据 KVL，该电路列写电路方程为

$$-u_C+u_R+u_L=0$$

其电路电流为

$$i=-C\frac{\mathrm{d}u_C}{\mathrm{d}t}$$

因此，

$$u_R=Ri=-RC\frac{\mathrm{d}u_C}{\mathrm{d}t},\quad u_L=L\frac{\mathrm{d}i}{\mathrm{d}t}=-LC\frac{\mathrm{d}^2u_C}{\mathrm{d}t^2}$$

所以电路方程为

$$LC\frac{\mathrm{d}^2u_C}{\mathrm{d}t^2}+RC\frac{\mathrm{d}u_C}{\mathrm{d}t}+u_C=0 \tag{6-14}$$

3. 二阶电路微分方程的求解

式(6-14)是以 u_C 为未知量的 RLC 串联电路放电过程的微分方程，是一个线性常系数二阶齐次微分方程。求解这类方程时，仍然先设 $u_C=Ae^{pt}$，然后再确定其中的 P 和 A。

将 $u_C=Ae^{pt}$ 代入式(6-14)的特征方程为

$$LCp^2+RCp+1=0$$

解出特征根为

$$p=-\frac{R}{2L}\pm\sqrt{\left(\frac{R}{2L}\right)^2-\frac{1}{LC}}$$

根号前有正、负两个符号，所以 P 有两个值。为了兼顾这两个值，电压 u_C 可写成

$$u_C=A_1e^{p_1t}+A_2e^{p_2t} \tag{6-15}$$

其中

$$\left.\begin{aligned}p_1&=-\frac{R}{2L}+\sqrt{\left(\frac{R}{2L}\right)^2-\frac{1}{LC}}\\p_2&=-\frac{R}{2L}-\sqrt{\left(\frac{R}{2L}\right)^2-\frac{1}{LC}}\end{aligned}\right\} \tag{6-16}$$

从式(6-16)可知，特征根 p_1 和 p_2 仅与电路参数和结构有关，而与激励和初始储能无关。

现在给定的初始条件为 $u_C(0_+)=u_C(0_-)=U_0$ 和 $i_L(0_+)=i_L(0_-)=0$。由于 $i_L=-C\frac{\mathrm{d}u_C}{\mathrm{d}t}$，所以 $\frac{\mathrm{d}u_C}{\mathrm{d}t}=0$，根据这两个初始条件和式(6-15)，得

$$\left.\begin{aligned}A_1+A_2&=U_0\\p_1A_1+p_2A_2&=0\end{aligned}\right\} \tag{6-17}$$

联立求解式(6-17)，可求得常数 A_1 和 A_2，得

$$A_1=\frac{p_2U_0}{p_2-p_1}$$

$$A_2=\frac{p_1U_0}{p_2-p_1}$$

将解得的 A_1、A_2 代入式(6-15)，可以得到 RLC 串联电路零输入响应的表达式。电容电压和回路电流为

$$u_C=\frac{U_0}{p_2-p_1}(p_2\mathrm{e}^{p_1t}-p_1\mathrm{e}^{p_2t})$$

$$i=-C\frac{\mathrm{d}u_C}{\mathrm{d}t}=\frac{U_0}{L(p_1-p_2)}(p_2\mathrm{e}^{p_1t}-p_1\mathrm{e}^{p_2t})$$

由于电路中 R、L、C 的参数不同，特征根可能是：① 两个不等的负实根；② 一对实部为负的共轭复根；③ 一对相等的负实根。下面将分 3 种情况加以讨论。

(1) $R>2\sqrt{\frac{L}{C}}$，非振荡放电过程(过阻尼情况)。

在这种情况下，特征根 p_1 和 p_2 是两个不等的负实数，电容电压为

$$u_C=\frac{U_0}{p_2-p_1}(p_2\mathrm{e}^{p_1t}-p_1\mathrm{e}^{p_2t})$$

电容电流为

$$i=-C\frac{\mathrm{d}u_C}{\mathrm{d}t}=\frac{U_0}{L(p_1-p_2)}(p_2\mathrm{e}^{p_1t}-p_1\mathrm{e}^{p_2t})$$

电感电压为

$$u_L=L\frac{\mathrm{d}i}{\mathrm{d}t}=\frac{U_0}{p_1-p_2}(p_1\mathrm{e}^{p_1t}-p_2\mathrm{e}^{p_2t})$$

图 6-36 画出了 u_C、i、u_L 随时间变化的曲线。从图中可以看出，u_C、i 始终不改变方向，而且有 $u_C\geqslant 0$，$i\geqslant 0$，表明电容在整个过程中一直释放储存的电能，因此称为非振荡放电，又称为过阻尼放电。当 $t=0_+$ 时，$i(0_+)=0$，当 $t\to\infty$ 时，放电过程结束，$i(\infty)=0$，所以在放电过程中电流必然要经历从小到大再趋于零的变化。电流达最大值的时刻 t_m 可由 $\frac{\mathrm{d}i}{\mathrm{d}t}=0$ 决定，可求 t_m 为

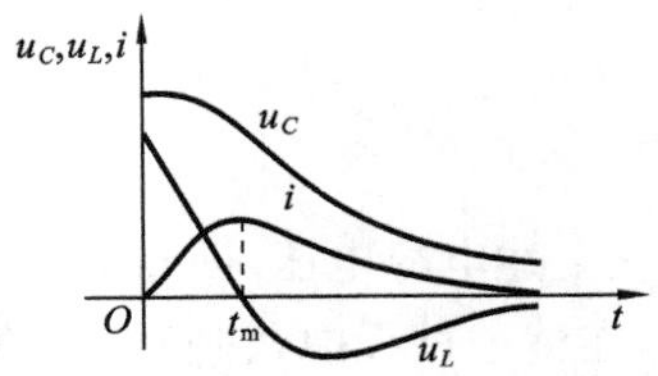

图 6-36　非振荡放电过程中 u_C、i、u_L 随时间变化的曲线

$$t_m=\frac{\ln\frac{p_2}{p_1}}{p_1-p_2}$$

$t<t_m$ 时，电感吸收能量，建立磁场；当 $t>t_m$ 时，电感释放能量，磁场逐渐衰减，趋向消失；当 $t=t_m$ 时，电感电压过零点。

(2) $R<2\sqrt{\frac{L}{C}}$，振荡放电过程(欠阻尼情况)。

在这种情况下，特征根 p_1 和 p_2 是一对共轭复数。

$$p_{1,2}=-\frac{R}{2L}\pm\sqrt{\left(\frac{R}{2L}\right)^2-\frac{1}{LC}}=-\frac{R}{2L}\pm\mathrm{j}\sqrt{\frac{1}{LC}-\left(\frac{R}{2L}\right)^2}=-\delta\pm\mathrm{j}\omega$$

若令

$$\delta=\frac{R}{2L}$$

$$\omega=\sqrt{\frac{1}{LC}-\left(\frac{R}{2L}\right)^2}=\sqrt{\omega_0^2-\delta^2}$$

$$\omega_0=\sqrt{\frac{1}{LC}}$$

δ 是正实数，它决定响应的衰减特性，称为衰减常数；ω_0 是电路固有的振荡角频率，称为谐振角频率；ω 是决定电路响应的衰减振荡特性，称为阻尼振荡角频率。

于是有

$$p_1=-\delta+\mathrm{j}\omega=-\omega_0\mathrm{e}^{-\mathrm{j}\beta},\quad p_2=-\delta-\mathrm{j}\omega=-\omega_0\mathrm{e}^{\mathrm{j}\beta}$$

此时，p_1 和 p_2 是一对负实部的共轭复数，式中 $\beta=\arctan\frac{\omega}{\delta}$。将 p_1 和 p_2 代入下列公式，即

$$u_C=\frac{U_0}{p_2-p_1}(p_2\mathrm{e}^{p_1t}-p_1\mathrm{e}^{p_2t})$$

$$i=-C\frac{\mathrm{d}u_C}{\mathrm{d}t}=\frac{U_0}{L(p_1-p_2)}(p_2\mathrm{e}^{p_1t}-p_1\mathrm{e}^{p_2t})$$

$$u_L=L\frac{\mathrm{d}i}{\mathrm{d}t}=\frac{U_0}{p_1-p_2}(p_1\mathrm{e}^{p_1t}-p_2\mathrm{e}^{p_2t})$$

可得电容电压、回路电流及电感电压为

$$u_C=\frac{U_0}{-\mathrm{j}2\omega}(-\omega_0\mathrm{e}^{\mathrm{j}\beta}\mathrm{e}^{(-\delta+\mathrm{j}\omega)t}+\omega_0\mathrm{e}^{-\mathrm{j}\beta}\mathrm{e}^{(-\delta-\mathrm{j}\omega)t})=\frac{U_0\omega_0}{\omega}\mathrm{e}^{-\delta t}\sin(\omega t+\beta)$$

$$i(t)=\frac{U_0}{\omega L}\mathrm{e}^{-\delta t}\sin\omega t$$

$$u_L(t)=-\frac{U_0\omega_0}{\omega}\mathrm{e}^{-\delta t}\sin(\omega t-\beta)$$

从上述电容电压、回路电流及电感电压的表达式可以看出，它们的波形将呈现衰减振荡的状态，在整个过程中，它们将周期性地改变方向，储能元件也将周期性地交换能量。电容电压是一个振幅按指数规律衰减的正弦函数，故称电路的这种过程为振荡放电过程。电容电压振幅衰减的快慢取决于 δ，δ 值越小，幅值衰减越慢；当 $\delta=0$ 时，即电阻为零，此时幅值就不会衰减了，电容电压波形实际上就是一个等幅振荡波形。衰减振荡的角频率为 ω，ω 越大，振荡的周期越小，可见当 $R<2\sqrt{\frac{L}{C}}$时，电路响应的衰减振荡称为欠阻尼。

(3) $R=2\sqrt{\frac{L}{C}}$，临界阻尼情况。

在 $R=2\sqrt{\frac{L}{C}}$的条件下，这时特征方程具有重根，即

$$p_1=p_2=-\frac{R}{2L}=-\delta$$

微分方程式(6-14)的通解为

$$u_C=(A_1+A_2t)\mathrm{e}^{-\beta t}$$

根据初始条件可得

$$A_1 = U_0$$
$$A_2 = \delta U_0$$

所以

$$u_C = U_0(1+\delta t)\mathrm{e}^{-\beta t}$$
$$i = -C\frac{\mathrm{d}u_C}{\mathrm{d}t} = \frac{U_0}{L}t\mathrm{e}^{-\beta t}$$
$$u_L = L\frac{\mathrm{d}i}{\mathrm{d}t} = U_0\mathrm{e} - \delta t(1-\delta t)$$

从以上诸式显然可以看出，电容电压、回路电流及电感电压不作振荡变化，即具有非振荡的性质。然而，这种过程是振荡与非振荡过程的分界线，所以 $R=2\sqrt{\frac{L}{C}}$ 时的过渡过程称为临界非振荡过程，这时的电阻称为临界电阻，并称电阻大于临界电阻的电路为过阻尼电路，小于临界电阻的电路为欠阻尼电路。

6.6.2　二阶电路的零状态响应和阶跃响应

二阶电路的初始储能为零(即电容两端的电压和电感中的电流都为零)，仅由外施激励引起的响应称为二阶电路的零状态响应。

图 6-37 所示的为 GCL 并联电路，$u_C(0_-)=0$，$i_L(0_-)=0$ 时，开关 S 打开。根据 KVL 有

$$i_C + i_G + i_L = I_S$$

以 i_L 为待求变量，可得

$$LC\frac{\mathrm{d}^2 i_L}{\mathrm{d}t^2} + GL\frac{\mathrm{d}i_L}{\mathrm{d}t} + i_L = I_S$$

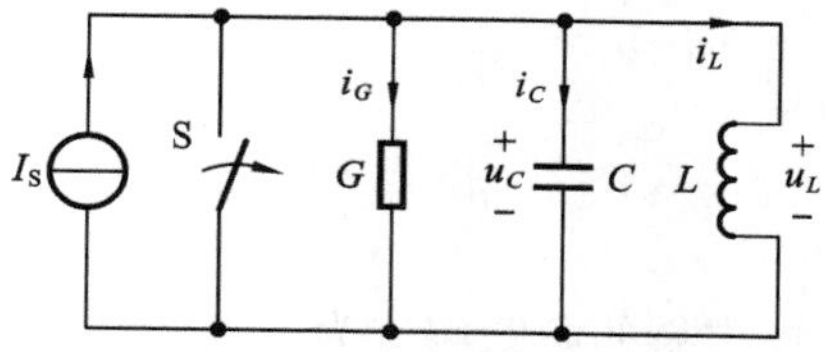

图 6-37　二阶电路的零状态响应

这是二阶线性非齐次方程，它的解答由特解和对应的齐次方程的通解组成，即

$$i_L = i_L' + i_L''$$

取稳态解 i_L' 为特解，而通解 i_L'' 与零输入响应形式相同，再根据初始条件确定积分常数，从而得到全解。

二阶电路在阶跃激励下的零状态响应称为二阶电路的阶跃响应，其求解方法与零状态响应的求解方法相同。

如果二阶电路具有初始储能，又接入外施激励，则电路的响应称为全响应。全响应是零输入响应和零状态响应的叠加，可以通过求解二阶非齐次方程方法求得全响应。

【例 6-12】　如图 6-37 所示的电路，$u_C(0_-)=0$，$i_L(0_-)=0$，$G=2\times10^{-3}$ S，$C=1\ \mu$F，$L=1$ H，$I_S=1$ A，当 $t=0$ 时把开关 S 打开。试求阶跃响应 i_L、u_C 和 i_C。

解　开关 S 的动作使外施激励 I_S 相当于单位阶跃电流，即 $I_S=\varepsilon(t)$ A。为了求出电路的零状态响应，列出电路的微分方程为

$$LC\frac{\mathrm{d}^2 i_L}{\mathrm{d}t^2} + GL\frac{\mathrm{d}i_L}{\mathrm{d}t} + i_L = I_S$$

特征方程为

$$p^2+\frac{G}{C}p+\frac{1}{LC}=0$$

代入数据后可求得特征根为

$$p_1=p_2=p=-10^3$$

由于 p_1、p_2 是重根，为临界阻尼情况，其解为

$$i_L=i_L'+i_L''$$

式中：i_L' 为特解(强制分量)，即

$$i_L'=1\ \text{A}$$

i_L'' 为对应的齐次方程的解，即

$$i_L''=(A_1+A_2t)\text{e}^{pt}\ \text{A}$$

所以通解为

$$i_L=[1+(A_1+A_2t)\text{e}^{-10^3t}]\ \text{A}$$

$t=0_+$ 时的初始值为

$$i_L(0_-)=i_L(0_+)=0$$

$$\left(\frac{\text{d}i_L}{\text{d}t}\right)_0=\frac{1}{L}u_L(0_+)=\frac{1}{L}u_C(0_+)=\frac{1}{L}u_C(0_-)=0$$

代入初始条件可求得

$$A_1+0=-1$$

$$-10^3A_1+A_2=0$$

解得

$$A_1=-1$$

$$A_2=-10^3$$

所以求得的阶跃响应为

$$i_L=[1-(1+10^3t)\text{e}^{-10^3t}]\varepsilon(t)\ \text{A}$$

$$u_C=L\frac{\text{d}i_L}{\text{d}t}=10^6t\text{e}^{-10^3t}\varepsilon(t)\ \text{V}$$

$$i_C=C\frac{\text{d}u_C}{\text{d}t}=(1-10^3t)\text{e}^{-10^3t}\varepsilon(t)\ \text{A}$$

过渡过程是临界阻尼情况，属非振荡性质。

6.7 计算机分析电路

一阶电路仅有一个动态元件(电容或电感)，如果在换路瞬间动态元件已储存有能量，那么即使电路中无外加激励电源，电路中的动态元件将通过电路放电，在电路中产生响应，即零输入响应。

【例 6-13】 电路如图 6-38 所示，当开关 S 闭合时电容通过 R_1 充电，电路达到稳定状态，电容储存有能量。当开关 S 打开时，电容通过 R_2 放电，在电路中产生响应，即零输入响应，试用示波器观察电容两端的电压波形。

通过按键“Space”打开或关闭开关 J1，可得到电容的波形如图 6-39 所示。示波器 A 通道为直流电源波形，B 通道为电容的波形，图中的波形是开关多次断开闭合的结果。

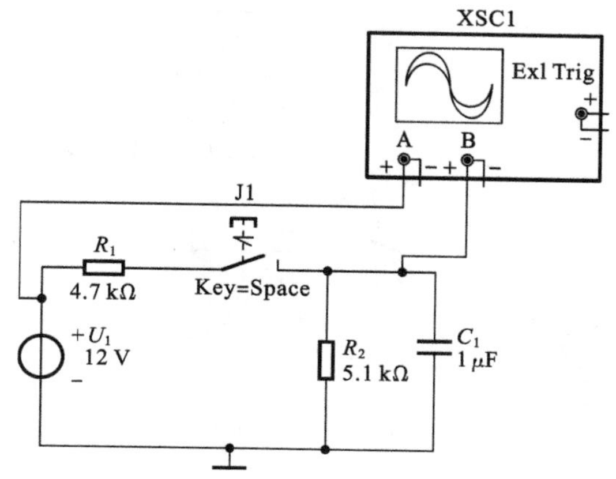

图 6-38 零输入响应电路

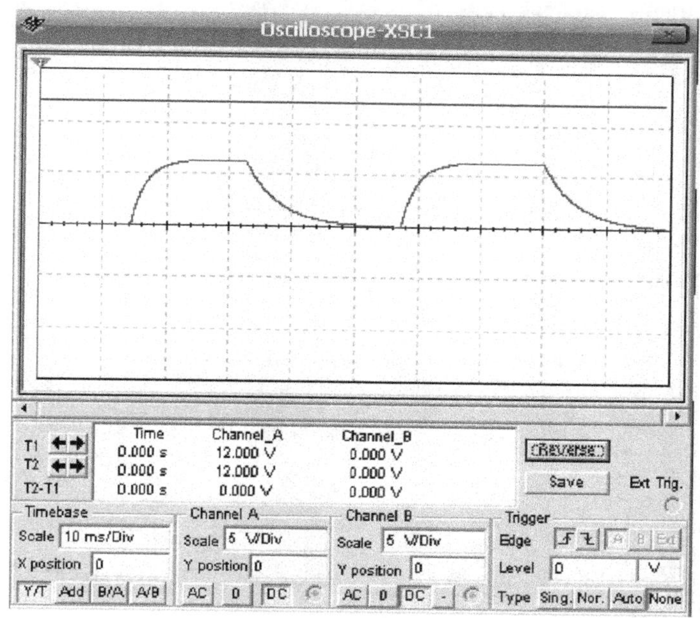

图 6-39 示波器的波形图

【例 6-14】 当动态电路初始储能为零(即初始状态为零)时,仅由外加激励产生的响应就是零状态响应。对于图 6-40 所示的电路,若电容的初始储能为零,当开关 S 闭合时电容通过 R_1 充电,响应由外加激励产生,即零状态响应,仿真波形如图 6-41 所示。

开关闭合前电容没有初始储能,开关闭合后,电容充电,其波形如图 6-41 所示。

【例 6-15】 当一个非零初始状态的电路受到激励时,电路的响应称为全响应。对于线性电路,全响应是零输入响应和零状态响应之和。全响应电路如图 6-42 所示,试用 Multisim 仿真该电路的全响应。

该电路有两个电压源,当 U_2 接入电路时电容充电,当 U_1 接入电路时电容放电,其响应是初始储能和外加激励同时作用的结果,即为全响应。反复按下空格键使开关 S 反复打开和闭合,通过 Multisim 仿真软件中的示波器就可观察到电路全响应波形,如图 6-43 所示。

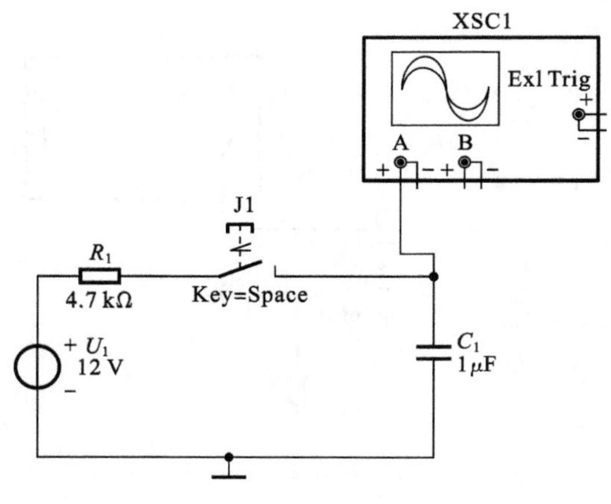

图 6-40 零状态响应

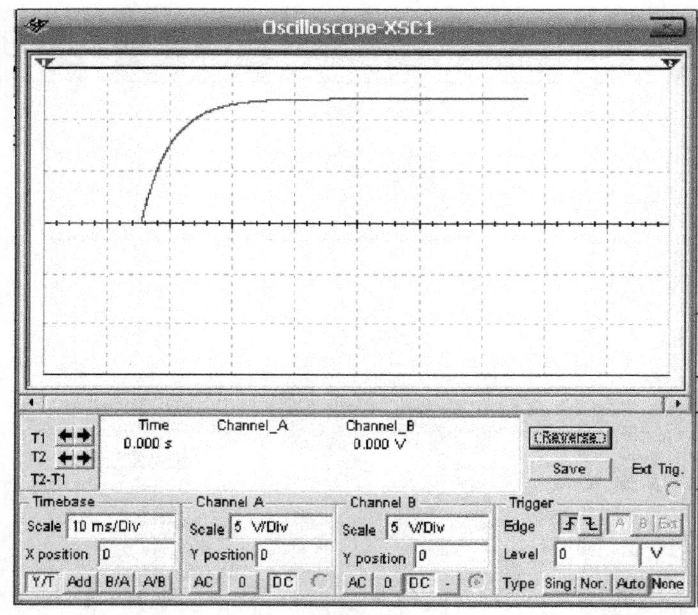

图 6-41 零状态响应波形图

【例 6-16】 利用 Matlab 仿真例 6-3。图 6-44 所示电路中开关 S 原在位置 1，且电路已达稳态。$t=0$ 时开关由 1 合向 2，试求 $t\geqslant 0$ 时的电流 $i(t)$。

解 换路后，电路如图 6-44(b)所示，该题可由以下 Matlab 程序求解。

```
syms t
R=2;R1=4;R2=4;C=1;us=10;
uc0=us*R2/(R+R1+R2);
Req=R1*R2/(R1+R2);
T=Req*C;
uc=uc0*exp(-t/T)
i=-uc/R1
```

该程序的运行结果为：

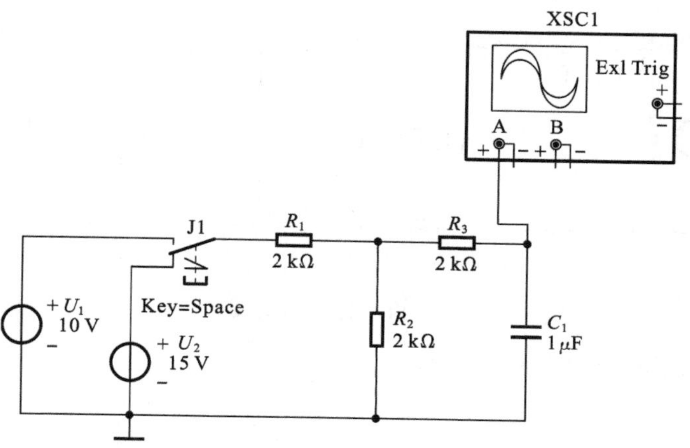

图6-42　全响应电路图

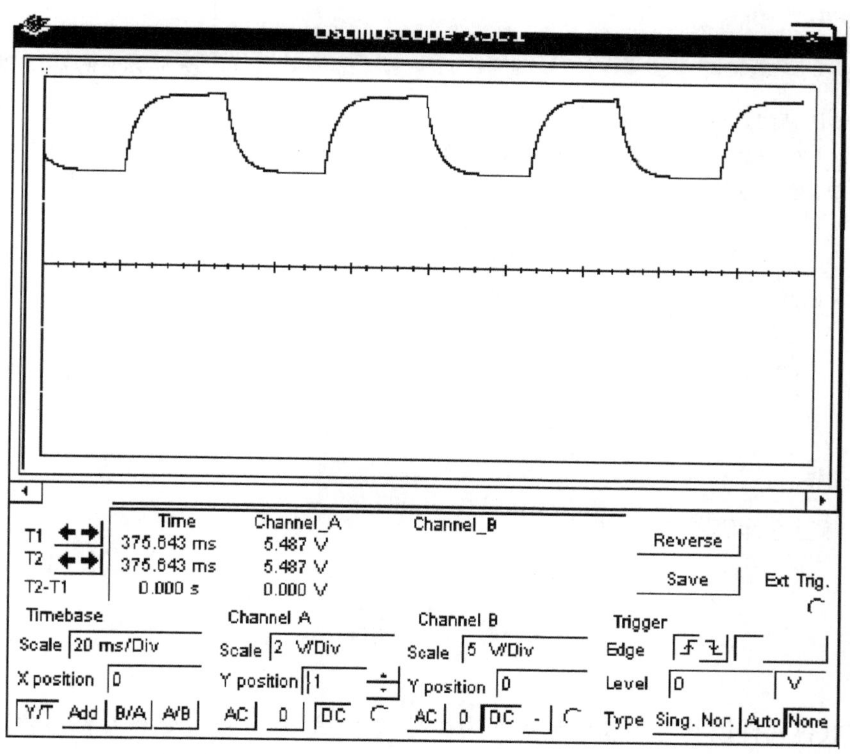

图6-43　全响应波形

```
uc =
  4 * exp(-1/2 * t)
i =
  -exp(-1/2 * t)
```

该结果与理论计算结果相同。

【例6-17】　利用Matlab仿真例6-6。图6-45所示电路在 $t=0$ 时，闭合开关S，已知 $u(0)=0$，求：(1) 电容电压和电流；(2) 电容充电至 $u=80$ V时所花费的时间 t。

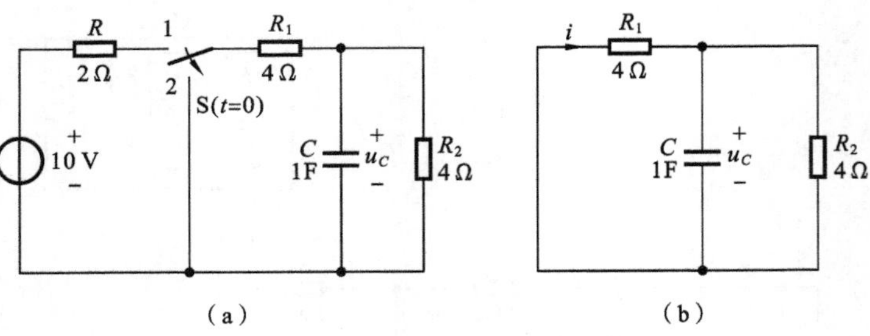

图 6-44 例 6-16 的图

解 该题可由以下 Matlab 程序求解。

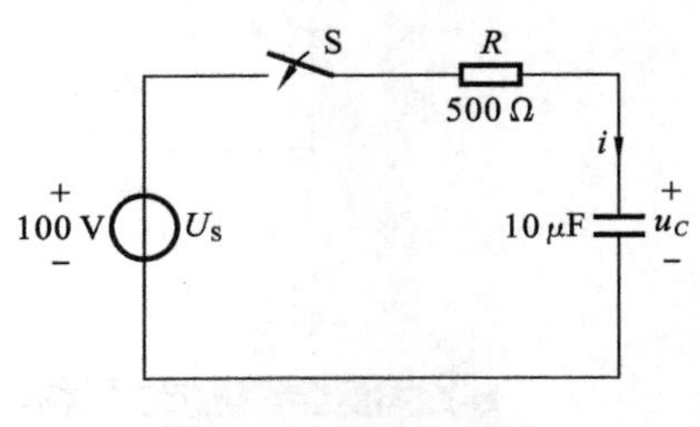

图 6-45 例 6-17 图

```
syms t
R=500;C=10e-6;us=100;
display('解问题(1)');
T=R*C;ucf=us;
uc=ucf*(1-exp(-(t/T)))
i=C*diff(uc)
display('解问题(2)');
t1=solve('100*(1-exp(-200*t1))=80','t1')
```

该程序的运行结果为：

```
解问题(1)
uc =
100-100*exp(-200*t)
i =
1/5*exp(-200*t)
解问题(2)
t1 =
1/200*log(5)
```

该结果与理论计算结果相同。

小　　结

电感和电容元件因其电压和电流关系为微分关系，就称它们为动态元件。含有动态元件电感和电容的电路称为动态电路。对含有动态元件的电路列方程求解时，如列写方程为一阶微分方程，则动态电路为一阶电路。

初始值分为独立初始值和非独立初始值，独立初始值包括电感电流和电容电压，它们根据换路定则求解，换路定则为：

$u_C(0_+)=u_C(0_-)$，在 $t=0$ 时刻流过电容的电流为零；

$i_L(0_+)=i_L(0_-)$，在 $t=0$ 时刻电感两端的电压为零。

非独立初始值根据 0_+ 等效电路求解。

RC 电路的时间常数为 $\tau=RC$；RL 电路的时间常数为 $\tau=\dfrac{L}{R}$。

响应的特解就是换路后电路最终达到稳定时的解。对于直流电路，把电感当成短路，电容当成开路来求解对应响应的特解；对于交流电路，特解根据相量法求解。

一阶电路的响应与三个因素有关，这种利用三个要素写出电路解的形式称为电路的三要素法。三个要素分别为响应的初始值、电路的时间常数和该响应的特解。

一阶电路的响应分为电路的零输入响应、零状态响应和全响应三种情况讨论。一阶电路的全响应可以分解为自由分量与强制分量之和；也可以分解为零输入响应与零状态响应之和。

一阶电路的阶跃响应实质上相当于直流输入下的零状态响应。

一阶电路的冲激响应可以采用分段的分析方法。第一段：从 $t=0_-$ 到 $t=0_+$，冲激函数使电容电压或电感电流发生跃变；第二段：$t>0_+$ 时，冲激函数为零，但电容电压或电感电流初始值不为零。电路中将产生相当于初始状态引起的零输入响应。

思考题及习题

6.1　何谓电路的过渡过程？包含有哪些元件的电路存在过渡过程？

6.2　什么是换路定律？一阶 RC 电路和一阶 RL 电路的时间常数分别是什么？

6.3　如图 1 所示的电路，$t<0$ 时已处于稳态。当 $t=0$ 时开关 S 打开，试求电路的初始值 $u_C(0_+)$ 和 $i_C(0_+)$。

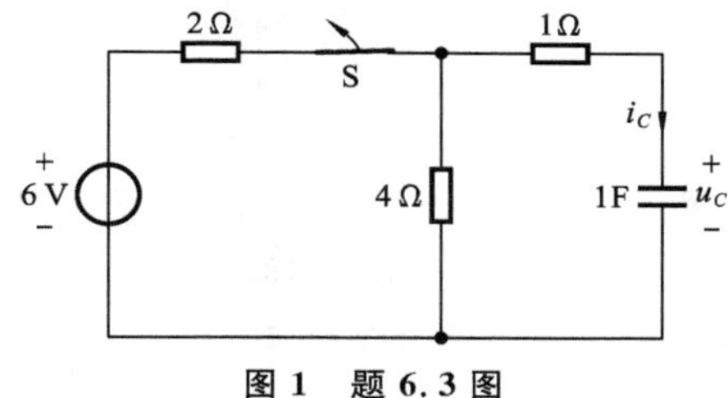

图 1　题 6.3 图

6.4　图 2 所示的各电路在换路前都处于稳态，求换路后电流 i 的初始值和稳态值。

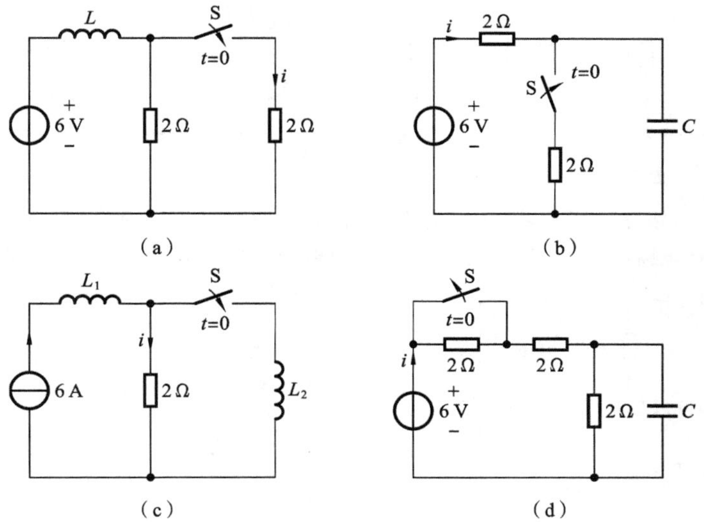

图 2　题 6.4 图

6.5　如图 3 所示的电路，S 闭合前电路处于稳态，求 u_L、i_C 和 i_R 的初始值。

6.6　求图 4 所示的电路，换路后 u_L 和 i_C 的初始值。设换路前电路已处于稳态。

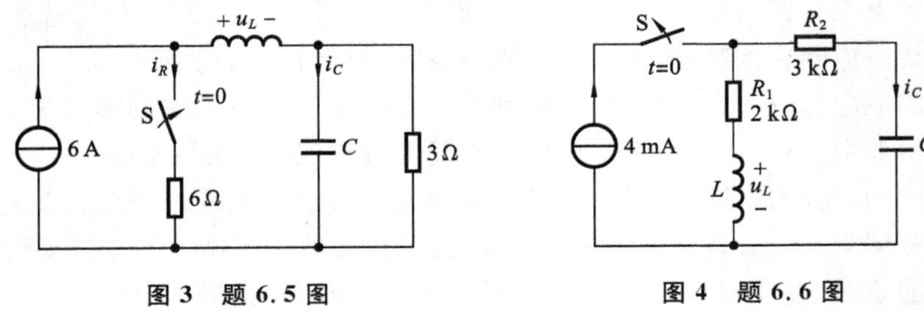

图 3　题 6.5 图　　　　图 4　题 6.6 图

6.7　如图 5 所示的电路，$t<0$ 时已处于稳态。当 $t=0$ 时开关 S 由 1 合向 2，试求电路的初始值 $i_L(0_+)$ 和 $u_L(0_+)$。

6.8　如图 6 所示的电路，$t<0$ 时已处于稳态。当 $t=0$ 时开关 S 闭合，试求电路的初始值 $u_L(0_+)$、$i_C(0_+)$ 和 $i(0_+)$。

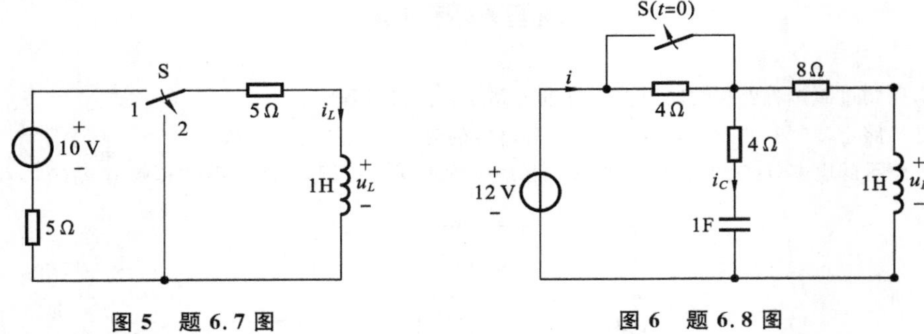

图 5　题 6.7 图　　　　图 6　题 6.8 图

6.9　如图 7 所示的电路，换路前电路已处于稳态，求换路后的 i、i_L 和 u_L。

6.10　如图 8 所示的电路，换路前电路已处于稳态，求换路后的 u_C 和 i。

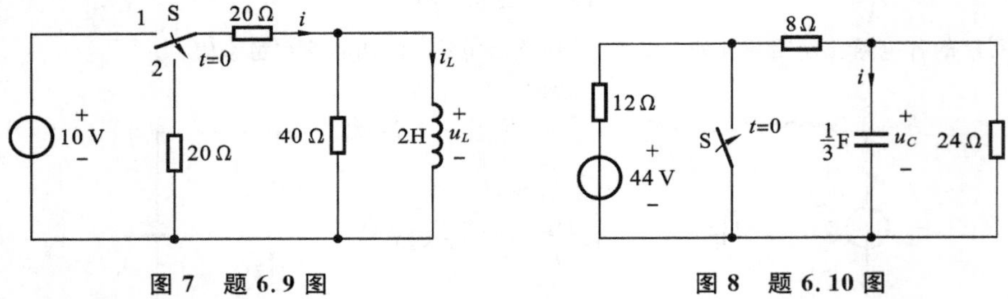

图 7　题 6.9 图　　　　图 8　题 6.10 图

6.11　如图 9 所示的电路，换路前电路已处于稳态，试求开关 S 由 1 合向 2 时的 $i(0_+)$。

6.12　如图 10 所示的电路，$t<0$ 时已处于稳态。当 $t=0$ 时开关 S 由 1 合向 2，试求 $t\geqslant 0_+$ 时的 $i(t)$。

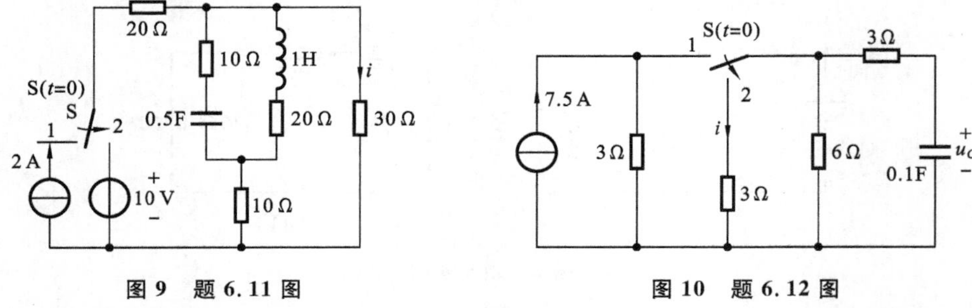

图 9　题 6.11 图　　　　图 10　题 6.12 图

6.13　如图 11 所示的电路，$t<0$ 时已处于稳态。当 $t=0$ 时开关 S 由 1 合向 2，试求 $t\geqslant 0_+$ 时的 $i_L(t)$ 和 $u_L(t)$。

6.14　如图 12 所示的电路，$t<0$ 时已处于稳态。当 $t=0$ 时开关 S 由 1 合向 2，试求 $t\geqslant 0_+$ 时的 $i_L(t)$ 和 $u_L(t)$。

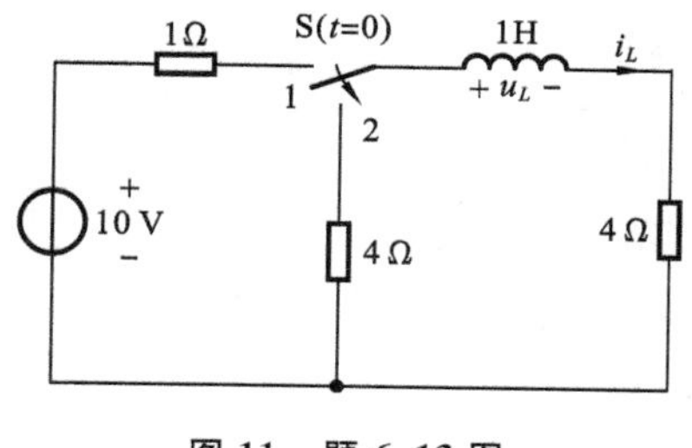

图 11　题 6.13 图

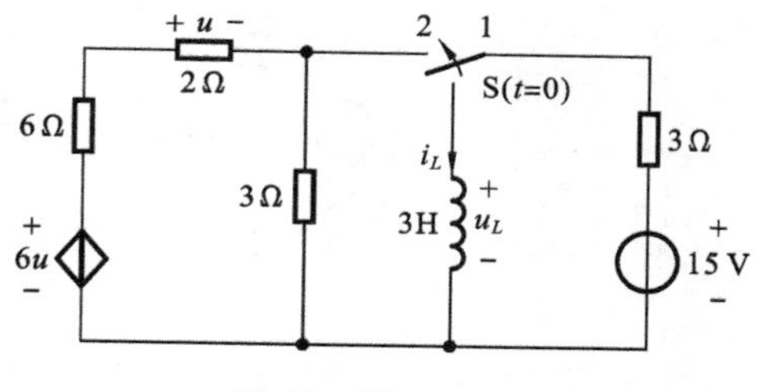

图 12　题 6.14 图

6.15　如图 13 所示的电路，已知开关合上前电感中无电流，求 $t \geqslant 0_+$ 时的 $i_L(t)$ 和 $u_L(t)$。

6.16　如图 14 所示的电路，电容的原始储能为零，当 $t=0$ 时开关 S 闭合，试求 $t \geqslant 0_+$ 时的 $u_C(t)$、$i_C(t)$ 和 $u(t)$。

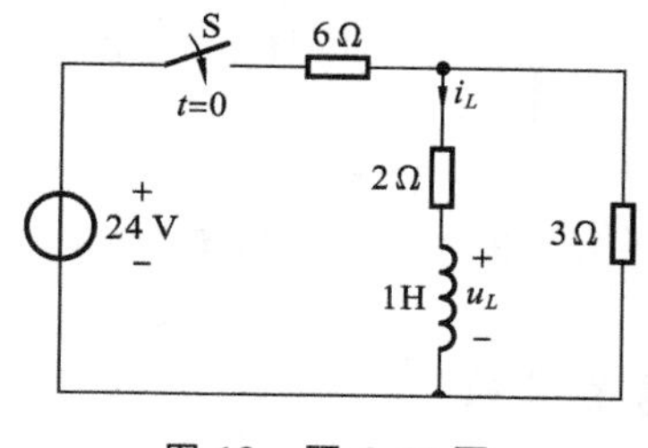

图 13　题 6.15 图

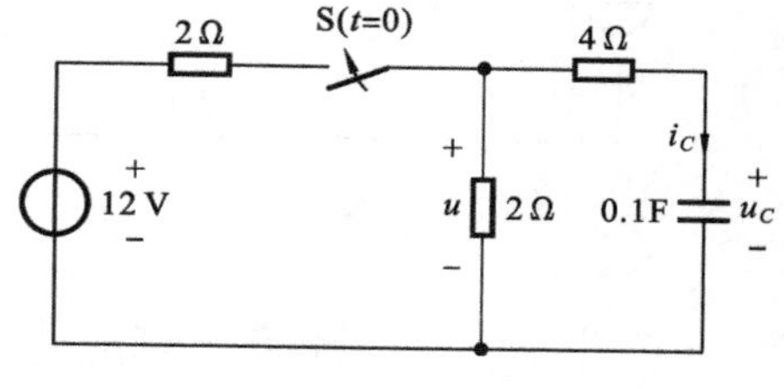

图 14　题 6.16 图

6.17　如图 15 所示的电路，已知换路前电路已处于稳态，求换路后的 $u_C(t)$。

6.18　如图 16 所示的电路，换路前电路已处于稳态，求换路后的 $i(t)$。

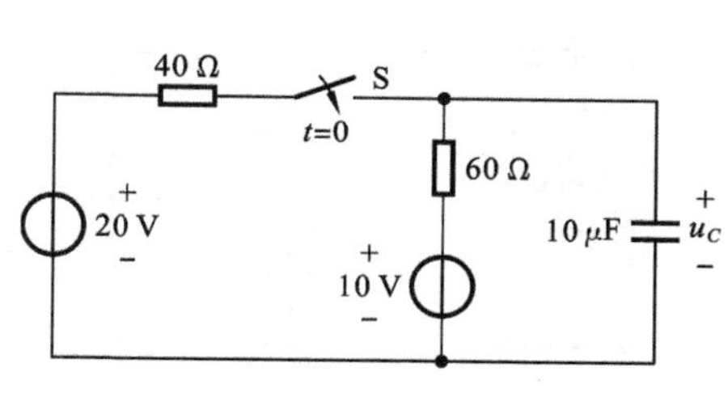

图 15　题 6.17 图

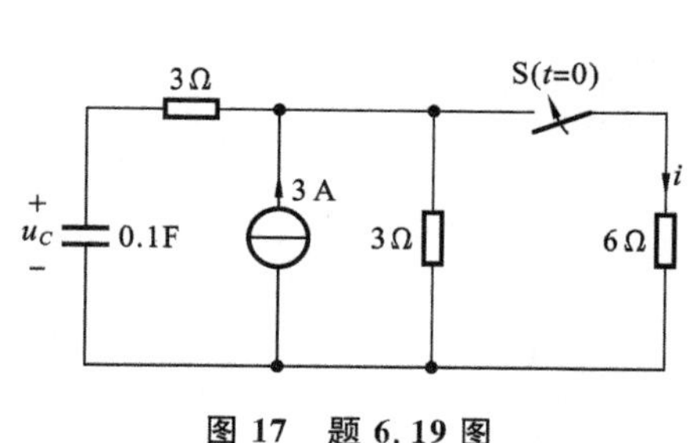

图 16　题 6.18 图

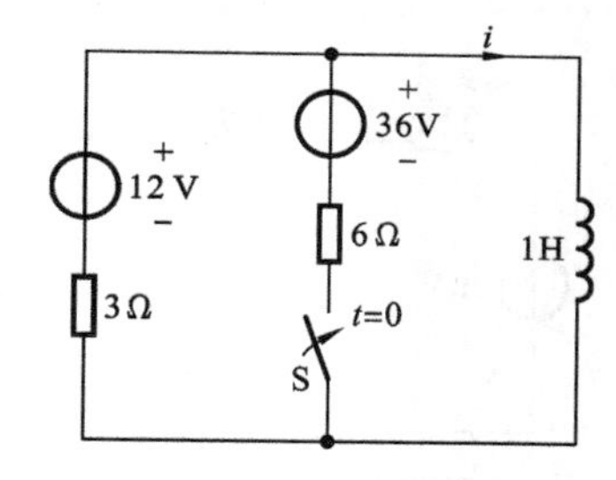

6.19　如图 17 所示的电路，$t<0$ 时已处于稳态。当 $t=0$ 时开关 S 闭合，试求 $t \geqslant 0_+$ 时的电压 $u_C(t)$ 和电流 $i(t)$，并区分出零输入响应和零状态响应。

6.20　如图 18 所示的电路，$t<0$ 时已处于稳态。当 $t=0$ 时开关 S 打开，试求 $t \geqslant 0_+$ 时的电流 $i_L(t)$ 和电压 $u_L(t)$。

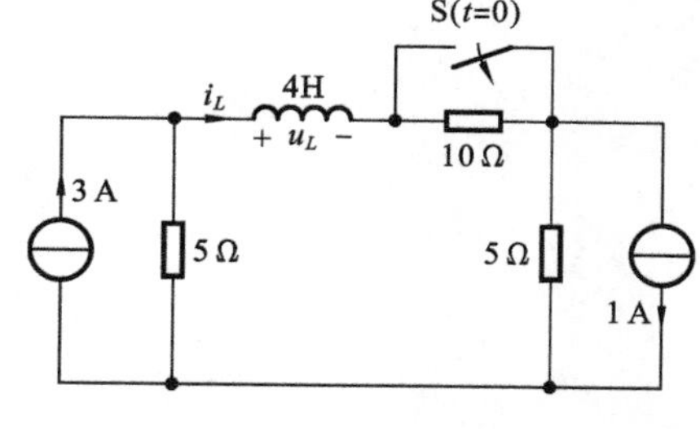

图 17　题 6.19 图

图 18　题 6.20 图

6.21　如图 19 所示的电路，已知 $i_L(0_-)=0$，$u_s(t)$ 的波形如图 19(b) 所示，试求电流 $i_L(t)$。

6.22　如图 20 所示的电路，试求 $u_C(0_+)$ 和 $i_C(0_+)$。

6.23　如图 21 所示的电路，已知 $i_L(0_-)=0$，外施激励 $u_S(t)=[50\varepsilon(t)+2\delta(t)]$ V，试求 $t \geqslant 0_+$ 时的电流 $i_L(t)$。

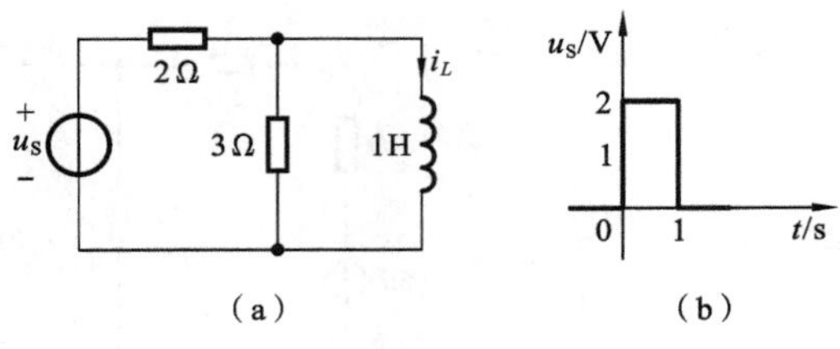

图 19　题 6.21 图

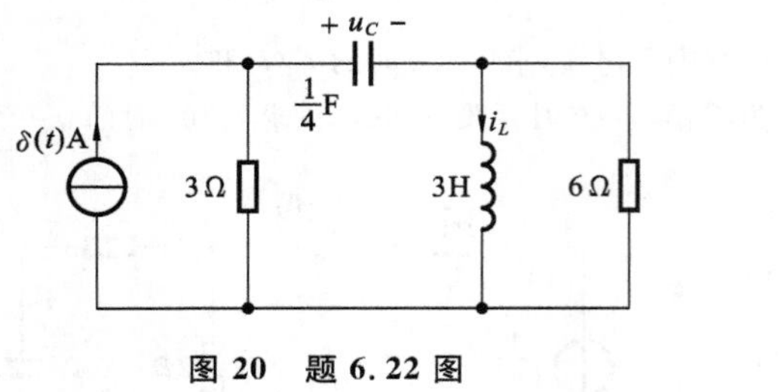

图 20　题 6.22 图

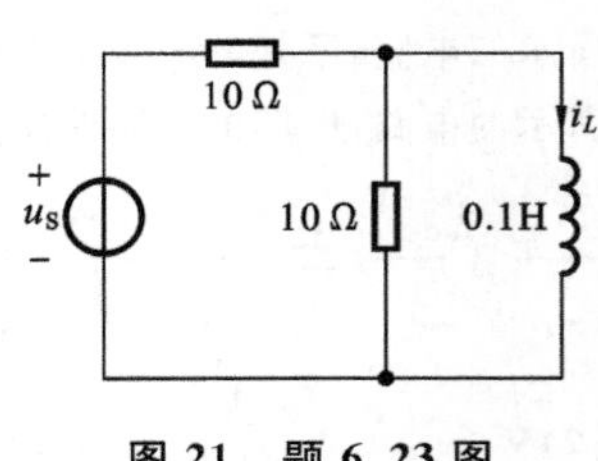

图 21　题 6.23 图

计算机辅助分析电路练习题

6.24　用 Multisim 仿真软件搭建观察图 22 所示电路，利用示波器观察电容电压的波形。

6.25　用 Multisim 仿真软件搭建观察图 23 所示电路，已知换路前电路已处于稳态，反复打开及闭合开关，利用示波器观察电容电压的波形。

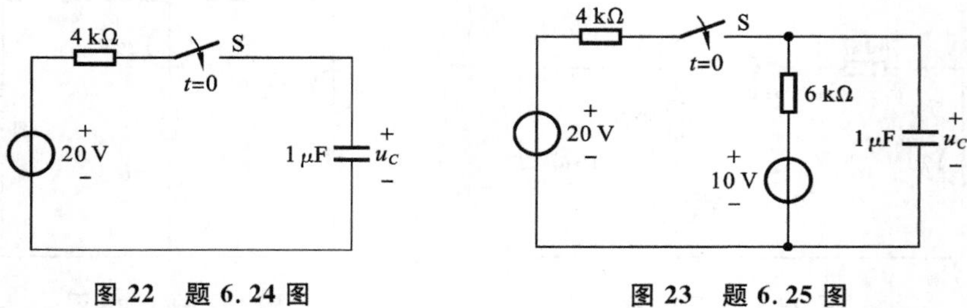

图 22　题 6.24 图　　图 23　题 6.25 图

6.26　利用 Multisim 仿真软件仿真题 6.3 所示电路图，利用示波器观察电容电压的波形。

6.27　利用 Multisim 仿真软件仿真题 6.9 所示电路图，利用示波器观察电感电流的波形。

6.28　利用 Multisim 仿真软件仿真题 6.10 所示电路图，利用示波器观察电容电压的波形。

第 7 章　单一元件的正弦交流电路

正弦信号在电路中应用极为广泛。在电气工程中，周期函数是一种重要函数，其波形分为正弦波和非正弦波两大类。其中正弦波是周期函数中最为常见和重要的一种波形，在电力系统及家庭用电中的电压波形都是正弦波形；在实验室中，音频信号和高频信号发生器的输出波形是正弦波形；在通信及广播系统中，高频载波是正弦波形；一个非正弦的周期函数，经过傅里叶级数的分解，可变成一系列正弦信号之和，等等。因此，在电路中研究正弦量是极为重要的，本章首先介绍正弦量的含义，然后在此基础上介绍相量法，以及单一元件电路的正弦交流电路相量分析。

前面学习的是直流电路，即电路中的电压和电流不随时间变化而变化。本章开始讨论正弦交流电路。与直流电路不同，交流电路中电压和电流都是随时间变化而变化的，这给分析计算带来困难。本章介绍正弦量的相量形式，利用正弦稳态电路中所有电压和电流均是同频率正弦量的特点，将电路分析的问题转换到相量域中进行。

7.1　正弦量的含义

实际应用的正弦信号可以用正弦函数 $\sin x$ 表示，也可以用余弦函数 $\cos x$ 表示，但统称为正弦函数，本教材用 $\sin x$ 表示。正弦电压或电流的值随时间按正弦规律周期性变化。正弦电流波形如图 7-1 所示。

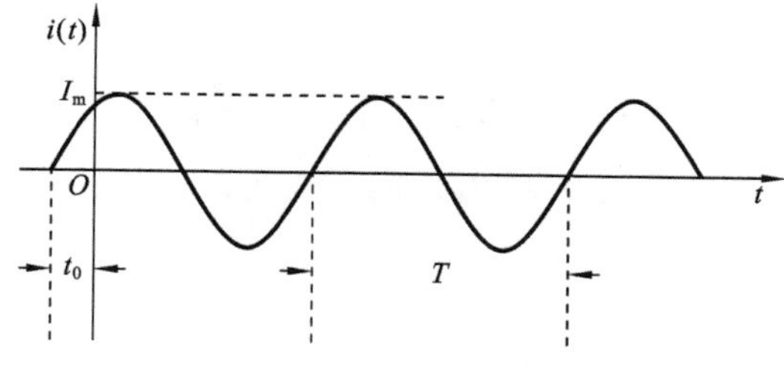

图 7-1　正弦电流的波形

图 7-1 所示波形的正弦电流可以用三角函数式表达如下：

$$i(t)=I_{\mathrm{m}}\sin\frac{2\pi}{T}(t+t_0)=I_{\mathrm{m}}\sin\left(\frac{2\pi}{T}t+\frac{2\pi}{T}t_0\right) \tag{7-1}$$

即

$$i(t)=I_{\mathrm{m}}\sin(\omega t+\theta) \tag{7-2}$$

式中：$i(t)$为正弦电流瞬时值；I_{m} 为正弦电流的振幅或最大值；T 为正弦电流的周期；$\omega t+\theta$ 是随时间变化的弧度或角度，称为正弦电流的瞬时相位；$\omega=\frac{2\pi}{T}$是相位随时间变化的速率，称为角频率，单位是弧度每秒(rad/s)，当 ω 是定值时，图 7-1 中的时间轴也可以用角度坐标 ωt 表示；$\theta=\frac{2\pi}{T}t_0$ 是时间 $t=0$ 时的相位，称为初始相位，简称初相，其单位是弧度(rad)。

其中，I_m、ω、θ 称为正弦电流的三要素。要完整表示一个正弦量，需要确定其三要素。

1. 周期和频率

周期函数的周期(即重复性变化一次所需的时间)用 T 表示，单位为秒(s)；周期函数的频率(即单位时间内变化的次数)用 f 表示，单位为赫兹(Hz)。当频率较高时，还可以用千赫(kHz)或兆赫(MHz)为单位，它们之间换算关系为

$$1\ \mathrm{MHz}=10^3\ \mathrm{kHz}=10^6\ \mathrm{Hz} \tag{7-3}$$

由周期函数的周期和频率的定义可知，它们有如下关系，即

$$f=\frac{1}{T} \tag{7-4}$$

即周期和频率互为倒数。

正弦量在一个周期内相位变化 2π 弧度，故正弦量的周期、频率和角频率的关系有

$$\omega=\frac{2\pi}{T}=2\pi f \tag{7-5}$$

2. 幅值和有效值

正弦量的瞬时值(即任一瞬间的值)用小写字母表示，如 i、u 分别表示电流、电压的瞬时值。正弦量的峰值(即最大值)称为振幅或幅值，用大写字母加下标 m 表示，如 I_m、U_m 分别表示电流、电压的振幅。正弦量的瞬时值和幅值均是某一特定时刻的取值，为了表征正弦电压或电流在电路中的功率效应，工程上常用有效值来衡量正弦电压或电流的大小。

如果将一交流电流和一直流电流分别通过 1 Ω 的电阻负载，经过一个交流周期 T 的时间，如果它们使此电阻所获得的功率相等的话，则把该直流电流的大小 I 作为交流电流 i 的有效值，如图 7-2 所示。

$i(t)$ R　　　I R

图 7-2　有效值推导示意图

因此，有

$$\frac{1}{T}\int_0^T i^2\,\mathrm{d}t = I^2$$

故交流电流的有效值为

$$I=\sqrt{\frac{1}{T}\int_0^T i^2\,\mathrm{d}t} \tag{7-6}$$

即有效值等于瞬时值的平方在一个周期内的平均值的开方，所以有效值也称为均方根值。对于正弦电流 $i(t)=I_m\sin(\omega t+\theta)$，则

$$I=\sqrt{\frac{1}{T}\int_0^T {I_m}^2\sin^2(\omega t+\theta)\,\mathrm{d}t}=\sqrt{\frac{I_m^2}{T}\int_0^T\frac{1-\cos2(\omega t+\theta)}{2}\mathrm{d}t}$$

即
$$I=\sqrt{\frac{I_m^2}{T}\cdot\frac{1}{2}\cdot T}=\frac{I_m}{\sqrt{2}}$$

故正弦电流的有效值与幅值之间的关系有

$$I=\frac{I_{\mathrm{m}}}{\sqrt{2}}=0.707I_{\mathrm{m}}, \quad I_{\mathrm{m}}=\sqrt{2}I=1.414I \tag{7-7}$$

同理,可求得正弦电压的有效值与幅值之间的关系有

$$U=\frac{U_{\mathrm{m}}}{\sqrt{2}}=0.707U_{\mathrm{m}}, \quad U_{\mathrm{m}}=\sqrt{2}U=1.414U \tag{7-8}$$

一般常用的交流电压表、交流电流表的读数均是指有效值。若无特殊说明,以后所说的交流电压或电流的大小均指有效值。

3. 相位和相位差

正弦电压 $u(t)$ 和正弦电流 $i(t)$ 的波形如图 7-3 所示。

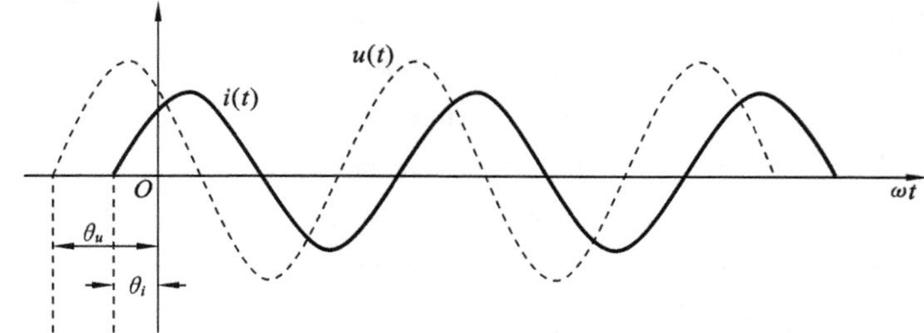

图 7-3 正弦电压与电流

正弦量的初相与所取计时起点有关,由于正弦量的相位是以 2π 为周期变化的,因此初相的取值为 $-\pi\leqslant\theta\leqslant\pi$。在一般的线性单电源电路中,所有电压和电流是同频率变化的,但初相不一定相同,这里设

$$u(t)=U_{\mathrm{m}}\sin(\omega t+\theta_u), \quad i(t)=I_{\mathrm{m}}\sin(\omega t+\theta_i)$$

如图 7-3 所示,两个同频率变化的正弦量的相位之差称为相位差,用字母 φ 表示。则图中 u、i 的相位差为

$$\varphi=(\omega t+\theta_u)-(\omega t+\theta_i)=\theta_u-\theta_i \tag{7-9}$$

由此可见,两个同频率的正弦量的相位差就是它们的初相之差,由初相的取值范围可知,相位差的取值范围也为 $-\pi\leqslant\varphi\leqslant\pi$。从图 7-3 中可知,由于 $\theta_u>\theta_i$,在 $-\pi\leqslant\omega t\leqslant\pi$ 的区间,u 比 i 先达到峰值,称在相位上电压超前电流 φ 角,或者说电流滞后电压 φ 角。

若正弦量的相位差 $\varphi=0$,称两正弦量同相;若 $\varphi=\pm\pi$,称两正弦量反相;若 $\varphi=\pm\pi/2$,称两正弦量正交。在比较两正弦量的相位时,有几点需要强调一下。

(1) 同频率。只有同频率的正弦量才有不随时间变化的相位差。

(2) 同函数。只有同函数名称才能用式(7-9)计算相位差。在数学表示上,正弦量既可以用正弦函数表示,也可以用余弦函数表示,计算相位差时正弦量必须用同一函数名称表示。

(3) 同符号。只有正弦量数学表达式前的符号同为正或同为负才有计算正确的相位差。因为符号不同,相位相差 $\pm\pi$。

在分析计算正弦交流电路时,往往以某个正弦量为参考量,并假设该参考量的相位为零,然后求其他正弦量与该参考量的相位关系。

【例 7-1】 已知某正弦量的频率 $f=100$ Hz,求其周期 T 和角频率 ω。

解 由式(7-5)可得

$$\omega=2\pi f=2\times3.14\times100\ \text{rad/s}=628\ \text{rad/s}$$

$$T=\frac{1}{f}=\frac{1}{100}\ \text{s}=0.01\ \text{s}$$

【例 7-2】 某正弦电压表达式为 $u=311\sin314t$ V，求其有效值 U 和 $t=0.1$ s 时的瞬时值。

解 由式(7-8)有

$$U=\frac{U_\text{m}}{\sqrt{2}}=\frac{311}{\sqrt{2}}\ \text{V}\approx220\ \text{V}$$

由此可见，平常所说的 220 V 交流电，其最大值是 311 V。当 $t=0.1$ s 时，有

$$U=311\sin(314\times0.1)\ \text{V}=162\ \text{V}$$

【例 7-3】 已知两个同频率正弦电压的表达式为 $u_1(t)=200\sin(314t+45°)$，$u_2(t)=-100\cos(314t+30°)$。求这两个正弦电压的相位差。

解 由于这两个正弦电压不是同符号、同函数，所以需先将 $u_2(t)$ 化成与 $u_1(t)$ 同符号、同函数的表达式。这里提供一些常用的三角函数关系式如下：

$$-\sin\omega t=\sin(\omega t\pm\pi)$$

$$-\cos\omega t=\cos(\omega t\pm\pi)$$

$$\cos\omega t=\sin(\omega t+\pi/2)$$

故

$$\begin{aligned}u_2(t)&=-100\cos(314t+30°)=-100\sin(314t+30°+90°)\\&=100\sin(314t+120°-180°)=100\sin(314t-60°)\end{aligned}$$

所以相位差为

$$\varphi=45°-(-60°)=105°$$

即 u_1 比 u_2 超前 105°，或者说 u_2 比 u_1 滞后 105°。

【例 7-4】 某正弦交流电流的有效值 $I=10$ A，频率 $f=50$ Hz，初相 $\theta=\pi/4$，求该电流 i 的表达式及 $t=2$ ms 时的瞬时值。

解 前面已说过，要完整表示一个正弦量，需要确定其三要素，即振幅、角频率、初相。

$$I_\text{m}=\sqrt{2}I=\sqrt{2}\times10\ \text{A}=10\sqrt{2}\ \text{A}$$

$$\omega=2\pi f=2\times3.14\times50\ \text{rad/s}=314\ \text{rad/s}$$

所以该电流 i 的表达式为

$$i=I_\text{m}\sin(\omega t+\theta)=10\sqrt{2}\sin(314t+\pi/4)\ \text{A}$$

当 $t=2$ ms 时，电流 i 的瞬时值为

$$i=10\sqrt{2}\sin(314\times2\times10^{-3}+\pi/4)\ \text{A}\approx14\ \text{A}$$

7.2 相 量 法

当激励作用于含储能元件且为非零初始状态的电路，其响应为一完全响应，若电路响应能渐近稳定，则电路响应中的暂态分量将逐渐衰减为零，而仅存稳态分量。大多数实际装置是设计在稳态情况下工作的，所以在较多的场合下，我们主要关心它的稳态响应。在求解线性时不变电路的正弦稳态响应时，电路的变量 u 和 i 可用相量来表示，这时电路方程就可变成相应相量形式的代数方程，因而可用前面几章所介绍的方法进行求解，而不用解电路微分方程，这正是相量法最大的优点，但是相量法所用的计算是复数运算，所以本节将先介绍复数及其运算。

7.2.1　复数及其运算

1. 复数及其几种表示形式

1）复数的定义

设 a 和 b 是两个实数，则 a、b 的有序组合

$$A=a+\mathrm{j}b \tag{7-10}$$

称为复数。

式中：a 称为复数 A 的实部；b 称为复数 A 的虚部；$\mathrm{j}=\sqrt{-1}$是一个虚数单位。

其中，$a=\mathrm{Re}[A]$，$b=\mathrm{Im}[A]$，符号 $\mathrm{Re}[A]$表示取复数 A 的实部，$\mathrm{Im}[A]$表示取复数 A 的虚部。

2）复平面

复平面是一个直角坐标平面，横轴表示实数轴，纵轴表示虚数轴，如图 7-4 所示。

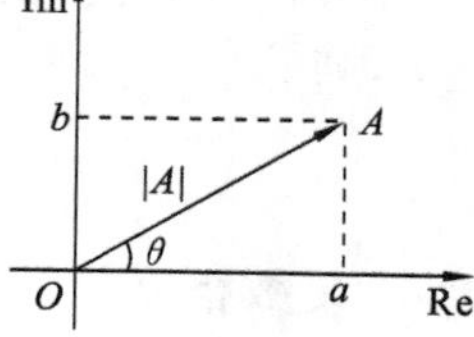

图 7-4　复平面

3）复数的几种表示形式

(1) 代数式。

复数 $A=a+\mathrm{j}b$ 称为代数式，或直角坐标形式。该复数可以用复平面上的一点 A，或用一矢量$\overrightarrow{OA}$表征，如图 7-4 所示。复平面上的一点 A，或一矢量$\overrightarrow{OA}$与复数 A 之间是一一对应的关系。图 7-4 中

$$a=|A|\cos\theta,\quad b=|A|\sin\theta,\quad |A|=\sqrt{a^2+b^2},\quad \theta=\arctan\frac{b}{a}$$

$|A|$称为复数 A 的模，θ 称为幅角。于是，复数 A 又可写成

$$A=|A|\cos\theta+\mathrm{j}|A|\sin\theta \tag{7-11}$$

(2) 指数式。

根据欧拉公式

$$\mathrm{e}^{\mathrm{j}\theta}=\cos\theta+\mathrm{j}\sin\theta$$

得复数 A 的指数形式为

$$A=|A|\mathrm{e}^{\mathrm{j}\theta} \tag{7-12}$$

(3) 极坐标式。

复数的指数形式也常写成如下的极坐标形式，即

$$A=|A|\angle\theta \tag{7-13}$$

(4) 共轭复数。

复数 $A=a+\mathrm{j}b$ 的共轭复数为 $A^*=a-\mathrm{j}b$。复数 $A=|A|$的共轭复数为 $A=|A|$。

2. 复数运算

1）加减法

复数的加减法是实部与实部相加减，虚部与虚部相加减。设 $A_1=a_1+\mathrm{j}b_1$，$A_2=a_2+\mathrm{j}b_2$，则

$$A_1\pm A_2=(a_1\pm a_2)+\mathrm{j}(b_1\pm b_2) \tag{7-14}$$

2）乘法

(1) 代数式相乘。

代数式相乘与多项式相乘法则相同，但是要注意

$$j^2=-1,\quad j^3=-j,\quad j^4=1 \tag{7-15}$$

设 $A_1=a_1+jb_1$，$A_2=a_2+jb_2$，则

$$A_1A_2=(a_1+jb_1)(a_2+jb_2)=(a_1a_2-b_1b_2)+j(a_1b_2+a_2b_1) \tag{7-16}$$

(2) 极坐标式相乘。

复数的极坐标式乘法运算是模相乘，幅角相加。设 $A_1=r_1\angle\theta_1$，$A_2=r_2\angle\theta_2$，则

$$A_1A_2=r_1r_2\angle(\theta_1+\theta_2) \tag{7-17}$$

3）除法

与乘法相对应，复数的极坐标式除法运算是模相除，幅角相减。设 $A_1=r_1\angle\theta_1$，$A_2=r_2\angle\theta_2$，则

$$\frac{A_1}{A_2}=\frac{r_1\angle\theta_1}{r_2\angle\theta_2}=\frac{r_1}{r_2}\angle(\theta_1-\theta_2) \tag{7-18}$$

4）复数相等

两个复数相等的条件是，实部与实部相等，虚部与虚部相等。设 $A_1=a_1+jb_1$，$A_2=a_2+jb_2$，若

$$a_1=a_2,\quad b_1=b_2$$

则

$$A_1=A_2$$

反之亦成立 。

7.2.2 相量的表示法及相量图

在一个电阻支路上施加一个正弦电压，其中的电流仍是角频率为 ω 的正弦量，与电压不同的只是振幅；将同样电压施加到一个电容上，其电流 $i(t)$ 仍是角频率为 ω 的正弦量，不同的只是振幅和初相；在电感支路上也是类似。因为对一个正弦量进行微分、积分、相加、乘或除以某个常数都不会改变其角频率，改变的只是振幅和初相。这是正弦量在时域中运算的特点。

设正弦量为 $i(t)=I_m\sin(\omega t+\theta)$，根据欧拉公式 $e^{j\theta}=\cos\theta+j\sin\theta$，正弦量 $i(t)$ 可以写为

$$i(t)=I_m\sin(\omega t+\theta)=\text{Im}[I_m e^{j(\omega t+\theta)}] \tag{7-19}$$

式中：Im 表示取虚部。

此式表明，正弦量与复指数函数一一对应，等于对复指数函数取虚部。

前面已说过，复数表现为直角坐标平面中的一个矢量，矢量的大小对应复数的模，矢量与横轴的夹角对应复数的幅角。如果矢量的幅角为 $\omega t+\theta$，矢量的长度为 I_m，则该矢量以角速度 ω 按逆时针方向旋转，$t=0$ 时旋转矢量的幅角为 θ。这样的旋转矢量在虚轴上的投影正是正弦量 $i(t)$，如图 7-5 所示。

定义这样一个复常数，$\dot{I}_m=I_m e^{j\theta}=I_m\angle\theta$，它对应旋转矢量在 $t=0$ 时的表达，则

$$i(t)=I_m\sin(\omega t+\theta)=\text{Im}[I_m e^{j\omega t}] \tag{7-20}$$

式中：$e^{j\omega t}$ 为旋转因子，反映了旋转矢量按逆时针方向旋转的角速度，即对应正弦量随时间变化的快慢。

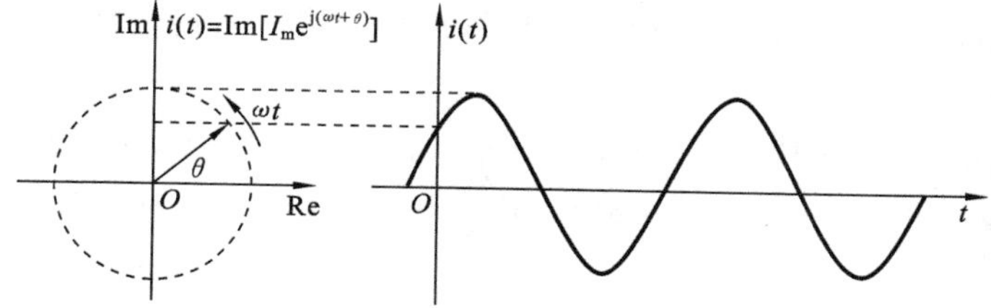

图 7-5　正弦量的旋转矢量表示

可以发现，这个复常数的幅度即为正弦量的振幅，复常数的幅角即为正弦量的初相，我们称这个复常数$\dot{I}_m$为正弦量$i(t)$的振幅相量。

联想到正弦函数在时域中运算的特点，设想能否对相量进行运算以代替对正弦函数进行运算呢？答案是肯定的。因为如果对复指数函数进行微分、积分、相加、乘或除以某个常数也不会改变其角频率，改变的只有相量的幅度和幅角。

在电路分析中也常使用正弦量的有效值相量$\dot{I}$，即

$$\dot{I}=Ie^{j\theta}=I\angle\theta=\frac{1}{\sqrt{2}}\dot{I}_m \tag{7-21}$$

正弦量与相量之间的对应关系有

$$I_m\sin(\omega t+\theta)\leftrightarrow\dot{I}_m=I_m e^{j\theta}=\sqrt{2}Ie^{j\theta}=\sqrt{2}\dot{I} \tag{7-22}$$

当频率一定时，相量唯一地表征了正弦量。这里要注意，上式中的双箭头的左边是正弦函数的时间函数，右边是相量即复常数，它们之间是对应关系而不是相等关系。若已知正弦函数表达式可以求得相应的相量；反之，若已知相量和原正弦函数角频率ω也可以求得原正弦函数表达式。

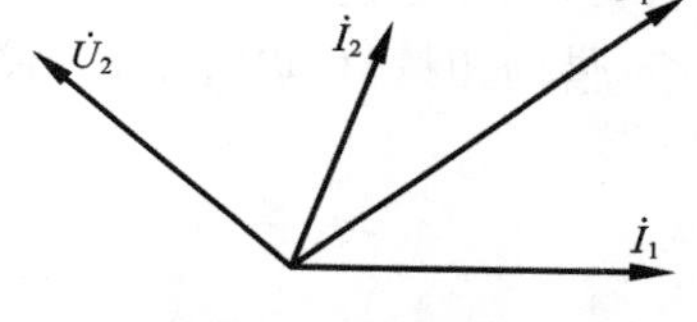

图 7-6　正弦量的相量图

将同频率正弦量相量画在同一复平面中，称为相量图。从相量图中可以方便地看出各个正弦量的大小，以及它们之间的相互关系。为方便起见，相量图中一般省略极坐标轴而仅仅画出代表相量的矢量，如图 7-6 所示。

【例 7-5】　已知两个同频率正弦量的表达式为$u_1(t)=30\sqrt{2}\sin(\omega t+45°)$ V，$u_2(t)=40\sqrt{2}\sin(\omega t-30°)$ V，试求这两个正弦量的振幅相量和有效值相量，并画出相量图。

解　两个正弦量的振幅和有效值分别为

$$U_{1m}=30\sqrt{2}\ \text{V},\quad U_1=30\ \text{V}$$

$$U_{2m}=40\sqrt{2}\ \text{V},\quad U_2=40\ \text{V}$$

两个正弦量的初相分别为

$$\theta_1=45°,\quad \theta_2=-30°$$

则两个正弦量的振幅相量和有效值相量分别为

$$\dot{U}_{1m}=U_{1m}e^{j45°}=30\sqrt{2}e^{j45°}\ \text{V},\quad \dot{U}_1=U_1e^{j45°}=30e^{j45°}\ \text{V}$$

$$\dot{U}_{2m}=U_{2m}e^{-j30°}=40\sqrt{2}e^{-j30°}\ \text{V},\quad \dot{U}_2=U_2e^{-j30°}=40e^{-j30°}\ \text{V}$$

相量图如图 7-7 所示。

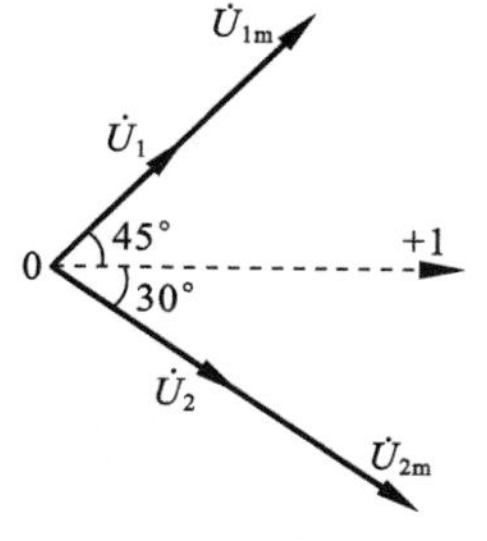

图 7-7　例 7-5 相量图

【例 7-6】　已知正弦电流$i_1(t)=12\sqrt{2}\sin(\omega t+30°)$ A，$i_2(t)=8\sqrt{2}\sin(\omega t+60°)$ A，求电流$i(t)=i_1(t)+i_2(t)$。

解 使用相量运算代替正弦函数运算要简单得多。将已知正弦量分别用有效值相量表示为

$$\dot{I}_1 = I_1 e^{j30^\circ} = 12e^{j30^\circ}\ \text{A} = 12(\cos 30^\circ + j\sin 30^\circ)\ \text{A} = 10.4 + j6\ \text{A}$$

$$\dot{I}_2 = I_2 e^{j60^\circ} = 8e^{j60^\circ}\ \text{A} = 8(\cos 60^\circ + j\sin 60^\circ)\ \text{A} = 4 + j6.93\ \text{A}$$

于是

$$\dot{I} = \dot{I}_1 + \dot{I}_2 = [(10.4 + j6) + (4 + j6.93)]\ \text{A} = (14.4 + j12.93)\ \text{A} = 19.35\angle 41.9^\circ\ \text{A}$$

故

$$i(t) = i_1(t) + i_2(t) = \text{Im}[\sqrt{2}\dot{I}e^{j\omega t}] = 19.35\sqrt{2}\sin(\omega t + 41.9^\circ)\ \text{A}$$

综合以上分析，有以下几点需要强调。

(1) 同频率正弦量经过线性运算(加法、减法、乘或除以某个常数)后得到一个新的同频率的正弦量，新正弦量的相量等于原正弦量相量线性运算的结果。

(2) 相量在数学上的运算规律就是复数的运算规律；相量图符合矢量运算的几何规则，可用矢量加(减)的平行四边形法则求相量和。

(3) 相量只是表示正弦量，而不是等于正弦量。正弦量具有振幅、频率和初相三个特征参数，正弦量的相量只有模和幅角两个参数，只能表示出正弦量的振幅和初相，不能表示其频率。

(4) 相量(复数)有多种表示形式，在进行复数运算时，乘、除法宜采用极坐标形式，加、减法宜采用直角坐标形式。

(5) 在单一频率正弦电源线性电路中，所有稳态响应电压和电流均为与激励同频率的正弦量，其频率是已知的或固定的，因此对正弦稳态电路的分析正是对同频率正弦量关系的分析，借助相量，可以将正弦函数的线性运算转化为相量的线性运算，使分析过程大为简化。

7.3 单一元件电路的相量形式

在直流电路中，激励电源不随时间变化而变化，电容元件等效为开路，电感元件等效为短路，只需考虑电阻元件。但在正弦交流电路中，激励电源随时间按正弦规律变化，必须考虑电容和电感的作用。电阻 R、电感 L 和电容 C 是交流电路中三个基本的无源元件(理想元件)。掌握这三个元件在正弦交流电路中的电压与电流关系、能量的转换以及功率，是分析各种正弦交流电路的基础。假设元件两端的电压与电流为关联参考方向，则它们的正弦表达式分别为

$$u = \sqrt{2}U\sin(\omega t + \theta_u), \quad i = \sqrt{2}I\sin(\omega t + \theta_i)$$

相量分别为

$$\dot{U} = \sqrt{2}U\angle\theta_u, \quad \dot{I} = \sqrt{2}I\angle\theta_i$$

1. 电阻元件的相量模型

理想线性电阻电路如图 7-8 所示。

根据欧姆定律，电阻元件两端电压 u 与流过的电流 i 为

$$u = Ri = RI_m\sin(\omega t + \theta_i) = U_m\sin(\omega t + \theta_u) \tag{7-23}$$

由此可见，电阻元件上的电压与电流的关系有以下几种。

(1) 电压与电流是同频率的正弦量。

(2) 电压和电流的初相相同，即 $\theta_i=\theta_u$。

(3) 大小为

$$U=RI \quad 或 \quad U_m=RI_m \tag{7-24}$$

(4) 电压与电流的相量关系为

$$\dot{U}=R\dot{I} \tag{7-25}$$

式(7-25)称为电阻元件欧姆定律的相量形式，式中 R 称为电阻元件的相量模型，其值与直流电路中电阻一样，与频率没有关系。电阻电路中电压与电流的相量图如图 7-9 所示。

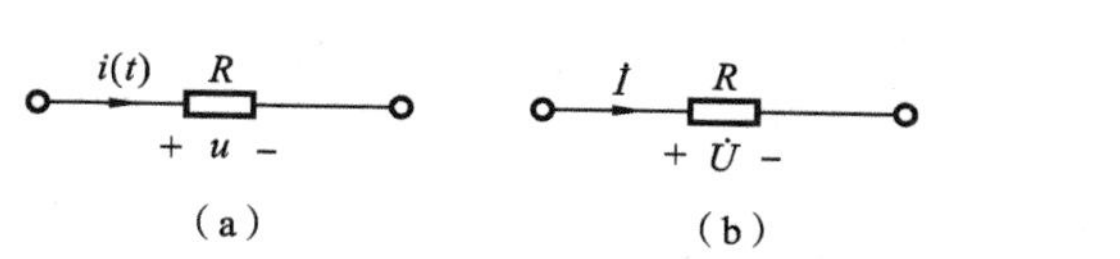

图 7-8　电阻元件的相量模型

(a) 时域模型；(b) 相量模型

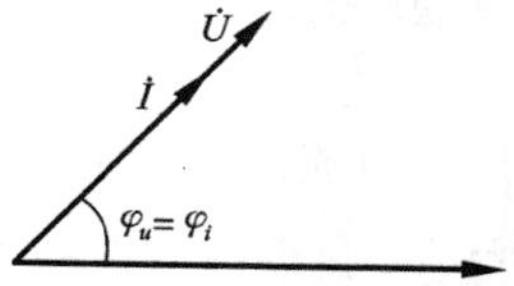

图 7-9　电阻电路中电压与电流的相量图

【例 7-7】 如图 7-8(a)所示，已知 $u=4\sqrt{2}\sin(50t+20°)$ V，电阻 $R=2\ \Omega$，求电流 i。

解　已知正弦电压的相量为

$$\dot{U}=4\angle 20°\ \text{V}$$

根据相量关系进行计算，得

$$\dot{U}=R\dot{I}\leftrightarrow \dot{I}=\frac{\dot{U}}{R}=\frac{4\angle 20°}{2}\ \text{A}=2\angle 20°\ \text{A}$$

根据相量写对应的正弦解析表达式有

$$i=2\sqrt{2}\sin(50t+20°)\ \text{A}$$

【例 7-8】 有一个额定值为 220 V、1000 W 的电阻炉，接在 220 V、50 Hz 的交流电源上，求流过该电阻炉的电流及电阻炉的电阻？如果电源电压的有效值不变，若频率改为 100 Hz，此时流过电阻炉的电流又是多少？

解　电阻炉工作在额定状态下，故流过电阻炉的电流为

$$I=\frac{P_N}{U}=\frac{1000}{220}\ \text{A}=4.55\ \text{A}$$

故电阻炉的电阻为

$$R=\frac{U}{I}=\frac{220}{4.55}\ \Omega=48.35\ \Omega$$

电阻炉是纯电阻元件，其电阻与频率无关，所以当频率改变时，若电压有效值不变，其流过的电流有效值也不变。

2. 电容元件的相量模型

纯电容元件交流电路如图 7-10 所示。

设电容两端电压为 $u=\sqrt{2}U\sin(\omega t+\theta_u)$，则电容元件两端流过的电流 i 为

$$i=C\frac{\mathrm{d}u}{\mathrm{d}t}=C\frac{\mathrm{d}[\sqrt{2}U\sin(\omega t+\theta_u)]}{\mathrm{d}t}=\sqrt{2}\omega CU\sin(\omega t+\theta_u+90°)=\sqrt{2}I\sin(\omega t+\theta_i) \tag{7-26}$$

由式(7-26)可见，电容元件上电压与电流之间的关系有以下几种。

(1) 电压与电流是同频率的正弦量。

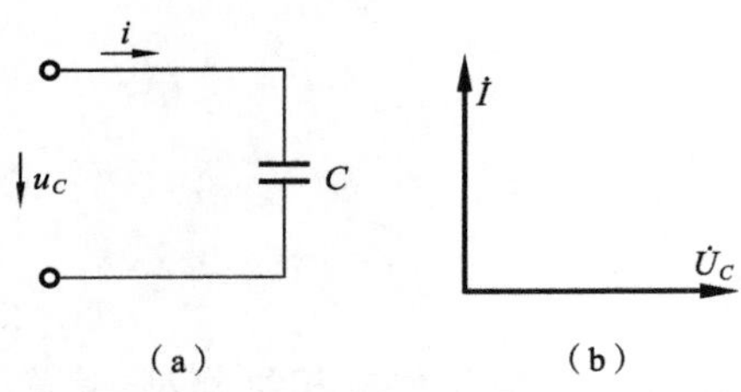

图 7-10 电容元件的相量模型

(a) 时域模型;(b) 相量模型

(2) 在相位上,$\theta_i=\theta_u+90°$,电压滞后电流 90°,或者电流超前电压 90°。

(3) 在大小上,电压与电流的关系为

$$I=\omega CU=\frac{1}{|X_C|}U \quad 或 \quad I_{\mathrm{m}}=\omega CU_{\mathrm{m}}=\frac{1}{|X_C|}U_{\mathrm{m}} \tag{7-27}$$

其中

$$|X_C|=\frac{1}{\omega C}=\frac{1}{2\pi fC} \tag{7-28}$$

(4) 电压与电流的相量关系。

由于$\dot{U}=\sqrt{2}U\angle\theta_u$,$\dot{I}=\sqrt{2}I\theta_i=\sqrt{2}I\angle(\theta_u+90°)$,则

$$\frac{\dot{U}}{\dot{I}}=\frac{\sqrt{2}U\theta_u}{\sqrt{2}I(\theta_u+90°)}=\frac{U}{I}\angle-90°=\mathrm{j}X_C$$

其中

$$X_C=-\frac{1}{\omega C}=-\frac{1}{2\pi fC} \tag{7-29}$$

称为电容元件的电抗,简称容抗,单位为欧姆(Ω)。X_C 表征了电容对交流电流的阻碍作用,它与频率 f、电容 C 成反比。即在相同的电压下,电容 C 越大,所容纳的电荷量越多,电容的阻碍作用越小,电流就越大;频率 f 越高,电容的充、放电越快,电容的阻碍作用越小,电流就越大。由此可见,相同容量的电容,对不同频率的正弦电流呈现不同的阻碍能力,容抗随频率变化而变化。对于直流电,频率 $f=0$,则 $X_C=\infty$,阻碍作用无穷大,电容相当于开路。频率越高,容抗越小,电流越大。故电容有"通交隔直"的作用。

由式(7-29)可得

$$\dot{U}=\mathrm{j}X_C\dot{I}=-\frac{1}{\mathrm{j}\omega C}\dot{I}$$

或

$$\dot{U}_{\mathrm{m}}=\mathrm{j}X_C\dot{I}_{\mathrm{m}}=-\frac{1}{\mathrm{j}\omega C}\dot{I}_{\mathrm{m}} \tag{7-30}$$

式中:$-\mathrm{j}X_C=\frac{1}{\mathrm{j}\omega C}$称为电容元件的相量模型。

电容元件中电压与电流的相量图如图 7-11 所示。

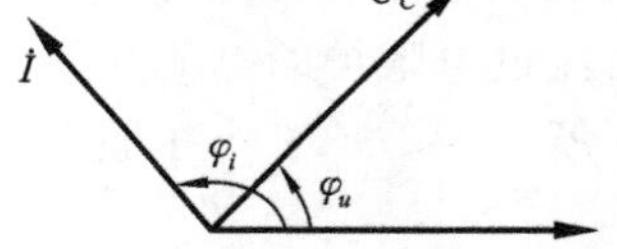

图 7-11 电容元件中电压与电流的相量图

【例 7-9】 在纯电容元件电路中,已知 $C=4.7\ \mu\mathrm{F}$,$f=50\ \mathrm{Hz}$,$i=0.2\sqrt{2}\sin(\omega t+30°)$ A,求$\dot{U}$并作出相量图。若频率改为 $f=100$ Hz,再求$\dot{U}$。

解 容抗值为

$$X_C=-\frac{1}{2\pi fC}=-\frac{1}{2\times3.14\times50\times4.7\times10^{-6}}\ \Omega=-677.6\ \Omega$$

又$\dot{I}=0.2\angle30°$,则

$$\begin{aligned}\dot{U}&=\mathrm{j}X_C\dot{I}=1\angle90°\times(-677.6)\times0.2\angle30°\ \mathrm{V}\\&=135.52\angle-60°\ \mathrm{V}\end{aligned}$$

画相量图,如图 7-12 所示。

若电源频率改为 $f=100$ Hz,则容抗值变为

$$X_C=-\frac{1}{2\pi fC}=\frac{1}{2\times3.14\times100\times4.7\times10^{-6}}=-338.8\ \Omega$$

则
$$\dot{U}=\mathrm{j}X_C\dot{I}=1\angle 90^\circ\times(-338.8)\times 0.2\angle 30^\circ\ \mathrm{V}$$
$$=67.76\angle -60^\circ\ \mathrm{V}$$

由此可知，当电流和电容一定时，若频率越高，则电容两端电压越小。

3. 电感元件的相量模型

纯电感元件交流电路如图 7-13(a)所示。

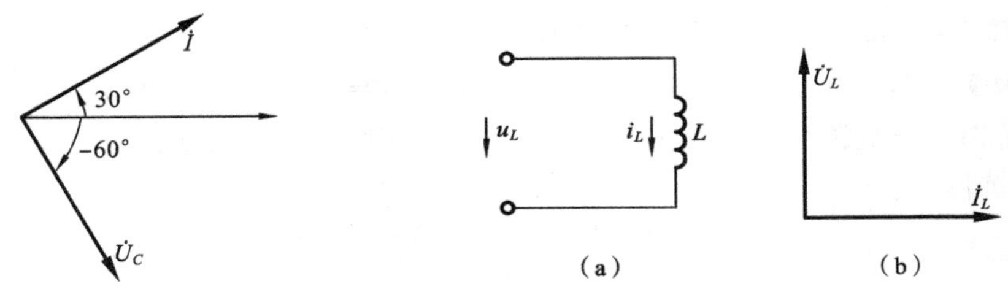

图 7-12　例 7-9 相量图

图 7-13　电感元件的相量模型

(a) 时域模型；(b) 相量模型

设流过电感的电流为 $i=\sqrt{2}I\sin(\omega t+\theta_i)$，则电感元件两端电压 u 为

$$u=L\frac{\mathrm{d}i}{\mathrm{d}t}=L\frac{\mathrm{d}[\sqrt{2}I\sin(\omega t+\theta_i)]}{\mathrm{d}t}$$
$$=\sqrt{2}\omega LI\sin(\omega t+\theta_i+90^\circ)$$
$$=\sqrt{2}U\sin(\omega t+\theta_u) \tag{7-31}$$

由式(7-31)可知，电感元件上电压与电流之间的关系有以下几种。

(1) 电压与电流是同频率的正弦量。

(2) 在相位上，$\theta_u=\theta_i+90^\circ$，电压超前电流 90°，或者电流滞后电压 90°。

(3) 在大小上，电压与电流的关系为

$$U=\omega LI=X_LI\quad 或\quad U_\mathrm{m}=\omega LI_\mathrm{m}=X_LI_\mathrm{m} \tag{7-32}$$

其中

$$X_L=\omega L=2\pi fL \tag{7-33}$$

称为电感元件的电抗，简称感抗，单位为欧姆(Ω)。X_L 表征了电感对交流电流的阻碍作用，它与频率 f、电感 L 成正比。即在相同的电压下，电感 L 越大，感抗越大，阻碍作用越大，电流就越小；频率 f 越高，感抗越大，电流就越小。由此可见，同样大小的电感，对不同频率的正弦电流呈现不同的阻碍能力，感抗随频率的变化而变化。对于直流电，频率 $f=0$，则 $X_L=0$，阻碍作用等于零，电感相当于短路。频率越高，感抗越大，电流就越小。

(4) 电压与电流的相量关系。

由于 $\dot{I}=\sqrt{2}I\angle\theta_i$，$\dot{U}=\sqrt{2}U\angle\theta_u=\sqrt{2}U\angle(\theta_i+90^\circ)$，则

$$\frac{\dot{U}}{\dot{I}}=\frac{\sqrt{2}U\angle(\theta_i+90^\circ)}{\sqrt{2}I\angle\theta_i}=\frac{U}{I}\angle 90^\circ=\mathrm{j}X_L$$

即
$$\dot{U}=\mathrm{j}X_L\dot{I}\quad 或\quad \dot{U}_\mathrm{m}=\mathrm{j}X_L\dot{I}_\mathrm{m} \tag{7-34}$$

式中：$\mathrm{j}X_L=\mathrm{j}\omega L$ 称为电感元件的相量模型。

电感元件中电压与电流的相量图如图 7-14 所示。

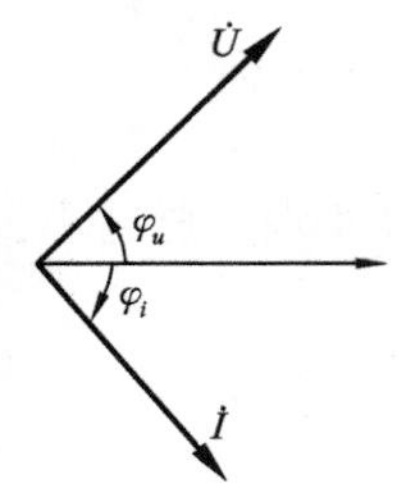

图 7-14　电感元件中电压与电流的相量图

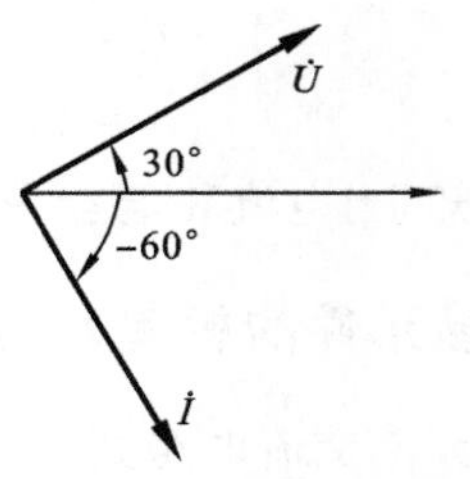

图 7-15　例 7-10 相量图

【例 7-10】 在纯电感元件电路中，已知 $L=1$ H，$f=50$ Hz，$u=220\sqrt{2}\sin(\omega t+30°)$ V，求 $\dot{I}$ 并作出相量图。若电源频率改为 $f=100$ Hz，电压有效值不变，再求 $\dot{I}$。

解　感抗值为

$$X_L=2\pi fL=2\times3.14\times50\times1\ \Omega=314\ \Omega$$

$$\dot{U}=220\angle30°$$

则

$$\dot{I}=\frac{\dot{U}}{\mathrm{j}X_L}=\frac{220\angle30°}{1\angle90°\times314}\ \mathrm{A}=0.7\angle-60°\ \mathrm{A}$$

画相量图，如图 7-15 所示。

若电源频率为 $f=100$ Hz，则感抗变为

$$X_L=2\pi fL=2\times3.14\times100\times1\ \Omega=628\ \Omega$$

相应地电感电流变为

$$\dot{I}=\frac{\dot{U}}{\mathrm{j}X_L}=\frac{220\angle30°}{1\angle90°\times628}\ \mathrm{A}=0.35\angle-60°\ \mathrm{A}$$

由此可知，当电压和电感一定时，若频率越高，则通过电感元件的电流就越小。

由以上分析三种理想元件的相量模型，可得以下小结。

(1) 电阻上的电压和电流同相。

(2) 电感上的电压超前电流 90°，或者说电感上的电流滞后电压 90°。

(3) 电容上的电压滞后电流 90°，或者说电容上的电流超前电压 90°。

总结成“三字经”，即“阻同相、感压前、容压后”。电阻、电感、电容三种元件参数电路中的基本关系如表 7-1 所示。

表 7-1　单一元件参数电路中基本关系

参数	阻抗	基本关系	相量式
R	R	$u=Ri$	$\dot{U}=R\dot{I}$
L	$\mathrm{j}X_L=\mathrm{j}\omega L$	$u=L\dfrac{\mathrm{d}i}{\mathrm{d}t}$	$\dot{U}=\mathrm{j}X_L\dot{I}$
C	$\mathrm{j}X_C=-\dfrac{1}{\mathrm{j}\omega C}=-\mathrm{j}\dfrac{1}{\omega C}$	$i=C\dfrac{\mathrm{d}u}{\mathrm{d}t}$	$\dot{U}=\mathrm{j}X_C\dot{I}$

7.4　KCL 和 KVL 电路的相量形式

基尔霍夫定律(包括 KCL 和 KVL)是电路的基本定律。其中 KCL 表达了电流的连续性

原理，指出在任一瞬间对任一节点都有

$$\sum i = 0$$

而 KVL 表达了能量守恒原理，它表示在任一瞬间对任一电路都有

$$\sum u = 0$$

由上节分析可知，在正弦交流电路中，各电流和电压都是与电源同频率的正统量，同频率的正弦量加、减可以用对应的相量形式来进行计算，将这些正弦量分别用相量来表示，就可以得到 KCL 和 KVL 的相量形式，即

$$\sum \dot{I} = 0 \tag{7-35}$$

$$\sum \dot{U} = 0 \tag{7-36}$$

注意，在正弦交流电路中，一般情况下，有效值 $\sum I \neq 0$、$\sum U \neq 0$，而且有效值一般不能直接相加、减，只能是相量相加、减运算。

【例 7-11】 已知正弦电压 $u_1(t)=220\sqrt{2}\sin\omega t$ V，$u_2(t)=220\sqrt{2}\sin(\omega t-120°)$ V，求 $u(t)=u_1(t)+u_2(t)$ 和 $u'(t)=u_1(t)-u_2(t)$。

解 根据 KCL 和 KVL 定律的相量形式，将已知正弦量分别用有效值相量表示为

$$\dot{U}_1=U_1\mathrm{e}^{\mathrm{j}0°}=220\mathrm{e}^{\mathrm{j}0°}\ \mathrm{V}=220(\cos0°+\mathrm{j}\sin0°)\ \mathrm{V}=(220+\mathrm{j}0)\ \mathrm{V}$$

$$\dot{U}_2=U_2\mathrm{e}^{\mathrm{j}(-120°)}=220\mathrm{e}^{\mathrm{j}(-120°)}\ \mathrm{V}=220(\cos-120°+\mathrm{j}\sin-120°)\ \mathrm{V}=(-110-\mathrm{j}110\sqrt{3})\ \mathrm{V}$$

于是

$$\dot{U}=\dot{U}_1+\dot{U}_2=[(220+\mathrm{j}0)+(-110-\mathrm{j}110\sqrt{3})]\ \mathrm{V}=(110-\mathrm{j}110\sqrt{3})\ \mathrm{V}=220\angle-60°\ \mathrm{V}$$

$$\dot{U}=\dot{U}_1-\dot{U}_2=(220+\mathrm{j}0)-(-110-\mathrm{j}110\sqrt{3})\ \mathrm{V}=(330+\mathrm{j}110\sqrt{3})\ \mathrm{V}=381\angle60°\ \mathrm{V}$$

故

$$u(t)=u_1(t)+u_2(t)=220\sqrt{2}\sin(\omega t-60°)\ \mathrm{V}$$

$$u'(t)=u_1(t)-u_2(t)=381\sqrt{2}\sin(\omega t+60°)\ \mathrm{V}$$

【例 7-12】 已知 R、L、C 并联，如图 7-16 所示，$u(t)=60\sqrt{2}\sin(100t+90°)$ V，$R=15\ \Omega$，$L=300$ mH，$C=833\ \mu$F，求总电流 $i(t)$。

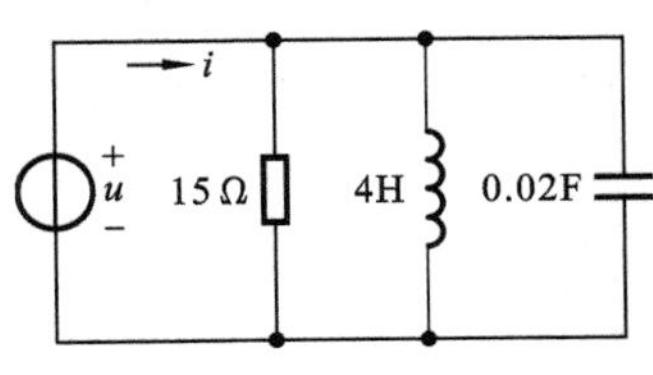

图 7-16　R、L、C 并联电路

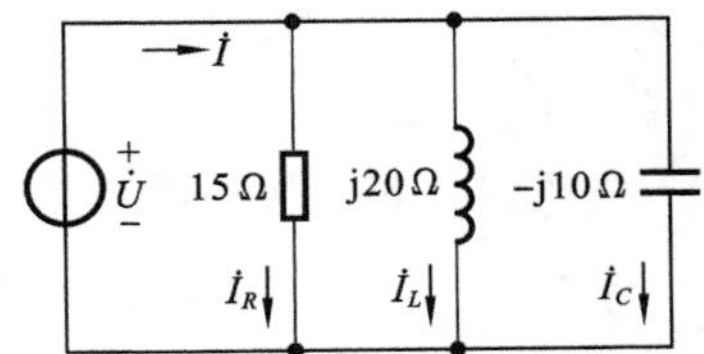

图 7-17　R、L、C 并联电路相量模型

解 因为 R、L、C 并联，所以各元件两端电压相等，用相量法求出 $\dot{I}_R$、$\dot{I}_L$、$\dot{I}_C$，再用 KCL 求解。其相量型如图 7-17 所示。

已知 $\dot{U}=60\angle90°$，则

对于 R

$$\dot{I}_R=\frac{\dot{U}}{R}=\frac{60\angle90°}{15}\ \mathrm{A}=4\angle90°\ \mathrm{A}=\mathrm{j}4\ \mathrm{A}$$

对于 C

$$\dot{I}_C=\frac{\dot{U}}{\frac{1}{\mathrm{j}\omega C}}=\mathrm{j}\omega C\dot{U}=\mathrm{j}100\times 833\times 10^{-6}\times 60\angle 90^\circ\ \mathrm{A}=5\angle 180^\circ\ \mathrm{A}=-5\ \mathrm{A}$$

对于 L

$$\dot{I}_L=\frac{\dot{U}}{\mathrm{j}\omega L}=\frac{60\angle 90^\circ}{\mathrm{j}100\times 300\times 10^{-3}}\ \mathrm{A}=2\ \mathrm{A}$$

$$\dot{I}=\dot{I}_R+\dot{I}_C+\dot{I}_L=[\mathrm{j}4+(-5)+2]\ \mathrm{A}=(3+\mathrm{j}4)\ \mathrm{A}=5\angle 127^\circ\ \mathrm{A}$$

故

$$i(t)=5\sqrt{2}\sin(100t+127^\circ)\ \mathrm{A}$$

【例 7-13】 已知 R、L、C 串联，如图 7-18 所示，$i(t)=5\sqrt{2}\sin(10^6 t+30^\circ)\ \mathrm{A}$，$R=15\ \Omega$，$L=1\ \mu\mathrm{H}$，$C=0.2\ \mu\mathrm{F}$，求总电压 $u(t)$。

解 因为 R、L、C 串联，所以流过各元件的电流相等，用相量法求出 $\dot{U}_R$、$\dot{U}_L$、$\dot{U}_C$，再用 KVL 求解。其相量模型如图 7-19 所示。

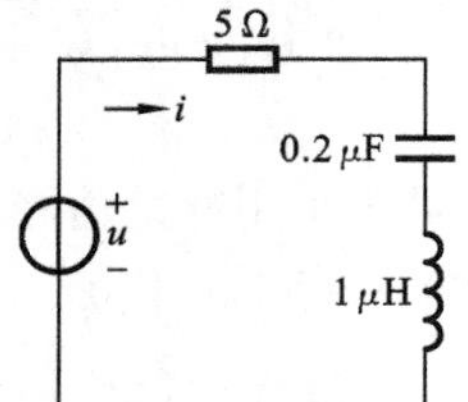

图 7-18 R、L、C 串联电路

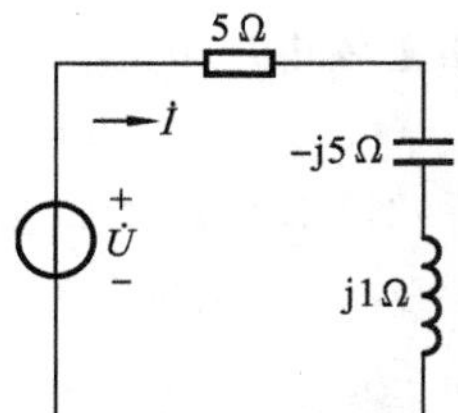

图 7-19 R、L、C 串联电路相量模型

已知 $\dot{I}=5\angle 30^\circ$，则

对于 R

$$\dot{U}=\dot{I}R=5\angle 30^\circ\times 15\ \mathrm{V}=75\angle 30^\circ\ \mathrm{V}=(37.5+\mathrm{j}37.5\sqrt{3})\ \mathrm{V}$$

对于 C

$$\dot{U}_C=\dot{I}\frac{1}{\mathrm{j}\omega C}=\frac{5\angle(30^\circ-90^\circ)}{10^6\times 0.2\times 10^{-6}}=25\angle -60^\circ\ \mathrm{V}=(12.5-\mathrm{j}12.5\sqrt{3})\ \mathrm{V}$$

对于 L

$$\dot{U}_L=\mathrm{j}\omega L\dot{I}=5\times 10^6\times 10^{-6}\angle 90^\circ\ \mathrm{V}=\mathrm{j}5\ \mathrm{V}$$

$$\begin{aligned}\dot{U}=\dot{U}_R+\dot{U}_C+\dot{U}_L&=(37.5+\mathrm{j}37.5\sqrt{3}+12.5-\mathrm{j}12.5\sqrt{3}+\mathrm{j}5)\ \mathrm{V}\\&=(50+\mathrm{j}30)\ \mathrm{V}=58\angle 53^\circ\ \mathrm{V}\end{aligned}$$

故

$$u(t)=5\sqrt{2}\sin(100t+53^\circ)\ \mathrm{V}$$

7.5 计算机辅助分析电路举例

本节通过两个例题介绍 Multisim 在正弦稳态电路中的仿真应用。

1. 正弦电路的基尔霍夫电流定律

在正弦稳态电路中应用基尔霍夫电流定律的相量形式时，电流相加必须使用相量相加，电路如图 7-20 所示。对于电感，流过电感的电流相位落后其两端电压相位 90°；对于电容，流过电容的电流相位超前其两端电压相位 90°，故电感电流与电容电流相位相差 180°，所以电感支路和电容支路电流之和等于电感电流与电容电流之差。根据相量法可求得流过电源 u_S 的总电流 $I=0.071$ A。使用 Multisim 仿真结果如图 7-20 所示。可见，计算结果与仿真结果（见图中电流表的读数，数值为有效值）相同。

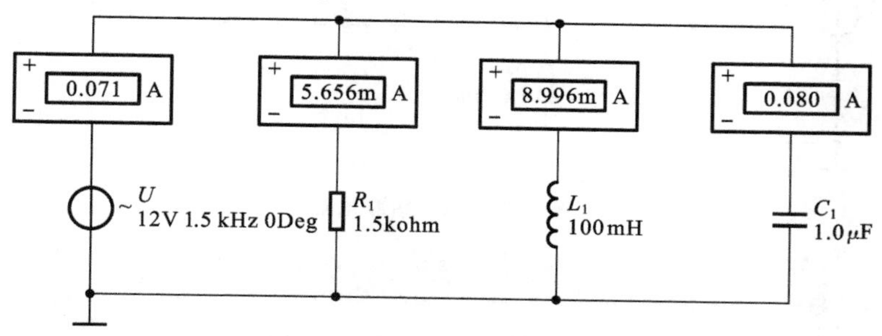

图 7-20　KCL 在正弦稳态电路中的应用

2. 正弦电路的基尔霍夫电压定律

在正弦稳态电路中应用基尔霍夫电流定律时，各个电压相加必须使用相量相加。电路如图 7-21 所示，图中电阻两端的电压相位与电流相同，电感两端的电压相位超前电流 90°，电容两端的电压相位落后电流 90°，所以电容、电感上的总压降等于电感电压与电容电压之差。根据相量法可求得电阻、电容、电感上的总压降 $U=8.485$ V。使用 Multisim 仿真结果如图 7-21 所示。可见，计算结果与仿真结果（见图中电压表的读数，数值为有效值）相同。

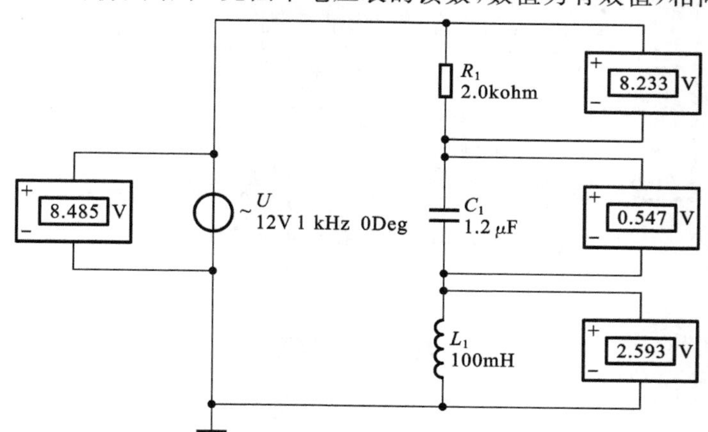

图 7-21　KVL 在正弦稳态电路中的应用

3. 正弦电路的欧姆定律

RL 串联电路如图 7-22 所示，电感两端电压的有效值等于电感的感抗 ωL 与电流有效值的乘积，电感电流相位落后电压 90°。RL 串联电路的总阻抗 Z 为电阻 R 与电感电抗 ωL 的相量和。如图 7-22 所示的电路，由于感抗远大于电阻，电路可视为纯电感电路。电感上电压相位超前电流 90°，其波形如图 7-23 所示。根据欧姆定理的相量形式可计算出电路中电流、电感两端电压的有效值分别为 $I=23$ mA，$U_L=7.071$ V。使用 Multisim 仿真结果如图 7-22 所示。可见，计算结果与 Multisim 仿真结果相同。

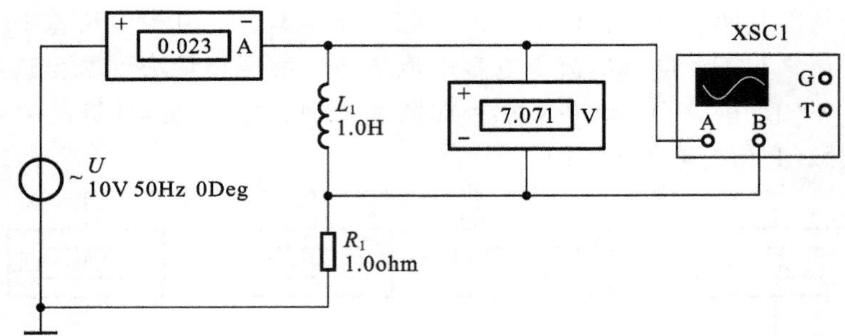

图 7-22　RL 串联电路

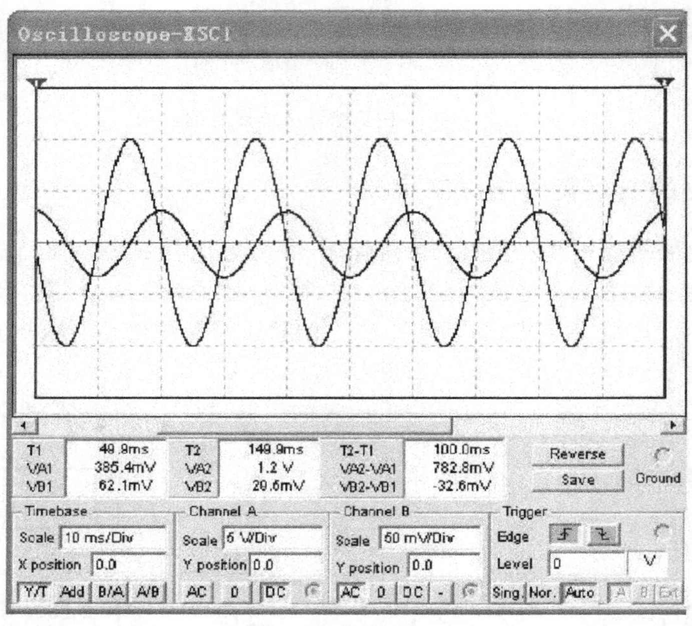

图 7-23　电感电压、电流波形

小　　结

正弦交流电应用广泛，其基本概念、分析计算方法是本章重点。本章主要介绍了正弦量的三要素、相量法的基本概念（包括复数的概念及运算、相量表示法及相量图）、单一元件电路的相量形式（电阻、电容、电感的相量模型）以及 KCL、KVL 电路的相量形式。

1. 正弦量的三要素

其表达式：$i=\sqrt{2}I\sin(\omega t+\varphi_i)$。

正弦量可由振幅 I_m、角频率 ω（或频率 f 或周期 T，$T=1/f$，$\omega=2\pi f$）和初相位 φ 来描述它的大小、变化快慢及 $t=0$ 时初始时刻的大小和变化进程。

正弦交流信号的有效值与幅值之间有 $I_m=\sqrt{2}I$ 的关系。

两个同频率正弦交流电的初相位之差，称为相位差。应理解两个同频率的正弦交流信号的同相、反相、超前、滞后的概念。

2. 相量法

正弦交流电可用三角函数式、波形图和相量法(相量复数式)3种方法来表示。只有同频率的正弦交流信号才能在同一相量图上加以分析。利用复数概念,将正弦量用复数表示,使正弦稳态电路的分析计算化为相量运算,利用相量图对正弦交流电路的分析非常方便。

3. 单一元件电路的相量形式

电阻、电容、电感各参数如表7-2所示。

表7-2　单一元件各参数对比

参数	电阻	基本关系	相量式
基本关系式	$u=Ri$	$u_L=L\dfrac{di}{dt}$	$i_C=C\dfrac{du_C}{dt}$
有效值	$U_R=IR$	$U_L=IX_L, X_L=\omega L$	$U_C=IX_C, X_C=1/\omega C$
相位差	$\dot I$与$\dot U$同相	$\dot I_L$滞后$\dot U_L 90°$	$\dot I_C$超前$\dot U_C 90°$
相量式	$\dot U=R\dot I$	$\dot U=jX_L\dot I=j\omega L\dot I$	$\dot U=jX_C\dot I=\dfrac{1}{j\omega C}\dot I$
相量图	$\dot I$　R　+ $\dot U$ −	$\dot U_L$　$\dot I_L$	$\dot I$　$\dot U_C$
平均功率	$P_R=U_RI=I^2R=U_R^2/R$	$P_L=0$	$P_C=0$
无功功率	$Q_C=0$	$Q_L=U_LI=I^2X_L=U_L^2/X_L$	$Q_C=U_CI=I^2X_C=U_C^2/X_C$

思考题及习题

7.1　什么是相量法?

7.2　相量与正弦量有什么区别与联系?

7.3　相量的运算规律是怎样的?

7.4　不同频率的正弦量是否可以画在同一张相量图上?

7.5　写出下列正弦量的相量形式

(1) $i=10\sqrt{2}\cos\omega t$ A　　(2) $u=10\sqrt{2}\cos(\omega t+\pi/2)$ V

(3) $i=10\sqrt{2}\sin(\omega t-\pi/2)$ A　　(4) $u=-10\sqrt{2}\cos(\omega t-3\pi/4)$ V

7.6　已知相量$\dot I_1=(2\sqrt{3}+j2)$ A,$\dot U_2=(-2\sqrt{3}+j2)$ V,$\dot I_3=(2\sqrt{3}-j2)$ A,$\dot U_4=(2\sqrt{3}-j2)$ V,试把它们所表示的正弦量写出来。

7.7　已知$u_1=311\sin(\omega t+30°)$ V,$u_2=141.4\sin(\omega t+30°)$ V,求

(1) u_1+u_2;(2) u_1-u_2;(3) 画出相量图。

7.8　已知$u_1=100\sin\omega t$ V,$u_2=100\cos\omega t$ V,求u_1+u_2。

7.9　已知$\dot I_1=(3+j4)$ A,$\dot I_2=4.24\sin(\omega t+45°)$ A,求$\dot I_1-\dot I_2$,$\dot I_1+\dot I_2$。

7.10 4 Ω 电阻两端电压为 $u(t)=50\sqrt{2}\sin(100\pi t+60°)$ V，用相量法求解：

(1) 写出 $u(t)$ 的相量表达式；

(2) 利用 $\dot{U}=R\dot{I}$，求 $\dot{I}$；

(3) 由 $\dot{I}$ 写出 $i(t)$。

7.11 流过 0.25 F 电容的电流为 $i(t)=2\sqrt{2}\sin(100\pi t+30°)$ A，试用相量法求 $u(t)$，画出相量图。

7.12 2 H 电感元件的两端电压为 $u(t)=18\sqrt{2}\sin(\omega t+30°)$ V，$\omega=100$ rad/s，求流过电感的电流 $i(t)$。

7.13 已知 R、L、C 并联，$u(t)=60\sqrt{2}\sin(100t+90°)$ V，$R=15$ Ω，$L=300$ mH，$C=833$ μF，求 $i(t)$。

7.14 在一个两条支路的并联电路中，已知电流 $i_1(t)=3\sqrt{2}\sin(\omega t-30°)$ A、$i_2(t)=4\sqrt{2}\sin(\omega t+60°)$ A，则电路的总电流等于多少？

7.15 若 I_1、I_2、I_3 分别是汇集于电路某节点的 3 个同频率正弦电流的有效值，并且这 3 个有效值满足 KCL，那么它们的相位必须满足什么条件？

7.16 已知节点 A，$i_1(t)=5\sqrt{2}\sin(\omega t+30°)$ A，$i_2(t)=10\sqrt{2}\sin(\omega t-30°)$ A，求 $i_0(t)$。

7.17 已知正弦电压和电流为 $u(t)=311\cos\left(314t-\frac{\pi}{6}\right)$ V，$i(t)=0.2\cos\left(2\pi\times465\times10^3t+\frac{\pi}{3}\right)$ A，求：

(1) 正弦电压和电流的振幅、角频率、频率和初相；

(2) 画出正弦电压和电流的波形图。

7.18 已知正弦电流 $i_1(t)=10\cos(4t)$ A，$i_2(t)=20[\cos(4t)+\sqrt{3}\sin(4t)]$ A。问：$i_1(t)$ 与 $i_2(t)$ 的相位关系如何？

7.19 已知正弦电流 $i_1(t)=4\cos(\omega t-80°)$ A，$i_2(t)=10\cos(\omega t+20°)$ A，$i_3(t)=8\sin(\omega t-20°)$ A，试求其相量。

7.20 如图 1 所示的电路，已知 $u_S(t)=200\sqrt{2}\cos(100t)$ V。试建立电路微分方程，并用相量法求正弦稳态电流 $i(t)$。

7.21 如图 2 所示的电路，已知 $i_S(t)=10\sqrt{2}\cos(100t)$ A。试建立电路微分方程，并用相量法求正弦稳态电压 $u_C(t)$。

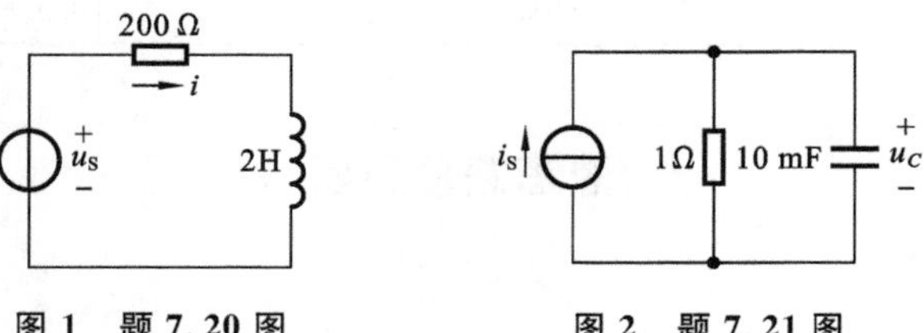

图 1 题 7.20 图　　图 2 题 7.21 图

7.22 如图 3 所示的 RLC 并联电路，已知 $u_S=12\sqrt{2}\cos(314t+60°)$ V。试用相量法计算流过电源的总电流 I，并用 Multisim 仿真，观察结果与计算结果是否相符。

7.23 如图 4 所示的 RLC 串联电路，已知 $u_S=12\sqrt{2}\cos(314t+60°)$ V。试用相量法计算 R、L、C 上的总压降 U，并用 Multisim 仿真，观察结果与计算结果是否相符。

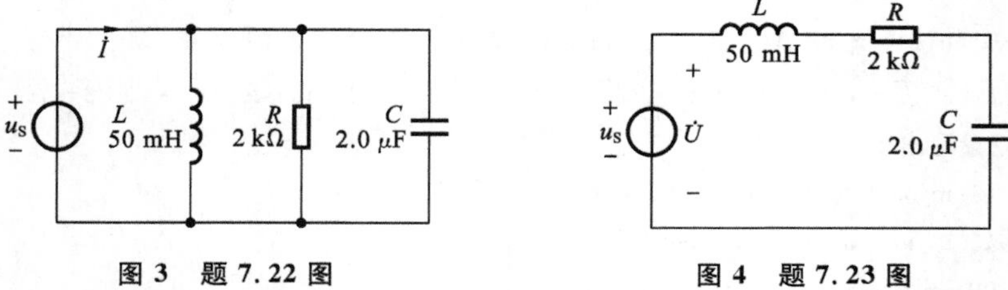

图 3 题 7.22 图　　图 4 题 7.23 图

7.24 如图 5 所示的 RL 串联电路，已知 $u_S=12\sqrt{2}\cos(314t+60°)$ V。试用相量法计算电路中的电流 I 和电

感两端电压 U_L，并用 Multisim 仿真。

7.25　如图 6 所示的 RC 串联电路，已知 $u_S = 12\sqrt{2}\cos(314t + 60°)$ V。试用相量法计算电路中的电流 I 和电容两端电压 U_C，并用 Multisim 仿真。

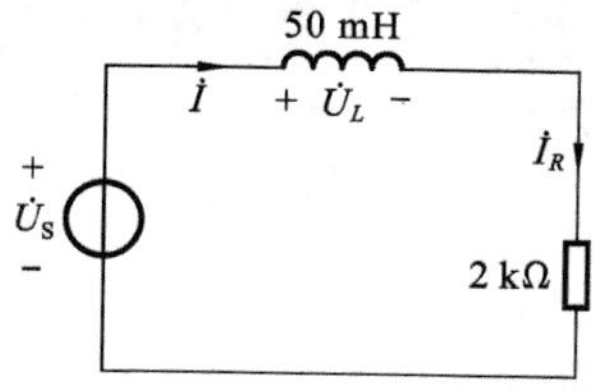

图 5　题 7.24 图

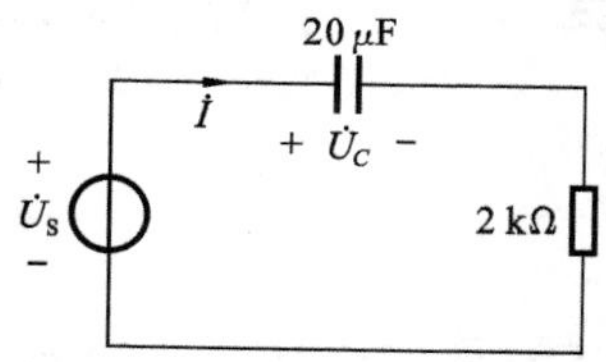

图 6　题 7.25 图

第 8 章　正弦稳态电路的分析方法

电路的稳定状态(简称稳态)是指电路中的电压和电流在给定条件下达到某一稳定值或达到某种稳定的变化规律。前面学习的是直流稳态电路,即电路中的电压和电流不随时间的变化而变化。本章中将讨论正弦稳态电路,即电路中的激励(电压或电流)和在电路中各部分所产生的响应(电压或电流)均是按正弦规律变化的电路。无论是在理论研究还是在实际应用中,对于正弦稳态电路的分析都是十分重要的,它是变压器、交流电机以及电子电路的理论基础,在实际应用中,许多电气设备的设计、性能指标就是按正弦稳态来考虑的。因此,分析和计算正弦稳态电路是工程技术和科学研究中常常会碰到的问题。这里说明一下,在交流电路中所说的稳态,是指电压和电流的函数规律稳定不变。

8.1　阻抗与导纳

对于单个元件,R、L、C 上相量形式的欧姆定律表达式分别为

$$\dot{U}_R=RI$$
$$\dot{U}_C=\mathrm{j}X_C\dot{I}$$
$$\dot{U}_L=\mathrm{j}X_L\dot{I}$$

其中,$X_L=\omega L$,$X_C=-\dfrac{1}{\omega C}$,分别为感抗和容抗。

8.1.1　RLC 串联电路的复阻抗

设由 R、L、C 串联组成无源二端电路,如图 8-1 所示。通过各元件的电流都为 i,各元件上电压分别为 $u_R(t)$、$u_L(t)$、$u_C(t)$,端口电压为 $u(t)$。对于正弦交流电路,同样存在相量形式的欧姆定律的表达式。

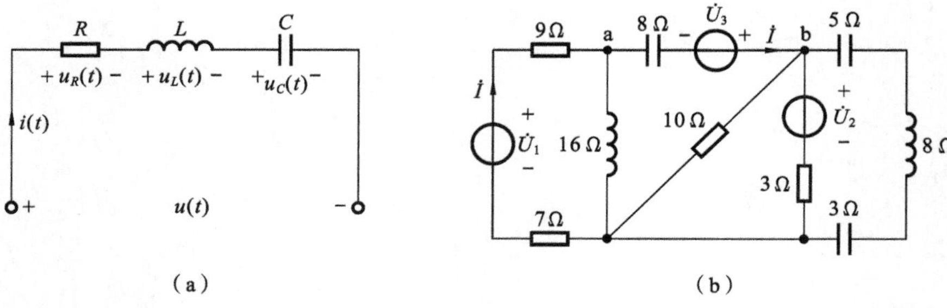

图 8-1　无源二端 RLC 电路

在图示参考方向下，任意时刻，无论电压电流怎样变化，仍然遵循基尔霍夫定律。

$$i_R=i_L=i_C=i$$

$$u(t)=u_R(t)+u_L(t)+u_C(t)$$

当电流 i 是按正弦规律变化时，各理想元件上的电压 u_R、u_L、u_C 以及它们之和 u 也都是按照正弦规律变化且具有相同的频率。因为

$$u(t)=u_R(t)+u_L(t)+u_C(t)$$

即

$$\begin{aligned}\mathrm{Im}[\sqrt{2}\dot{U}\mathrm{e}^{\mathrm{j}\omega t}]&=\mathrm{Im}[\sqrt{2}\dot{U}_R\mathrm{e}^{\mathrm{j}\omega t}]+\mathrm{Im}[\sqrt{2}\dot{U}_L\mathrm{e}^{\mathrm{j}\omega t}]+\mathrm{Im}[\sqrt{2}\dot{U}_C\mathrm{e}^{\mathrm{j}\omega t}]\\&=\mathrm{Im}[\sqrt{2}(\dot{U}_R+\dot{U}_L+\dot{U}_C)\mathrm{e}^{\mathrm{j}\omega t}]\end{aligned}$$

所以

$$\begin{aligned}\dot{U}&=\dot{U}_R+\dot{U}_L+\dot{U}_C=R\dot{I}+\dot{I}(\mathrm{j}X_C)+\dot{I}(\mathrm{j}X_L)=\dot{I}[R+\mathrm{j}(X_L+X_C)]\\&=\dot{I}[R+\mathrm{j}X]=\dot{I}Z\end{aligned}$$

即

$$\dot{I}=\frac{\dot{U}}{Z}\tag{8-1}$$

式(8-1)是正弦稳态电路相量形式的欧姆定律。Z 为该无源二端电路的复阻抗(或阻抗)，它等于端口电压相量与端口电流相量之比。当频率一定时，阻抗 Z 是一个复常数，可表示为指数型或代数型，即

$$Z=\frac{\dot{U}}{\dot{I}}=\frac{U}{I}\mathrm{e}^{\mathrm{j}(\varphi_u-\varphi_i)}=|Z|\mathrm{e}^{\mathrm{j}\varphi_Z}=R+\mathrm{j}X\tag{8-2}$$

$$|Z|=\frac{U}{I}=\sqrt{R^2+X^2}\tag{8-3}$$

式中：$|Z|$ 称为阻抗的模；R 为电阻部分；$X=X_L+X_C$ 称为电抗部分，电抗和阻抗的单位都是欧姆；辐角 φ_Z 称为阻抗角，它等于电压超前电流的相位角，即

$$\varphi_Z=\varphi_u-\varphi_i=\arctan\frac{X}{R}=\arctan\frac{X_L+X_C}{R}\tag{8-4}$$

第 7 章的单一元件相量模型只是 Z 的特殊形式。

R、$|Z|$ 和 X 构成一个直角三角形，称之为阻抗三角形，如图 8-2 所示。

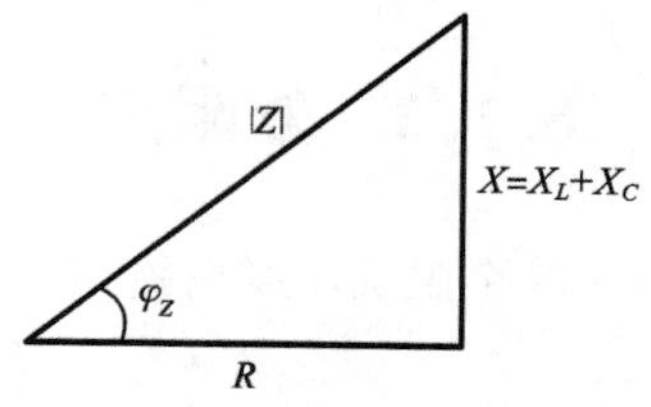

图 8-2　阻抗三角形

当 $X>0$ 时，$\varphi_Z>0$，$\dot{U}$超前 $\dot{I}$，称电路为感性电路，如果 $X_C=0$，则表示为 RL 串联，$Z=R+\mathrm{j}X_L$；

当 $X<0$ 时，$\varphi_Z<0$，$\dot{U}$滞后 $\dot{I}$，称电路为容性电路，如果 $X_L=0$，则表示为 RC 串联，$Z=R+\mathrm{j}X_C$；

当 $X=0$ 时，$\varphi_Z=0$，$\dot{U}$与 $\dot{I}$同相，称电路为电阻性电路(串联谐振)。

需注意，复阻抗不是时间的函数，不是相量，只是复数，与电流相量、电压相量不同。

【例 8-1】　已知 RLC 串联电路如图 8-1 所示，电路端电压为 $u(t)=220\sqrt{2}\sin(100\pi t+30^\circ)$ V，$R=30\ \Omega$，$L=445$ mH，$C=32\ \mu$F。求：

(1) 电路中电流的大小；

(2) 阻抗角 φ_Z；

(3) 电阻、电感、电容的端电压。

解 (1) 先计算感抗、容抗和阻抗,即

$$X_L=\omega L=2\pi fL=2\times3.14\times50\times0.445\ \Omega=140\ \Omega$$

$$X_C=-\frac{1}{\omega C}=-\frac{1}{2\pi fC}=-\frac{1}{2\times3.14\times50\times32\times10^{-6}}\ \Omega\approx-100\ \Omega$$

$$Z=R+\mathrm{j}(X_L+X_C)=(30+\mathrm{j}40)\ \Omega$$

$$|Z|=\sqrt{30^2+40^2}\ \Omega=50\ \Omega$$

所以

$$I=\frac{U}{|Z|}=\frac{220}{50}=4.4\ \mathrm{A}$$

(2) 根据阻抗角的定义

$$\varphi_Z=\varphi_u-\varphi_i=\arctan\frac{X_L+X_C}{R}=\arctan\frac{140-100}{30}=53^\circ$$

因为 $\varphi_Z>0$,故电路呈感性。故

$$i=\sqrt{2}I\sin(\omega t+\varphi_i)=4.4\sqrt{2}\sin(100\pi t+30^\circ-53^\circ)\ \mathrm{A}=4.4\sqrt{2}\sin(100\pi t-23^\circ)\ \mathrm{A}$$

(3) 因为

$$\dot{U}_R=RI,\quad \dot{U}_C=\mathrm{j}X_C\dot{I},\quad \dot{U}_L=\mathrm{j}X_L\dot{I}$$

又

$$\dot{I}=4.4\angle-23^\circ$$

所以

$$\dot{U}_R=R\dot{I}=30\times4.4\angle-23^\circ\ \mathrm{V}=13.2\angle-23^\circ\ \mathrm{V}$$

$$u_R(t)=132\sqrt{2}\sin(100\pi t-23^\circ)\ \mathrm{V}$$

$$\dot{U}_L=\mathrm{j}X_L\dot{I}=4.4\times140\angle(-23^\circ+90^\circ)\ \mathrm{V}=616\angle67^\circ\ \mathrm{V}$$

$$u_L(t)=616\sqrt{2}\sin(100\pi t+67^\circ)\ \mathrm{V}$$

$$\dot{U}_C=\mathrm{j}X_C\dot{I}=4.4\times100\angle(-23^\circ-90^\circ)\ \mathrm{V}=440\angle-113^\circ\ \mathrm{V}$$

$$u_C(t)=440\sqrt{2}\sin(100\pi t-113^\circ)\ \mathrm{V}$$

8.1.2 复阻抗的串并联

N 个阻抗串联电路如图 8-3 所示。

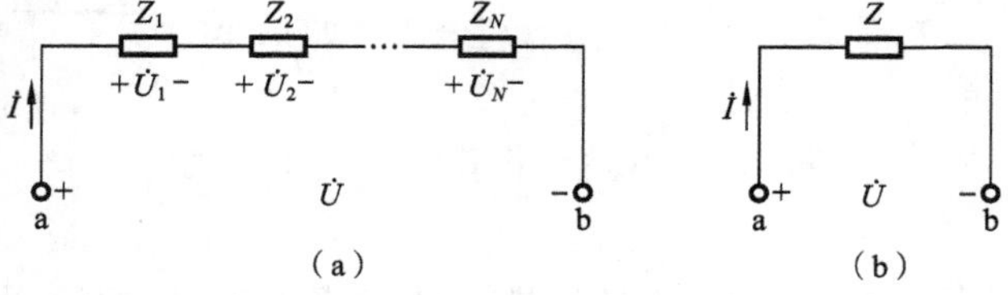

图 8-3 阻抗的串联及等效

根据 KVL 的相量形式以及欧姆定律在相量域推广,有

$$\dot{U}=\dot{U}_1+\dot{U}_2+\cdots+\dot{U}_N=\dot{I}Z_1+\dot{I}Z_2+\cdots+\dot{I}Z_N=\dot{I}(Z_1+Z_2+\cdots+Z_N)$$

显然,作为二端网络,上式表示的外特性与图 8-3(b)所示的单一阻抗二端网络等效,等效

网络的阻抗由下式确定，即

$$Z=Z_1+Z_2+\cdots+Z_N \tag{8-5}$$

N 个阻抗串联等效为一个阻抗，等效阻抗为各串联阻抗之和。每个串联阻抗两端电压与端口电压的关系为

$$\dot{U}_K=\frac{Z_K}{Z}\dot{U}=\frac{Z_K}{Z_1+Z_2+\cdots+Z_N}\dot{U},\quad K=1,2,\cdots,N \tag{8-6}$$

需注意，上面的分压公式是对相量而言的，计算在复数域中进行。考虑到各个电压分量的相位关系，不像直流电阻电路中分电压总是小于端口总电压，交流电路中某一串联阻抗两端的电压数值上可能比端口总电压还高，而且，各个分电压的有效值之和一般也不等于端口电压的有效值。

复阻抗的串并联与直流电路的电阻串并联计算方法类似，只是遵守相量运算规律。

N 个阻抗并联电路如图 8-4 所示。

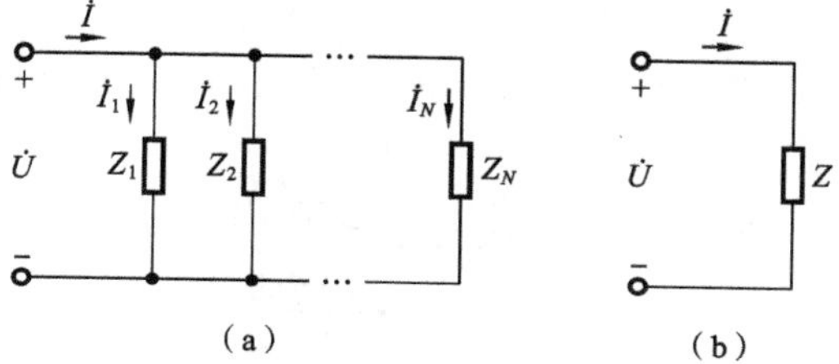

图 8-4 阻抗的并联及等效

图 8-4(a)中二端网络端口电压与电流的关系有

$$\dot{I}=\dot{I}_1+\dot{I}_2+\cdots+\dot{I}_N=\frac{\dot{U}}{Z_1}+\frac{\dot{U}}{Z_2}+\cdots+\frac{\dot{U}}{Z_N}=\dot{U}\left(\frac{1}{Z_1}+\frac{1}{Z_2}+\cdots+\frac{1}{Z_N}\right)$$

显然，作为二端网络，上式表示的外特性与图 8-4(b)所示的单一阻抗二端网络等效，等效网络的阻抗由下式确定，即

$$\frac{1}{Z}=\frac{1}{Z_1}+\frac{1}{Z_2}+\cdots+\frac{1}{Z_N}$$

$$Z=\frac{1}{\dfrac{1}{Z_1}+\dfrac{1}{Z_2}+\cdots+\dfrac{1}{Z_N}} \tag{8-7}$$

8.1.3 RLC 并联电路的复导纳

在正弦稳态交流电路中，对理想电阻元件也可以用电导表达相量形式的欧姆定律，即

$$\dot{I}_R=\frac{\dot{U}}{R}=G\dot{U}$$

式中：G 称为电导，单位为西门子(S)。

同理，对于电感元件，$\dot{I}_L=\dfrac{\dot{U}}{\mathrm{j}X_L}=\mathrm{j}B_L\dot{U}$，$B_L$ 称为感纳，单位为西门子。这样

$$B_L=-\frac{1}{\omega L},\quad \dot{I}_L=\mathrm{j}B_L\dot{U}$$

式中：$\mathrm{j}B_L$ 为感纳的复数形式，电流相量滞后电压相量 90°。

对于电容元件，因为$\dot{I}_C=\dfrac{\dot{U}}{\mathrm{j}X_C}=\mathrm{j}B_C\dot{U}$，$B_C$ 称为容纳，单位为西门子。这样

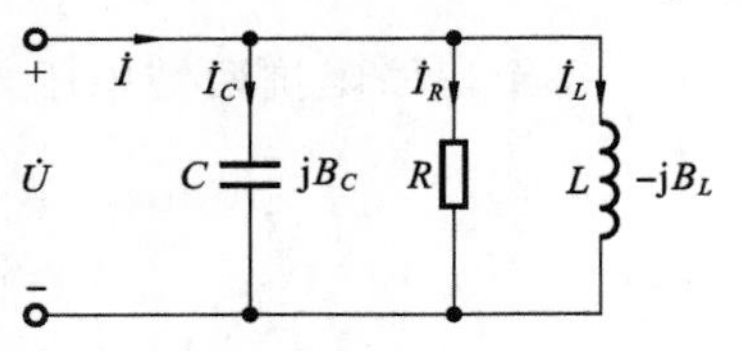

图 8-5 RLC 电路模型

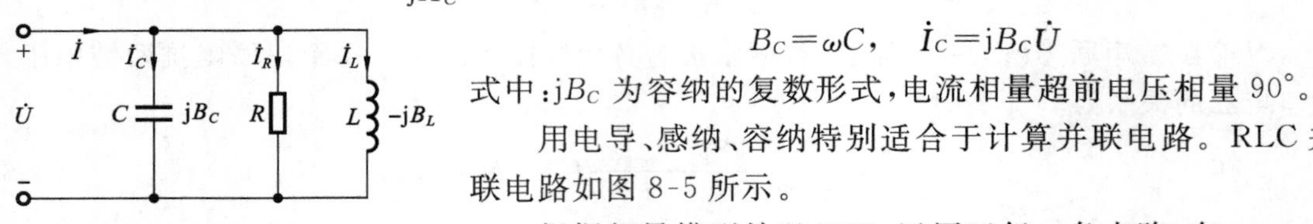

$$B_C=\omega C,\quad \dot{I}_C=\mathrm{j}B_C\dot{U}$$

式中：jB_C 为容纳的复数形式，电流相量超前电压相量 90°。

用电导、感纳、容纳特别适合于计算并联电路。RLC 并联电路如图 8-5 所示。

根据相量模型并以 KCL 运用于每一条支路，有

$$\dot{I}=\dot{I}_R+\dot{I}_L+\dot{I}_C$$

$$\begin{aligned}\dot{I}&=G\dot{U}_R+\mathrm{j}B_L\dot{U}_L+\mathrm{j}B_C\dot{U}_C=G\dot{U}+\mathrm{j}B_L\dot{U}+\mathrm{j}B_C\dot{U}\\&=[G+\mathrm{j}(B_C+B_L)]\dot{U}=[G+\mathrm{j}B]\dot{U}=Y\dot{U}\end{aligned}$$

式中：Y 为无源二端网络的复导纳（或导纳）。

不难发现，对于同一网络，导纳与阻抗互为倒数，即

$$Y=G+\mathrm{j}B=|Y|\angle\varphi_y \tag{8-8}$$

式中：实部 G 为导纳的电导部分；虚部 B 称为电纳部分；$|Y|$ 称为导纳模；φ_y 称为导纳角。

它们之间的关系有

$$|Y|=\sqrt{G^2+B^2}=\sqrt{G^2+(B_L+B_C)^2} \tag{8-9}$$

$$\varphi_y=\arctan\frac{B_C+B_L}{G} \tag{8-10}$$

由于

$$Y=\frac{\dot{I}}{\dot{U}}=\frac{I\mathrm{e}^{\mathrm{j}\varphi_i}}{U\mathrm{e}^{\mathrm{j}\varphi_u}}=\frac{I}{U}\mathrm{e}^{\mathrm{j}(\varphi_i-\varphi_u)}=|Y|\mathrm{e}^{\mathrm{j}\varphi_y}$$

故

$$|Y|=\frac{I}{U}=\frac{I_\mathrm{m}}{U_\mathrm{m}}=\frac{1}{|Z|},\quad \varphi_y=\varphi_i-\varphi_u=-\varphi_Z \tag{8-11}$$

由式(8-11)可见，导纳模等于电流与电压有效值之比，也等于阻抗模的倒数。导纳角等于电流与电压的相位差，也等于负的阻抗角。对于导纳角：

若 $\varphi_y>0$，表示电流$\dot{I}$超前电压$\dot{U}$，导纳呈容性；

若 $\varphi_y<0$，电流$\dot{I}$滞后电压$\dot{U}$，导纳呈感性；

若 $\varphi_y=0$，则 $B=0$，$Y=G$，导纳等效为电导，电流与电压同相。

并联电路复导纳的计算与直流电路中求电导的形式相同，但要按照复数的运算规律运算。

【例 8-2】 已知 RLC 并联电路如图 8-5 所示，外加电压为 $u(t)=120\sqrt{2}\sin\left(100\pi t+\dfrac{\pi}{6}\right)$ V，$R=40\ \Omega$，$X_L=15\ \Omega$，$X_C=-30\ \Omega$。求：

(1) 电路中的总电流；

(2) 电路的总阻抗。

解 (1)

$$\dot{U}=120\angle\frac{\pi}{6}\ \mathrm{V}$$

$$\dot{I}_R=\frac{\dot{U}}{R}=\frac{120\angle\frac{\pi}{6}\ \mathrm{V}}{40\ \Omega}=3\angle 30^\circ\ \mathrm{A}$$

$$\dot{I}_L=\frac{\dot{U}}{\mathrm{j}X_L}=\mathrm{j}B_L\dot{U}=\frac{120\angle\frac{\pi}{6}\ \mathrm{V}}{\mathrm{j}\times 15\ \Omega}=8\angle-60^\circ\ \mathrm{A}$$

$$\dot{I}_C=\frac{\dot{U}}{\mathrm{j}X_C}=\mathrm{j}B_C\dot{U}=\frac{120\angle\frac{\pi}{6}\ \mathrm{V}}{-\mathrm{j}\times 30\ \Omega}=4\angle 120^\circ\ \mathrm{A}$$

因为

$$\begin{aligned}\dot{I}&=\dot{I}_R+\dot{I}_L+\dot{I}_C=(3\angle 30^\circ+8\angle -60^\circ+4\angle 120^\circ)\ \mathrm{A}\\&=(3\angle 30^\circ+4\angle -60^\circ)\ \mathrm{A}\\&=5\angle -23^\circ\ \mathrm{A}\end{aligned}$$

(2) 依据$\dot{I}=Y\dot{U}$或$\dot{I}=\dfrac{\dot{U}}{Z}$，有

$$Z=\frac{\dot{U}}{\dot{I}}=\frac{120\angle\frac{\pi}{6}\ \mathrm{V}}{5\angle -23^\circ\ \mathrm{A}}=24\angle(30^\circ+23^\circ)\ \Omega=24\angle 53^\circ\ \Omega$$

$$|Z|=24\ \Omega$$

8.1.4　复导纳的串并联

复导纳的串并联与直流电路的电导串并联计算方法类似，只是遵守相量运算规律。

N 个导纳串联电路如图 8-6 所示。

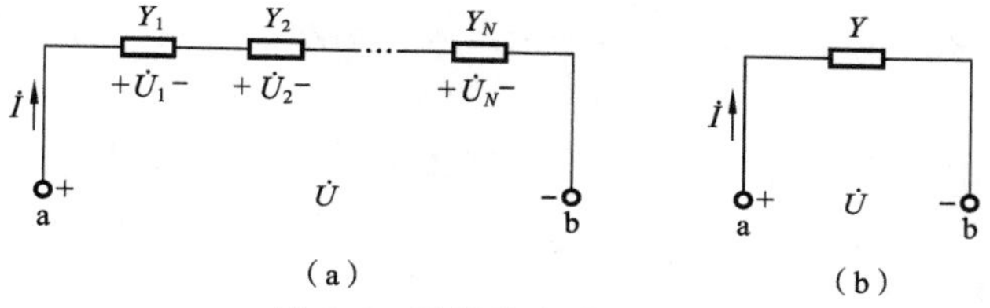

图 8-6　导纳的串联及等效

图中二端口网络的电压与电流关系有

$$\dot{U}=\dot{U}_1+\dot{U}_2+\cdots+\dot{U}_N=\frac{\dot{I}}{Y_1}+\frac{\dot{I}}{Y_2}+\cdots+\frac{\dot{I}}{Y_N}=\dot{I}\left(\frac{1}{Y_1}+\frac{1}{Y_2}+\cdots+\frac{1}{Y_N}\right)$$

上述二端网络的外特性与图 8-6(b)所示的单一导纳二端网络等效，等效网络的导纳由下式确定，即

$$Y=\frac{1}{\dfrac{1}{Y_1}+\dfrac{1}{Y_2}+\cdots+\dfrac{1}{Y_N}} \tag{8-12}$$

需注意，上面的分压公式是对相量而言的，计算在复数域中进行。

N 个导纳并联电路如图 8-7 所示。

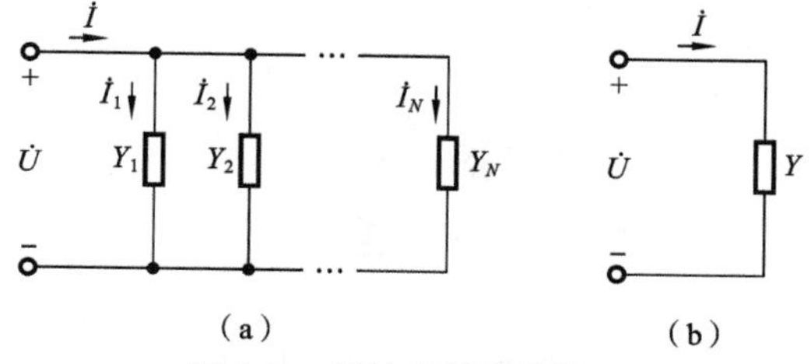

图 8-7　导纳的并联及等效

图中二端网络端口电压与电流的关系有

$$\dot{I}=\dot{I}_1+\dot{I}_2+\cdots+\dot{I}_N=\dot{U}Y_1+\dot{U}Y_2+\cdots+\dot{U}Y_N=\dot{U}(Y_1+Y_2+\cdots+Y_N)$$

显然上式表示的外特性与图 8-7(b)所示的单一导纳二端网络等效，等效网络的导纳由下式确定，即

$$Y=Y_1+Y_2+\cdots+Y_N \tag{8-13}$$

N 个导纳并联等效为一个导纳，等效导纳为各串联阻抗并联导纳之和。每个并联导纳支路中的电路与二端网络端口电流的关系为

$$\dot{I}_K=\frac{Y_K}{Y}\dot{I}=\frac{Y_K}{Y_1+Y_2+\cdots+Y_N}\dot{I},\quad K=1,2,\cdots,N \tag{8-14}$$

同样需注意，上面的分流公式也是对相量而言的，计算在复数域中进行。考虑到各个电流分量的相位关系，不像直流电阻电路中分电流总是小于端口总电流，交流电路中某一并联支路中的电流数值可能比端口总电流还大，而且，各个分电流的有效值之和一般也不等于端口电流的有效值。

8.1.5 混联电路的化简与分析

很多时候会出现串联与并联电路同时出现的情况，这种电路称为混联电路。对于混联电路，需要弄清楚阻抗串联模型与并联模型的等效互换。

由上述分析可知，在正弦稳态电路中，一个无源二端网络两端间的等效阻抗可表示为

$$Z=R+\mathrm{j}X$$

其最简形式相当于一个电阻和一个电抗元件相串联，如图 8-8(b)所示。

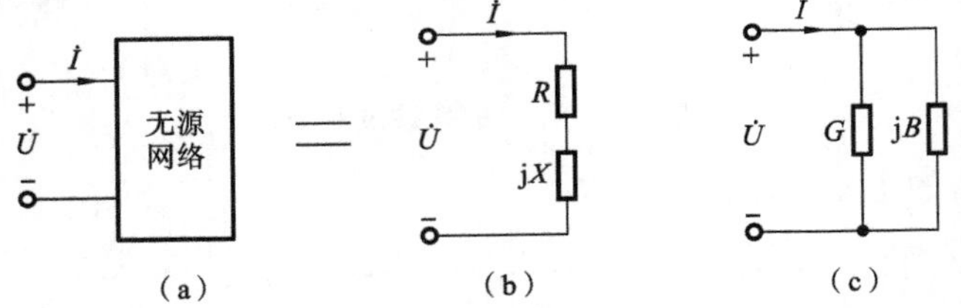

图 8-8　阻抗串联与并联模型等效

而对于同样的二端网络，其等效导纳可表示为

$$Y=G+\mathrm{j}B$$

其最简形式相当于一个电导和一个电纳元件相并联，如图 8-8(c)所示。电阻 R、电抗 X、电导 G 和电纳 B 之间的关系有

$$Y=\frac{1}{Z}=\frac{1}{R+\mathrm{j}X}=\frac{R}{R^2+X^2}-\mathrm{j}\frac{X}{R^2+X^2}=G+\mathrm{j}B$$

其中

$$\left.\begin{aligned}G&=\frac{R}{R^2+X^2}\\B&=-\frac{X}{R^2+X^2}\\R&=\frac{G}{G^2+B^2}\\X&=-\frac{B}{G^2+B^2}\end{aligned}\right\} \tag{8-15}$$

需注意，等效并联电路中的电导 G 和电纳 B 并不是串联电路中电阻 R、电抗 X 的倒数，但它们的数值与电阻 R、电抗 X 均有关。R、X、G、B 都是 ω 的函数，只有在某一指定频率时才能确定 G、R 的数值和 B、X 的数值及其正负号。等效相量模型只能用来计算在该频率下的正弦稳态响应。

【例 8-3】 正弦稳态电路如图 8-9 所示，已知 $R_1=R_2=100\ \Omega$，$L=1\ \text{mH}$，$C=0.1\ \text{F}$，$\omega=10^5\ \text{rad/s}$。求 ad 间的等效阻抗。

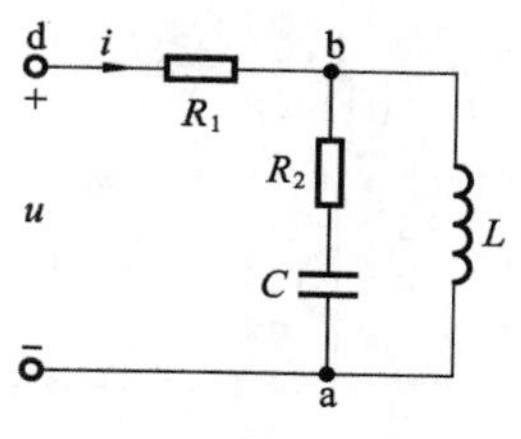

图 8-9　例 8.3 图

解　先计算感抗和容抗

$$X_L=\omega L=10^5\times1\times10^{-3}\ \Omega=100\ \Omega$$

$$X_C=-\frac{1}{\omega C}=-\frac{1}{10^5\times0.1\times10^{-3}}\ \text{k}\Omega=-100\ \Omega$$

设电感支路的阻抗为 Z_1，R_2 与 C 串联支路的阻抗为 Z_2，则

$$Z_1=\text{j}X_L=\text{j}\omega L=\text{j}100\ \Omega$$

$$Z_2=R_2+\text{j}X_C=(100-\text{j}100)\ \Omega$$

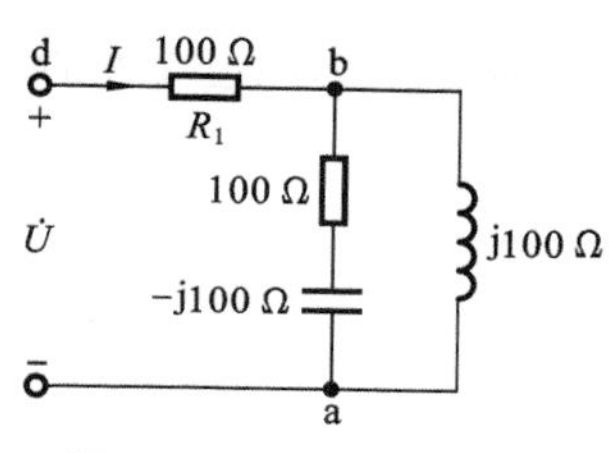

图 8-10　例 8.3 相量图

相量模型如图 8-10 所示。由阻抗串并联关系得

$$Z_{ab}=Z_1\,/\!/\,Z_2=\frac{\text{j}100\times(100-\text{j}100)}{\text{j}100+100-\text{j}100}\ \Omega=(100+\text{j}100)\ \Omega$$

同理

$$Z_{\text{ad}}=R_1+Z_{\text{ab}}=(100+100+\text{j}100)\ \Omega=(200+\text{j}100)\ \Omega$$

8.2　相量法分析正弦稳态电路

正弦稳态电路的分析计算要借助相量法。相量法分析比时域方法求解要简单得多。应用相量形式的欧姆定律和基尔霍夫定律，建立相量形式的电路方程求解，即可得到电路的正弦稳态响应。此方法称为相量法。与电阻电路中的电路方程一样，相量形式的电路方程也是线性代数方程，只是方程式的系数一般是复数，因此，电阻电路中的各种公式、方法和定理乃至技巧都适用于电路的相量分析法。相量法分析正弦稳态电路，电路的基本变量是电压相量和电流相量，分析的对象是相量模型电路。下面通过例题来分析相量法分析正弦稳态电路的过程。

【例 8-4】 正弦稳态电路如图 8-11 所示。试列出节点电压方程，各元件参数均已知。

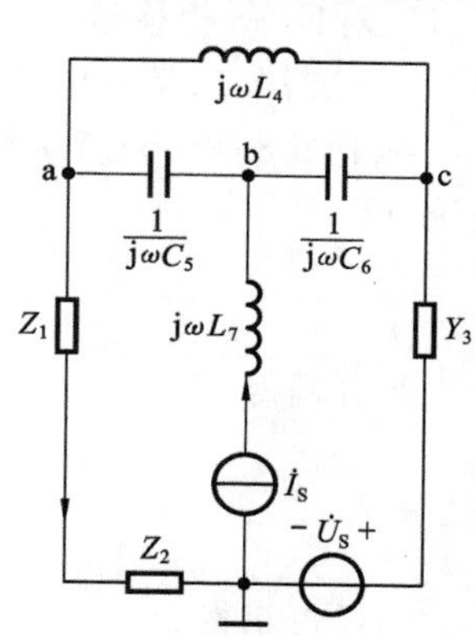

图 8-11　例 8-4 图

解　此电路已经是相量模型，且部分支路以复数阻抗或复数导纳表示。要注意，与电流源串联的支路电导不应计入。因此，可以依照电阻电路的方法直接列出节点电压方程，设节点 a、b、c 的电压为变量，列出方程如下

$$\left(\frac{1}{Z_1+Z_2}+\text{j}\omega C_5+\frac{1}{\text{j}\omega L_4}\right)\times\dot{U}_{\text{a}}-\text{j}\omega C_5\times\dot{U}_{\text{b}}-\frac{1}{\text{j}\omega L_5}\times\dot{U}_{\text{c}}=0$$

$$(\text{j}\omega C_5+\text{j}\omega C_6)\times\dot{U}_{\text{a}}-\text{j}\omega C_5\times\dot{U}_{\text{a}}-\text{j}\omega C_6\times\dot{U}_{\text{c}}=\dot{I}_{\text{s}}$$

$$\left(\frac{1}{\text{j}\omega L_4}+\text{j}\omega C_6+Y_3\right)\times\dot{U}_{\text{c}}-\text{j}\omega C_6\times\dot{U}_{\text{b}}-\frac{1}{\text{j}\omega L_4}\times\dot{U}_{\text{a}}=\dot{U}_{\text{S}}Y_3$$

从此例也可看出，电阻电路中节点分析法乃至一般分析方法

可以直接推广到相量法中。

【例 8-5】 电路如图 8-12 所示。已知元件参数和电压源角频率 $\omega=3$ rad/s，求$\dfrac{\dot{U}_2}{\dot{U}_S}$。

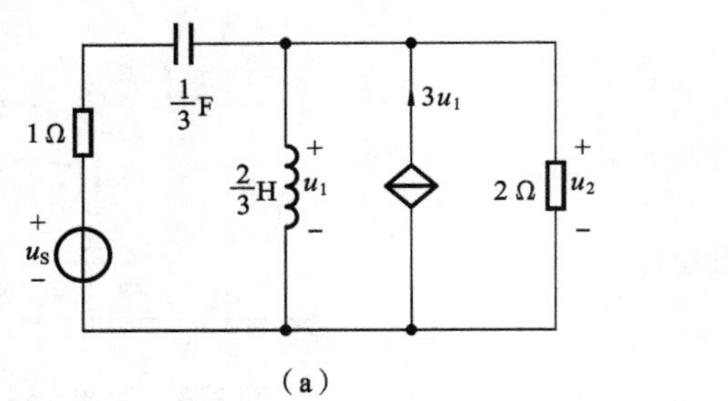

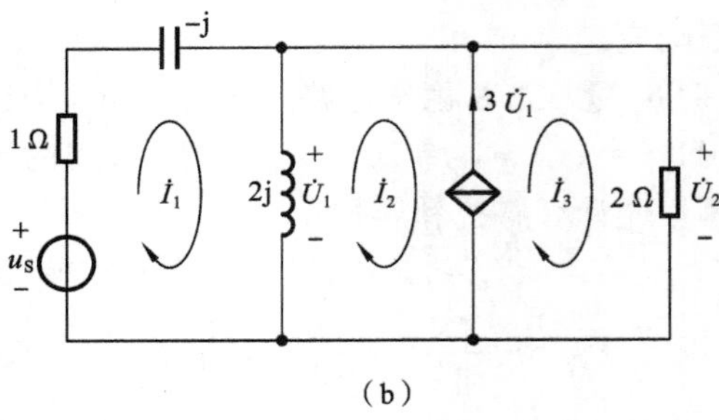

图 8-12 例 8-5 图

解 (1) 方法一：网孔电流法。

先画出相应的相量模型如图 8-12(b)所示，并设定网孔电流，设控制量为$\dot{U}_1$，也是受控电流源两端电压，且有$\dot{U}_1=\dot{U}_2$，列出网孔电流方程组如下

$$\left.\begin{aligned}&(1-j+2j)\dot{I}_1-2j\dot{I}_2=\dot{U}_s\\&-2j\dot{I}_1+2j\dot{I}_2=-\dot{U}_1\\&2\ \dot{I}_3=\dot{U}_1\end{aligned}\right\}$$

辅助方程有$\dot{I}_3-\dot{I}_2=3\dot{U}_1$，整理可得

$$\left.\begin{aligned}&(1+j)\dot{I}_1-2j\dot{I}_2=\dot{U}_s\\&-2j\ \dot{I}_1+2j\dot{I}_2+2\dot{I}_3=0\\&\dot{I}_2+5\dot{I}_3=0\end{aligned}\right\}$$

可求得

$$\dot{I}_3=\frac{-j\dot{U}_s}{4j+4}$$

又$\dot{U}_2=2\dot{I}_3$，故

$$\frac{\dot{U}_2}{\dot{U}_S}=\frac{2\dot{I}_3}{\dot{U}_S}=\frac{-j}{2+j2}=0.353\angle-135^\circ$$

电压比是个复数，其模值说明$\dot{U}_2$与$\dot{U}_S$比值的大小，幅角说明两个电压的相位差，可以看出，$\dot{U}_2$对$\dot{U}_S$的相移是-135°。

(2) 方法二：节点电压法。

对于图 8-12(b)所示相量模型，设$\dot{U}_2$为节点电压变量，且有$\dot{U}_1=\dot{U}_2$，只需列出一个节点电压方程

$$\left(\frac{1}{1-j}+\frac{1}{2j}+\frac{1}{2}\right)\dot{U}_2=3\dot{U}_2+\frac{\dot{U}_S}{1-j}$$

解方程得

$$\dot{U}_2=\frac{\dot{U}_S}{(1-j)\left(\dfrac{1}{1-j}+\dfrac{1}{2j}+\dfrac{1}{2}-3\right)}$$

同样可求得

$$\frac{\dot{U}_2}{\dot{U}_S}=0.353\angle-135^\circ$$

相量法分析正弦稳态电路时，也常碰到戴维宁定理和诺顿定理。下面分析这两个定理在相量法中的应用。正弦稳态电路相量模型二端含源线性网络 N 如图 8-13(a)所示，类似于电阻电路，可以用戴维宁等效源(见图 8-13(b))和诺顿等效源(见图 8-13(c))来等效这个二端网络 N。

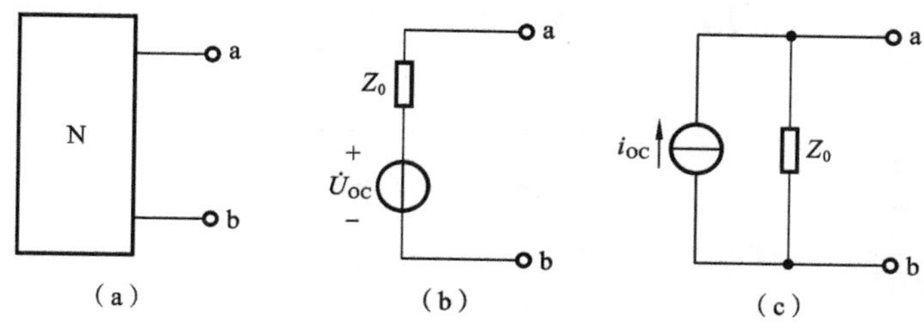

图 8-13　等效电源相量模型形式

【例 8-6】 正弦稳态电路如图 8-14 所示。其中 $\dot{U}_1=16\sqrt{2}\angle 45^\circ$ V，$\dot{U}_2=20\angle -20^\circ$ V，$\dot{U}_3=8\angle 90^\circ$ V，其他元件均标明了阻抗模值，试用戴维宁定理求 a、b 间支路电流。

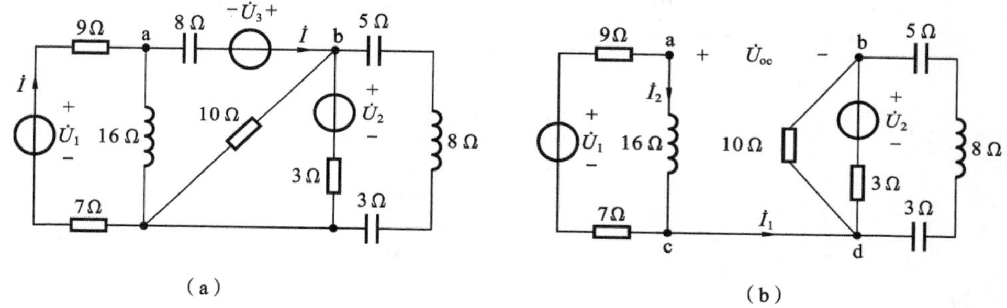

图 8-14　例 8-6 图 1

解　此电路已经是相量模型。断开 a、b 间支路，包括电压源 $\dot{U}_3$ 和阻抗模值为 8 Ω 的电容均断开，并将 10 Ω 电阻画在右边电路上，如图 8-14(b)所示。可以判断 c、d 间电流 $\dot{I}_1=0$，因此，左、右两部分电路各自独立工作，左侧回路电流为

$$\dot{I}_2=\frac{\dot{U}_1}{7+9+\mathrm{j}16}=\frac{16\sqrt{2}\angle 45^\circ}{16\sqrt{2}\angle 45^\circ}\ \mathrm{V}=1\ \angle 0^\circ\ \mathrm{V}$$

再看右侧回路，因为 d、b 间阻抗为

$$Z=\mathrm{j}8-\mathrm{j}5-\mathrm{j}3=0$$

所以 a、b 间开路电压为

$$\dot{U}_{oc}=\dot{I}_2\times \mathrm{j}16=\mathrm{j}16\ \mathrm{V}=16\angle 90^\circ\ \mathrm{V}$$

等效内阻抗为

$$Z_0=(9+7)/\!/16\ \Omega=\frac{16\times \mathrm{j}16}{16+\mathrm{j}16}\ \Omega=\frac{\mathrm{j}16}{1+\mathrm{j}}\ \Omega=8\sqrt{2}\angle 45^\circ\ \Omega$$

由此可得戴维宁定理等效电路如图 8-15 所示。

连接原来 a、b 间支路，计算电流为

$$\dot{I}=\frac{\dot{U}_{oc}+\dot{U}_2}{Z_0-\mathrm{j}8}=\frac{16\angle 90^\circ+8\angle 90^\circ}{8\sqrt{2}\angle 45^\circ-\mathrm{j}8}\ \mathrm{A}=\frac{16\mathrm{j}+8\mathrm{j}}{8+\mathrm{j}8-\mathrm{j}8}\ \mathrm{A}$$
$$=3\mathrm{j}\ \mathrm{A}=3\angle 90^\circ\ \mathrm{A}$$

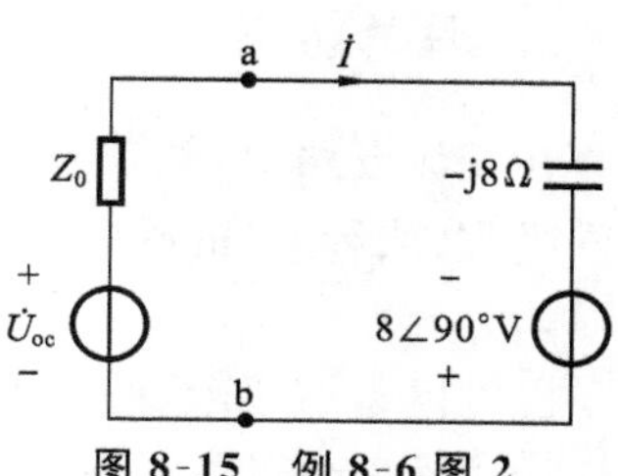

图 8-15　例 8-6 图 2

【例 8-7】 正弦稳态相量模型电路如图 8-16 所示，求电流 $\dot{I}_C$。

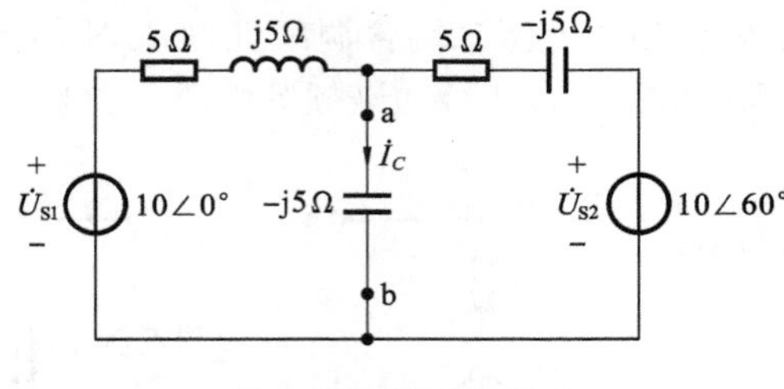

图 8-16 例 8-7 图 1

解 断开 a、b 支路，如图 8-17(a)所示。设开路电压为 $\dot{U}_{OC}$，电流和开路电压分别为

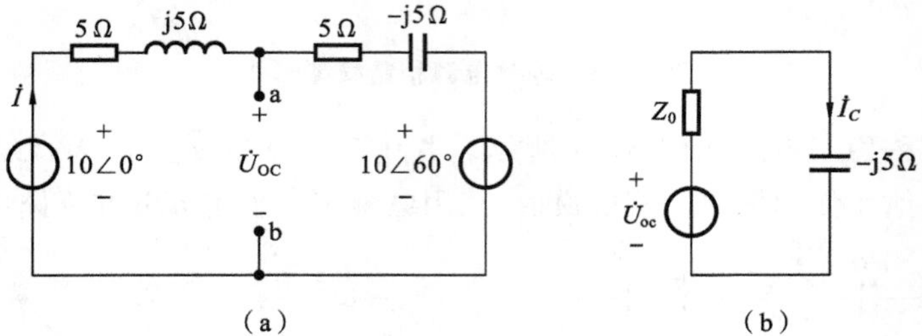

图 8-17 例 8-7 图 2

$$\dot{I}=\frac{\dot{U}_{S1}-\dot{U}_{S2}}{5+j5+5-j5}=\frac{10-10\angle 60^\circ}{10}\ \text{A}=1\angle -60^\circ\ \text{A}$$

$$\dot{U}_{oc}=(5-j5)\dot{I}+\dot{U}_{s2}=[(5-j5)1\angle -60^\circ+10\angle 60^\circ]\ \text{V}=3.66\angle 30^\circ\ \text{V}$$

等效阻抗为

$$Z_0=(5+j5)/\!/(5-j5)\ \Omega=\frac{(5+j5)(5-j5)}{(5+j5)+(5-j5)}\ \Omega=5\ \Omega$$

画出戴维宁等效电路如图 8-17(b)所示。接上待求支路后，由 KVL 可求得电流为

$$\dot{I}_C=\frac{\dot{U}_{oc}}{5-j5}=\frac{3.66\angle 30^\circ}{7.07\angle -45^\circ}\ \text{A}=0.52\angle 75^\circ\ \text{A}$$

8.3 正弦稳态电路的功率

正弦稳态电路中通常包含电感、电容等储能元件，所以正弦稳态电路的功率比电阻电路的功率要复杂得多。这里研究无源二端网络的功率。

1. 瞬时功率

在交流电路中，关联参考方向，任意瞬间元件上的电压瞬时值与电流瞬时值的乘积称为该元件吸收(或释放)的瞬时功率，用小写字母 p 表示，即

$$p=ui \tag{8-16}$$

二端网络 N 如图 8-18 所示，可以是一个元件，也可以是多个元件的组合。

设二端网络的端口电压为 $u(t)$，电流为 $i(t)$，采用关联参考方向，分别表示如下

$$u(t)=U_m\cos(\omega t+\varphi_u)$$

$$i(t)=I_{\mathrm{m}}\cos(\omega t+\varphi_i)$$

则按功率的计算公式并用三角公式整理得二端网络的瞬时功率为

$$\begin{aligned} p &= ui=U_{\mathrm{m}}\cos(\omega t+\varphi_u)I_{\mathrm{m}}\cos(\omega t+\varphi_i) \\ &=\frac{1}{2}U_{\mathrm{m}}I_{\mathrm{m}}\cos(\varphi_u-\varphi_i)+\frac{1}{2}U_{\mathrm{m}}I_{\mathrm{m}}\cos(2\omega t+\varphi_u+\varphi_i) \\ &=UI\cos\varphi_{ui}+UI\cos(2\omega t+\varphi_u+\varphi_i) \end{aligned} \tag{8-17}$$

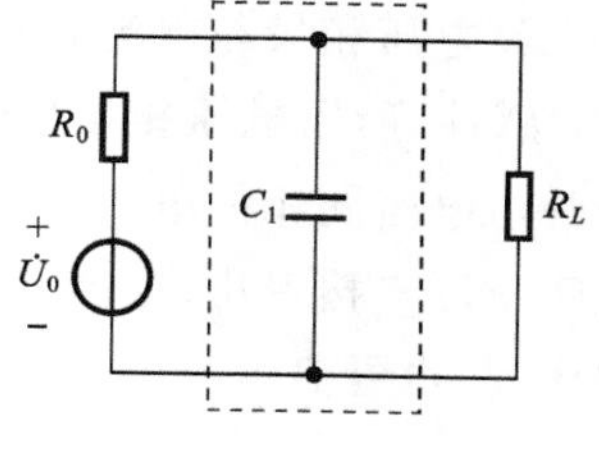

图 8-18　二端网络

其中，$\varphi_{ui}=\varphi_u-\varphi_i$，即 φ_{ui} 是电压与电流的相位差。波形如图 8-19 所示。

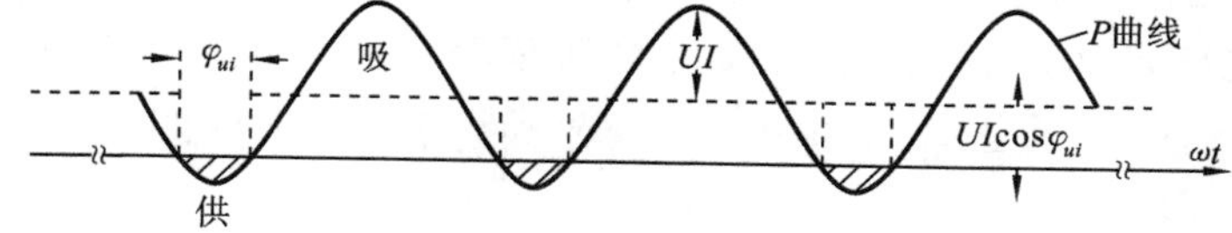

图 8-19　二端网络的瞬时功率

式(8-17)中，第一项是定值，如图 8-19 中与 ωt 轴平行的虚线所示。第二项是时间的函数，两项相加的结果如图 8-19 中 P 曲线所示。P 曲线是以 $UI\cos\varphi_{ui}$ 为中心线，以 UI 为振幅、频率为 $2\omega t$ 的正弦波。从波形图可见，瞬时值有正有负，反映出无源二端网络 N 在正弦稳态电路中的物理现象，即在一段时间内二端网络 N 从外电路吸收功率，而在另一段时间内又向外部电路释放功率。

若 $\varphi_{ui}=0$，二端网络 N 呈纯电阻性，$UI\cos\varphi_{ui}=UI$，P 曲线上升至阴影部分消失，表现出电阻总是吸收功率的特性。

若 $\varphi_{ui}=\pm90°$，二端网络 N 呈纯电抗性(纯感抗或纯容抗)，$UI\cos\varphi_{ui}=0$，P 曲线下降至以 ωt 轴为中心线的正弦波，表现出纯电抗网络总是从外电路吸收功率后又全部释放给外电路的特性。

若 $0<\varphi_{ui}<90°$，$0<UI\cos\varphi_{ui}<UI$，二端网络 N 从外电路吸收的功率大于向外电路释放的功率。

2. 平均功率

平均功率是指瞬时功率的平均值。瞬时功率具有周期性，所以平均功率定义为瞬时功率在一周期的平均值，可用大写字母 P 表示，即

$$P=\frac{1}{T}\int_0^T p\mathrm{d}t$$

将功率的公式代入可得平均功率为

$$P=UI\cos\varphi_{ui} \tag{8-18}$$

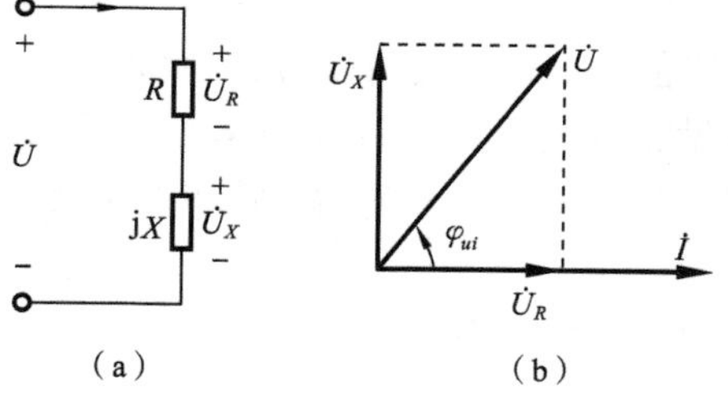

式(8-18)就是无源二端网络的平均功率。平均功率实质上是电阻热效应的描述，所以平均功率也称为有功功率。功率的单位是瓦特(W)。无源二端网络的平均功率不仅与支路的电压、电流有效值有关，还与电压和电流的相位差有关。因此，网络为纯电阻性时，$P=UI$；为纯电抗性时，$P=0$。

(a)　(b)

图 8-20　无源二端网络等效电路

若将无源二端网络等效为复数阻抗 $Z=R+\mathrm{j}X$，画出串联等效电路如图 8-20(a)所示。

设电压相量与电流相量按关联参考方向。画出相量图如图 8-20(b)所示。图中假设阻抗 Z 为感性，所以电压相量$\dot{U}$超前于电流相量$\dot{I}$，它们的夹角是 φ_{ui}。$\dot{U}$可以分解为两个分量，一个是与电流同相的电压$\dot{U}_R$，另一个是与电流垂直的$\dot{U}_X$，分别是等效阻抗的实部和虚部电压，从图中可直接看出$\dot{U}_R$ 等于$\dot{U}$在电流方向的投影，即 $\dot{U}_R=U\cos\varphi_{ui}$。与有功功率 $P=UI\cos\varphi_{ui}$ 相比较，也可表示为

$$P=U_R I=I^2 R=\frac{U_R^2}{R}=P_R \tag{8-19}$$

式(8-19)说明二端网络的平均功率(有功功率)就是支路中电阻部分吸收的功率。

从能量守恒定律可知，二端网络吸收的总功率等于各个电阻所吸收的功率之和，即 $P=\sum P_R$。式(8-19)的含义丰富，它给出了计算平均功率的多个公式。

3. 无功功率

电压$\dot{U}$在电流$\dot{I}$方向的分量$\dot{U}_R$ 与$\dot{I}$产生有功功率，而电压$\dot{U}$的另一个分量$\dot{U}_X$ 不能与电流$\dot{I}$产生有功功率，因为它们互相垂直，但可以产生无功功率，用大写字母 Q 表示，即

$$Q=UI\sin\varphi_{ui} \tag{8-20}$$

这是描述由于无源二端网络中电抗分量的存在而引起网络与外电路之间能量的可逆特性，其中电压分量 $\dot{U}_X=U\sin\varphi_{ui}$。

当无源二端网络是纯电抗性时，无功功率 $Q=UI$ 达到最大。此时瞬时功率的波形如前面所述“P 曲线下降至以 ωt 轴为中心的正弦波，表现出纯电抗网络总是从外电路吸收功率后又全部释放给外电路的特性”。从瞬时功率的计算公式可以推出

$$p=ui=U_{\rm m}\cos(\omega t+\varphi_u)I_{\rm m}\cos(\omega t+\varphi_i)=UI\cos\varphi_{ui}[1+\cos2(\omega t+\varphi_u)]+UI\sin\varphi_{ui}\sin2(\omega t+\varphi_u) \tag{8-21}$$

式中第一项始终为正，即是从外电路吸收功率，第二项反映出二端网络与外电路交换能量的特性，其振幅就是无功功率 $Q=UI\sin\varphi_{ui}$，由此可以理解无功功率的含义：无功功率 Q 是瞬时功率中可逆分量的最大值即幅值，反映了网络与电源往返交换能量的情况。无功功率也具有功率的量纲，但为了区别于有功功率，基本单位是乏(var)。纯电感支路无功功率 $Q=UI$，纯电容支路无功功率 $Q=-UI$；而纯电阻支路无功功率 $Q=0$。

4. 视在功率和复功率

视在功率 S 是支路电压有效值与电流有效值的乘积，即

$$S=UI \tag{8-22}$$

视在功率用来标志二端网络可能达到的最大功率。在实际应用中，它用来表示设备的容量。例如，一台发电机是按照一定的额定电压和额定电流值来设计和使用的，在使用时如果电压或电流超过额定值，发电机可能遭到损坏。一般电器设备都是以额定视在功率来表示它的容量。视在功率不是设备工作时消耗的真正功率，为了区别于平均功率，其单位用伏安(V·A)表示。

依据平均功率、无功功率、视在功率的概念，可得它们之间的关系如下

$$P=UI\cos\varphi=S\cos\varphi$$
$$Q=UI\sin\varphi=S\sin\varphi$$

$$S=\sqrt{P^2+Q^2}=UI$$

$$\varphi=\arctan\frac{Q}{P}$$

这里 $\varphi=\varphi_{ui}$。P、Q、S 构成的直角三角形如图 8-21 所示，称为二端电路的功率三角形。

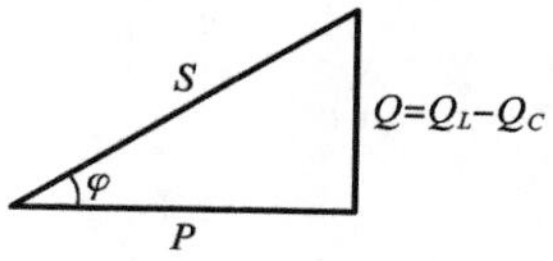

S　$Q=Q_L-Q_C$　φ　P

图 8-21　功率三角形

工程上为了计算方便，把有功功率作为实部，无功功率作为虚部，组成复数，称为复功率，用 $\tilde{S}$ 表示，即

$$\tilde{S}=P+\mathrm{j}Q \tag{8-23}$$

结合平均功率、无功功率、视在功率公式，有

$$\tilde{S}=P+\mathrm{j}Q=UI\cos\varphi+\mathrm{j}UI\sin\varphi=UI\angle\varphi=UI\angle(\varphi_u-\varphi_i)=U\angle\varphi_u\times I\angle-\varphi_i=\dot{U}\dot{I}^* \tag{8-24}$$

式中：$\dot{I}^*$ 为 $\dot{I}$ 的共轭复数，$\dot{I}^*=I\angle-\varphi_i$。

可以证明，对于任何复杂的正弦稳态电路，总的有功功率等于电路各部分有功功率的和，总的无功功率等于电路各部分无功功率的和，所以复功率也等于各部分电路复功率的和。即有功功率、无功功率、复功率是守恒的，但视在功率可以证明是不守恒的，这里不作详细讨论。

复功率的极坐标形式中，幅度是视在功率 S，幅角是电压与电流的相位差，也可以说是幅角的余弦是功率因数。复功率的代数形式中，实部是有功功率，虚部是无功功率。复功率无论是用来计算功率还是作为记忆都比较方便。应当指出，复功率是利用电压相量和电流相量的共轭量相乘来计算功率的，它本身既不是相量，也不是功率。引进了复功率，则正弦电路的相量分析法不仅可以研究正弦电路的电流，也可以研究功率。

5. 功率因数及提高功率因数的方法

一般情况下，平均功率小于视在功率，即视在功率要打一个折扣才是平均功率。定义平均功率与视在功率的比值为功率因数，用 λ 表示，即

$$\lambda=\frac{P}{S}=\frac{UI\cos\varphi}{UI}=\cos\varphi \tag{8-25}$$

从功率因数就可以知道设备容量的使用情况。在动力系统中为了充分利用电力，发电机提供的功率要尽可能地转化为负载的有功功率，这样功率因数就成为重要的参考指标。不同负载性质的电路，有不同的功率因数值。只有功率因数为 1 时，电源提供的视在功率才全部转为负载的有功功率，为此应当尽量提高功率因数。功率因数越大，表明电源所发出的电能转换为热能或机械能越多，而与电感或电容之间相互交换的能量就越少。由于这一部分能量没有被利用，因此，功率因数越大则说明电源的利用率越高。同时在同一电压下，若要输送同一功率，功率因数越高，则线路中电流越小，故线路中的损耗也就越小。

因为大多数设备是感性支路，可以在系统中配以适当的电容来提高功率因数。

【例 8-8】　日光灯工作电路的简化模型如图 8-22 所示，L 为镇流器的理想模型，电阻 R 是 40 W 日光灯的理想模型，电源是 220 V、50 Hz 的正弦电源。试求电路中的电流。问：在保证日光灯管正常工作的前提下，为使电路的功率因数提高到 1，应配以多大容量的电容器？

解　根据日光灯的瓦数及工作电压，可以方便地求出电路的工作电流为

$$I=\frac{P}{U_R}=\frac{40}{110}\ \mathrm{A}=0.364\ \mathrm{A}$$

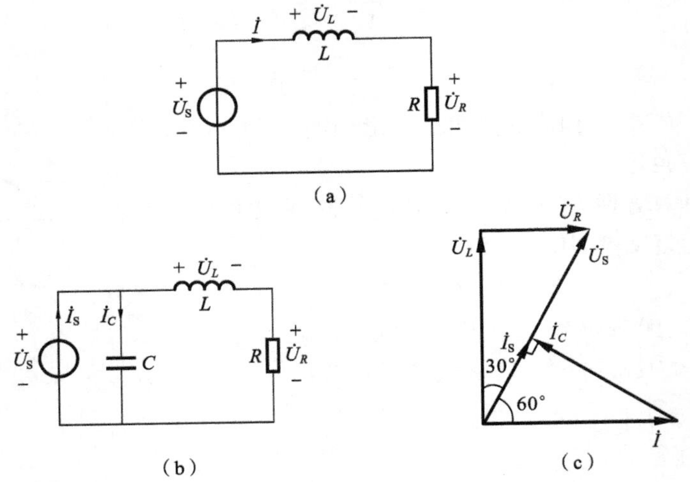

图 8-22　例 8-8 图

这个电路的负载是电阻 R 与 L 串联的感性负载，可以算出其功率因数为

$$\cos\varphi=\frac{P}{S}=\frac{P}{U_{\mathrm{S}}I}=\frac{40}{220\times0.364}=0.5$$

在电源电压一定时，功率因数取决于作为负载的日光灯电路(RL 串联电路)。因此，需要设法使此电路的功率因数提高到 1，即在不影响日光灯正常工作前提下，设法使电源输出的视在功率等于有功功率。要做到这一点，必须设法使电源的负载具有纯电阻性，因而需要配上合适的电容。为了不影响日光灯的正常工作电压，这个电容必须并联在日光灯工作电路上，如图 8-22(b)所示。

当功率因数为 1 时，电源电压和电源电流必定同相位，即 $\varphi=\varphi_{ui}=0$。根据这个特点画出其相量图，如图 8-22(c)所示。从图中直角关系可以得到

$$I_C=I\sin60^\circ=0.315\ \mathrm{A}$$

所以由

$$\frac{1}{\omega C}=\frac{U_{\mathrm{S}}}{I_C}$$

可得

$$C=\frac{I_C}{\omega U_{\mathrm{S}}}=\frac{0.315}{2\pi\times50\times220}\ \mathrm{F}=4.56\ \mu\mathrm{F}$$

故只要配以 4.56 μF 的电容器，本例电路的功率因数即提高为 1。电源提供的视在功率也全部为有功功率。将本例提高功率因数的方式应用于长距离供电线路，其经济效益将十分明显。

8.4　最大功率传输

正弦稳态电路功率传输电路如图 8-23(a)所示。图中电源 $\dot{U}_{\mathrm{S}}$ 串联内阻抗 R_{S} 可以认为是实际电源的电压源模型，也可以是线性含源二端网络的戴维宁等效电源，如图 8-23 (b)所示。图中 Z_{L} 是实际用电设备或器具的等效阻抗。电源的电能输送给负载 Z_{L}，再转换为热能、机械

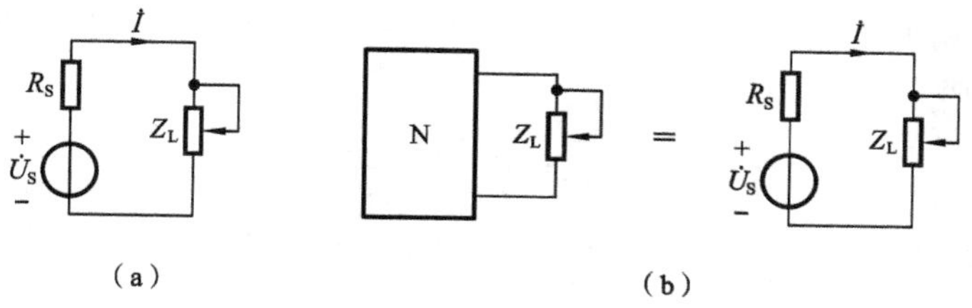

图 8-23 正弦稳态电路功率传输

能等供人们生产、生活中使用。

电源的能量经传输到达负载，在传输过程中希望能量损耗越小越好。传输线上损耗的功率主要是传输线路自身的电阻损耗。当传输线选定和传输距离一定时，它的电阻 R_l 就是一定的。注：l 是传输导线的长度，R_l 表示传输导线的等效阻抗。根据功率公式可知，传输线上的损耗功率为 $P_e=I^2R_e$，要想使传输线上的损耗小，就要设法减小传输线上的电流。因为一般的实际电源都存在着内阻 R_S，所以功率传输过程中还必须考虑内阻的功率损耗。这里暂时先不考虑传输线电阻的功率损耗，仅考虑电源内阻的功率损耗。

由图 8-23 可见，负载获得的功率 P_L 将小于电源输出的功率，定义负载获得的功率与电源输出的功率之比作为电源传输功率的传输效率，用 η 表示，即

$$\eta=\frac{I^2R_L}{I^2(R_S+R_L)}=\frac{R_L}{R_S+R_L} \tag{8-26}$$

可见为了提高传输效率，要尽量减小内阻 R_S。如何提高传输效率，是电力工业中一个非常重要的问题。

在电源电压和内阻抗一定时，或者在线性有源二端网络一定的情况下，端接负载获得功率的大小将随负载阻抗 R_L 的变化而变化。在一些弱电系统中，常常需要负载能从给定的信号电源中获得尽可能大的功率。如何使负载从给定的电源中获得最大的功率，称为最大功率传输问题。

设电源内阻抗为

$$Z_S=R_S+jX_S$$

负载阻抗为

$$Z_L=R_L+jX_L$$

由图 8-23 可求得电流为

$$\dot{I}=\frac{\dot{U}_S}{Z_S+Z_L}=\frac{\dot{U}_S}{R_S+jX_S+R_L+jX_L}$$

故电流有效值为

$$I=\frac{U_S}{\sqrt{(R_S+R_L)^2+(X_S+X_L)^2}}$$

故负载获得的功率为

$$P_L=I^2R_L=\frac{U_S^2R_L}{(R_S+R_L)^2+(X_S+X_L)^2} \tag{8-27}$$

其中 U_S、R_S、X_S 是常量，R_L、X_L 是变量。下面分两种情况讨论负载获得最大功率的条件及获得的最大功率。

1. 共轭匹配条件

设负载阻抗中的 R_L、X_L 均可独立设置。由式(8-27)可知，当 R_L 不变时，因 $(X_S+X_L)^2$

是分母中非负值的相加项，显然 $X_S+X_L=0$，即 $X_S=-X_L$ 时，P_L 达到最大值，把这种条件下 P_L 的最大值记为 P'_L，有

$$P'_L=\frac{U_S^2R_L}{(R_S+R_L)^2} \tag{8-28}$$

此时，P'_L 是 R_L 的一元函数。再改变 R_L，为求出 P'_L 的最大值，求 P'_L 对 R_L 的导数并令其为零，有

$$\frac{dP'_L}{dR_L}=U_S^2\frac{(R_S+R_L)^2-2R_L(R_S+R_L)}{(R_S+R_L)^2}=0$$

上式分母非零，所以有 $(R_S+R_L)^2-2R_L(R_S+R_L)=0$，解得

$$R_L=R_S$$

经判断，$R_L=R_S$ 是 P'_L 的极大值点。由此可归纳，当负载电阻和电抗均可独立改变时，负载获得最大功率的条件为

$$\left.\begin{aligned}X_S&=-X_L\\R_L&=R_S\end{aligned}\right\} \tag{8-29}$$

或者写成

$$Z_L=Z_S^* \tag{8-30}$$

式(8-29)和式(8-30)即为负载获得最大功率的共轭匹配条件，代入式(8-27)可得共轭匹配条件下的负载最大功率为

$$P_{Lmax}=\frac{U_S^2}{4R_S} \tag{8-31}$$

2. 模值匹配条件

设等效电源内阻抗 $Z_S=R_S+jX_S=\sqrt{R_S^2+X_S^2}\angle\varphi_S$，负载阻抗 $Z_L=R_L+jX_L=\sqrt{R_L^2+X_L^2}\angle\varphi_L$，若只改变负载阻抗的模值 $|Z_L|$ 而不改变阻抗角 φ_L，可以证明，在这种限制条件下，当负载阻抗的模值等于电源内阻抗的模值时，负载阻抗可以获得最大功率，即

$$|Z_L|=|Z_S|=\sqrt{R_S^2+X_S^2} \tag{8-32}$$

式(8-32)称为模值匹配条件。

实际应用中，有时会碰到电源内阻抗是一个一般的复阻抗，而负载阻抗是一个纯电阻的情况，这时若 R_L 可任意改变，则求负载最大功率可看作模值匹配的特殊情况，当

$$|R_L|=|Z_S|=\sqrt{R_S^2+X_S^2}$$

时，负载可获得最大功率，则模值匹配条件下的负载最大功率为

$$P'_{Lmax}=\frac{U_S^2|Z_S|}{(R_S+|Z_S|)^2+X_S^2} \tag{8-33}$$

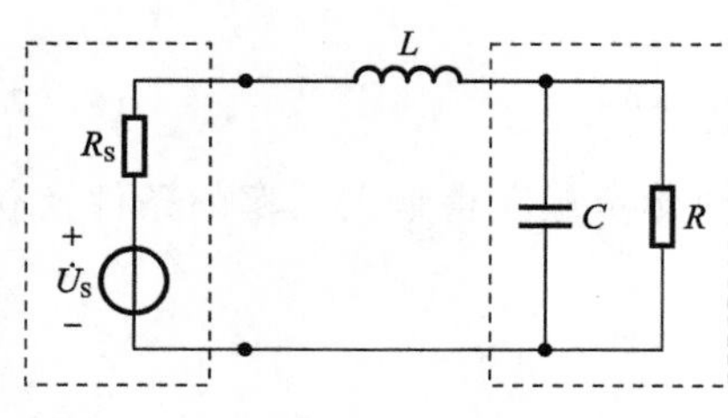

图 8-24 例 8-9 图

比较式(8-31)和式(8-33)可知，模值匹配条件下负载获得的最大功率 P'_{Lmax} 比共轭匹配条件下的最大功率 P_{Lmax} 要小。

【例 8-9】 电路如图 8-24 所示，左侧虚线框内是电源，参数不可调，右侧线框内是负载，参数也不可调。在电源与负载之间加入电感元件的目的是使负载获得最大功率，试求此电感量 L。

解　首先求出负载的平均功率。由电路可知负载电流为

$$\dot{I}=\frac{\dot{U}_S}{(R_S+j\omega L)+\dfrac{1}{1/R+j\omega C}}$$

电阻的平均功率即是将负载等效为串联电路时，阻抗实部获得的功率。将 R、C 并联再与 L 串联的电路等效转换为串联电路时，负载变为

$$\frac{1}{\dfrac{1}{R}+j\omega C}+j\omega L=R_L+jX_L=\frac{\dfrac{1}{R}}{\left(\dfrac{1}{R}\right)^2+(\omega C)^2}+j\left(\omega L-\frac{\omega C}{\left(\dfrac{1}{R}\right)^2+(\omega C)^2}\right)$$

即

$$R_L=\frac{\dfrac{1}{R}}{\left(\dfrac{1}{R}\right)^2+(\omega C)^2},\quad X_L=\omega L-\frac{\omega C}{\left(\dfrac{1}{R}\right)^2+(\omega C)^2}$$

依据负载平均功率公式(8-27)有

$$P_L=\frac{U_S^2}{\left[R_S+\dfrac{\dfrac{1}{R}}{\left(\dfrac{1}{R}\right)^2+(\omega C)^2}\right]^2+\left(\omega L-\dfrac{\omega C}{\left(\dfrac{1}{R}\right)^2+(\omega C)^2}\right)^2}\frac{\dfrac{1}{R}}{\left(\dfrac{1}{R}\right)^2+(\omega C)^2}$$

根据最大功率传输的含义，从上式可知，为使负载获得最大功率，有

$$\omega L-\frac{\omega C}{\left(\dfrac{1}{R}\right)^2+(\omega C)^2}=0$$

可得

$$L=\frac{C}{\left(\dfrac{1}{R}\right)^2+(\omega C)^2}$$

上式可见，L 值与电源的工作频率有关，所以根据某个 ω 算出的值并不适合于其他频率的正弦电源。

【例 8-10】　电路如图 8-25 所示。设 $R_1=10\ \Omega$，$L=10\ \text{mH}$，$u_S(t)=10\sin(10^3t)$ V。为使 R_2 和 C 并联之负载获得最大功率，问 R_2 和 C 的值各为多少？

解　由图 8-25 可知

$$Z_S=R_1+j\omega L=(10+j10)\ \Omega$$

令 R_2 和 C 的并联阻抗为 Z_L，则

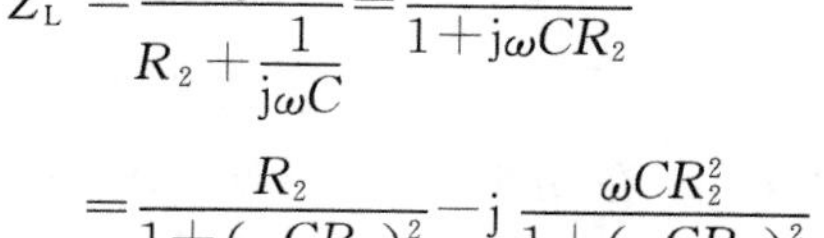

$$Z_L=\frac{R_2\dfrac{1}{j\omega C}}{R_2+\dfrac{1}{j\omega C}}=\frac{R_2}{1+j\omega CR_2}$$

$$=\frac{R_2}{1+(\omega CR_2)^2}-j\frac{\omega CR_2^2}{1+(\omega CR_2)^2}$$

图 8-25　例 8-10 图

根据共轭匹配条件 $Z_L=Z_S^*$，有

$$Z_L=(10-j10)\ \Omega$$

即

$$\left.\begin{aligned}\frac{R_2}{1+(\omega CR_2)^2}=10\\ \frac{\omega CR_2^2}{1+(\omega CR_2)^2}=10\end{aligned}\right\}$$

解得

$$R_2=20\ \Omega$$
$$C=50\ \mu\text{F}$$

8.5 应用举例

【例 8-11】 图 8-26 所示的电路是测量电感线圈参数 R、L 的实验电路，已知各仪表的读数为电压表 50 V，电流表 1 A，功率表 30 W（$P=30$ W），电源频率为 50 Hz，试求电感的 R、L 参数值。

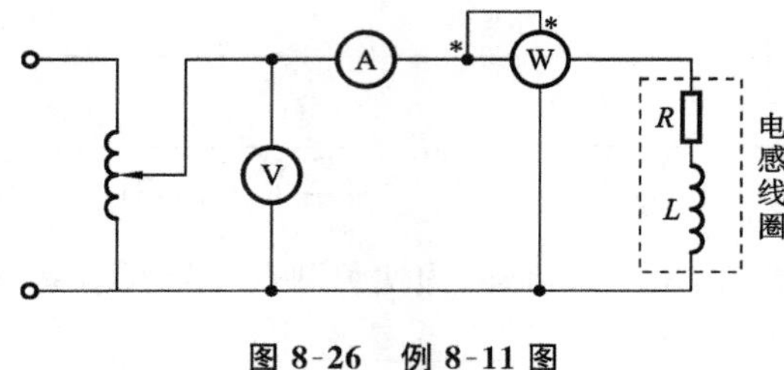

图 8-26 例 8-11 图

解 已知 $U=50$ V，$I=1$ A，$P=30$ W，$f=50$ Hz，根据已知条件可得电路的视在功率为

$$S=UI=50\ \text{V}\cdot\text{A}$$

电路的功率因数为

$$\cos\varphi=\frac{P}{S}=\frac{30}{50}=0.6,\quad \varphi=\arccos0.6=53.1^\circ$$

电路的阻抗为

$$Z=|Z|\angle\varphi=\frac{U}{I}\angle53.1^\circ=30+\text{j}40=R+\text{j}X_\text{L}$$

故

$$R=30\ \Omega,\quad X_\text{L}=40\ \Omega$$

得

$$X_\text{L}=2\pi fL=40\ \Omega,\quad L=\frac{40}{314}\ \text{H}=0.127\ \text{H}=127\ \text{mH}$$

本题也可根据 $P=I^2R$，求得 $R=30\ \Omega$。

再根据 $|Z|=\sqrt{R^2+X_\text{L}^2}=50\ \Omega$，求得 $X_\text{L}=\sqrt{50^2-30^2}\ \Omega=40\ \Omega$，同样可以求出 R、L。

【例 8-12】 某变电所输出的电压为 220 V，其视在功率为 220 kV·A。如相电压为 220 V、功率因数为 0.8、额定功率为 44 kW 的工厂供电，试问能供几个这样的工厂用电？若用户把功率因数提高到 1，该变电所又能供几个同样的工厂用电？

解 变电所输出的额定电流为

$$I_0=\frac{S}{U}=\frac{220\times 10^3}{220}\ \text{A}=1000\ \text{A}$$

当功率因数 $\lambda=0.8$ 时，每个工厂所取的电流应为

$$I=\frac{P}{U\lambda}=\frac{44\times 10^3}{220\times 0.8}\ \text{A}=250\ \text{A}$$

故供给的工厂个数为

$$n=\frac{I_0}{I}=\frac{1000}{250}=4$$

而当 $\lambda=1$ 时，每个工厂所取的电流为

$$I=\frac{P}{U\lambda}=\frac{44\times 10^3}{220\times 1}\ \text{A}=200\ \text{A}$$

故供给的工厂个数为

$$n=\frac{I_0}{I}=\frac{1000}{200}=5$$

【例 8-13】 图 8-27 所示的电路中，电源电压相量的角频率为 $\omega=10^3$ rad/s，电源内阻抗 $Z_0=R_0+\text{j}X_0=(50+\text{j}100)\ \Omega$，负载为电阻 $R_L=100\ \Omega$，试设计一个匹配网络使负载获得最大功率。

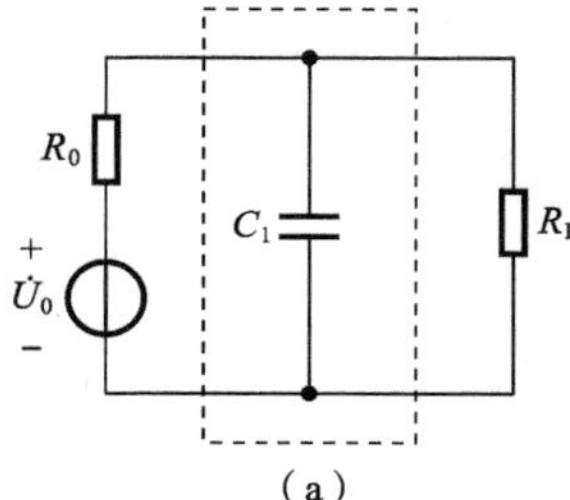

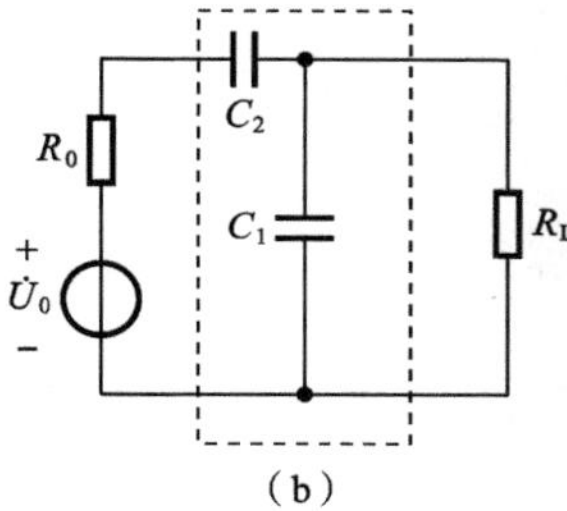

图 8-27　例 8-13 图

解　为了使负载获得最大功率，考虑在电源与负载之间接入匹配网络，由于电源内阻抗是电感性的，首先并联接入电容，如图 8-27(a)中 C_1，RC 并联支路阻抗为

$$Z_1=\frac{\dfrac{R_L}{\text{j}\omega C_1}}{R_L+\dfrac{1}{\text{j}\omega C_1}}=\frac{\dfrac{R_L}{\omega^2 C_1^2}}{R_L^2+\left(\dfrac{1}{\omega C_1}\right)^2}-\text{j}\frac{\dfrac{R_L^2}{\omega C_1}}{R_L^2+\left(\dfrac{1}{\omega C_1}\right)^2}=R_1+\text{j}X_1$$

令 Z_1 的实部等于内阻抗 Z_0 的实部，即

$$Z_1=\frac{\dfrac{R_L}{\omega^2 C_1^2}}{R_L^2+\left(\dfrac{1}{\omega C_1}\right)^2}=Z_0=50\ \Omega$$

可解出 $C_1=10\ \mu\text{F}$。代入 Z_1 的虚部计算得到 $X_1=50\ \Omega$。因为仍不足以达到共轭匹配，再加上串联电容 C_2，如图 8-27(b)所示。要使

$$X_2=\frac{1}{\omega C_2}=50\ \Omega$$

则 $C_2=20\ \mu\text{F}$。此时满足共轭匹配条件

$$R_0=R_1=50\ \Omega$$

$$X_0 = X_1 + X_2 = 100\ \Omega$$

便可在负载上获得最大功率。匹配网络的结构与参数要根据电路的具体情况而设计。

8.6 计算机辅助分析电路举例

本节主要通过两个例子介绍 Matlab 在正弦稳态电路中的编程方法及应用。

【例 8-14】 电路如图 8-28 所示，已知$\dot{U}=8\angle 30^\circ$ V，$Z=(1-j0.5)\ \Omega$，$Z_1=(1+j)\ \Omega$，$Z_2=(3-j)\ \Omega$，求各支路电流、电压和电路的输入导纳，并画出电路的相量图。

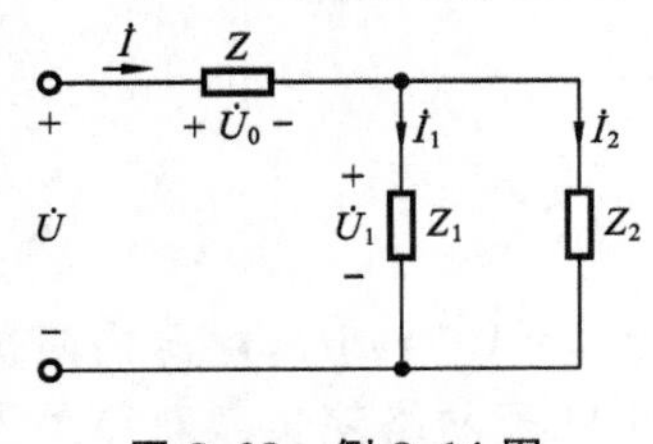

图 8-28 例 8-14 图

解 由图 8-28 可知，Z_1、Z_2 的并联等效阻抗为

$$Z_{12}=\frac{Z_1 Z_2}{Z_1+Z_2}$$

所以输入阻抗为

$$Z_{in}=Z+Z_{12}$$

输入导纳为

$$Y_{in}=1/Z_{in}$$

总电流为

$$\dot{I}=\dot{U}/Z_{in}$$

由分流公式计算得

$$\dot{I}_1=\frac{Z_2}{Z_1+Z_2}\dot{I}$$

$$\dot{I}_2=\dot{I}-\dot{I}_1$$

各电压为

$$\dot{U}_1=Z_{12}\times\dot{I}$$

$$\dot{U}_0=Z\times\dot{I}$$

用 Matlab 语言实现上述运算：

```
clear
z=1-j*0.5;z1=1+j*1;z2=3-j*1;                   %输入已知条件，相量的输入方法应采用指数形式
U=8*exp(j*30*pi/180);                          %注意角度和弧度的转换
z12=z1*z2/(z1+z2);
zin=z+z12;                                     %计算总阻抗
Y=1/zin;                                       %计算总导纳
I=U/zin;                                       %计算总电流
I1=I*z2/(z1+z2);                               %利用分流原理计算 I1
I2=I-I1;                                       %利用 KCL 计算 I2
U1=z12*I;U0=z*I;                               %计算各电压
disp('U I I1 I2 U0 U1')                        %显示计算结果
disp('幅角'),disp(abs([U,I,I1,I2,U0,U1]))       %显示幅值
disp('相角'),disp(angle([U,I,I1,I2,U0,U1])*180/pi)   %显示相角
subplot(1,2,1),hau=compass([U, U0,U1]);        %绘制电压相量图
set(hau,'linewidth',2)
```

```
subplot(1,2,2),hai=compass([I,I1,I2]);              %绘制电流相量图
set(hai,'linewith',2)
```

程序运行结果：

```
U        I        I1       I2       U0       U1
幅角
8.0000   4.0000   3.1623   1.4142   4.4721   4.4721
相角
30.0000  30.0000  11.5651  75.0000  3.4349   56.5651
```

所得相量图如图 8-29 所示。

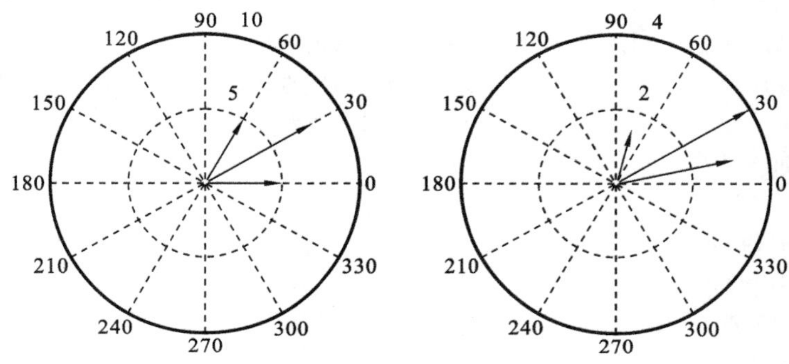

图 8-29　例 8-17 相量图

【例 8-15】　已知 $u_S=14.14\sin(2t)$ V，$i_S=1.41\sin(2t+300)$ A，$R_1=R_2=R_3=R_4=1\ \Omega$，$C=4$ F，$L=4$ H。如图 8-30 所示，求各支路电流并作相量图。

解　方法一：支路电流法。

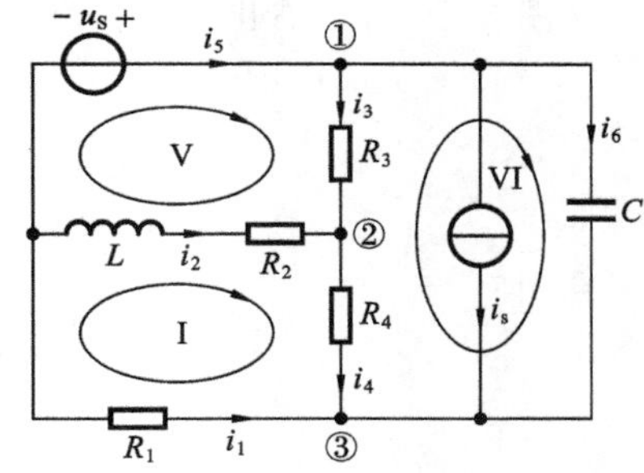

图 8-30　例 8-18 图

列 KCL 方程(对节点①、②、③以流入节点电流的代数和为零列写)有

$$\dot{I}_3=\dot{I}_5-\dot{I}_6-\dot{I}_S$$

$$-\dot{I}_2-\dot{I}_3+\dot{I}_4=0$$

$$-\dot{I}_1-\dot{I}_4-\dot{I}_6=-\dot{I}_S$$

列 KVL 方程(对回路 I、V 和 VI 以图示的绕行方向列写)有

$$R_1\dot{I}_1-(R_2+jX_L)\dot{I}_2-R_4\dot{I}_4=0$$

$$-(R_2+jX_L)\dot{I}_2+R_3\dot{I}_3=\dot{U}_S$$

$$-R_3\dot{I}_3-R_4\dot{I}_4-jX_C\dot{I}_6=0$$

所以矩阵形式为

$$\begin{bmatrix} 0 & 0 & 1 & 0 & -1 & 1 \\ 0 & -1 & -1 & 1 & 0 & 0 \\ -1 & 0 & 0 & -1 & 0 & -1 \\ R_1 & -(R_2+jX_L) & 0 & R_4 & 0 & 0 \\ 0 & -(R_2+jX_L) & R_3 & 0 & 0 & 0 \\ 0 & 0 & -R_3 & -R_4 & 0 & -jX_C \end{bmatrix}\begin{bmatrix} \dot{I}_1 \\ \dot{I}_2 \\ \dot{I}_3 \\ \dot{I}_4 \\ \dot{I}_5 \\ \dot{I}_6 \end{bmatrix}=\begin{bmatrix} -\dot{I}_S \\ 0 \\ \dot{I}_S \\ 0 \\ \dot{U}_S \\ 0 \end{bmatrix}$$

即

$$AI=B$$

用 Matlab 语言编程实现上述计算：

```
R1=1;  R2=1;  R3=1;  R4=1;  w=2;  L=4;  C=4;  XL=w*L;  XC=1/(w*C);
IS=cos(pi/6)+j*sin(pi/6);US=10;
A=[0,0,1,0,-1,1;
0,-1,-1,1,0,0;
-1,0,0,-1,0,-1;
R1,-(R2+j*XL),0,-R4,0,0;
0,-(R2+j*XL),R3,0,0,0;
0,0,-R3,-R4,0,-j*XC];               %矩阵方程的系数矩阵
B=[-IS;0;IS;0;US;0];                %由与各节点相连的电流源和各回路中电压源构成的列向量
I=A\B                               %矩阵左除,I是支路电流列向量
程序运行结果如下：
I=
   -9.9221-1.1456i
   -0.2947+1.1899i
   0.1863 -1.1677i
   -0.1084+0.0222i
   10.2168-0.0443i
   9.1644 +0.6234i
```

方法二：回路电流法。

从图 8-30 可以看出，i_1、i_5 和 i_6 分别是三个回路 I、V、VI 的回路电流，列方程得

$$Z_{11}\dot{I}_1+Z_{15}\dot{I}_5+Z_{16}\dot{I}_6=\dot{U}_{S11}$$

$$Z_{51}\dot{I}_1+Z_{55}\dot{I}_5+Z_{56}\dot{I}_6=\dot{U}_{S55}$$

$$Z_{61}\dot{I}_1+Z_{65}\dot{I}_5+Z_{66}\dot{I}_6=\dot{U}_{S66}$$

其中

$$Z_{11}=R_1+R_2+R_4+\mathrm{j}X_L$$

$$Z_{15}=R_2+\mathrm{j}X_L$$

$$Z_{16}=R_4$$

$$Z_{51}=Z_{15}$$

$$Z_{55}=R_2+R_3+\mathrm{j}X_L$$

$$Z_{56}=-R_3$$

$$Z_{61}=Z_{16}$$

$$Z_{65}=Z_{56}$$

$$Z_{66}=R_3+R_4-\mathrm{j}X_C$$

$$U_{S11}=-R_4I_S$$

$$U_{S55}=U_S+R_3$$

$$U_{S56}=-(R_3+R_4)I_S$$

用 Matlab 语言编程实现上述计算如下：

```
R1=1;  R2=1;  R3=1;  R4=1;  w=2;  L=4;  C=4;  XL=w*L;  XC=1/(w*C);  US
=10;
```

```
IS=cos(pi/6)+i*sin(pi/6);
Z11=R1+R2+R4+j*XL;Z15=R2+j*XL;Z16=R4;Z51=Z15;
Z55=R2+R3+j*XL;Z56=-R3;Z61=Z16;Z65=Z56;Z66=R3+R4-j*XC;
US11=-R4*IS;US55=US+R3*IS;US66=-(R3+R4)*IS;
Z=[Z11,Z15,Z16,Z51,Z55,Z56,Z61,Z65,Z66];    %回路阻抗矩阵
U=[US11;US55;US66];                          %U为电压源列向量
I=Z\U;                                       %I为回路I、V和VI的回路电流构成的列向量
I1=I(1)
I5=I(2)
I6=I(3)
I2=-(I1+I5)
I3=I5-I6-IS
I4=-(I1+IS+I6)
```

运行结果如下：

```
I1=-9.9221-1.1456i
I5=10.2168-0.0443i
I6=9.1644 +0.6234i
I2=-0.2947+1.1899i
I3=0.1863 -1.1677i
I4=-0.1084+0.0222i
```

方法三：节点电压法。

选节点①为参考节点，列方程得

$$Y_{22}\dot{U}+Y_{23}\dot{U}=\dot{I}_{S22}$$
$$Y_{32}\dot{U}+Y_{33}\dot{U}=\dot{I}_{S33}$$

其中，$Y_{22}=1/(R_2+\mathrm{j}X_L)+1/R_3+1/R_4$，$Y_{23}=-1/R_4$，$Y_{33}=1/R_1+1/R_4-1/(\mathrm{j}X_C)$，$Y_{33}=Y_{23}$，$I_{S11}=-U_S/(R_2+\mathrm{j}X_L)$，$I_{S22}=I_S-U_S/R_1$。

用 Matlab 语言编程实现上述计算如下：

```
R1=1; R2=1; R3=1; R4=1; w=2; L=4; C=4; XL=w*L; XC=1/(w*C); US=10;
IS=cos(pi/6)+i*sin(pi/6);Y22=1/(R2+j*XL)+1/R3+1/R4;Y23=-1/R4;Y32=Y23;
Y33=1/R1+1/R4-1(j*XC);
IS22=-US/( R2+j*XL);IS33=IS-US/R1;
Y=[Y22,Y23,Y32,Y33];      %Y为节点导纳矩阵
I=[IS22;IS33];            %I为电流源列向量
U=Y\I;                    %矩阵左除
U2=U(1);U3=U(2);          %U为节点电位列向量，U2、U3分别为节点②和③的电位
I1=(-US-U3)/R1
I2=(-US-U2)/( R2+j*XL)
I3=-U2/R3
I4=(U2-U3)/R4
I5=-I1-I2
I6=-U3/(j*XC);            %由节点电位求支路电流
```

运行结果如下：

```
I1=-9.9221-1.1456i
```

```
I2=-0.2947+1.1899i
I3=0.1863 -1.1677i
I4=-0.1084+0.0222i
I5=10.2168-0.0443i
I6=9.1644 +0.6234i
```

电流相量图的绘制：

在以上三种方法的程序中均加上下面一条语句即可画出电流的相量图。相量图如图8-31所示。

Compass([I1,I2,I3,I4,I5,I6])；　　　%Compass 是 Matlab 中绘制相量图的命令

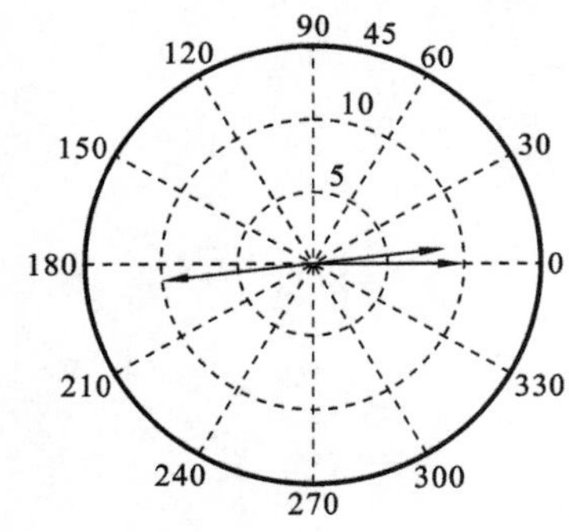

图 8-31　例 8-18 相量图

图 8-31 中，I2，I3，I4 相对于 $I_1=9.9880$，$I_5=10.2168$，$I_6=9.1855$ 来说太小了，所以几乎看不清楚，但是能求出它们的相位，比如 I_4 的初相位为 168.43°，即 I_4 位于 150°～180°这个扇区。

求解正弦稳态电路有节点法、回路法等，这些方法都是基于基尔霍夫定律，各种方法的不同在于所取基本未知向量的不同。例 8-15 采用了三种电路分析法来说明用 Matlab 分析正弦稳态电路的方法，经比较知三种解法所得结果相同。用 Matlab 求解正弦稳态电路，只需掌握各种电路的分析方法，无需具体计算，无论用哪种方法都很简单。

小　　结

本章主要介绍了正弦稳态电路的基本概念、复阻抗的串并联、复导纳的串并联以及正弦稳态电路的分析计算，还讨论了正弦稳态电路中的功率，最后介绍了 Matlab 在正弦稳态电路中的应用。

(1) 阻抗或导纳虽然不是正弦量，但也能用复数表示，从而归结出相量形式的欧姆定律和基尔霍夫定律。以此为依据，使一切简单或复杂的直流电路的规律、原理、定理和方法都能适用于交流电路。

(2) 相量法分析正弦稳态电路比时域方法要简单得多。相量法即应用相量形式的欧姆定律和基尔霍夫定律，建立相量形式的电路方程求解，即可得到电路的正弦稳态响应。时域形式电路中的各种分析计算方法，如支路电流法、网孔电流法、节点电压法以及其他定理都适用于电路的相量分析法。

(3) 交流电路的分析计算除了数值上的问题外，还有相位问题，专门讨论了复功率、瞬时功率、平均功率、无功功率、视在功率、功率因数的概念及其计算方法，以及提高功率因数的方法。功率因数 $\cos\varphi$ 是企业用电的技术经济指标之一，提高电路的功率因数对提高设备利用率和节约电能有着重要意义。一般采用在感性负载两端并联电容的方法来提高电路的功率因数。

(4) 为了减少功率传输过程的功率损耗，讨论了最大功率传输条件、传输效率的概念及计算方法，分两种情况讨论了负载获得最大功率的条件及计算：共轭匹配条件下负载获得的最大

功率和模值匹配条件下负载获得的最大功率。

(5) 计算机辅助分析，节点法是用得较普遍的一种方法，对于多数电路网络，独立节点数比独立回路数量要少，而且列节点电压方程只需选定一个参考节点，不像割集法需要选择树和形成基本割集矩阵，也不需要像回路法那样选择树形成基本回路矩阵。在基于Matlab语言的正弦稳态电路分析中，选用节点作为求解正弦稳态电路算法是最恰当的。

思考题及习题

8.1　求图1所示各单口网络的等效阻抗和电阻导纳。

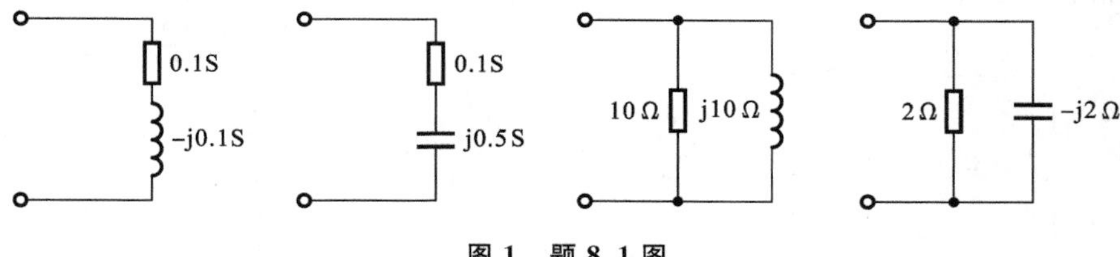

图1　题8.1图

8.2　三个复阻抗 $Z_1=(40+j30)\ \Omega$，$Z_2=(60+j80)\ \Omega$，$Z_3=(20-j20)\ \Omega$ 相串联，接到电压 $\dot{U}=100\angle 30^\circ$ V的电源上，求：

(1) 电路的总复阻抗；

(2) 电路的总电流；

(3) 各阻抗上的电压 $\dot{U}_1$、$\dot{U}_2$、$\dot{U}_3$，并作出相量图。

8.3　两个复阻抗相串联，接到电压 $\dot{U}=50\angle 45^\circ$ V的电源上，产生电流 $\dot{I}=2.5\angle -15^\circ$ A，已知 $Z_1=(5-j18)\ \Omega$，求 Z_2 的值。

8.4　电路如图2所示，已知 $I_1=I_2=I_3=2$ A。求 $\dot{I}$，$\dot{U}_{ab}$，并画出相量图。

8.5　电路如图3所示，已知 $u_S(t)=10\cos(314t+50^\circ)$ V。试用相量法求 $i(t)$，$u_L(t)$，$u_C(t)$。

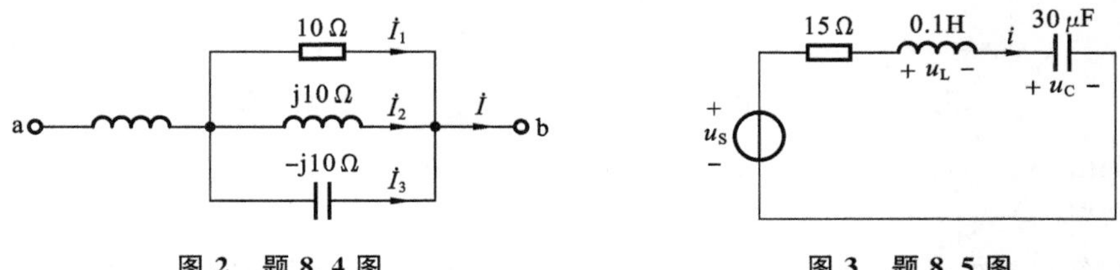

图2　题8.4图　　　　图3　题8.5图

8.6　电路如图4所示，已知 $R=1\ \text{k}\Omega$，$L=10\ \text{mH}$，$C=0.02\ \mu\text{F}$，$u_C(t)=20\cos(10^5t-40^\circ)$ V。试求电压相量 $\dot{U}$。

8.7　电路相量模型如图5所示，试求电压相量 $\dot{U}_{ab}$、$\dot{U}_{bc}$，并画出相量图。

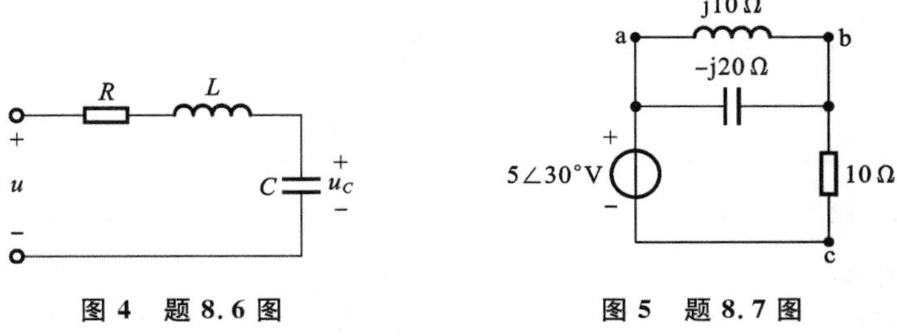

图4　题8.6图　　　　图5　题8.7图

8.8　电路相量模型如图6所示，列出网孔电流方程和节点电压方程。

8.9　电路相量模型如图7所示，已知 $Z_1=(10+j20)\ \Omega$，$Z_2=(20+j50)\ \Omega$，$Z_3=(40+j30)\ \Omega$，列出网孔电流方程。

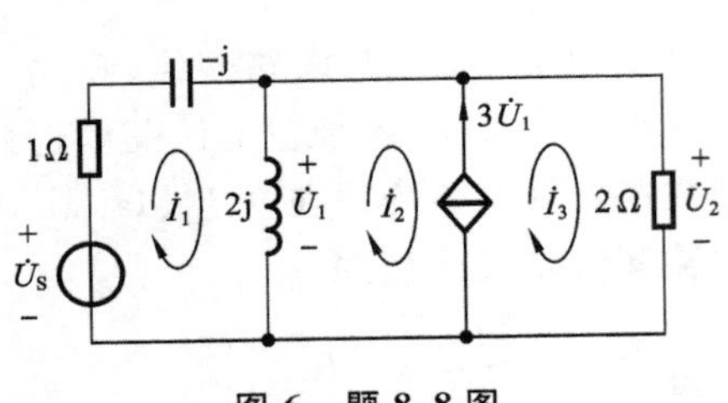

图 6　题 8.8 图

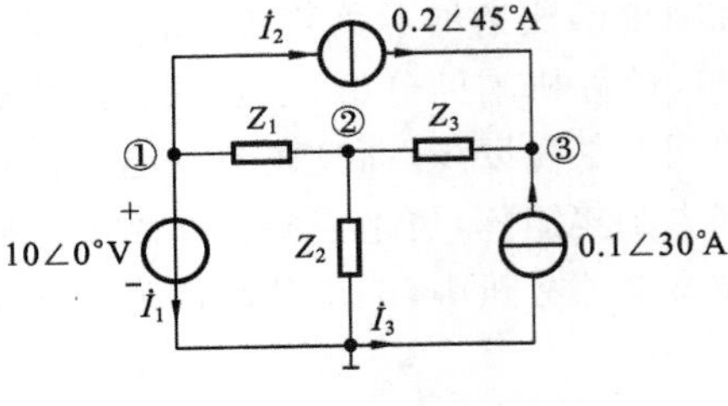

图 7　题 8.9 图

8.10　电路相量模型如图 8 所示，试用节点分析法求电压 $\dot{U}_C$。

8.11　电路相量模型如图 9 所示，$\dot{U}_S=24\angle 60°$ V，$\dot{I}_S=6\angle 0°$ A。试用网孔分析法求 $\dot{I}_1$、$\dot{I}_2$。

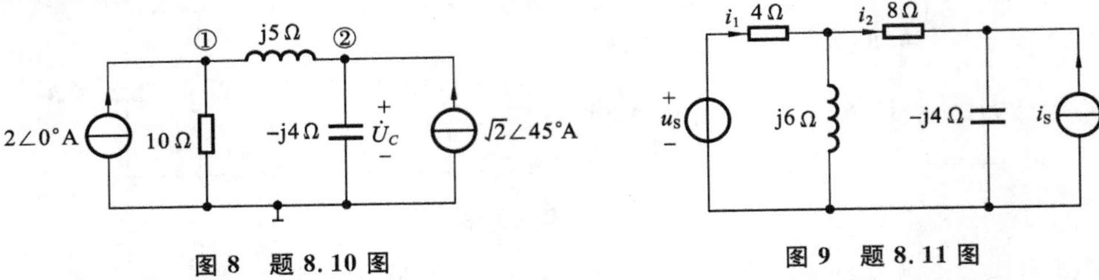

图 8　题 8.10 图　　图 9　题 8.11 图

8.12　电路如图 10 所示，已知 $u_S(t)=7\cos(10t)$ V。试求：(1) 电压源发出的瞬时功率；(2) 电感吸收的瞬时功率。

8.13　电路如图 11 所示，已知 $i_S(t)=4\sqrt{2}\cos(10^4 t)$ mA。试求电流源发出的平均功率和电阻吸收的平均功率。

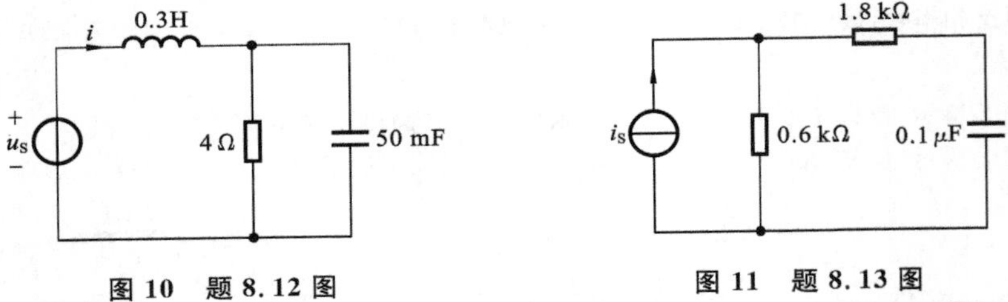

图 10　题 8.12 图　　图 11　题 8.13 图

8.14　电路如图 12 所示，已知 $r=1.5$ kΩ，$u_S(t)=4\sqrt{2}\cos(4\times 10^6 t)$ V。试求独立电压源发出的平均功率和无功功率。

8.15　电路如图 13 所示，已知 $i_S(t)=5\sqrt{2}\cos(2\times 10^6 t)$ mA。试求 R 和 L 为何值时，R 可以获得最大功率，并计算最大功率值。

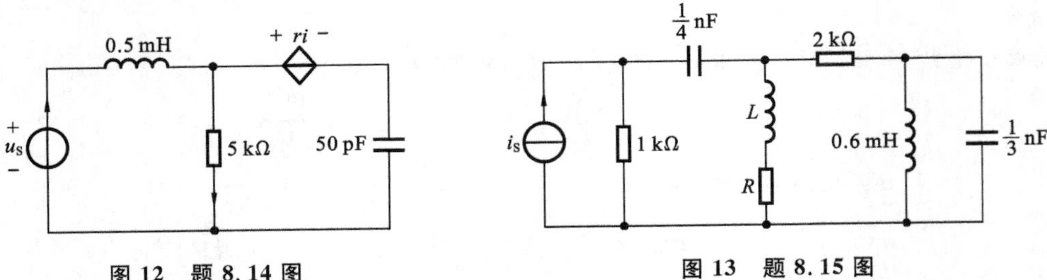

图 12　题 8.14 图　　图 13　题 8.15 图

8.16　电路如图 14 所示，已知 $u_S(t)=110\sqrt{2}\cos(20t)$ V，$i_S(t)=14$ A。试求电阻吸收的平均功率。

8.17　教学楼有功率为 40 W，现有功率因数为 0.5 的日光灯 100 只，并接在 220 V 的工频电源上，求电路的总电流及电路的总功率因数。

8.18　当变压器的容量一定时，怎样最大限度地从中获得有功功率？

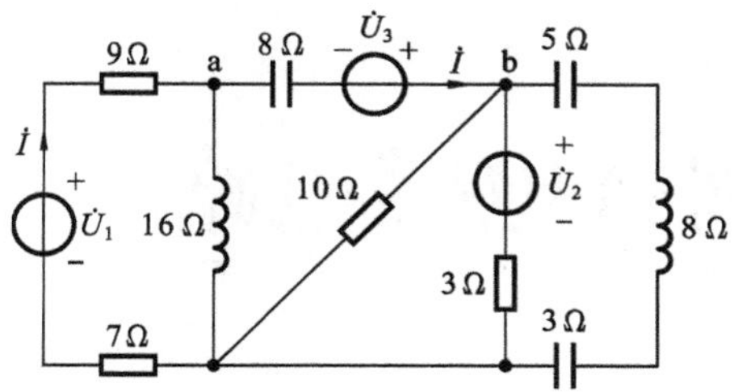

图 14　题 8.16 图

8.19　进行电感性负载无功补偿时，并入的电容越大越好，这种说法对吗？试用相量图加以说明理由。

8.20　某照明电路，日光灯 40 W，25 只，$\cos\varphi_1=0.5$，白炽灯 100 W，5 只，接在 220 V 的工频电源上，求：

(1) 总电流 I 及 $\cos\varphi$；

(2) 如将 $\cos\varphi$ 提高到 $\cos\varphi=0.9$，应并上多大的电容？此时总电流为多少？

计算机辅助分析电路练习题

8.21　在正弦稳态电路分析中，用 Matlab 进行回路电流法、节点电压法的步骤有哪些？

8.22　试编写绘制电压相量图、电流相量图的 Matlab 程序。

8.23　试编写 Matlab 矩阵运算程序进行 $A_{6\times6}/B_{6\times6}$ 运算。

8.24　电路如图 15 所示，已知 $R=5\ \Omega$，$\omega L=3\ \Omega$，$1/\omega C=2\ \Omega$，$\dot{U}_C=10\angle30°\ \text{V}$，求 $\dot{I}_R$，$\dot{I}_C$，$\dot{I}$ 和 $\dot{U}_L$，$\dot{U}_S$。并画出相量图。试用 Matlab 工具实现求解。

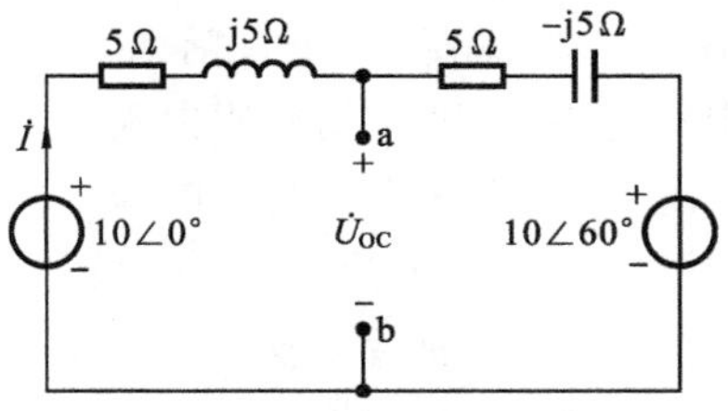

图 15　题 8.24 图

8.25　电路如图 16 所示，已知 $R_1=R_2=R_3=2\ \Omega$，$\mathrm{j}X_1=\mathrm{j}3\ \Omega$，$\mathrm{j}X_3=-\mathrm{j}2\ \Omega$，$\dot{U}_{S1}=12\angle0°\ \text{V}$，$\dot{U}_{S3}=3\angle0°\ \text{V}$，$\dot{I}_{S2}=2\angle0°\ \text{V}$，试用 Matlab 程序求各支路电流并画出相量图。

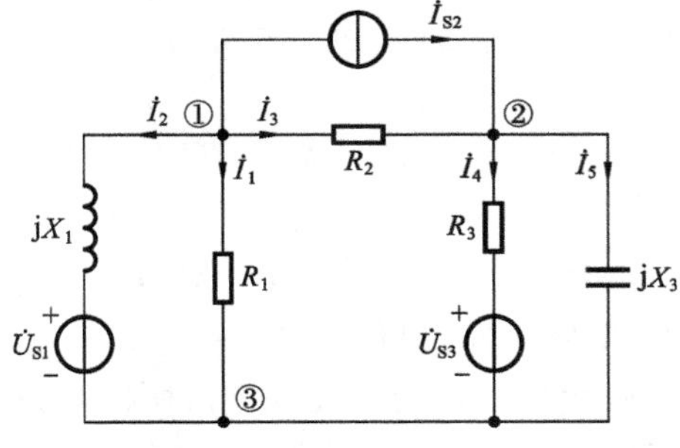

图 16　题 8.25 图

第 9 章　耦合电感电路

耦合电感在工程中有着广泛的应用。本章主要介绍耦合电感元件和互感的定义、同名端的标注；耦合电感的伏安关系；耦合电感电路的去耦等效方法，以及含有耦合电感电路的分析计算方法；空芯变压器和理想变压器的初步概念；利用 Matlab 仿真耦合电感电路的方法。

9.1　互　　感

在一个骨架上绕制两个或多个线圈。互感元件属于多端元件，在实际电路中，如收音机、电视机中的中轴线圈、振荡线圈，整流电源里使用的变压器等都是耦合电感元件，熟悉这类多端元件的特性，掌握包含这类多端元件的电路的分析方法是非常必要的。

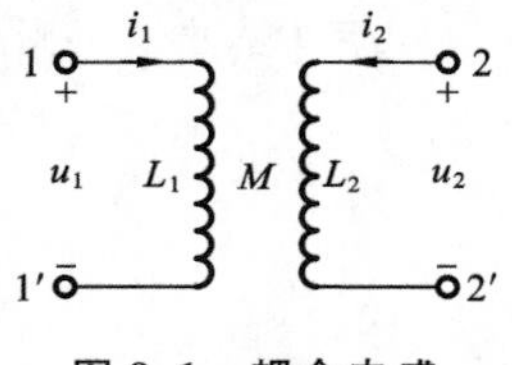

图 9-1　耦合电感

这种结构为什么称为互感元件?

载流线圈之间通过彼此的磁场相互联系的物理现象称为磁耦合。图 9-1 所示的为两个有耦合的载流线圈（即电感 L_1 和 L_2），载流线圈中的电流 i_1 和 i_2 为施感电流，线圈的匝数分别为 N_1 和 N_2。根据右手螺旋法则可确定施感电流产生的磁通方向与彼此交链的情况。线圈 1 中通入电流 i_1 时，在线圈 1 中产生磁通 Φ_{11}，在交链自身的线圈时产生的磁通链设为 Ψ_{11}，此磁通链称为自感磁通链；同时，Φ_{11} 中有部分或全部磁通穿过临近线圈 2，这部分磁通称为互感磁通，在线圈 2 中产生的磁通链设为 Ψ_{21}，称为互感磁通链。同理，线圈 2 中通过电流 i_2 时，线圈 2 中会产生自感磁通链 Ψ_{22}，线圈 1 中产生互感磁通链 Ψ_{12}，即两线圈间有磁的耦合。通过上面的叙述不难看出磁通链双下标的含义：第 1 个下标表示该磁通链所在线圈的编号，第 2 个下标表示产生该磁通的施感电流所在线圈的编号。

当周围空间是各向同性的线性磁介质时，每一种磁通链都与产生它的施感电流成正比，即自感磁通链为

$$\Psi_{11}=L_1 i_1,\quad \Psi_{22}=L_2 i_2 \tag{9-1}$$

互感磁通链为

$$\Psi_{12}=M_{12} i_2,\quad \Psi_{21}=M_{21} i_1 \tag{9-2}$$

式中：M_{12} 和 M_{21} 称为互感系数，简称互感，单位为亨(H)。

根据大学物理中作用与反作用可以证明 $M_{12}=M_{21}$，所以当只有两个线圈有耦合时，可以省略去 M 的下标，$M=M_{12}=M_{21}$，M 值与线圈的形状、几何位置、空间媒介有关，与线圈中的电流无关。

当只有一个线圈时，$\Psi_1=\Psi_{11}=L_1 i_1$。

当有两个线圈时，耦合电感中的磁通链等于自感磁通链和互感磁通链两部分的代数和，如线圈 1 和 2 中的磁通链分别设为 Ψ_1（与 Ψ_{11} 同向）和 Ψ_2（与 Ψ_{22} 同向），有

$$\begin{aligned}\Psi_1=\Psi_{11}\pm\Psi_{12}=L_1i_1\pm M_{12}i_2=L_1i_1\pm Mi_2\\ \Psi_2=\Psi_{22}\pm\Psi_{21}=L_2i_2\pm M_{21}i_1=L_2i_2\pm Mi_1\end{aligned} \tag{9-3}$$

式(9-3)表明，L 总是正值，M 值有正有负，说明磁耦合中，互感作用的两种可能性。“+”号表示互感磁通链与自感磁通链方向一致，自感方向的磁场得到了加强，称为同向耦合。“−”号表示互感磁通链总是与自感磁通链的方向相反，总有 $\Psi_1<\Psi_{11}$，$\Psi_2<\Psi_{22}$，称为反向耦合，总是使自感方向的磁场削弱，有可能使耦合电感之一的合成磁场为零，甚至为负值，其绝对值有可能超过原自感磁场。磁通相助为正，磁通相消为负。

耦合电感的磁通链 Ψ_1、Ψ_2 不仅与施感电流 i_1、i_2 有关，还与由线圈的结构、相互位置和磁介质所决定的线圈耦合的紧疏程度有关。用耦合系数 k 表示两个线圈的紧疏程度，即

$$k=\frac{M}{\sqrt{L_1L_2}}=\sqrt{\frac{M^2}{L_1L_2}}=\sqrt{\frac{(Mi_1)(Mi_2)}{L_1i_1L_2i_2}}=\sqrt{\frac{\Psi_{21}\Psi_{12}}{\Psi_{11}\Psi_{22}}}\leqslant 1 \tag{9-4}$$

$$0\leqslant k\overset{\text{def}}{=}\frac{M}{\sqrt{L_1L_2}}\leqslant 1 \tag{9-5}$$

改变耦合线圈之间的位置，就可能改变耦合电感的耦合因数的大小，当 L_1 和 L_2 一定时，也就相应地改变了互感 M 的大小。$k=1$ 称为全耦合，漏磁通 $\Phi_{s1}=\Phi_{s2}=0$，满足：

$$\Phi_{11}=\Phi_{21},\quad \Phi_{22}=\Phi_{12} \tag{9-6}$$

根据法拉第电磁感应定律，当 i_1 和 i_2 为交流电流时，磁通将随时间变化，从而在线圈两端产生感应电压。设 i_1 和 Φ 符合右手螺旋定则，i_1 与电压 u_{11} 取关联参考方向，根据电磁感应定律，线圈 1 中的自感电压 $u_{11}=\frac{\mathrm{d}\Psi_{11}}{\mathrm{d}t}$，互感电压为 $u_{12}=\pm\frac{\mathrm{d}\Psi_{12}}{\mathrm{d}t}$。条件同上，同理可以得到线圈 2 中的自感电压 $u_{22}=\frac{\mathrm{d}\Psi_{22}}{\mathrm{d}t}$，互感电压为 $u_{21}=\pm\frac{\mathrm{d}\Psi_{21}}{\mathrm{d}t}$。显而易见，直流电流不能通过磁耦合传输。

当两个线圈同时通入电流时，每个线圈两端的电压均包含自感电压和互感电压。由这两类电压可求得线圈 1 和 2 上的总电压为

$$\left.\begin{aligned}u_1=u_{11}\pm u_{12}=L_1\frac{\mathrm{d}i_1}{\mathrm{d}t}\pm M\frac{\mathrm{d}i_2}{\mathrm{d}t}\\ u_2=u_{22}\pm u_{21}=\pm M\frac{\mathrm{d}i_1}{\mathrm{d}t}+L_2\frac{\mathrm{d}i_2}{\mathrm{d}t}\end{aligned}\right\} \tag{9-7}$$

在正弦交流电路中，其相量形式的方程为

$$\left.\begin{aligned}\dot{U}_1=\mathrm{j}\omega L_1\dot{I}_1\pm\mathrm{j}\omega M\dot{I}_2\\ \dot{U}_2=\pm\mathrm{j}\omega M\dot{I}_1+\mathrm{j}\omega L_2\dot{I}_2\end{aligned}\right\} \tag{9-8}$$

如何确定互感电压的正负号呢？

(1) 自感电压的符号的确定：由自感电压与其电流是否关联而定，I 和 U 为关联方向时，为正号；否则为负号。

(2) 两线圈的自磁链和互磁链相助时，自感电压与互感电压同号，即同时取正或取负号。

(3) 两线圈的自磁链和互磁链相消时，自感电压与互感电压符号相反，即若自感电压为正号时，互感电压取为负号；否则反之。

对于上面三个特点可以总结如下。

自感电压看关联，互感电压比自感；磁通相助符号同；磁通相消符号相反。

在绘制电路图时画出两个线圈的磁通方向，是很不方便的，能否采用简单的符号法加以表

示呢？答案是肯定的——这就引出了同名端的概念。当磁通相助时，两个线圈中电流流入或流出对应的引出端，称为同名端，并用同一符号标出这对端子，如黑点或星点。此时，对应端点的电压极性必相同，且自感电压极性与其上互感电压的极性也同号。对于同名端可用实验的方法来判断。

同名端的实验测定如下。

如图 9-2 所示电路，当闭合开关 S 时，i 增加，$\frac{\mathrm{d}i}{\mathrm{d}t}>0$，$u_{21}=M\frac{\mathrm{d}i}{\mathrm{d}t}>0$，电压表正偏。对应端为同名端，否则 $u_{21}=-M\frac{\mathrm{d}i}{\mathrm{d}t}<0$，电压表反偏，对应端为异名端。

当两组线圈装在黑盒里，只引出四个端线组，要确定其同名端，就可以利用上面的结论来加以判断。该图同名端用“•”标出。

小结：

(1) 若对应两个线圈的电流同时流入同名端，则互感电压与自感电压同号；

(2) 若一个电流流入同名端，另一电流流出同名端，则互感电压与自感电压异号。

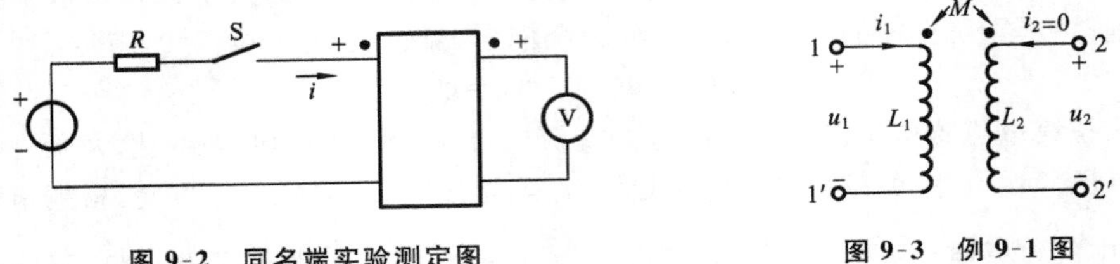

图 9-2　同名端实验测定图

图 9-3　例 9-1 图

【例 9-1】 如图 9-3 所示电路，$M=0.025\ \mathrm{H}$，$i_1=\sqrt{2}\sin1200t\ \mathrm{A}$，试求 u_2。

解　互感电压的极性与产生它电流的参考方向对同名端一致。

$$u_2=u_{21}=M\frac{\mathrm{d}i_1}{\mathrm{d}t}$$

其相量形式为

$$\dot{I}_1=1\angle0^\circ\ \mathrm{A}$$

$$\dot{U}_{21}=\mathrm{j}\omega M\dot{I}_1=\mathrm{j}1200\times0.025\times1\angle0^\circ\ \mathrm{V}=301\angle90^\circ\ \mathrm{V}$$

$$u_2=30\sqrt{2}\sin(1200t+90^\circ)\ \mathrm{V}$$

9.2　耦合电路

9.2.1　耦合电路的电路模型

含有耦合电感电路(简称互感电路)的正弦稳态分析可采用相量法。但应注意耦合电感上的电压包含自感电压和互感电压两部分，在列 KVL 方程时，要正确使用同名端计入互感电压，必要时可引用 CCVS 表示互感电压的作用。耦合电感支路的电压不仅与本支路电流有关，还与其相耦合的其他支路电流有关，列节点电压方程时要另行处理。耦合电感电路可以分为顺接串联、反接串联、同侧并联、异侧并联等多种类型，其电路模型如图 9-4(a)、图 9-5(a)、

图 9-6(a)、图 9-7(a)所示。

9.2.2　耦合电路的分析

图 9-4(a)所示的耦合电感电路是一种串联电路，由于是正向耦合，故称为顺接串联（另一种为反接串联，为反向耦合状态），按图示参考方向，KVL 方程为

$$\begin{aligned} u_1 &= R_1 i + L_1 \frac{\mathrm{d}i}{\mathrm{d}t} + M \frac{\mathrm{d}i}{\mathrm{d}t} = R_1 i + (L_1 + M)\frac{\mathrm{d}i}{\mathrm{d}t} \\ u_2 &= R_2 i + L_2 \frac{\mathrm{d}i}{\mathrm{d}t} + M \frac{\mathrm{d}i}{\mathrm{d}t} = R_2 i + (L_2 + M)\frac{\mathrm{d}i}{\mathrm{d}t} \end{aligned} \tag{9-9}$$

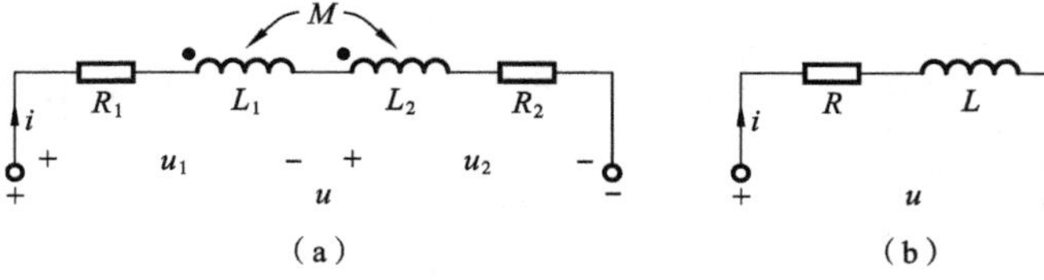

图 9-4　耦合电感的顺接串联电路

(a) 顺接串联电路；(b) 等效电路

根据上述方程可以给出一个无耦合等效电路，如图 9-4(b)所示。根据 KVL 有

$$u = u_1 + u_2 = (R_1 + R_2)i + (L_1 + L_2 + 2M)\frac{\mathrm{d}i}{\mathrm{d}t} = Ri + L\frac{\mathrm{d}i}{\mathrm{d}t} \tag{9-10}$$

对正弦稳态电路，可采用相量形式表示为

$$\begin{aligned} \dot{U}_1 &= [R_1 + \mathrm{j}\omega(L_1 + M)]\dot{I} \\ \dot{U}_2 &= [R_2 + \mathrm{j}\omega(L_2 + M)]\dot{I} \\ \dot{U} &= [R_1 + R_2 + \mathrm{j}\omega(L_1 + L_2 + 2M)]\dot{I} \end{aligned} \tag{9-11}$$

电流 $\dot{I}$ 为

$$\dot{I} = \frac{\dot{U}}{R_1 + R_2 + \mathrm{j}\omega(L_1 + L_2 + 2M)}$$

每一条耦合电感支路的阻抗和电路的输入阻抗分别为

$$\begin{aligned} Z_1 &= R_1 + \mathrm{j}\omega(L_1 + M) \\ Z_2 &= R_2 + \mathrm{j}\omega(L_2 + M) \\ Z &= Z_1 + Z_2 = R_1 + R_2 + \mathrm{j}\omega(L_1 + L_2 + 2M) \end{aligned} \tag{9-12}$$

对于反接串联电路如图 9-5(a)所示，图 9-5(b)所示的为其等效电路。

$$u = u_1 + u_2 = (R_1 + R_2)i + (L_1 + L_2 - 2M)\frac{\mathrm{d}i}{\mathrm{d}t} = Ri + L\frac{\mathrm{d}i}{\mathrm{d}t} \tag{9-13}$$

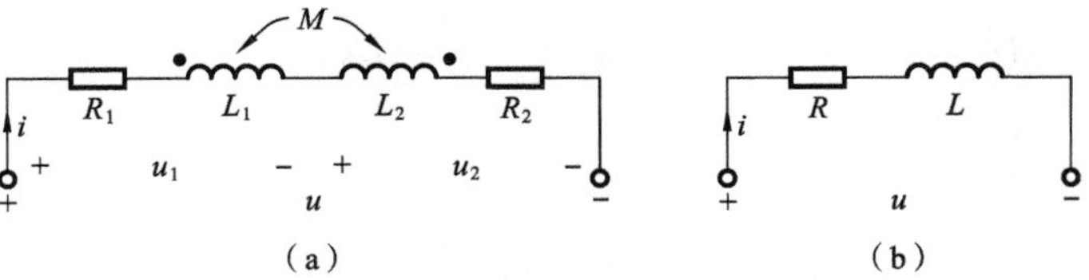

图 9-5　耦合电感的反接串联电路

(a) 反接串联电路；(b) 等效电路

不难得出每一耦合电感支路的阻抗为

$$\left.\begin{aligned}&Z_1=R_1+\mathrm{j}\omega(L_1-M)\\&Z_2=R_2+\mathrm{j}\omega(L_2-M)\\&Z=Z_1+Z_2=R_1+R_2+\mathrm{j}\omega(L_1+L_2-2M)\end{aligned}\right\}\tag{9-14}$$

需要注意的是 $L_1+L_2-2M\geqslant 0$，即 $M\leqslant\frac{1}{2}(L_1+L_2)$。

图 9-6(a)所示的电路为耦合电感的一种并联电路，由于同名端连接在同一个节点上，称为同侧并联电路。正弦稳态情况下，对同侧并联电路有

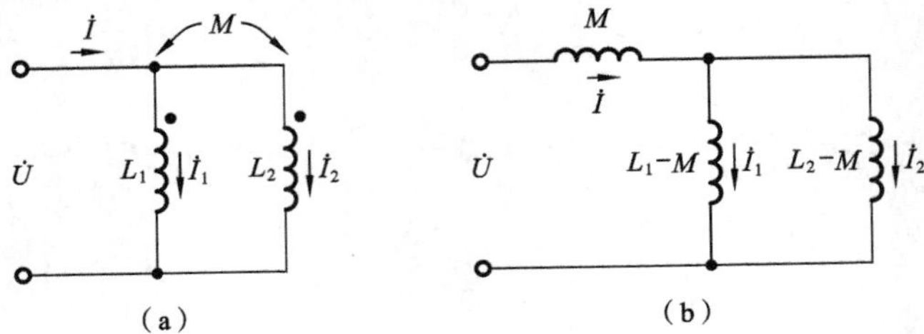

图 9-6 耦合电感的同侧并联电路

(a) 同侧并联电路；(b) 等效电路

$$\left.\begin{aligned}&\dot{U}=\mathrm{j}\omega L_1\dot{I}_1+\mathrm{j}\omega M\dot{I}_2+\mathrm{j}\omega M\dot{I}_1-\mathrm{j}\omega M\dot{I}_1=\mathrm{j}\omega(L_1-M)\dot{I}_1+\mathrm{j}\omega M(\dot{I}_1+\dot{I}_2)\\&\dot{U}=\mathrm{j}\omega L_2\dot{I}_2+\mathrm{j}\omega M\dot{I}_1+\mathrm{j}\omega M\dot{I}_2-\mathrm{j}\omega M\dot{I}_2=\mathrm{j}\omega(L_2-M)\dot{I}_2+\mathrm{j}\omega M(\dot{I}_1+\dot{I}_2)\\&\dot{I}=\dot{I}_1+\dot{I}_2\end{aligned}\right\}\tag{9-15}$$

等效电感为

$$L_{\mathrm{eq}}=M+\frac{(L_1-M)(L_2-M)}{L_1+L_2-2M}=\frac{L_1L_2-M^2}{L_1+L_2-2M}\tag{9-16}$$

同样的方法可以得到异侧并联的正弦稳态方程，其电路图如图 9-7 所示。

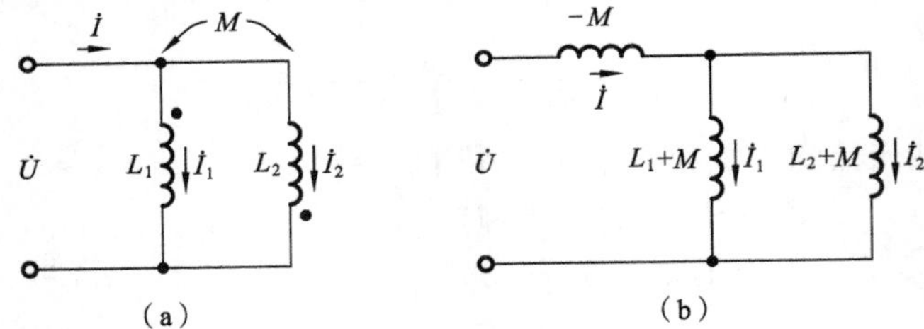

图 9-7 耦合电感的异侧并联电路

(a) 异侧并联电路；(b) 等效电路

$$\left.\begin{aligned}&\dot{U}=\mathrm{j}\omega L_1\dot{I}_1-\mathrm{j}\omega M\dot{I}_2+\mathrm{j}\omega M\dot{I}_1-\mathrm{j}\omega M\dot{I}_1=\mathrm{j}\omega(L_1+M)\dot{I}_1-\mathrm{j}\omega M(\dot{I}_1+\dot{I}_2)\\&\dot{U}=\mathrm{j}\omega L_2\dot{I}_2+\mathrm{j}\omega M\dot{I}_1+\mathrm{j}\omega M\dot{I}_2-\mathrm{j}\omega M\dot{I}_2=\mathrm{j}\omega(L_2+M)\dot{I}_2-\mathrm{j}\omega M(\dot{I}_1+\dot{I}_2)\\&\dot{I}=\dot{I}_1+\dot{I}_2\end{aligned}\right\}\tag{9-17}$$

等效电感为

$$L_{\mathrm{eq}}=-M+\frac{(L_1+M)(L_2+M)}{L_1+L_2+2M}=\frac{L_1L_2-M^2}{L_1+L_2+2M}\tag{9-18}$$

图 9-8 所示的为同名端为共端的 T 型耦合电路，此类电路的去耦分析方法与同侧并联的相同。

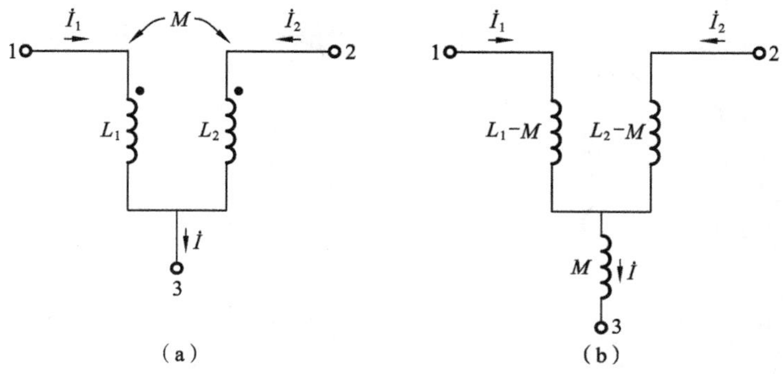

图 9-8　同名端为共端的 T 型耦合电路

(a) 同名端为共端的 T 型耦合电路；(b) 等效电路

$$\left.\begin{aligned}\dot{U}_{13}&=\mathrm{j}\omega L_1\dot{I}_1+\mathrm{j}\omega M\dot{I}_2=\mathrm{j}\omega(L_1-M)\dot{I}_1+\mathrm{j}\omega M\dot{I}\\\dot{U}_{23}&=\mathrm{j}\omega L_2\dot{I}_2+\mathrm{j}\omega M\dot{I}_1=\mathrm{j}\omega(L_2-M)\dot{I}_2+\mathrm{j}\omega M\dot{I}\\\dot{I}&=\dot{I}_1+\dot{I}_2\end{aligned}\right\}\tag{9-19}$$

图 9-9 所示的为异名端为共端的 T 型耦合电路，此类电路的去耦分析方法与异侧并联的相同。

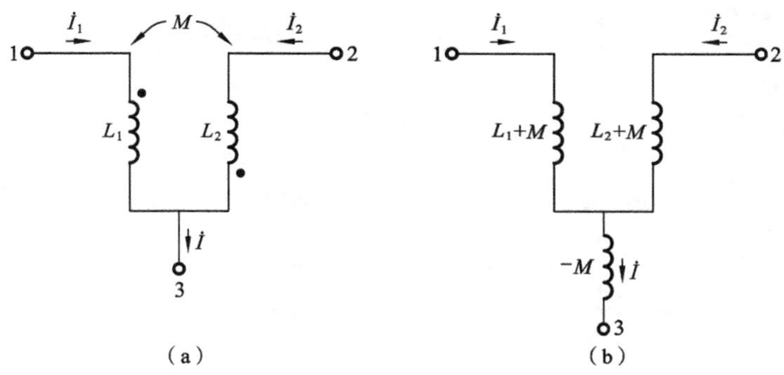

图 9-9　异名端为共端的 T 型耦合电路

(a) 异名端为共端的 T 型耦合电路；(b) 等效电路

$$\left.\begin{aligned}\dot{U}_{13}&=\mathrm{j}\omega L_1\dot{I}_1-\mathrm{j}\omega M\dot{I}_2=\mathrm{j}\omega(L_1+M)\dot{I}_1-\mathrm{j}\omega M\dot{I}\\\dot{U}_{23}&=\mathrm{j}\omega L_2\dot{I}_2-\mathrm{j}\omega M\dot{I}_1=\mathrm{j}\omega(L_2+M)\dot{I}_2-\mathrm{j}\omega M\dot{I}\\\dot{I}&=\dot{I}_1+\dot{I}_2\end{aligned}\right\}\tag{9-20}$$

图 9-10(a)所示的为电流同时流入同名端耦合电感电路，正弦稳态情况下有

$$\left.\begin{aligned}\dot{U}_1&=\mathrm{j}\omega L_1\dot{I}_1+\mathrm{j}\omega M\dot{I}_2\\\dot{U}_2&=\mathrm{j}\omega L_2\dot{I}_2+\mathrm{j}\omega M\dot{I}_1\end{aligned}\right\}$$

故可以将上述电路等效为受控源电路。其等效电路如图 9-10(b)所示。

图 9-11(a)所示的为电流同时流入异名端耦合电感电路，正弦稳态情况下有

$$\left.\begin{aligned}\dot{U}_1&=\mathrm{j}\omega L_1\dot{I}_1-\mathrm{j}\omega M\dot{I}_2\\\dot{U}_2&=\mathrm{j}\omega L_2\dot{I}_2-\mathrm{j}\omega M\dot{I}_1\end{aligned}\right\}$$

故可以将上述电路等效为受控源电路。其等效电路如图 9-11(b)所示。

【例 9-2】　电路如图 9-12(a)所示，求 L_{eq}。

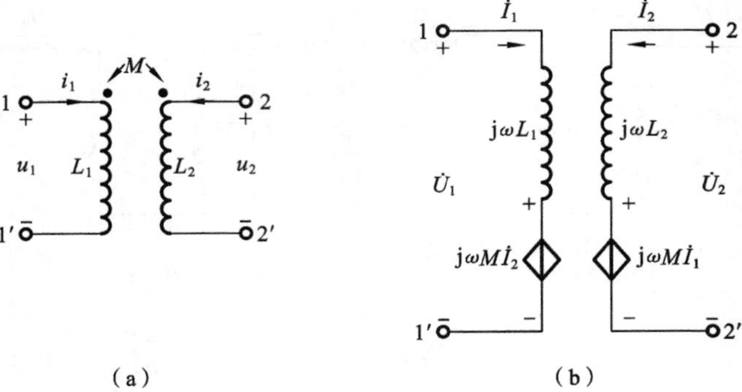

(a) (b)

图 9-10 电流同时流入同名端耦合电感电路

(a) 电流同时流入同名端耦合电感电路；(b) 受控源等效电路

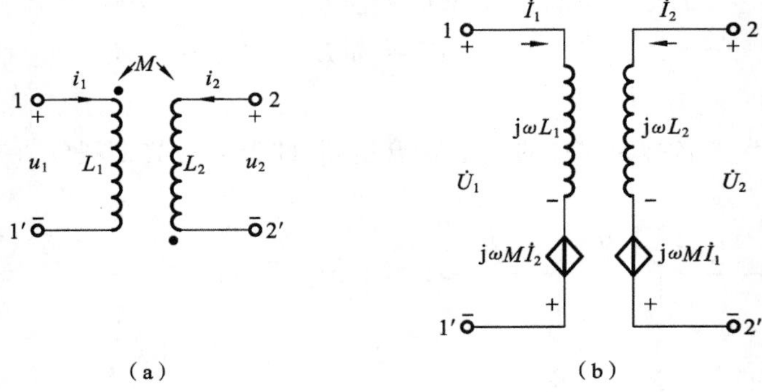

(a) (b)

图 9-11 电流同时流入异名端耦合电感电路

(a) 电流同时流入异名端耦合电感电路；(b) 受控源等效电路

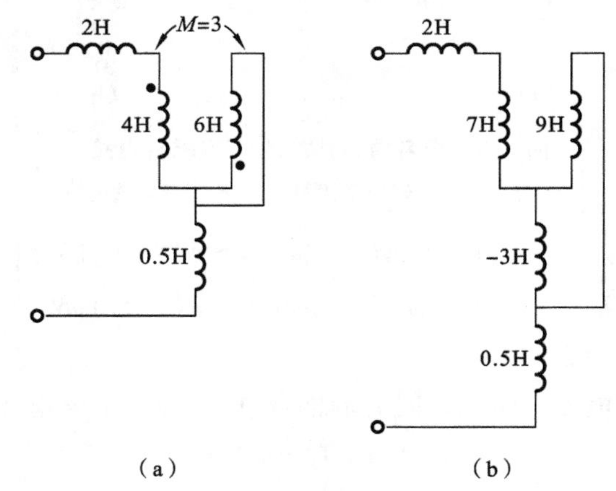

(a) (b)

图 9-12 例 9-2 图

解 其去耦等效电路如图 9-12(b)所示，则有

$$L_{eq}=[2+7+(-3/\!/9)+0.5]\ \mathrm{H}=(9.5-4.5)\ \mathrm{H}=5\ \mathrm{H}$$

【例 9-3】 耦合电路如图 9-13(a)所示，求 L_{eq}。

解 其去耦等效电路如图 9-13(b)所示，则有

$$L_{eq}=[1+(3/\!/6)+3]\ \mathrm{H}=(1+2+3)\ \mathrm{H}=6\ \mathrm{H}$$

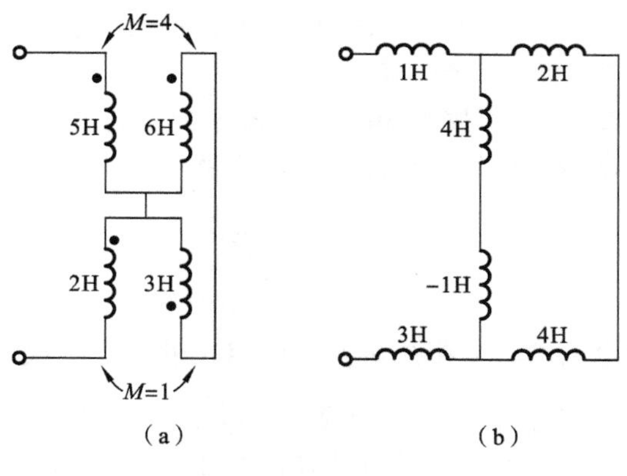

图 9-13　例 9-3 图

9.3　空芯变压器

9.3.1　空芯变压器的电路模型

变压器是电工、电子技术中常用的电气设备，是耦合电感工程实际应用的典型例子，在其他课程有专门的论述，这里仅对电路原理作简要的介绍。变压器由两个耦合线圈绕在一个共同的芯子上制成，其中，一个线圈作为输入端口，接入电源后形成一个回路，称为一次回路（或一次侧）；另一线圈作为输出端口，接入负载后形成另一个回路，称为二次回路（或二次侧）。变压器是利用互感来实现从一个电路向另一个电路传输能量或信号的器件。当变压器线圈的芯子为非铁磁材料时，称为空心变压器。其电路模型如图 9-14 所示。

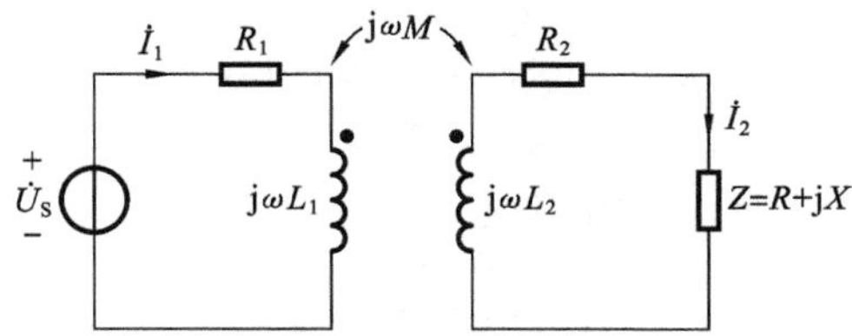

图 9-14　空芯变压器的电路模型

9.3.2　空芯变压器的分析

在正弦稳态下，由图 9-14 可得到变压器电路的方程（双网孔方程）为

$$\left.\begin{aligned}(R_1+\mathrm{j}\omega L_1)\dot{I}_1-\mathrm{j}\omega M\dot{I}_2=\dot{U}_S\\-\mathrm{j}\omega M\dot{I}_1+(R_2+\mathrm{j}\omega L_2+Z)\dot{I}_2=0\end{aligned}\right\}\tag{9-21}$$

上述方程是由一次侧和二次侧两个独立回路方程组成，它们通过互感的耦合联列在一起，是分析变压器性能的依据。令 $Z_{11}=R_1+\mathrm{j}\omega L_1$，称为一次回路阻抗，$Z_{22}=(R_2+R)+\mathrm{j}(\omega L_2+X)$，称为二次回路阻抗，则上述方程式可简写为

$$\left.\begin{aligned}Z_{11}\dot{I}_1-\mathrm{j}\omega M\dot{I}_2&=\dot{U}_\mathrm{S}\\-\mathrm{j}\omega M\dot{I}_1+Z_{22}\dot{I}_2&=0\end{aligned}\right\}\tag{9-22}$$

工程上根据不同的需要，采用不同的等效电路来分析研究变压器的输入端口或输出端口的状态及相互影响。由式(9-22)可解得变压器一次电路中的电流 $\dot{I}_1$ 为

$$\dot{I}_1=\frac{\dot{U}_\mathrm{S}}{Z_{11}+\dfrac{(\omega M)^2}{Z_{22}}}\tag{9-23}$$

表明变压器一次等效电路的输入阻抗可由两个阻抗的串联组成，$\dfrac{(\omega M)^2}{Z_{22}}$称为引入阻抗，或反映阻抗，它是二次回路通过互感反映到一次侧的等效阻抗。引入阻抗的性质与 Z_{22} 相反，即感性(容性)变为容性(感性)。一次侧等效电路如图 9-15(a)所示。

由式(9-22)可解得变压器二次电路中电流 $\dot{I}_2$ 为

$$\dot{I}_2=\frac{\mathrm{j}\omega M\dot{U}_\mathrm{S}}{Z_{11}}\cdot\frac{1}{Z_{22}+\dfrac{(\omega M)^2}{Z_{11}}}=\frac{\dot{U}_\mathrm{OC}}{Z_{22}+Z_\mathrm{eq}}\tag{9-24}$$

式中分子是戴维宁等效电路的等效电压源，分母是等效电路的回路阻抗，它由两部分阻抗串联组成，即一次回路反映到二次回路的引入阻抗和二次线圈的阻抗，其等效回路如图 9-15(b)所示。

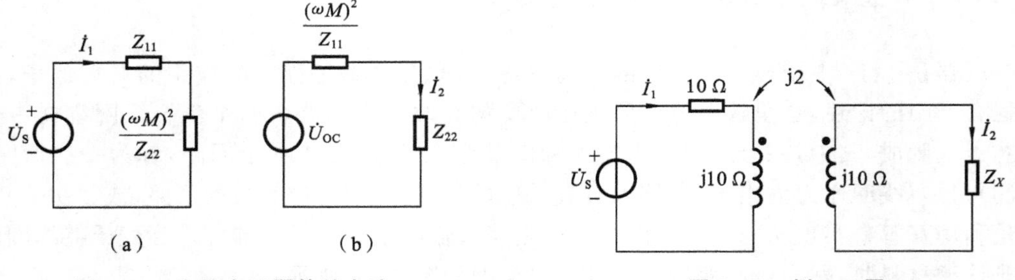

图 9-15 空芯变压器等效电路

图 9-16 例 9-4 图

【例 9-4】 电路如图 9-16 所示，已知 $U_\mathrm{S}=20\ \mathrm{V}$，一次侧引入阻抗 $Z_\mathrm{L}=(10-\mathrm{j}10)\ \Omega$。求 Z_X 及负载获得的有功功率。

解 由题可知，一次侧回路的等效电路为

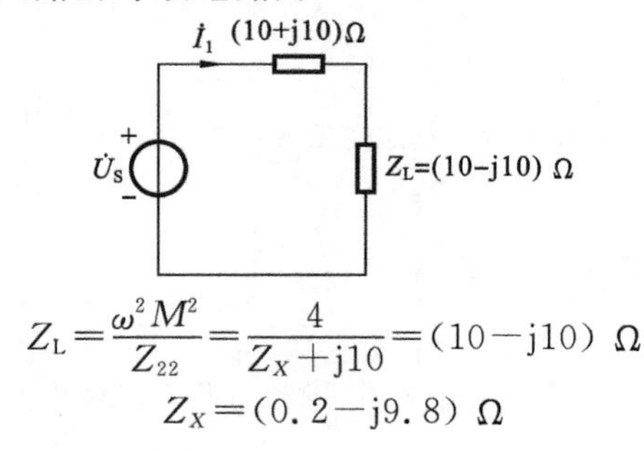

$$Z_\mathrm{L}=\frac{\omega^2M^2}{Z_{22}}=\frac{4}{Z_X+\mathrm{j}10}=(10-\mathrm{j}10)\ \Omega$$

可得
$$Z_X=(0.2-\mathrm{j}9.8)\ \Omega$$

负载获得功率：

$$P=P_{R引}=\left(\frac{20}{10+10}\right)^2R_\mathrm{L}=10\ \mathrm{W}$$

实际是最佳匹配：

$$Z_\mathrm{L}=Z_{11}^*,\quad P=\frac{U_\mathrm{S}^2}{4R_\mathrm{L}}=10\ \mathrm{W}$$

9.4 理想变压器

9.4.1 理想变压器的电路模型

本节将要介绍的理想变压器是实际变压器理想化的模型。理想变压器不是偶然想象的产物，而是科学思维的必然结果，因为分析研究耦合电感时，总会促使人们进一步思考。如果耦合电感无限增大和更紧密耦合时，将会出现怎样的结果呢？

理想变压器的三个理想化条件如下。

(1) 线圈导线无电阻，无铁损耗。

若线圈导线无电阻，且无铁损耗，根据图9-14所示的参考方向，磁通链方程为

$$\left.\begin{aligned}\Psi_1=L_1i_1+Mi_2\\ \Psi_2=L_2i_2+Mi_1\end{aligned}\right\}\tag{9-25}$$

这是分析研究耦合电感的基本方程。在无损耗条件下，直接对方程求导就能获得表述耦合电感端口特性的电压-电流方程（电压、电流为关联参考方向）为

$$\left.\begin{aligned}u_1=\frac{\mathrm{d}\Psi_1}{\mathrm{d}t}=L_1\frac{\mathrm{d}i_1}{\mathrm{d}t}+M\frac{\mathrm{d}i_2}{\mathrm{d}t}\\ u_2=\frac{\mathrm{d}\Psi_2}{\mathrm{d}t}=L_2\frac{\mathrm{d}i_2}{\mathrm{d}t}+M\frac{\mathrm{d}i_1}{\mathrm{d}t}\end{aligned}\right\}\tag{9-26}$$

(2) 全耦合。

当$k=1$（全耦合）时，有$L_1L_2-M^2=0$，即方程组右侧的系数行列式的值为零。由数学理论可知，在此情况下，求解上述方程组将毫无结果，表明方程组对全耦合电感的描述是不充分的，尽管其中每一个方程都符合电路理论的要求，但已失去联列的意义。这说明耦合电感在$k=1$时，一定存在尚未表述的新的约束关系。分别将上面的两个方程相比，就得到磁通链比、电压比方程为

$$\frac{\Psi_1}{\Psi_2}=\frac{u_1}{u_2}=\frac{\sqrt{L_1}}{\sqrt{L_2}}\text{（常数）}\tag{9-27}$$

这一关系是符合实际的，可以直接证明。

(3) 参数无限大：铁芯材料的磁导率μ无限大。令耦合电感的绕组匝数分别为N_1、N_2。

$$L_1,L_2,M\Rightarrow\infty,\text{但}\frac{\sqrt{L_1}}{\sqrt{L_2}}=\frac{N_1}{N_2}=n$$

$$\frac{M}{L_1}=\frac{\sqrt{L_1L_2}}{L_1}=\sqrt{\frac{L_2}{L_1}}=\frac{1}{n}\tag{9-28}$$

同理可以得到 $\frac{L_1}{M}=\frac{N_1}{N_2}=n$

注意：以上三个条件在工程实际中不可能满足，但在一些实际工程概算中，在误差允许的范围内，把实际变压器当理想变压器对待，可使计算过程简化。

通过以上的分析可以得到理想变压器模型如图9-17所示。

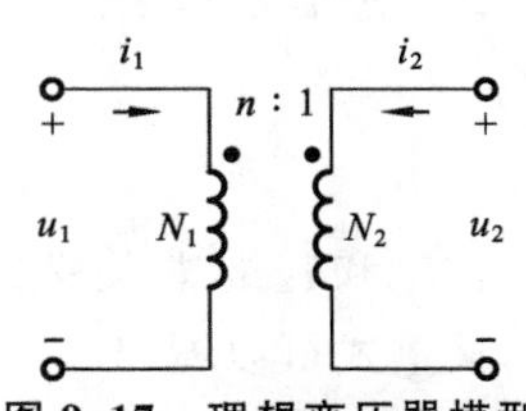

图9-17 理想变压器模型

9.4.2 变比

1. 变压关系

$k=1$ 时的耦合磁通为 Φ，则有

$$\Psi_1=N_1\Phi,\quad u_1=N_1\frac{\mathrm{d}\Phi}{\mathrm{d}t}$$

$$\Psi_2=N_2\Phi,\quad u_2=N_2\frac{\mathrm{d}\Phi}{\mathrm{d}t}$$

同样有

$$\frac{\Psi_1}{\Psi_2}=\frac{u_1}{u_2}=\frac{N_1}{N_2}=n \tag{9-29}$$

$$\frac{\dot{U}_1}{\dot{U}_2}=n \tag{9-30}$$

可得到理想变压器的电路模型如图 9-17 所示。

注意：若根据图 9-17 所示的图示参考方向，可以得到

$$\left.\begin{aligned}&\frac{u_1}{u_2}=-\frac{N_1}{N_2}=-n\\&\frac{\dot{U}_1}{\dot{U}_2}=-n\end{aligned}\right\} \tag{9-31}$$

式中：N_1、N_2 分别是一次侧和二次侧的绕组的匝数。

2. 变流关系

依据无损耗性质，则有

$$P_1+P_2=0\Rightarrow P_1=-P_2\Rightarrow u_1i_1=-u_2i_2$$

因为

$$\frac{u_1}{u_2}=n$$

可以得到

$$\frac{i_1}{i_2}=-\frac{u_2}{u_1}=-\frac{1}{n},\quad \frac{\dot{I}_1}{\dot{I}_2}=-\frac{1}{n} \tag{9-32}$$

如果 i_1、i_2 一个从同名端流入，另一个从同名端流出，则有

$$\frac{u_1}{u_2}=-n,\quad i_1(t)=\frac{1}{n}i_2 \tag{9-33}$$

3. 变阻抗关系

$$\frac{\dot{U}_1}{\dot{I}_1}=\frac{n\dot{U}_2}{-(1/n)\dot{I}_2}=n^2\left(-\frac{\dot{U}_2}{\dot{I}_2}\right)=n^2Z_2$$

式中：$\dot{U}_2$ 和 $\dot{I}_2$ 是非关联参考方向。

从上式可以看出：

(1) 理想变压器的阻抗变换只改变阻抗的大小，不改变阻抗的性质，其等效阻抗与 L_1

并联；

(2) 理想变压器其他连接方式，均具有同样的关系，即

$$Z_{eq1}=\frac{\dot{U}_1}{\dot{I}_1}=\left(\frac{N_1}{N_2}\right)^2 Z_2=n^2 Z_2$$
$$Z_{eq2}=\frac{\dot{U}_2}{\dot{I}_2}=\left(\frac{N_2}{N_1}\right)^2 Z_1=\frac{1}{n^2}Z_1 \tag{9-34}$$

从上面的讨论可以看出：升压必降流，升压必升阻；降压必升流，降压必降阻。

4. 功率性质

理想变压器从两个端口吸收的瞬时功率为

$$p=u_1 i_1+u_2 i_2=u_1 i_1+\frac{1}{n}u_1\times(-ni_1)=0$$

上式表明：

(1) 理想变压器既不储能，也不耗能，在电路中只起传递能量和信号的作用；

(2) 理想变压器的特性方程为代数关系，因此它是无记忆的多端元件；

(3) u_1 和 u_2 是初、次级线圈两端的电压。

【例 9-5】 电路如图 9-18 所示，已知电源内阻 $R_S=1\ \text{k}\Omega$，负载电阻 $R_L=10\ \Omega$。为使 R_L 获得最大功率，求理想变压器的变比 n。

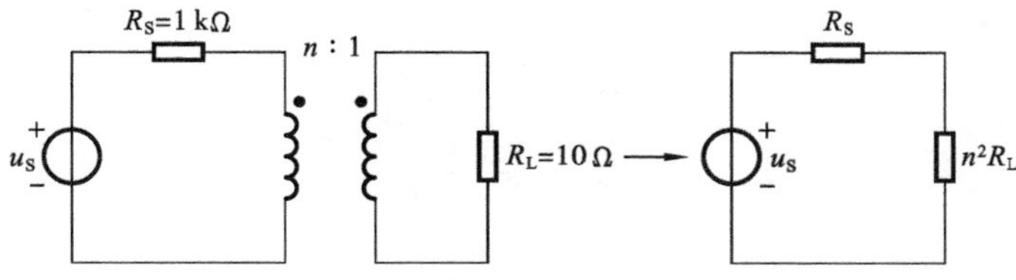

图 9-18　例 9-5 图

解　应用变阻抗性质，当 $n^2 R_L=R_S$ 时匹配，即

$$10n^2=1000$$

所以可以得

$$n=10$$

【例 9-6】 电路如图 9-19 所示，求电压 $\dot{U}_2$。

图 9-19　例 9-6 图

解　列方程 KVL，$\dot{U}_1$、$\dot{U}_2$ 是一、二次侧线圈两端的电压，即

$$\begin{rcases}1\times\dot{I}_1+\dot{U}_1=10\angle 0^\circ\\ 50\dot{I}_2+\dot{U}_2=0\\ \dot{U}_1=\frac{1}{10}\dot{U}_2\\ \dot{I}_1=-10\dot{I}_2\end{rcases}$$

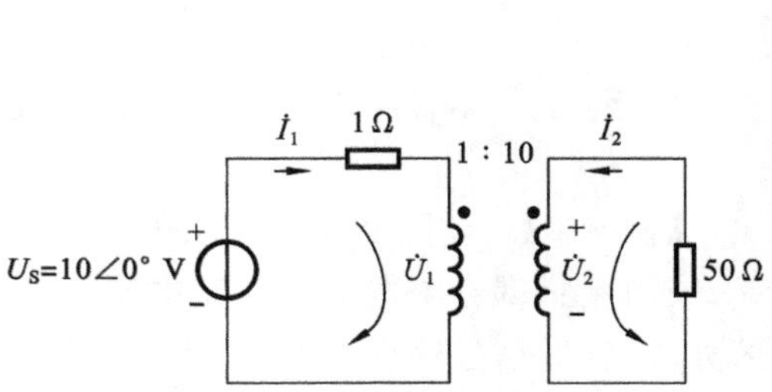

通过上面方程可以解得

$$\dot{U}_2=33.33\angle 0^\circ\ \text{V}$$
$$n^2 R_L=\left(\frac{1}{10}\right)^2\times 50\ \Omega=\frac{1}{2}\ \Omega$$

$$n=\frac{\dot{U}_1}{\dot{U}_2}=\frac{1}{10}$$

$$\dot{U}_1=\frac{10\angle 0^\circ}{1+1/2}\times\frac{1}{2}\ \text{V}=\frac{10}{3}\angle 0^\circ\ \text{V}$$

$$\dot{U}_2=\frac{1}{n}\dot{U}_1=10\ \dot{U}_1=33.33\angle 0^\circ\ \text{V}$$

【例 9-7】 电路如图 9-20 所示，等效阻抗 $Z_{ab}=0.25\ \Omega$，求理想变压器的变比 n。

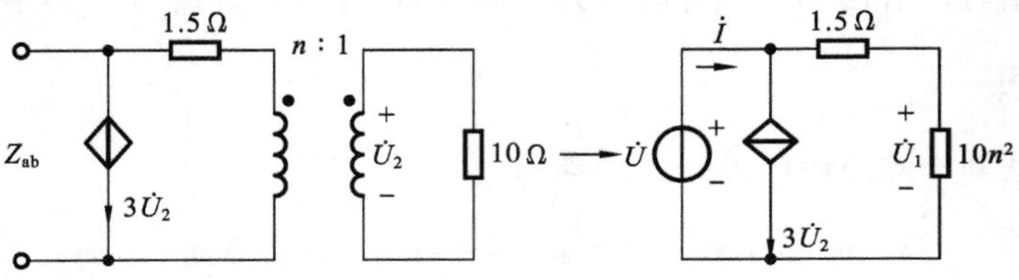

图 9-20 例 9-7 图

解 应用阻抗变换，外加电源得

$$\left.\begin{aligned}&\dot{U}=(\dot{I}-3\dot{U}_2)\times(1.5+10n^2)\\&\dot{U}_1=(\dot{I}-3\dot{U}_2)\times 10n^2\\&\dot{U}_2=\frac{\dot{U}_1}{n}\end{aligned}\right\}$$

由后两个方程得

$$\dot{U}_2=10\dot{I}n-30\dot{U}_2 n$$

$$\dot{U}_2=\frac{10\dot{I}n}{30n+1}$$

$$Z_{ab}=0.25=\frac{\dot{U}}{\dot{I}}=\frac{1.5+10n^2}{30n+1}\Rightarrow\begin{cases}n=0.5\\n=0.25\end{cases}$$

9.5 计算机辅助分析电路举例

9.5.1 利用 Matlab 计算耦合电感的等效电感

【例 9-8】 如图 9-21 所示的含有耦合电感元件的电路，系由空芯变压器与电容连接而成，成为互感耦合谐振电路。其中连接信号源的电路(即信号输入电路)称为一次侧电路；另一部分电路(即信号输出电路)称为二次侧电路。求一次侧的输入端等效阻抗。

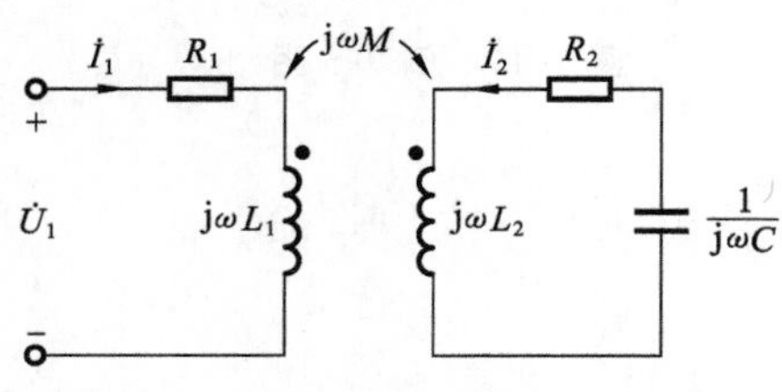

图 9-21 含有耦合电感元件的电路

解 应用 KVL 定律的相量形式，对一次侧电路和二次侧电路列方程

$$R_1\dot{I}_1+\text{j}\omega L_1\dot{I}_1+\text{j}\omega M\dot{I}_2=\dot{U}_1$$

$$\text{j}\omega M\dot{I}_1+R_2\dot{I}_2+\text{j}\omega L_2\dot{I}_2+\frac{1}{\text{j}\omega C}\dot{I}_2=0$$

整理得到

$$(R_1+\text{j}\omega L_1)\dot{I}_1+\text{j}\omega M\dot{I}_2=\dot{U}_1$$

$$j\omega M\dot{I}_1+(R_2+jX_2)\dot{I}_2=0$$

其中

$$X_2=\omega L_2-\frac{1}{\omega C}$$

解得

$$\dot{I}_1=\frac{\dot{U}_1}{R_1+j\omega L_1+\omega^2M^2/(R_2+jX_2)}$$

一次侧输入端的等效阻抗为

$$Z_{eq1}=\frac{\dot{U}_1}{\dot{I}_1}=R_1+j\omega L_1+\frac{\omega_2 M^2}{R_2+jX_2}$$

由此可以看出在一次侧输入阻抗中除了自阻抗外，还有二次侧电路通过互感在一次侧产生的一个阻抗，成为反射阻抗。

Matlab 程序如下：

```
syms R1 R2 L1 L2 C w M U1;
A=[R1+j*w*L1 j*w*M;j*w*M R2+j*(w*L2-1/(w*C))];
B=[U1;0];
I=A\B;
Zeq1=U1/I(1);
Z1=R1+j*w*L1+(w*M)^2/(R2+j*(w*L2-1/(w*C)));%注意以下指令是验证Zeq1与手工计算相等的。
c=Zeq1/Z1;
d=simple(c);
disp(d);
disp(Zeq1);
```

运行结果为：

```
1
(w^3*M^2*C+R2*w*C*R1+i*R2*w^2*C*L1+i*w^2*L2*C*R1-w^3*L2*C*L1-i*R1+w*L1)/(R2*w*C+i*w^2*L2*C-i)
```

9.5.2　利用 Simulink 对含耦合电感正弦稳态交流电路的仿真分析

如图 9-4、图 9-5、图 9-6、图 9-7 所示的顺接串联、反接串联、同侧并联、异侧并联的耦合电感电路，给定所加电源的频率

$\omega=100$ rad/s，　$R_1=3\ \Omega$，　$L_1=0.075$ H，　$R_2=5\ \Omega$，　$L_2=0.125$ H，　$M=0.08$ H

把互感元件(mutual inductance)从元件模块库中拖到 hugan.mdl 文件中。仿真模型所需的其他模块同前所述。按照已知电路的参数修改模块参数。

顺接串联的仿真模型和仿真结果如图 9-22 所示。

反接串联的仿真模型和仿真结果如图 9-23 所示。

同侧并联的仿真模型和仿真结果如图 9-24 所示。

异侧并联的仿真模型和仿真结果如图 9-25 所示。

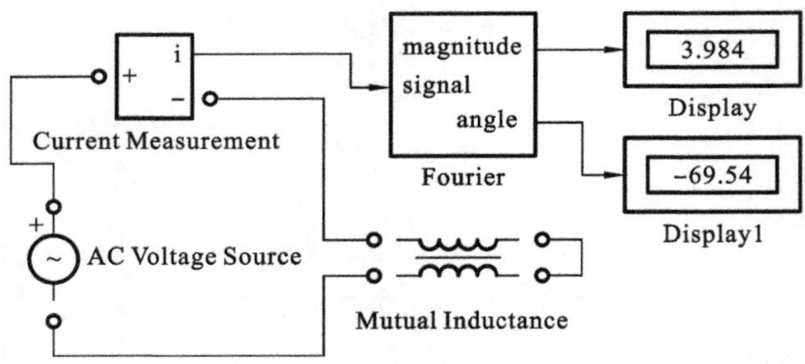

图 9-22　顺接串联的仿真模型

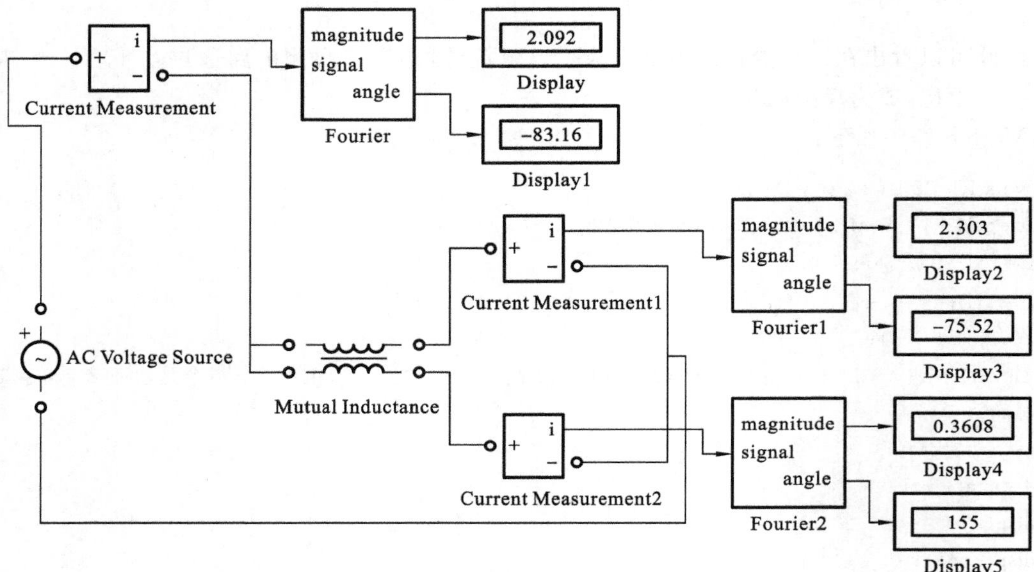

图 9-23　反接串联的仿真模型

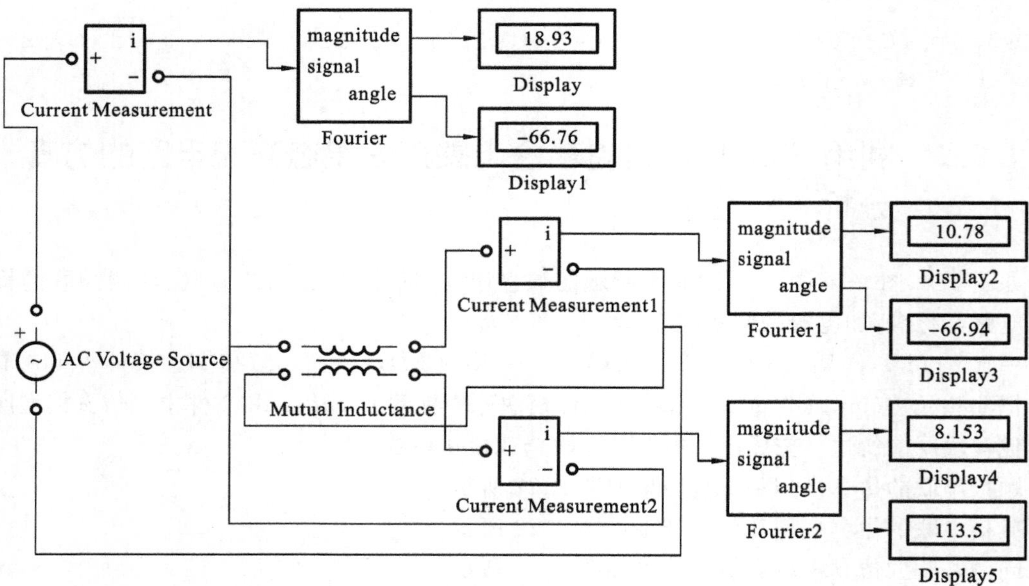

图 9-24　同侧并联的仿真模型

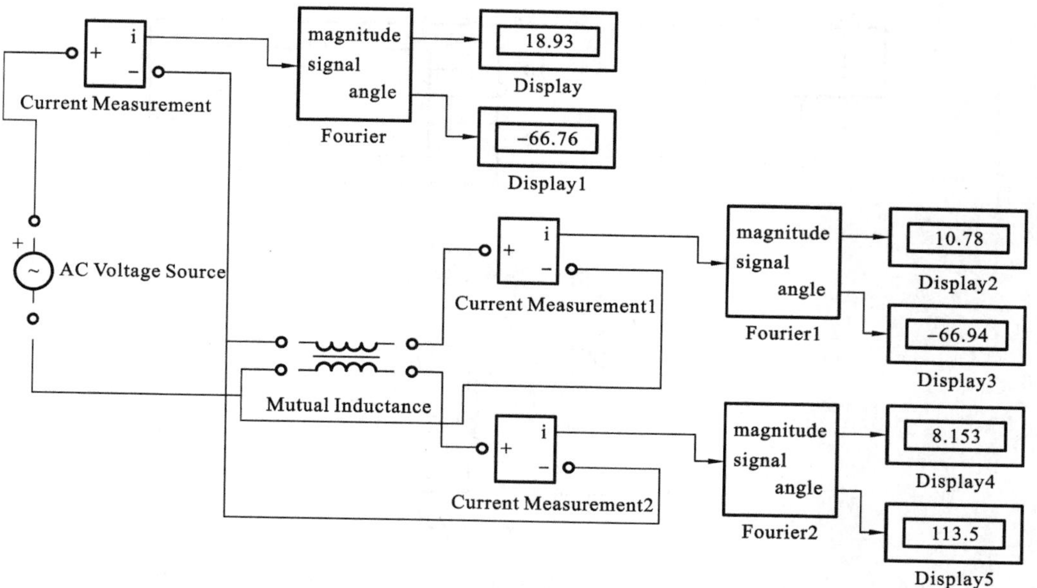

图 9-25　异侧并联的仿真模型

小　　结

本章主要介绍耦合电感中的磁耦合现象、互感和耦合因数、耦合电感的同名端和耦合电感的磁通链方程、电压-电流关系；还介绍含有耦合电感电路的分析计算及空芯变压器、理想变压器的初步概念。

耦合电感是线性电路中一种重要的多端元件。分析含有耦合电感元件的电路问题，重点是掌握这类多端元件的特性，即耦合电感的电压不仅与本电感的电流有关，还与其他耦合电感的电流有关，这种情况类似于含有电流控制电压源的情况。

分析含有耦合电感的电路一般采用的方法有列方程分析和应用等效电路分析两类。考虑到耦合电感的特性，在分析中要注意以下特殊性。

(1) 耦合电感上的电压、电流关系(VCR)式与其同名端位置有关，与其上电压、电流参考方向有关。认识这一点是正确列写方程及正确进行去耦等效的关键。

(2) 由于耦合电感上的电压是自感电压和互感电压之和，因此列方程分析这类电路时，如不做去耦等效，则多采用网孔法和回路法，不宜直接应用节点电压法。

(3) 应用戴维宁定理(或诺顿定理)分析时，等效内阻抗应按含受控源电路的内阻抗求解法。但当负载和有源两端网络内部有耦合电感存在时，戴维宁定理(或诺顿定理)不便使用。

思考题及习题

9.1　试确定图 1 所示耦合线圈的同名端。

9.2　图 2 中 L_1 接通频率为 500 Hz 的正弦电源时，电流表读数为 1 A，电压表读数为 31.4 V。试求两线圈的互感系数 M。

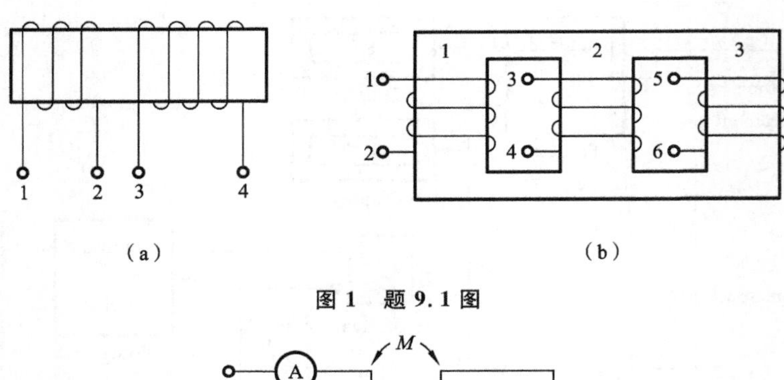

图 1　题 9.1 图

图 2　题 9.2 图

9.3　图 3 所示的为一变压器，一次侧接 220 V 正弦交流电源，二次侧有两个线圈，分别测得 U_{34} 为 12 V，U_{56} 为 24 V，求图示两种接法时伏特表的读数。

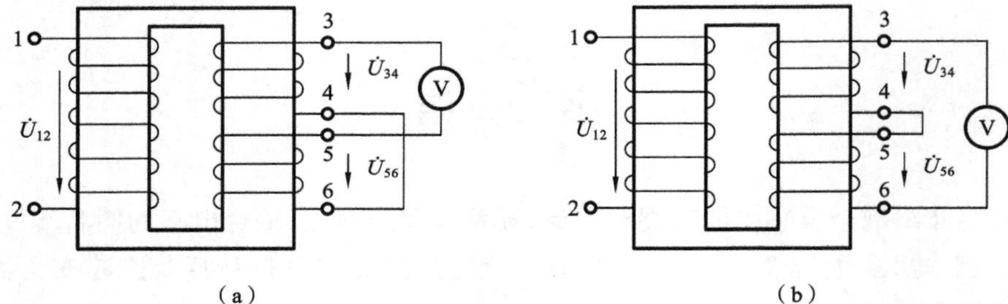

图 3　题 9.3 图

9.4　能否使两个耦合线圈之间的耦合系数 $k=0$。

9.5　图 4 所示的电路中，$L_1=6$ H，$L_2=3$ H，$M=4$ H。求从端子 1—1′看进去的等效电感。

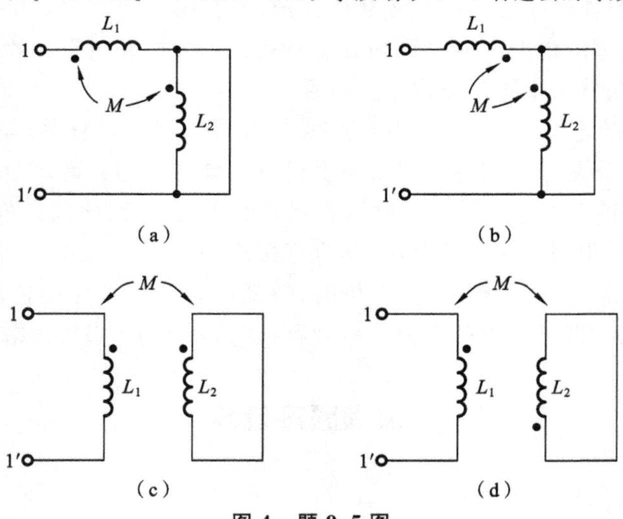

图 4　题 9.5 图

9.6　求图 5 所示电路的输入阻抗 $Z(\omega=1\ \text{rad/s})$。

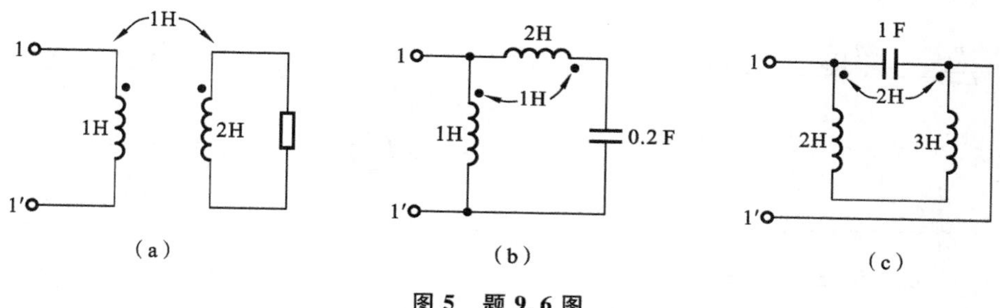

图 5　题 9.6 图

9.7　如图 6 所示电路，已知 $i_S=2\sin(10t)$，$L_1=0.3$ H，$L_2=0.5$ H，$M=0.1$ H，求电压 u。

9.8　把两个线圈串联起来接到 50 Hz、220 V 的正弦电源上，顺接时得电流 $I=2.7$ A，吸收的功率为 218.7 W；反接时电流为 7 A。求互感 M。

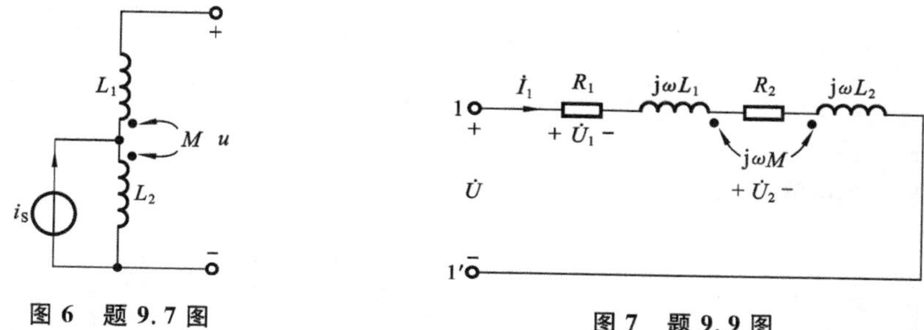

图 6　题 9.7 图　　　　图 7　题 9.9 图

9.9　电路如图 7 所示，已知两个线圈的参数为：$R_1=R_2=100\ \Omega$，$L_1=3$ H，$L_2=10$ H，$M=5$ H，正弦电源的电压 $U=220$ V，$\omega=100$ rad/s。

(1) 试求两个线圈端电压，并作出电路的相量图；

(2) 证明两个耦合电感反接串联时不可能有 $L_1+L_2-2M\leqslant 0$；

(3) 电路中串联多大的电容可使电路发生串联谐振；

(4) 画出该电路的去耦等效电路。

9.10　图 8 所示电路中耦合系数 $k=0.9$，求电路的输入阻抗（设角频率 $\omega=2$ rad/s）。

9.11　图 9 所示电路中 $M=0.04$ H。求此串联电路的谐振频率。

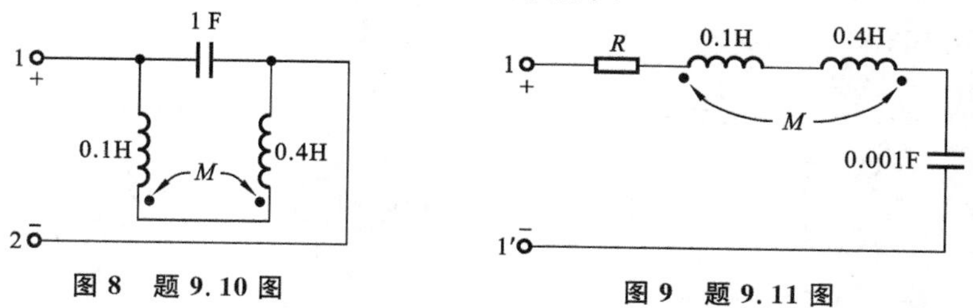

图 8　题 9.10 图　　　　图 9　题 9.11 图

9.12　求图 10 所示一端口电路的戴维宁等效电路。已知 $\omega L_1=\omega L_2=10\ \Omega$，$\omega M=5\ \Omega$，$R_1=R_2=6\ \Omega$，$U_1=60$ V(正弦)。

9.13　图 11 所示电路中，$R_1=1\ \Omega$，$\omega L_1=2\ \Omega$，$\omega L_2=32\ \Omega$，$\omega M=8\ \Omega$，$\dfrac{1}{\omega C}=32\ \Omega$。求电流 $\dot{I}_1$ 和电压 $\dot{U}_2$。

9.14　已知空心变压器如图 12(a)所示，一次侧的周期性电流源波形如图 12(b)所示(一个周期)，二次侧的电压表读数(有效值)为 25 V。

(1) 画出二次侧电压的波形，并计算互感 M；

(2) 给出它的等效受控源(CCVS)电路；

(3) 如果同名端弄错，对(1)、(2)的结果有无影响？

9.15　图 13 所示电路中理想变压器的 $n=2$，$R_1=R_2=10\ \Omega$，$\dot{U}=50\angle 0°$ V。求流过 R_2 的电流。

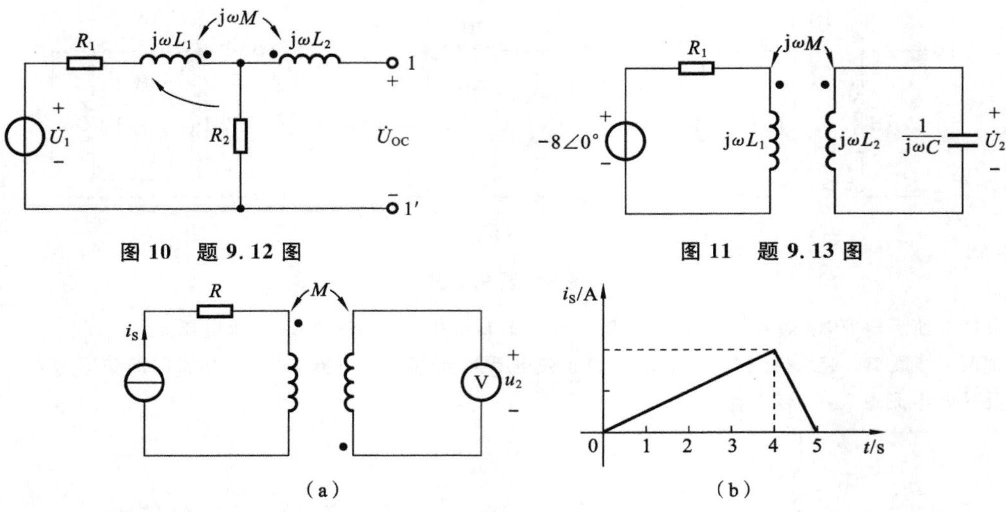

图 10 题 9.12 图
图 11 题 9.13 图
(a)
(b)

图 12 题 9.14 图

9.16 列出图 14 所示电路的回路电流方程。

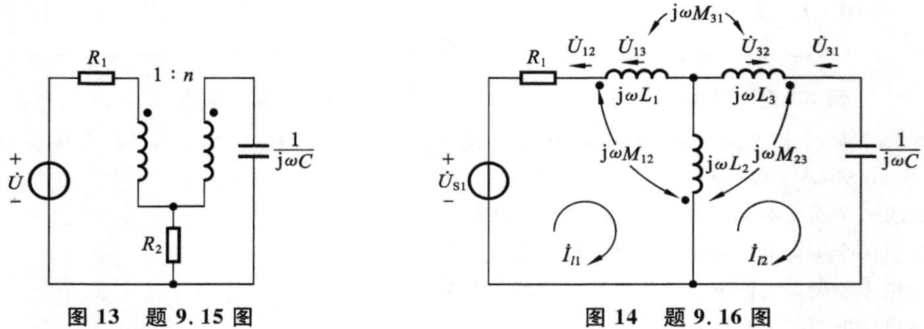

图 13 题 9.15 图　　图 14 题 9.16 图

9.17 图 15 所示电路中，$L_1=3.6\ \mathrm{H}$，$L_2=0.06\ \mathrm{H}$，$M=0.465\ \mathrm{H}$，$R_1=20\ \Omega$，$R_2=0.08\ \Omega$，$R_L=42\ \Omega$，$u_S=115\cos(314t)\ \mathrm{V}$。求：(1) 电流 i_1；(2) 用戴维宁定理求 i_2。

9.18 图 16 所示电路中的理想变压器的变比为 10∶1。求电压 $\dot{U}_2$。

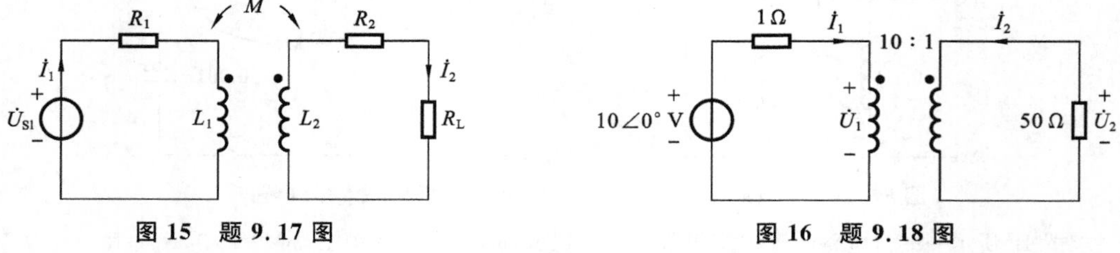

图 15 题 9.17 图　　图 16 题 9.18 图

9.19 图 17 所示电路中，为使电阻 R_L 能获得最大功率，试求理想变压器的变比 n。

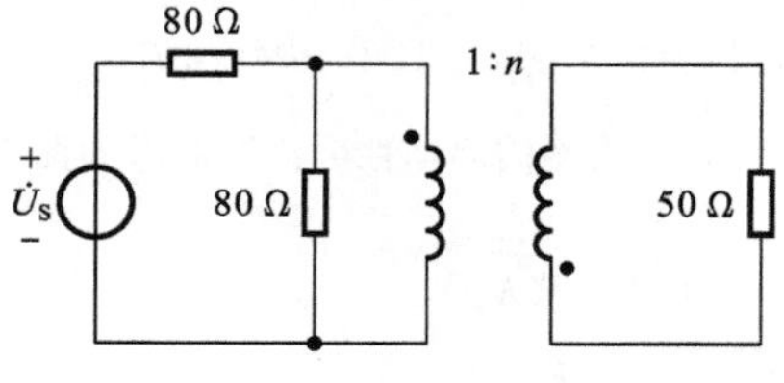

图 17 题 9.19 图

9.20　求图18所示电路中的阻抗 Z。已知电流表的读数为10 A，正弦电压 $U=10$ V。

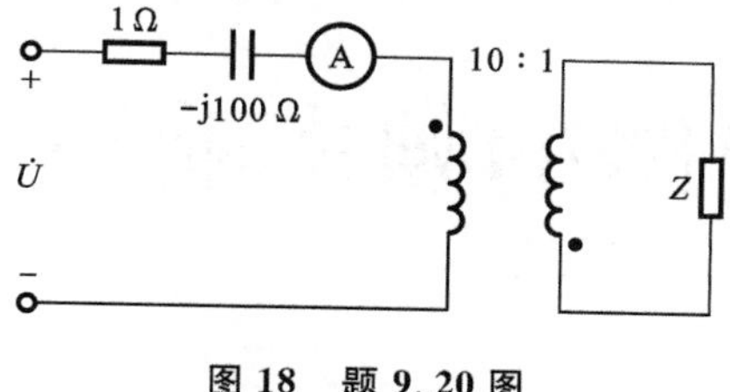

图18　题9.20图

计算机辅助分析电路练习题

9.21　试用Matlab编程求题9.5中从端子1—1′看进去的等效电感。

9.22　用Matlab编程求题9.6中的输入阻抗 $Z(\omega=1\ \text{rad/s})$。

9.23　用Simulink求题9.11中的谐振频率。

9.24　在列出回路电流方程的基础上，用Matlab编程求题9.16中的电流。

第 10 章　电路的频率响应

本章主要介绍了电路的频率响应，要求学生掌握网络函数的定义及其在电路分析中的应用；重点掌握串并联谐振的条件；了解波特图的概念；理解滤波器的概念及分类；了解利用 Matlab 进行电路仿真的方法。

10.1　网络函数

10.1.1　网络函数的定义与分类

在线性正弦稳态网络中，当只有一个独立激励源作用时，网络中某一处的响应（电压或电流）与网络输入之比，称为该响应的网络函数。其网络模型如图 10-1 所示。

$$H(\mathrm{j}\omega) \overset{\text{def}}{=} \frac{\dot{R}(\mathrm{j}\omega)}{\dot{E}(\mathrm{j}\omega)} \tag{10-1}$$

式中：$\dot{R}(\mathrm{j}\omega)$为输出响应（$\dot{U}$或$\dot{I}$）；$\dot{E}(\mathrm{j}\omega)$为输入激励（$\dot{U}$或$\dot{I}$）。

故网络函数可能是驱动点阻抗（导纳），电压转移函数或电流转移函数。

端口 1 为输入端，端口 2 为输出端。

网络函数 $H(\mathrm{j}\omega)$的分类和物理意义如下。

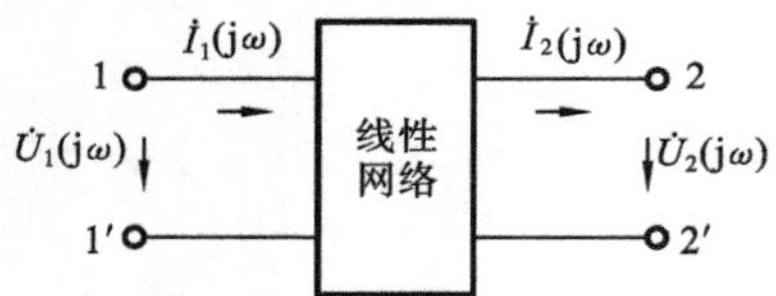

图 10-1　网络函数模型

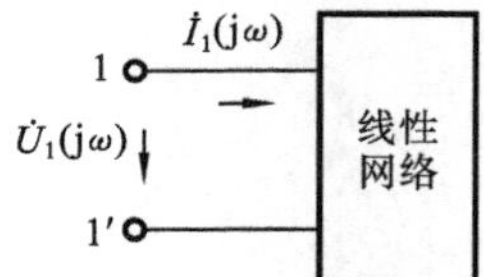

图 10-2　同一端口网络函数

1. 策(驱)动点函数

同一个端口电压、电流相量之比，如图 10-2 所示。

（1）激励是电流源，响应是电压。

$$H(\mathrm{j}\omega)=\frac{\dot{U}_1(\mathrm{j}\omega)}{\dot{I}_1(\mathrm{j}\omega)}\Rightarrow \text{策动点阻抗即输入阻抗。}$$

（2）激励是电压源，响应是电流。

$$H(\mathrm{j}\omega)=\frac{\dot{I}_1(\mathrm{j}\omega)}{\dot{U}_1(\mathrm{j}\omega)}\Rightarrow \text{策动点导纳即输入导纳。}$$

2. 转移函数(传递函数)

不在同一端口的电压、电流相量之比，如图 10-1 所示。这种网络函数有下列几种类型。设端口 1 为激励，端口 2 为响应。

激励是电压源 U_1，有

$$H(\mathrm{j}\omega)=\frac{\dot{I}_2(\mathrm{j}\omega)}{\dot{U}_1(\mathrm{j}\omega)}\Rightarrow$$ 端口 1 到端口 2 转移导纳。

$$H(\mathrm{j}\omega)=\frac{\dot{U}_2(\mathrm{j}\omega)}{\dot{U}_1(\mathrm{j}\omega)}\Rightarrow$$ 端口 1 到端口 2 转移电压比。

激励是电流源 I_1，有

$$H(\mathrm{j}\omega)=\frac{\dot{U}_2(\mathrm{j}\omega)}{\dot{I}_1(\mathrm{j}\omega)}\Rightarrow$$ 端口 1 到端口 2 转移阻抗。

$$H(\mathrm{j}\omega)=\frac{\dot{I}_2(\mathrm{j}\omega)}{\dot{I}_1(\mathrm{j}\omega)}\Rightarrow$$ 端口 1 到端口 2 转移电流比。

注意：

(1) $H(\mathrm{j}\omega)$与网络的结构、元件值有关，与输入、输出变量的类型以及端口的相互位置有关，与激励源的频率有关，与输入、输出幅值无关。因此，网络函数是网络固有性质的一种体现。

(2) $H(\mathrm{j}\omega)$是一个复数，它的频率特性分为两个部分进行研究：

幅频特性是指 $H(\mathrm{j}\omega)$模与频率的关系$|H(\mathrm{j}\omega)|\sim\omega$；

相频特性是指 $H(\mathrm{j}\omega)$相角与频率的关系 $|\varphi(\mathrm{j}\omega)|\sim\omega$。

(3) 网络函数可以用相量法中回路电流法、节点电压法、戴维宁定理等获得。

10.1.2　应用举例

【例 10-1】 求图 10-3 所示电路的网络函数$\dot{I}_2/\dot{U}_S$ 和$\dot{U}_L/\dot{U}_S$。

解　列网孔方程解电流$\dot{I}_2$

$$\left.\begin{aligned}(2+\mathrm{j}\omega)\dot{I}_1-2\dot{I}_2&=\dot{U}_S\\-2\dot{I}_1+(4+\mathrm{j}\omega)\dot{I}_2&=0\end{aligned}\right\}$$

$$\dot{I}_2/\dot{U}_S=\frac{2}{4-\omega^2+\mathrm{j}6\omega}$$ 称为转移导纳。

$$\dot{U}_L/\dot{U}_S=\frac{\mathrm{j}2\omega}{4-\omega^2+\mathrm{j}6\omega}$$ 称为转移电压比。

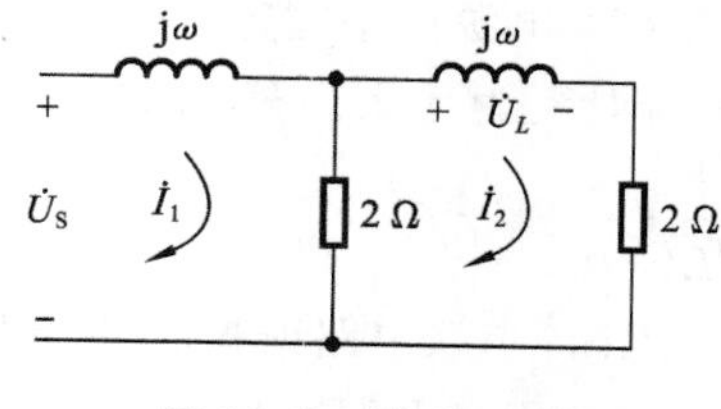

图 10-3　例 10-1 图

10.2　RLC 串联电路的谐振

10.2.1　RLC 串联谐振的定义和条件

收音机和电视是如何实现选台的？欲回答这个问题，就需要研究正弦电路在特定条件下产生的一种特殊物理现象——谐振现象。谐振现象的研究有重要的实际意义：一方面，谐振现象得到了广泛的应用；另一方面，在某些情况下电路中发生谐振会破坏正常工作。

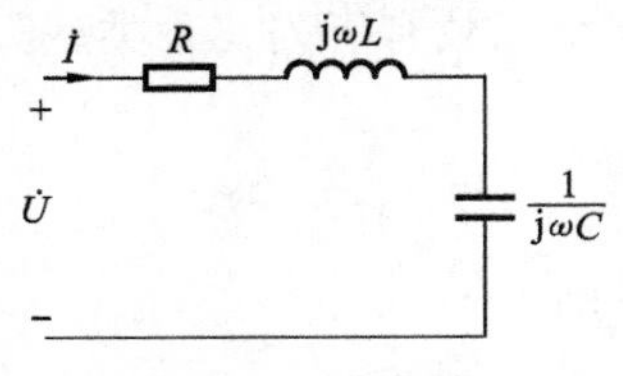

图 10-4 串联谐振电路

图 10-4 所示的为含 R、L、C 的一端口电路，在正弦电压的激励下，电路的工作状况将随着频率的变动而变动，这是由于感抗和容抗随频率变化而造成的。其中，感抗随着频率成正比变动，容抗随频率成反比变动。在特定条件下出现感抗和容抗相互抵消的情况，即网络的输入阻抗为纯电阻，端口电压、电流将是同相位的，称为电路发生了谐振。由于是在 RLC 串联电路中发生的，故称为串联谐振。

$\frac{\dot{U}}{\dot{I}}=Z=R$ 发生谐振。

$$Z=R+\mathrm{j}\left(\omega L-\frac{1}{\omega C}\right)=R+\mathrm{j}(X_L-X_C)=R+\mathrm{j}X$$

$$X=0\Rightarrow\omega_0 L=\frac{1}{\omega_0 C} \tag{10-2}$$

称为谐振条件。

$$\omega_0=\frac{1}{\sqrt{LC}} \tag{10-3}$$

称为谐振角频率。

从式(10-3)可以看出，谐振角频率仅与电路参数有关，这是网络的固有特性。

$f_0=\frac{1}{2\pi\sqrt{LC}}$称为谐振频率，对于一个确定的电路，$f_0$ 仅仅是一个值。

串联电路实现谐振的方式如下。

(1) L、C 不变，改变信号源的角频率 ω。

ω_0 由电路参数决定，一个 RLC 串联电路只有一个对应的谐振角频率 ω_0，当外加电源频率等于谐振频率时，电路发生谐振。

(2) 电源频率固定，改变 C 或 L(常用改变 C)。

问题：为什么当外部的角频率与谐振角频率相等就能收到这个信号呢？($\omega_{外部}=\omega_0=\frac{1}{\sqrt{LC}}$)

RLC 串联电路谐振时的特点如下。

(1) 研究 RLC 串联电路的阻抗频率特性就是研究其幅频特性和相频特性。

$$Z=R+\mathrm{j}\left(\omega L-\frac{1}{\omega C}\right)=|Z(\omega)|\angle\varphi(\omega) \tag{10-4}$$

幅频特性是 Z 的模值与频率 ω 之间的关系，如图 10-5 所示，其表达式为

$$|Z(\omega)|=\sqrt{R^2+\left(\omega L-\frac{1}{\omega C}\right)^2}=\sqrt{R^2+(X_L-X_C)^2}=\sqrt{R^2+X^2} \tag{10-5}$$

相频特性是指其相角与频率 ω 之间的关系，如图 10-6 所示，其表达式为

$$\varphi(\omega)=\arctan\frac{\omega L-\frac{1}{\omega C}}{R}=\arctan\frac{X_L-X_C}{R}=\mathrm{acrtan}\frac{X}{R} \tag{10-6}$$

通过图示可以看出来，谐振时，阻抗最小 $Z=R=Z_{\min}$。

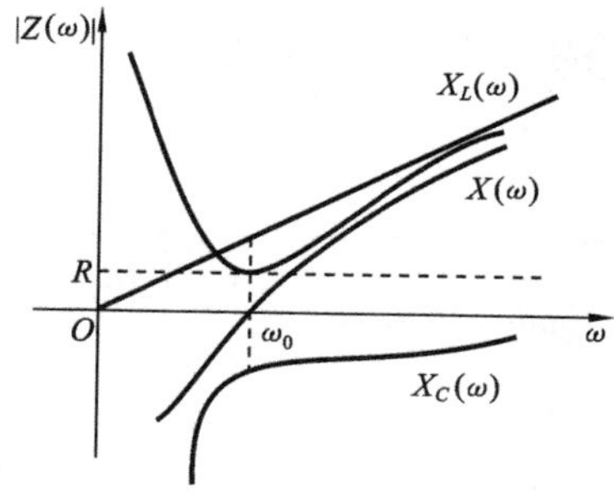

图 10-5　幅频特性曲线

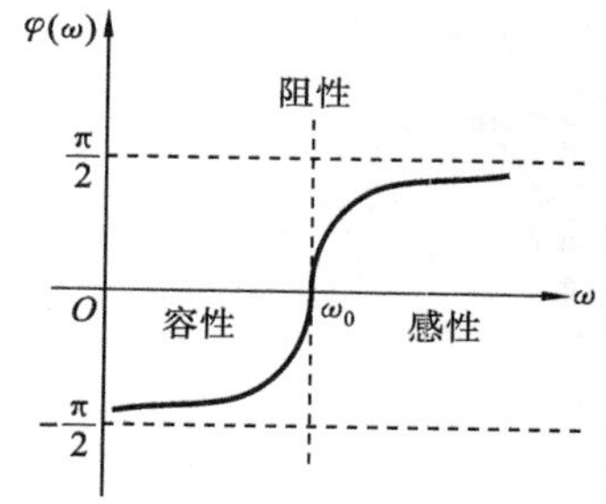

图 10-6　相频特性曲线

(2) L、C 上的电压大小相等、相位相反，L，C 串联总电压为零，即

$$\omega_0 L-\frac{1}{\omega_0 C}=0$$

即 $\dot{U}_L+\dot{U}_C=0$，L，C 相当于短路，电源电压全部加在电阻上，$\dot{U}_S=\dot{U}$。此时，电流最大，因为 $Z=R=Z_{min}$。

(3) 谐振时出现过电压，所以称为电压谐振。

$$\dot{U}_L=j\omega_0 L\dot{I}=j\omega_0 L\frac{\dot{U}}{R}=jQ\dot{U}$$

式中：$Q=\frac{\omega_0 L}{R}$ 称为品质因数。

$$\dot{U}_C=-j\frac{\dot{I}}{\omega_0 C}=-j\omega_0 L\frac{\dot{U}}{R}=-jQ\dot{U}$$

$$|\dot{U}_L|=|\dot{U}_C|=Q\dot{U}$$

品质因数 $Q=\frac{\omega_0 L}{R}=\frac{1}{\omega_0 CR}=\frac{1}{R}\sqrt{\frac{L}{C}}=\frac{\rho}{R}$，其中 ρ 称为特性阻抗。

当 $\rho=\omega_0 L=1/(\omega_0 C)\gg R$ 时，$Q\gg 1$。

当 $U_L=U_C=QU\gg U$ 时，Q 为几十到几百。

【例 10-2】 某收音机输入回路 $L=0.3$ mH，$R=10\ \Omega$，为收到中央电台 560 kHz 信号。(1) 求调谐电容 C 值；(2) 如输入电压为 1.5 μV，求谐振电流和此时的电感电压；(3) 求品质因数 Q。

解 (1)

$$C=\frac{1}{(2\pi f)^2 L}=269\ \text{pF}$$

(2)

$$I_0=\frac{U}{R}=\frac{1.5}{10}\ \mu\text{A}=0.15\ \mu\text{A}$$

$$U_L=I_0 X_L=I_0\omega L=158.5\ \mu\text{V}\gg 1.5\ \mu\text{V}$$

(3)

$$Q=\frac{U_L}{U}=\frac{158.5}{1.5}=105.6$$

也可用参数直接求解，即 $Q=\frac{\omega_0 L}{R}=105.6$。

10.2.2　RLC 串联电路的频率响应

研究物理量与频率关系的曲线（谐振曲线）可以加深对谐振现象的认识。

如图 10-4 所示，$H(\mathrm{j}\omega)=\dot{U}_{\mathrm{R}}(\mathrm{j}\omega)/\dot{U}_{\mathrm{S}}(\mathrm{j}\omega)$ 的频率响应，为比较不同谐振回路，令 $\omega\to\frac{\omega}{\omega_0}=\eta$ 称为相对频率，谐振时 $\eta=1$，则

$$H(\mathrm{j}\omega)=\frac{\dot{U}_{\mathrm{R}}(\mathrm{j}\omega)}{\dot{U}_{\mathrm{S}}(\mathrm{j}\omega)}=\frac{R}{R+\mathrm{j}\left(\omega L-\frac{1}{\omega C}\right)}=\frac{1}{1+\mathrm{j}\,\frac{\omega_0 L}{R}\left(\frac{\omega}{\omega_0}-\frac{1}{\omega_0 L\omega C}\right)}=\frac{1}{1+\mathrm{j}Q\left(\eta-\frac{1}{\eta}\right)}$$

$$H_R(\mathrm{j}\eta)=\frac{1}{1+\mathrm{j}Q\left(\eta-\frac{1}{\eta}\right)} \tag{10-7}$$

其中

$$\left.\begin{aligned}\varphi(\eta)=-\arctan\left[Q\left(\eta-\frac{1}{\eta}\right)\right]=\arccos(H(\eta))\\ |H_R(\eta)|=\cos\varphi(\eta)\end{aligned}\right\} \tag{10-8}$$

证明：幅频特性由相频特性表示。做三角形如图 10-7 所示。

由三角形可得

$$\cos\varphi(\eta)=\frac{1}{\sqrt{1+\left[Q\left(\eta-\frac{1}{\eta}\right)\right]^2}}=H_R(\eta)$$

$H_R(\eta)=\cos\varphi(\eta)$，该式表明相频和幅频关系具有内在关系。

通过以上的结论可以得出 Q 值与谐振曲线之间的关系如图 10-8 所示。

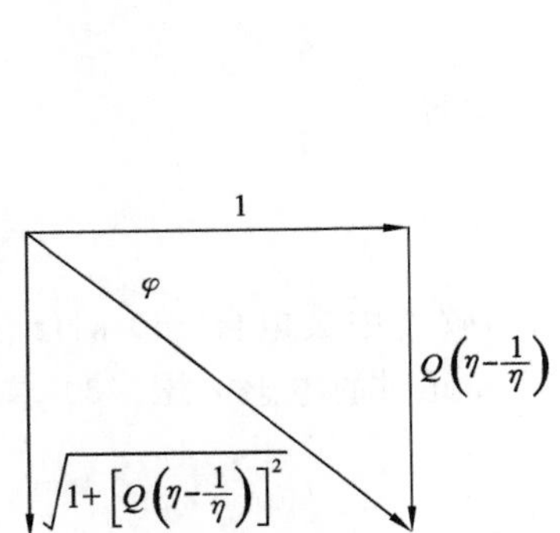

图 10-7　幅频特性由相频特性表示

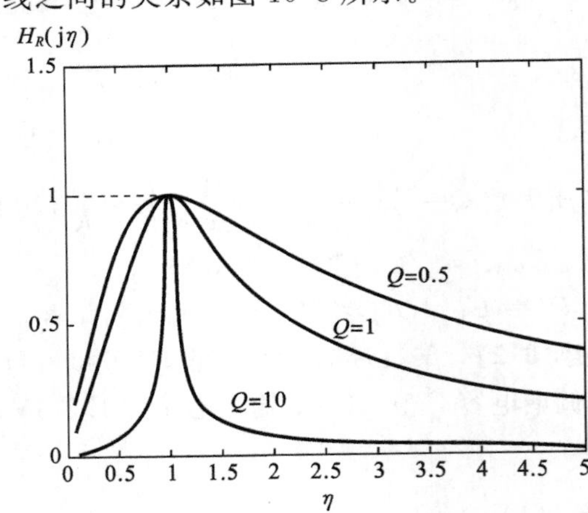

图 10-8　谐振曲线与 Q 之间的关系

从图 10-8 可以看出，Q 值越大，谐振曲线越尖锐。

该结论表明：

(1) 谐振电路具有选择性。

在谐振点附近响应出现峰值，当 ω 偏离 ω_0 时，输出下降。即串联谐振电路对不同频率信号有不同的响应，对谐振频率的信号响应最大，而对远离谐振频率的信号具有抑制能力。这种对不同频率、幅度相同的输入信号的选择能力称为“选择性”。

(2) 谐振电路的选择性与 Q 成正比。

Q 越大，谐振曲线越尖锐。电路对非谐振频率的信号具有强的抑制能力，所以选择性好。因此，Q 是反映谐振电路性质的一个重要指标，称为品质因数。

问题：收音机有串台现象怎么办？

(3) 谐振电路的有效工作频段(通频带)。

声学研究表明,如信号功率不低于原有最大值一半,人的听觉辨别不出。就是所谓的半功率点,如图 10-7 所示。

$$|H_R(\mathrm{j}\eta)|\geqslant 1/\sqrt{2}=0.707$$

上式取等号时,得

$$H_R(\eta)=\frac{1}{\sqrt{1+\left[Q\left(\eta-\frac{1}{\eta}\right)\right]^2}}=\frac{1}{\sqrt{2}}$$

所以

$$Q\left(\eta-\frac{1}{\eta}\right)=\pm 1$$

$$\eta_1=\frac{\omega_1}{\omega_0},\quad \eta_2=\frac{\omega_2}{\omega_0},\quad \omega_2>\omega_1$$

$$\eta_1=\frac{\omega_1}{\omega_0}=\frac{\omega_0-\Delta\omega'}{\omega_0}$$

$$\eta_2=\frac{\omega_2}{\omega_0}=\frac{\omega_0+\Delta\omega'}{\omega_0}$$

$$\omega_2>\omega_1$$

通频带 $BW_{0.7}=\Delta\omega=\omega_2-\omega_1=\frac{\omega_0}{Q}$,3 dB 频率。

可以证明:
$$Q=\frac{1}{\eta_2-\eta_1}=\frac{1}{\frac{\omega_2}{\omega_0}-\frac{\omega_1}{\omega_0}}=\frac{\omega_0}{\omega_2-\omega_1}=\frac{\omega_0}{\Delta\omega}=\frac{f_0}{\Delta f}$$

$$H_R(\eta)=\frac{1}{\sqrt{1+\left[Q\left(\eta-\frac{1}{\eta}\right)\right]^2}}=\frac{1}{\sqrt{2}}$$

$$BW_{0.7}=\Delta\omega=\omega_2-\omega_1=\frac{\omega_0}{Q}$$

或
$$BW_{0.7}=\frac{f_0}{Q}$$

$$H_{\mathrm{dB}}=20\ \lg\left[U_R/U_{\mathrm{S}}\right]$$

$$20\ \lg 0.707=-3\ \mathrm{dB}$$

通频带规定了谐振电路允许通过信号的频率范围,是比较和设计谐振电路的重要指标。

【例 10-3】 一信号源与 RLC 电路串联(见图 10-9),要求 $f_0=10^4$ Hz,$\Delta f=100$ Hz,$R=15\ \Omega$,请设计一个线性电路。

解
$$BW_{0.7}=\frac{f_0}{Q}\Delta\omega=\omega_2-\omega_1=\frac{\omega_0}{Q}$$

$$Q=\frac{\omega_0}{\Delta\omega}=\frac{f_0}{\Delta f}=\frac{10^4}{100}=100$$

$$L=\frac{RQ}{\omega_0}=\frac{100\times 25}{2\pi\times 10^4}\ \mathrm{H}=39.8\ \mathrm{mH}\left(Q=\frac{\omega_0 L}{R}\right)$$

$$C=\frac{1}{\omega_0^2 L}=6370\ \mathrm{pF}\left(\omega_0=\frac{1}{\sqrt{LC}}\right)$$

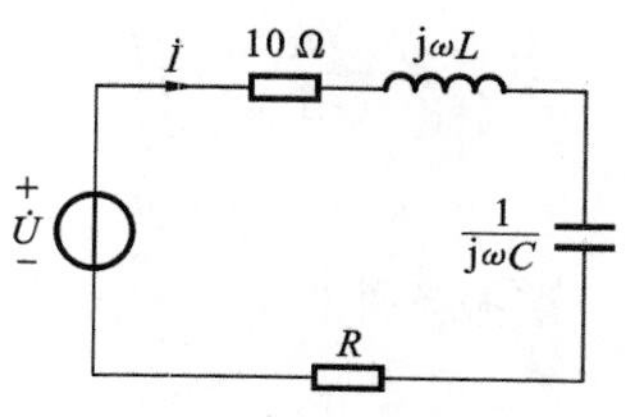

图 10-9　例 10-3 图

10.3 RLC 并联谐振电路

问题：当接收机选出信号后，第一步就要完成信号的放大，如何实现这种具有一定频带宽的信号的放大呢？

图 10-10 所示电路为 GLC 并联电路，是另一种典型的谐振电路，分析方法与 RLC 串联谐振电路相同（具有对偶性）。

并联谐振的定义与串联谐振的相同，即端口上的电压$\dot{U}$与输入电流$\dot{I}$同相时的工作状况成为谐振。由于发生在并联电路中，所以称为并联谐振。

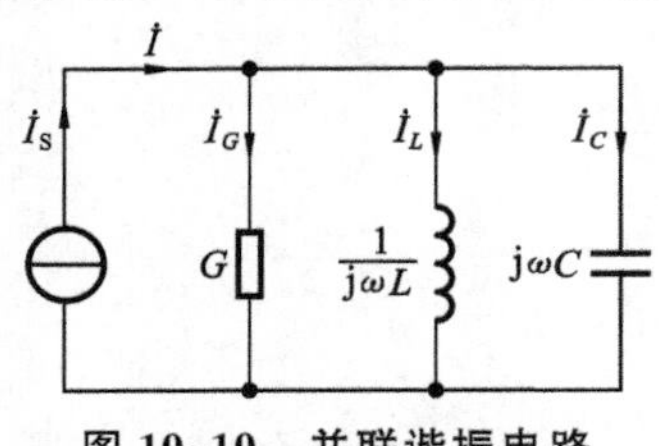

图 10-10 并联谐振电路

对于并联谐振输入导纳为

$$Y=G+j\left(\omega C-\frac{1}{\omega L}\right)$$

所以并联谐振的条件为

$$\omega_0 L=\frac{1}{\omega_0 C} \tag{10-9}$$

可得谐振角频率和谐振频率为

$$\omega_0=\frac{1}{\sqrt{LC}},\quad f_0=\frac{1}{2\pi\sqrt{LC}} \tag{10-10}$$

该频率称为电路的固有频率。

并联谐振的特点如下。

(1) 输入端导纳为纯电导，导纳值$|Y|$最小，即阻抗值最大，当 I_S 一定时，端电压达到最大。

(2) L、C 上的电流大小相等、相位相反，LC 并联总电流为零，即谐振时有

$$\dot{I}_{C0}=\dot{U}\,j\omega_0 C,\quad \dot{I}_{L0}=\dot{U}/j\omega_0 L,\quad \dot{I}_{G0}=\dot{U}G=I_S$$

品质因数为

$$Q\overset{\Delta}{=}\frac{I_{C0}}{I_S}=\frac{I_{L0}}{I_S}=\frac{\omega_0 C}{G}=\frac{1}{\omega_0 LG}=\frac{1}{G}\sqrt{\frac{C}{L}}=R_{并}\sqrt{\frac{C}{L}}$$

$$I_L(\omega_0)=I_C(\omega_0)=QI_S$$

实际的电感线圈总是存在电阻，因此当电感线圈与电容器并联时，等效电路如图 10-11 所示。

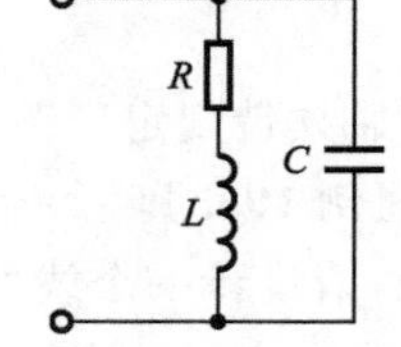

图 10-11 一种实用的并联谐振电路

对于实用的并联谐振电路，其谐振条件为

$$Y=j\omega C+\frac{1}{R+j\omega L}=\frac{R}{R^2+(\omega L)^2}+j\left[\omega C-\frac{\omega L}{R^2+(\omega L)^2}\right]$$

$$\approx\frac{R}{(\omega L)^2}+j\left(\omega C-\frac{1}{\omega L}\right)=G+jB\quad(R\ll\omega L)$$

谐振条件 $\omega_0 L=\frac{1}{\omega_0 C}$，谐振频率$\begin{cases}\omega_0=\frac{1}{\sqrt{LC}}\\ f_0=\frac{1}{2\pi\sqrt{LC}}\end{cases}$

此结论与串联谐振电路的完全一样。

注意：

(1) 一般线圈中电阻有 $R \ll \omega L$，则等效导纳为

$$Y=\frac{R}{R^2+(\omega L)^2}+\mathrm{j}\left[\omega C-\frac{\omega L}{R^2+(\omega L)^2}\right]\approx\frac{R}{(\omega L)^2}+\mathrm{j}\left(\omega C-\frac{1}{\omega L}\right)=G_e+\mathrm{j}B$$

与串联谐振回路的阻抗具有类似的形式，即

$$Z=R+\mathrm{j}\left(\omega L-\frac{1}{\omega C}\right)$$

谐振时

$$R_{e并}=\frac{1}{G_e}\approx\frac{(\omega_0 L)^2}{R_串}=\frac{L}{R_串 C}$$

表明：$R_串$ 越小，等效的 $R_并$ 就越大。

(2) 谐振频率。当 $R \ll \omega L$ 时，谐振角频率 $\omega_0\approx\frac{1}{\sqrt{LC}}$，谐振频率 $f_0\approx\frac{1}{2\pi\sqrt{LC}}$。

(3) 谐振特点。

① 电路发生谐振时，输入阻抗最大，即

$$Z(\omega_0)=R_0\approx\frac{(\omega_0 L)^2}{R}=\frac{L}{RC}=R_并$$

② 电流 I_S 一定时，端电压最大，即

$$U_0=I_0 Z=I_0\frac{L}{RC}$$

③ 质因数为

$$Q\overset{\Delta}{=}\frac{I_{C0}}{I_S}=\frac{\omega_0 C}{G}=\frac{1}{\omega_0 LG}=\frac{R_0}{\omega_0 L}$$

谐振时：

$$\dot{I}_C=\mathrm{j}\omega_0 C\dot{U},\qquad \dot{I}_L=\frac{\dot{U}}{R+\mathrm{j}\omega L}\approx\frac{\dot{U}}{\mathrm{j}\omega_0 L}$$

$$\dot{I}_S=\frac{\dot{U}}{Z(f_0)}=\frac{\dot{U}}{R_0}=\frac{\dot{U}}{\frac{(\omega_0 L)^2}{R}}=\frac{\dot{U}R}{(\omega_0 L)^2}$$

$$Q\overset{\Delta}{=}\frac{I_C}{I_S}=\frac{I_L}{I_S}=\frac{1}{\omega_0 LG}=\frac{R}{\omega_0 L}$$

④ 支路电流是总电流的 Q 倍，设 $R \ll \omega L$，$I_C(f_0)=I_L(f_0)=QI_S$，故称为电流谐振。

⑤ 通频带求解公式为

$$BW_{0.7}=\frac{f_0}{Q}\Delta\omega=\omega_2-\omega_1=\frac{\omega_0}{Q}$$

$$BW_{0.7}=\Delta f=\frac{f_0}{Q}$$

10.4　波　特　图

波特图又称为对数频率特性曲线，是频率法中应用最为广泛的曲线。与极坐标图相比，对数坐标图更为优越，用对数坐标图不但计算简单，绘图容易，而且能直观地表现时间常数等参

数变化对系统性能的影响。

波特图由两幅图组成，分别是对数幅频特性曲线图和对数相频特性曲线图。

$G(\mathrm{j}\omega)$对数幅值（即纵坐标）的标准表达式为$L(\omega)=20\ \lg|G(\mathrm{j}\omega)|=20\ \lg A(\omega)$。相角特性表达式与线性刻度时的相同。在这个幅值表达式中，采用的单位是分贝(dB)。在对数表达式中，对数幅值曲线画在半对数坐标纸上，频率采用对数刻度，幅值或相角则采用线性刻度。

对数分度和线性分度如图 10-12 所示，在线性分度中，当变量增大或减小 1 时，坐标间距离变化一个单位长度；而在对数分度中，当变量增大或减少 10 倍，称为十倍频程，坐标间距离变化一个单位长度。

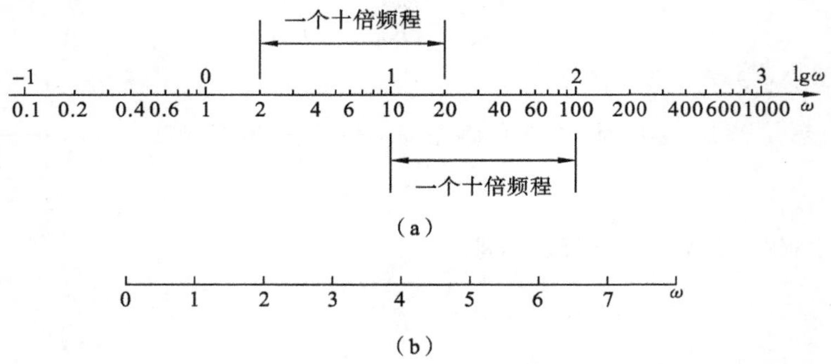

图 10-12 对数刻度和线性刻度

目前高等院校在模拟电子技术课程中对于负反馈放大电路稳定性进行分析时，一般采用波特图的分析方法。在自动控制原理课程中频域法对自动控制系统进行分析时，一般采用波特图进行分析。

10.5 滤 波 器

10.5.1 滤波器的概念与分类

滤波器是由集中参数的电阻、电感和电容，或分布参数的电阻、电感和电容构成的一种网络。这种网络允许一些频率通过，而对其他频率成分加以抑制。根据要滤除的干扰信号的频率与工作频率的相对关系，干扰滤波器有低通滤波器、高通滤波器、带通滤波器、带阻滤波器等种类。

低通滤波器是最常用的一种，主要用在干扰信号频率比工作信号频率高的场合。如在数字设备中，脉冲信号有丰富的高次谐波，这些高次谐波并不是电路工作所必需的，但它们却是很强的干扰源。因此在数字电路中，常用低通滤波器将脉冲信号中不必要的高次谐波滤除掉，而仅保留能够维持电路正常工作的最低频率的信号。电源线滤波器也是低通滤波器，它仅允许 50 Hz 的电流通过，对其他高频干扰信号有很大的衰减。

常用的低通滤波器是用电感和电容组合而成的，电容并联在要滤波的信号线与信号地之间（滤除差模干扰电流）或信号线与机壳地或大地之间（滤除共模干扰电流），电感串联在要滤波的信号线上。按照电路结构分，低通滤波器有单电容型（C 型）、单电感型、L 型和反 G 型、T

型和P型等。

高通滤波器用于干扰频率比信号频率低的场合，如在一些靠近电源线的敏感信号线上滤除电源谐波造成的干扰。

带通滤波器用于信号频率仅占较窄带宽的场合，如通信接收机的天线端口上要安装带通滤波器，仅允许通信信号通过。

带阻滤波器用于干扰频率带宽较窄，而信号频率较宽的场合，如距离大功率电台很近的电缆端口处要安装带阻频率等于电台发射频率的带阻滤波器。

不同结构的滤波电路主要有以下两点不同。

(1) 电路中的滤波器件越多，则滤波器阻带的衰减越大，滤波器通带与阻带之间的过渡带越短。

(2) 不同结构的滤波电路适合于不同的源阻抗和负载阻抗，它们的关系应遵循阻抗失配原则。但要注意的是，实际电路的阻抗很难估算，特别是在高频时(电磁干扰问题往往发生在高频)，由于电路寄生参数的影响，电路的阻抗变化很大，而且电路的阻抗往往还与电路的工作状态有关，再加上电路阻抗在不同的频率上也不一样。因此，在实际中，哪一种滤波器有效主要靠试验的结果确定。

10.5.2 滤波器简介

抑制高频分量而让低频分量通过的滤波器，称为低通滤波器，如图10-13所示。

通带范围：0～f_C(截止频率)。

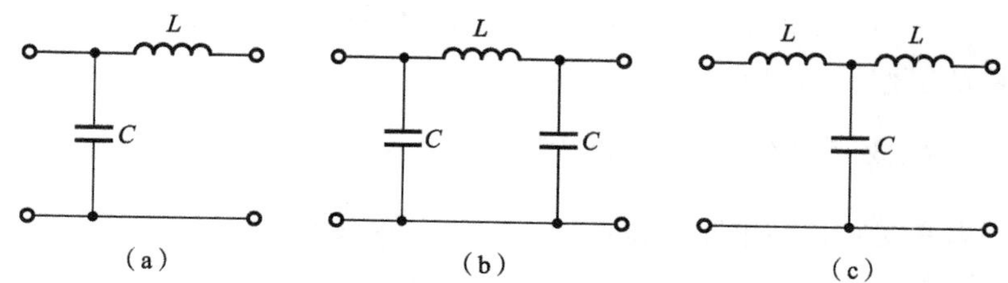

图10-13 低通滤波器

(a) L型低通滤波器；(b) P型低通滤波器；(c) T型低通滤波器

阻止低频分量而让高频分量通过的滤波器，称为高通滤波器，如图10-14所示。

通带范围：f_C(截止频率)～∞。

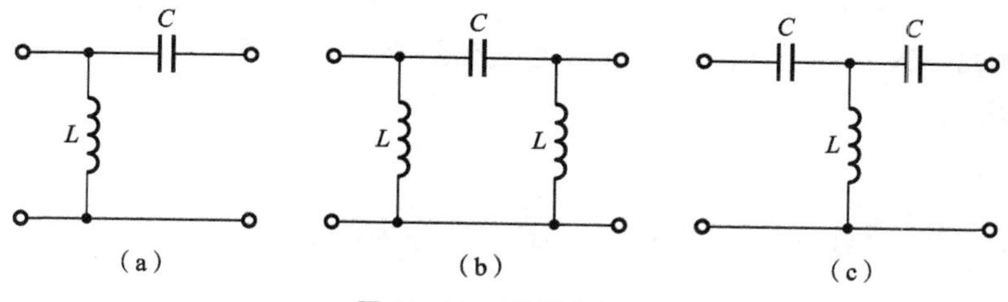

图10-14 高通滤波器

(a) L型高通滤波器；(b) P型高通滤波器；(c) T型高通滤波器

让频带内的谐波分量顺利通过，而阻止频带以外的频率通过的滤波器，称为带通滤波器，如图10-15所示。

工作原理：应用串、并联谐振的特性完成的。

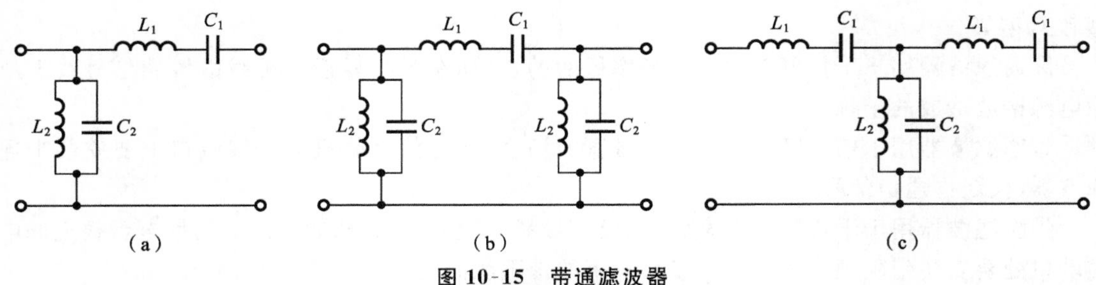

图 10-15　带通滤波器

(a) L 型带通滤波器;(b) P 型带通滤波器;(c) T 型带通滤波器

带通滤波器通带范围:在两个截止频率之间。

阻止一定频带信号,而允许频带以外的信号通过的滤波器,称为带阻滤波器,如图 10-16 所示。

带阻滤波器的阻带:在两个截止频率之间。

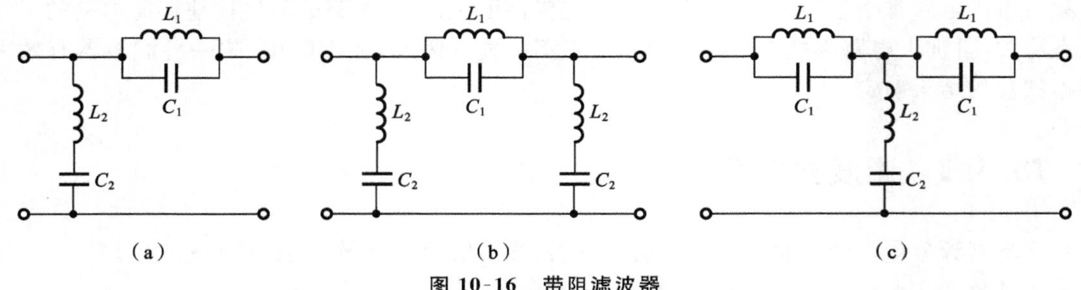

图 10-16　带阻滤波器

(a) L 型带阻滤波器;(b) P 型带阻滤波器;(c) T 型带阻滤波器

带阻滤波器的工作原理如下。

为了阻止 ω_0 附近频带的信号通过,仍选择 $L_1C_1=L_2C_2$,使 $\omega_0=\frac{1}{\sqrt{L_1C_1}}=\frac{1}{\sqrt{L_2C_2}}$。

此时,L_2C_2 串联支路达到串联谐振,谐振阻抗最小,接近于零;L_1C_1 并联支路达到并联谐振,谐振阻抗最大,接近于无穷大。

这样,在 ω_0 附近频带的信号很容易通过串联支路到达输出端,而并联支路恰好把频带以外的信号滤掉,这就完成了带通滤波器的功能。

根据能通过滤波器的频率范围,干扰滤波器可分为低通滤波器、高通滤波器、带通滤波器和带阻滤波器。低通滤波器的通带范围是从零到截止频率 f_C。高通滤波器的通带范围是从截止频率 f_C 到无穷大。带通滤波器的通带范围在两个截止频率之间。带阻滤波器的阻带在两个截止频率之间。

10.6　计算机辅助分析电路举例

10.6.1　利用 Matlab 绘制频率响应曲线

在 10.4 节中已经给出了对数频率特性曲线的计算公式,根据公式可以粗略地画出电路的频率响应曲线，但是需要花费很多的时间。而使用 Matlab 相关指令，绘制系统精确的频率响应曲线变得轻松自如。

绘制对数频率特性曲线常用的指令如下。

angle()：求相角，angle()的取值是 −pi 到 pi。

abs()：对于实数是求绝对值，对于复数是求其模值。

semilogx(x 轴对数刻度坐标图)：用该函数绘制图形时，x 轴采用对数坐标。

semilogx(y)：

对 x 轴的刻度求常用对数(以 10 为底)，而 y 为线性刻度。

对数坐标系

```
x=0.001:0.01*pi:2*pi;
y=log10(x);
figure(1)
semilogx(x,y,'-*');%x 轴对数刻度坐标图
figure(2)
plot(x,y)%均匀直角坐标系
```

运行后绘制曲线如图 10-17、图 10-18 所示。

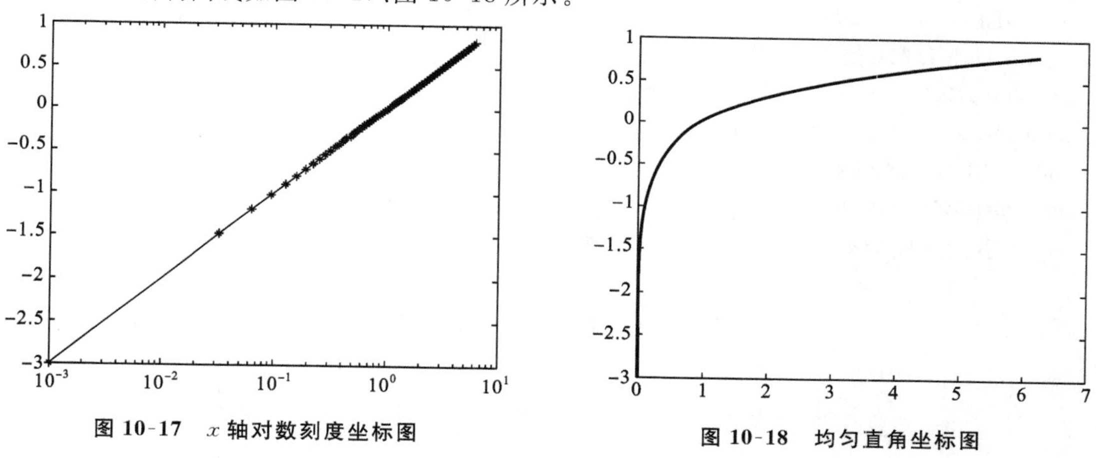

图 10-17　x 轴对数刻度坐标图

图 10-18　均匀直角坐标图

【例 10-4】　如图 10-19 所示，已知 $C_1=1.73\ \text{F}$，$C_2=C_3=0.27\ \text{F}$，$L=1\ \text{H}$，$R=1\ \Omega$，试以 U_2 为响应分析电路的频率响应。

解　在正弦稳态下，对 C_1 和电流源 $\dot{I}_S$ 的并联电路可以等效为电压源，$\dot{U}_2$ 可以根据分压计算，即

$$\dot{U}_2=\frac{\dfrac{1}{\dfrac{1}{R}+j\omega C_3}}{\dfrac{1}{\dfrac{1}{R}+j\omega C_3}+\dfrac{1}{\dfrac{1}{j\omega L}+j\omega C_2}+\dfrac{1}{j\omega C_1}}\cdot\frac{1}{j\omega C_1}\cdot\dot{I}_S=Z_e\ \dot{I}_S$$

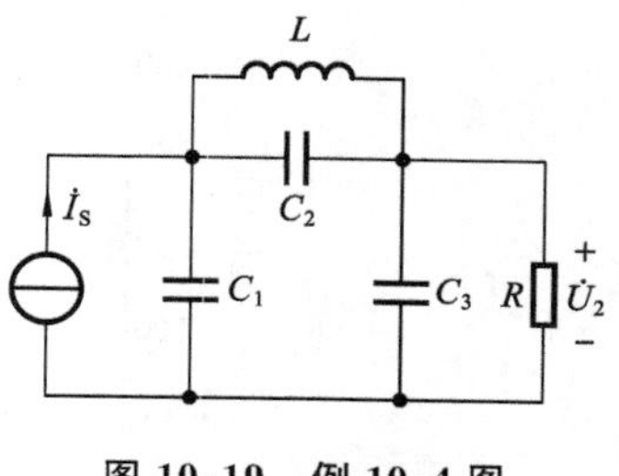

图 10-19　例 10-4 图

所以有

$$H(j\omega)=\frac{\dot{U}_2}{\dot{I}_S}=Z_e$$

对数频率特性为

$$G=20\ \log|H(\mathrm{j}\omega)|$$

相频特性为

$$\theta(\omega)=\arg[H(\mathrm{j}\omega)]$$

取 $\omega=0,0.01,\cdots,10$ 为横坐标作图。

Matlab 应用程序如下：

```
C1=1.73;C2=0.27;C3=0.27;R=1;L=1;
w=0：0.01：10;%产生频率数组
Zc1=1./(j*w*C1);
Zrc3=1./(1/R+j*w*C3);
Z1c2=1./(j*w*C2+1./(j*w*L));
H=Zrc3.*Zc1./(Zrc3+Z1c2+Zc1);
figure(1)%绘制线性频率特性
subplot(2,1,1),plot(w,'abs(H)');
grid;xlabel('w'),ylabel('abs(H)');
subplot(2,1,2),plot(w,angle(H)*180/pi)%绘制相频特性
grid,xlabel('w');ylabel('angle(H)');
figure(2);%绘制对数频率特性
subplot(2,1,1);semilogx(w,20*log10(abs(H)));
grid,xlabel('w');ylabel('DB');
subplot(2,1,2);semilogx(w,angle(H)*180/pi);
grid,xlabel('w');ylabel('angle(H)');
```

运行后绘制曲线如图 10-20、图 10-21 所示。

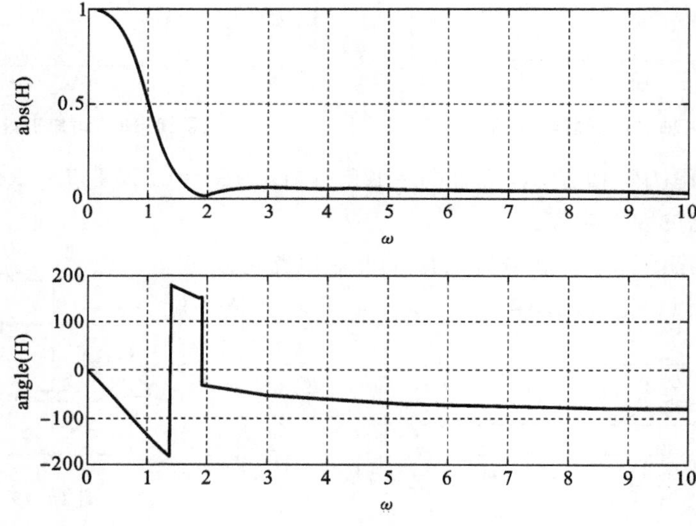

图 10-20 线性频率特性

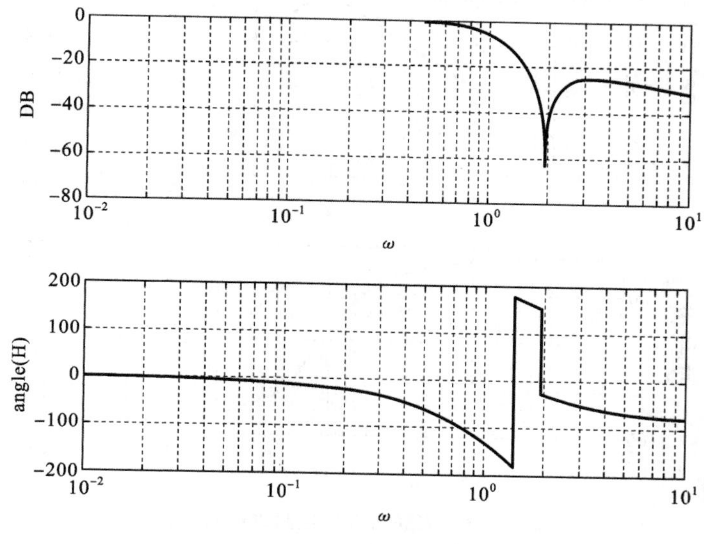

图 10-21　对数频率特性

10.6.2　利用 Matlab 分析串联谐振电路

【例 10-5】　如图 10-22 所示，$C=1$，$L=1$，$R=1$，试求通过电路频率响应图求电路的谐振频率。

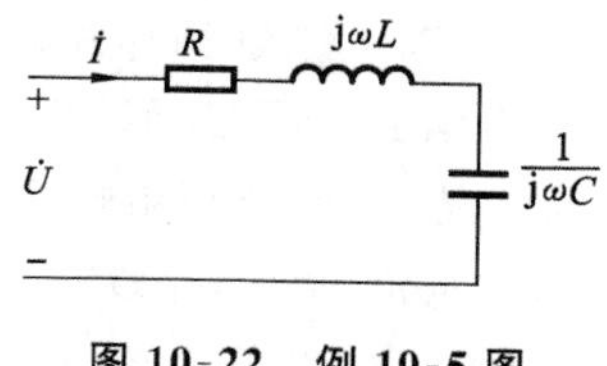

图 10-22　例 10-5 图

Matlab 程序如下：

```
C=1;L=1;R=1;
w=0:0.01:100;
Zc1=1./(j*w*C);
Zc2=j*w*L;
H=R./(R+Zc1+Zc2);
figure(1)
subplot(2,1,1);semilogx(w,20*log10(abs(H)));
grid,xlabel('w');ylabel('DB');
subplot(2,1,2);semilogx(w,angle(H)*180/pi);
grid,xlabel('w');ylabel('angle(H)');
```

运行后绘制曲线如图 10-23 所示。

通过以上仿真图可以看出，当频率为 1 时，电路的幅频特性最大，相位差为 0，所以谐振频率为 1，与前面所讲的理论知识 $\omega_0=\frac{1}{\sqrt{LC}}$ 所求出的谐振频率是相同的。

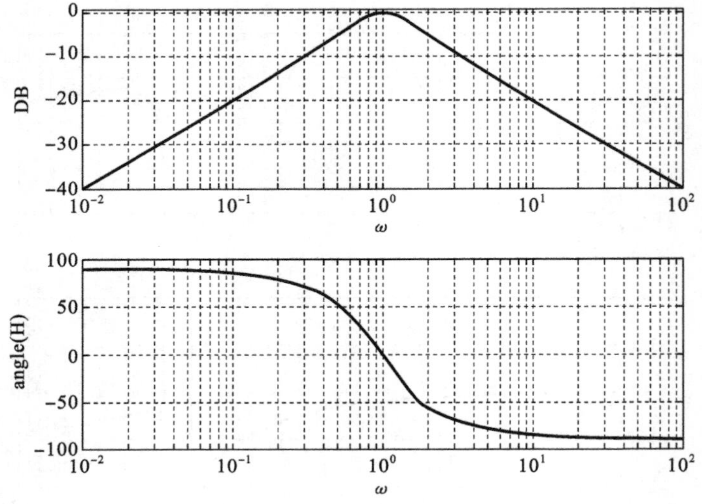

图 10-23　串联谐振对数频率特性曲线

小　　结

本章主要是以角频率 ω 为变量，分析研究了电路的频率特性，主要内容有以下几方面。

(1) 网络函数的定义、物理意义及分类。

在线性正弦稳态网络中，当只有一个独立激励源作用时，网络中某一处的响应(电压或电流)与网络输入之比，称为该响应的网络函数。网络函数可以分为驱动点函数和转移函数。

(2) 串联谐振和并联谐振电路的定义、条件及频率响应。

在特定条件下出现感抗和容抗相互抵消的情况，即网络的输入阻抗为纯电阻，端口电压、电流将是同相位的，称为电路发生了谐振。如果是由 R、L、C 组成的串联电路，则称为串联谐振；如果是由 R、L、C 组成的并联电路，则称为串联谐振。$\omega_0 L=\dfrac{1}{\omega_0 C}$称为串并联谐振条件。

(3) 波特图与滤波器的概念。

波特图又称为对数频率特性曲线，是频率法中应用最为广泛的曲线。波特图由两幅图组成，分别是对数幅频特性曲线和对数相频特性曲线图。$G(\mathrm{j}\omega)$ 对数幅值(即纵坐标)的标准表达式为 $L(\omega)=20\ \lg|G(\mathrm{j}\omega)|=20\ \lg A(\omega)$。相角特性表达式与线性刻度时的相同。

滤波器是由集中参数的电阻、电感和电容，或分布参数的电阻、电感和电容构成的一种网络。这种网络允许一些频率通过，而对其他频率成分加以抑制。根据要滤除的干扰信号的频率与工作频率的相对关系，干扰滤波器有低通滤波器、高通滤波器、带通滤波器、带阻滤波器等种类。

思考题及习题

10.1　求图 1 所示电路的网络函数 $H(s)=\dfrac{U_o(s)}{U_i(s)}$。

10.2　试求图 2 所示各电路的输入阻抗 Z 和导纳 Y。

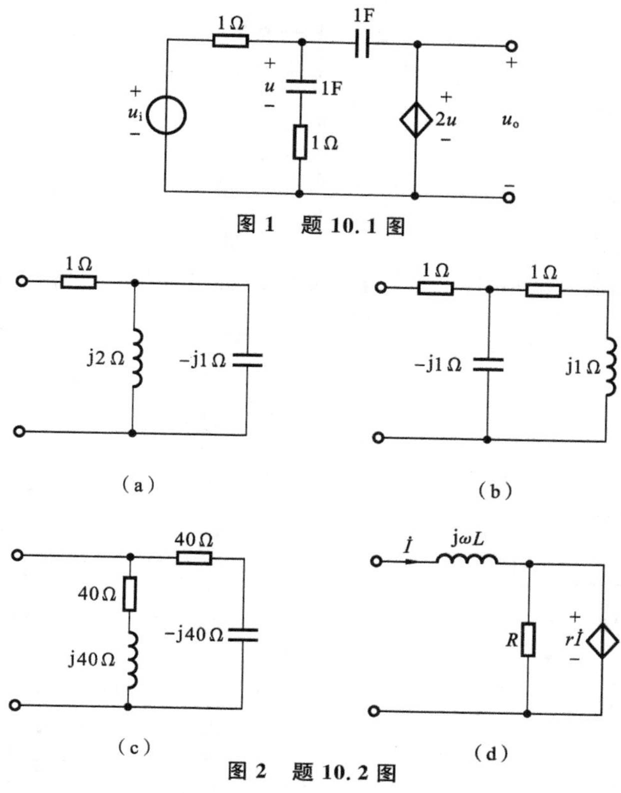

图 1　题 10.1 图

图 2　题 10.2 图

10.3　图 3 中 N 为不含独立电源的一端口，端口电压、电流分别为下列各式所示，试求每一种情况下的输入阻抗 Z 和导纳 Y，并给出等效电路图（包含元件参数值）。

(1) $\begin{cases} u=200\cos(314t)\ \text{V} \\ i=10\cos(314t)\ \text{A} \end{cases}$　　(2) $\begin{cases} u=10\cos(10t+45°)\ \text{V} \\ i=2\cos(10t-90°)\ \text{A} \end{cases}$

(3) $\begin{cases} u=100\cos(2t+60°)\ \text{V} \\ i=5\cos(2t-30°)\ \text{A} \end{cases}$　　(4) $\begin{cases} u=40\cos(100t+17°)\ \text{V} \\ i=8\sin(100t+90°)\ \text{A} \end{cases}$

10.4　图 4 所示电路中，R 改变时电流 I 保持不变，L、C 应满足什么条件？

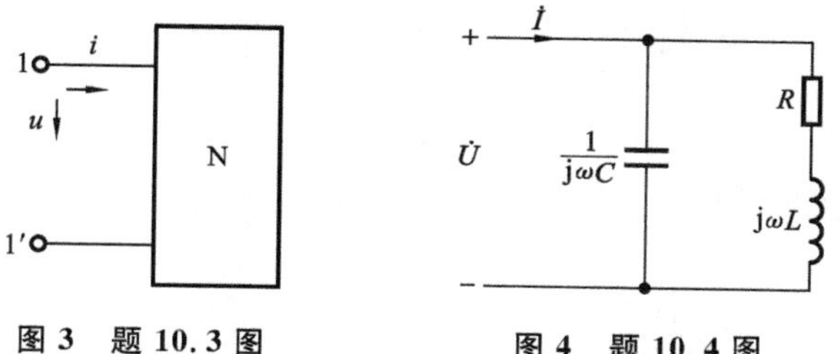

图 3　题 10.3 图　　　图 4　题 10.4 图

10.5　图 5 所示电路在任意频率下都有 $U_{cd}=U_s$。试求：(1) 满足上述要求的条件；(2) U_{cd} 相位的可变范围。

10.6　已知图 6 所示电路中，当 $Z=0$ 时，$\dot{U}_{11'}=\dot{U}_0$；当 $Z=\infty$ 时，$\dot{U}_{11'}=\dot{U}_K$。端口 2-2′的输入阻抗为 Z_A。试证明 Z 为任意值时有 $\dot{U}_{11'}=\dot{U}_K+\dfrac{(\dot{U}_0-\dot{U}_K)Z_A}{Z+Z_A}$。

10.7　图 7 所示电路中，已知 $I_S=0.6\ \text{A}$，$R=10\ \text{k}\Omega$，$C=1\ \mu\text{F}$。如果电流源的角频率可变，问在什么频率时，R、C 串联部分获得最大功率？

10.8　图 8 所示电路中，$R_1=R_2=10\ \Omega$，$L=0.25\ \text{H}$，$C=1\ \text{mF}$，电压表读数为 20 V，功率表的读数为 120 W，求 $\dot{U}_2/\dot{U}_S$ 和电源发出复功率 $\bar{S}$。

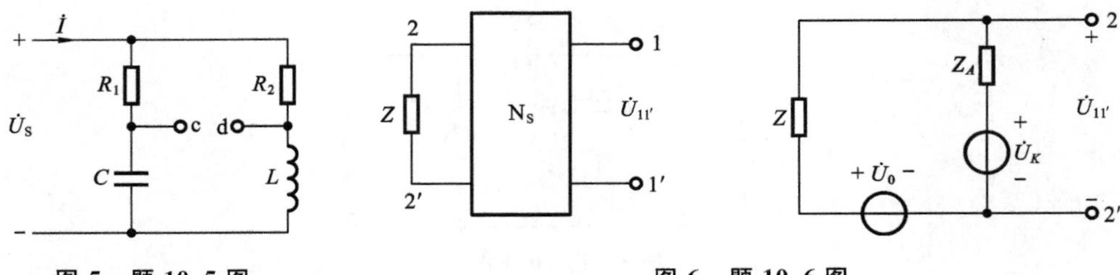

图 5　题 10.5 图　　　　图 6　题 10.6 图

10.9　图 9 所示电路中,开关闭合前电容无电压,电感无电流。求 S 闭合后,电路对应响应 i 的网络函数。

10.10　求图 10 所示电路中的电压比 $K(s)=\dfrac{U_o(s)}{U_i(s)}$。图中的运算放大器是理想运算放大器。

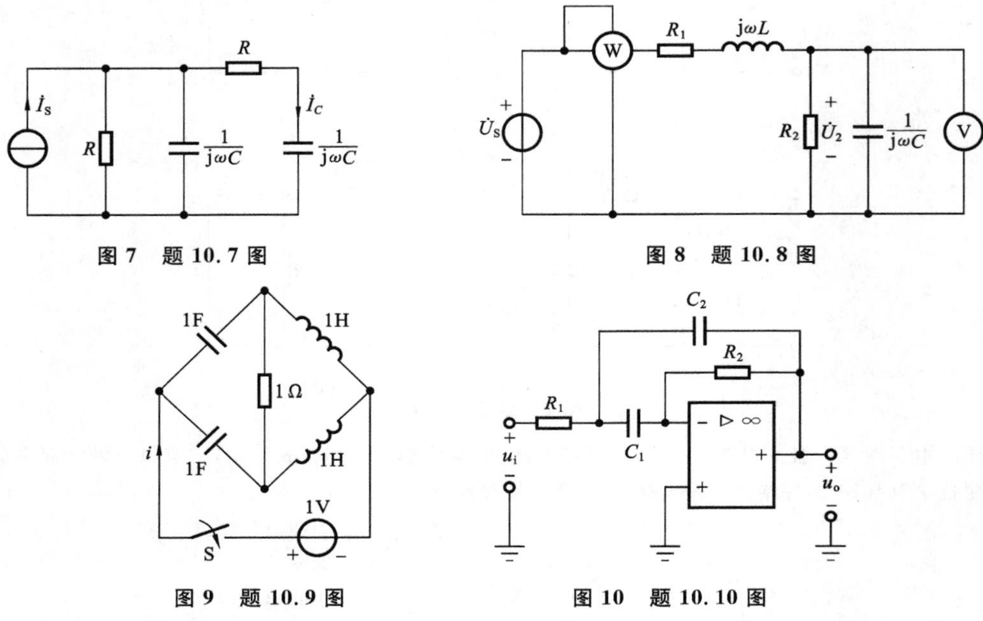

图 7　题 10.7 图　　　　图 8　题 10.8 图

图 9　题 10.9 图　　　　图 10　题 10.10 图

10.11　图 11 所示电路中,已知 $R_1=R_2=10\ \Omega, C=1\ \text{F}, n=5$。求网络函数 $H(s)=\dfrac{U_2(s)}{U_s(s)}$。

10.12　图 12 所示电路为一阶低通滤波器,若 $u_o(t)$ 的冲激响应 $h(t)=\sqrt{2}\mathrm{e}^{-\frac{\sqrt{2}}{2}t}\sin\left(\dfrac{\sqrt{2}}{2}t\right)$ V。试求:

(1) L、C 的值;

(2) 频率为何值时,输出幅度为零频率时的 $\dfrac{1}{\sqrt{2}}$?

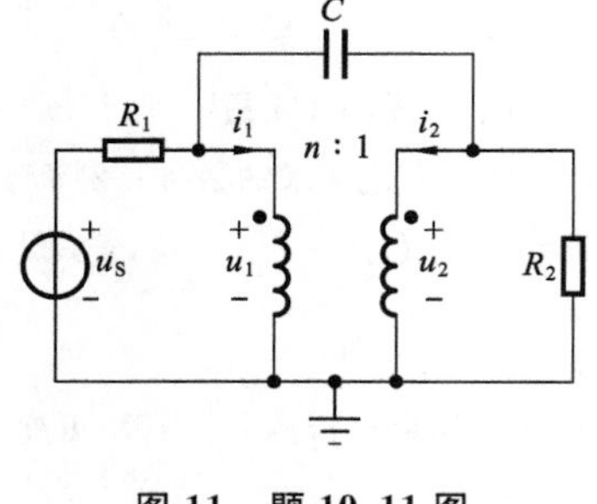

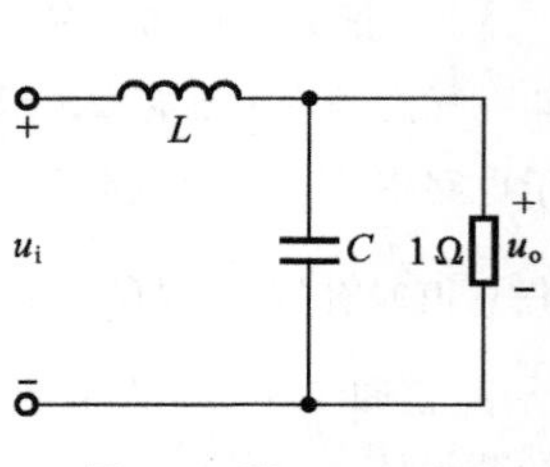

图 11　题 10.11 图　　　　图 12　题 10.12 图

10.13　回答下列各题。

(1) 已知一线性电路(零状态)的单位阶跃响应 $g(t)=Ae^{-\frac{t}{\tau_1}}+Be^{-\frac{t}{\tau_2}}$，求单位冲激响应 $h(t)$ 和网络函数 $H(s)$。

(2) 一线性电路，当输入为 $e(t)$ 时，其响应为 $R_1(t)$，又知这时其零状态为 $R_2(t)$。试问当输入为 $ke(t)$ 时，该电路的响应 $R(t)$ 为多少？

10.14　电路如图 13 所示，已知在相同的初始状态，当 $u_S=6\varepsilon(t)$ V 时，全响应 $u_o(t)=(8+2e^{-0.2t})\varepsilon(t)$ V；当 $U_S=12\varepsilon(t)$ V，全响应 $u_o(t)=(11-2e^{-0.2t})\varepsilon(t)$ V。

求：当 $u_S(t)=6e^{-5t}\varepsilon(t)$ V，初始状态仍不变时的全响应 $u_o(t)$。

10.15　已知某二阶电路的网络函数 $H(s)=\dfrac{Y(s)}{E(s)}=\dfrac{s+3}{s^2+3s+2}$，

(1) 当 $e(t)=\varepsilon(t)$ V 时，其响应的初值为 $y(0_+)=2$，其一阶导数的初值为 $\dfrac{dy}{dt}(0_+)=1$，求此响应的自由分量和强制分量；

(2) 当 $\varepsilon(t)=\cos t$ V 时，求此电路的正弦稳态响应。

10.16　求图 14 所示电路的网络函数 $H(s)=\dfrac{I(s)}{E(s)}$，当 $R_1=R_2=\sqrt{\dfrac{L}{C}}$ 时，将如何呢？

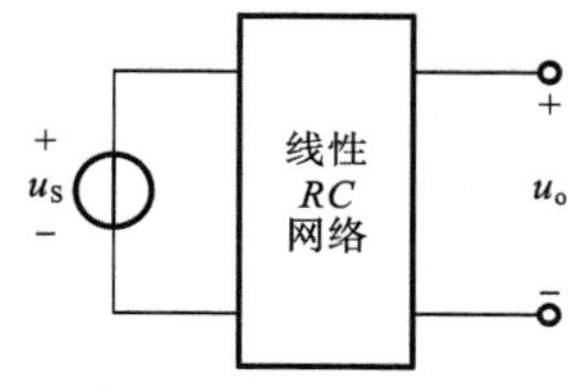

图 13　题 10.14 图

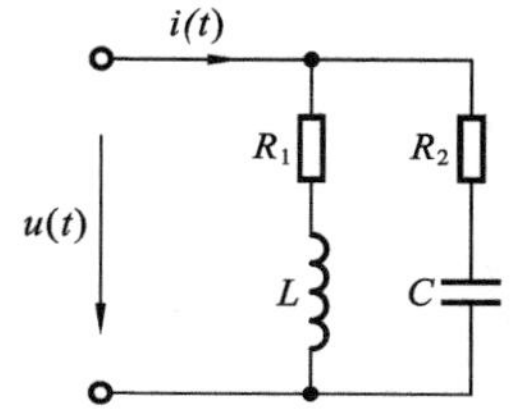

图 14　题 10.16 图

10.17　求如图 15(a)所示图中的 $i_L(t)$，激励 $u_S(t)$ 如图 17(b)所示。

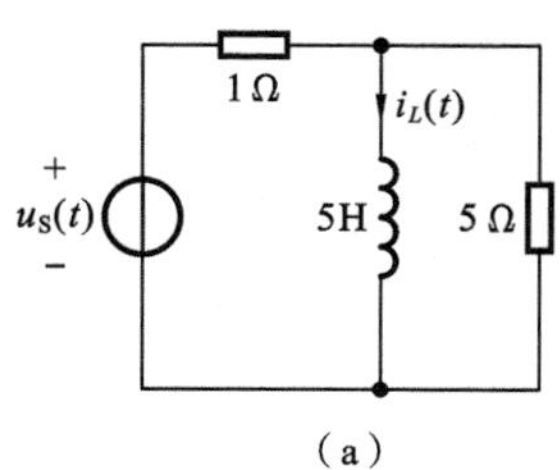

(a)

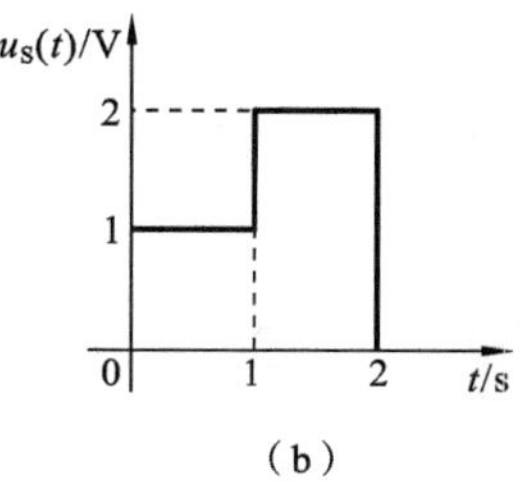

(b)

图 15　题 10.17 图

10.18　已知电路的极零点如图 16 所示，试写出该电路的网络函数，并确定该电路具有何种频率特性。图中，×为极点，○为零点。

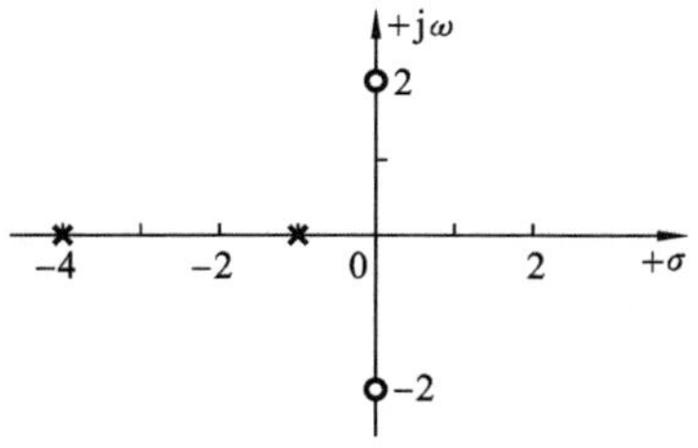

图 16　题 10.18 图

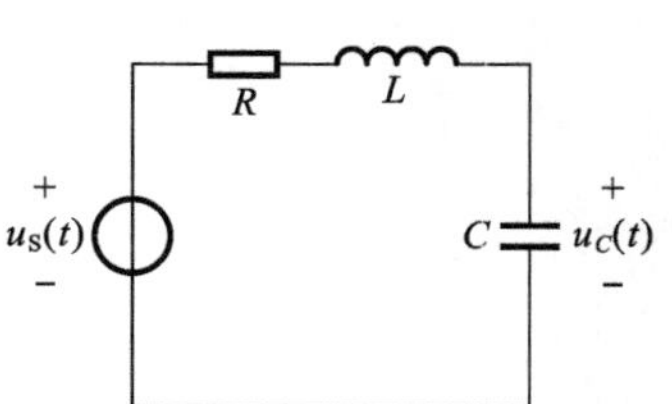

图 17　题 10.19 图

10.19　电路如图 17 所示，已知 $u_S(t)=5\cos(10^5 t)$ V，$R=200\ \Omega$，$L=1$ mH，$C=0.1\ \mu$F。

(1) 试求网络函数 $U_C(s)/U_S(s)$；

(2) 如要求响应 $u_C(t)$ 为一正弦波(即电路无过渡过程),试求电路的初始值 $u_C(0)$ 和 $i(0)$,并求此时的 $u_C(t)(t\geqslant 0)$。

10.20 已知网络的单位冲激响应 $h(t)=\frac{3}{5}e^{-t}-\frac{7}{9}te^{-3t}+3t$,试用拉氏变换求该响应对应的网络函数和网络函数的极点。

计算机辅助分析电路练习题

10.21 试用 Matlab 程序对题 10.4 进行分析。

10.22 试用 Simulink 对题 10.7 进行仿真分析。

10.23 用 Simulink 对题 10.16 进行仿真,给出电流和电压关系图。

10.24 用 Matlab 画出题 10.18 的幅频和相频特性曲线。

第 11 章　三 相 电 路

目前，世界各国的电力系统中电能的产生、传输和供电方式普遍采用三相制。它主要是由三相电源、三相负载和三相传输线路三部分组成。本章主要介绍对称三相电源与负载连接时的电压和电流计算方法、三相四线制供电系统中单相及三相负载的正确连接方法、非对称三相电路的特点和对称三相电路功率的计算方法。

11.1　对称三相电源

目前，世界各国的电力系统中电能的产生、传输和供电方式普遍采用三相制。为适应工业化生产的需要，这种电力系统已经实现了标准化和规范化，它主要是由三相电源、三相负载和三相传输线路三部分组成。

对称三相电源是由 3 个同频、等幅值、初相依次相差 120°的正弦电压源连接成星形（Y 形）或三角形（△形）组成的电源，如图 11-1(a)、(b)所示。它通常是由三相同步发电机产生，三相绕组在空间互差 120°，当具有磁性的转子以均匀角速度 ω 转动时，在三相绕组中产生感应电压，从而形成对称三相电源。

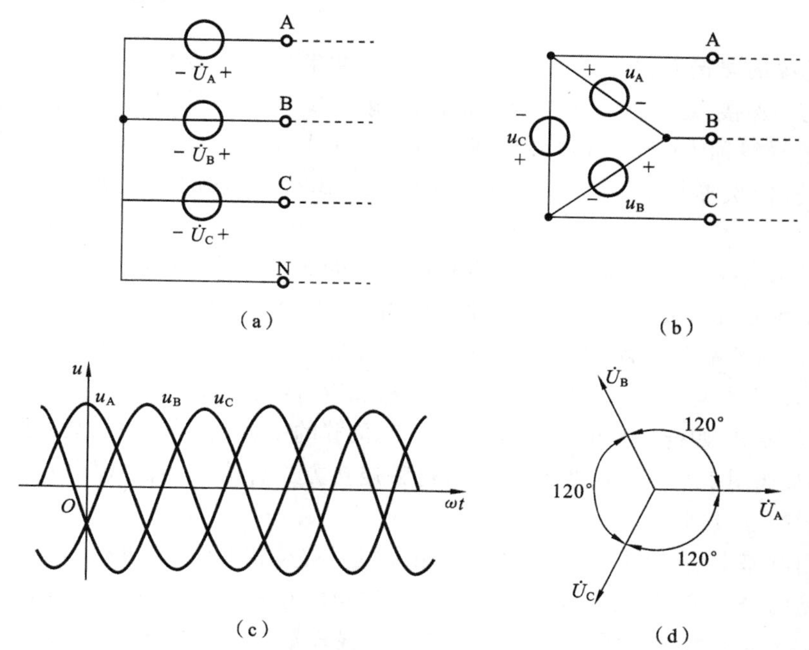

图 11-1　对称三相电压源连接及其电压波形和相量图

若将 3 个电源依次称为 A 相、B 相、C 相，其瞬时值表达式及其相量形式分别为

$$\left.\begin{aligned}u_A&=\sqrt{2}U\cos\omega t\\u_B&=\sqrt{2}U\cos(\omega t-120^\circ)\\u_C&=\sqrt{2}U\cos(\omega t+120^\circ)\end{aligned}\right\}\tag{11-1}$$

$$\left.\begin{aligned}\dot{U}_A&=U\angle 0^\circ=U\\\dot{U}_B&=U\angle -120^\circ=U\left(-\frac{1}{2}-\mathrm{j}\frac{\sqrt{3}}{2}\right)=ua^2\\\dot{U}_C&=U\angle +120^\circ=U\left(-\frac{1}{2}+\mathrm{j}\frac{\sqrt{3}}{2}\right)=ua\end{aligned}\right\}\tag{11-2}$$

式中以 A 相电压 u_A 作为参考正弦量，$a=1\angle 120^\circ$，它是工程中引入的单位相量算子。

上述三相电压的相位次序 A、B、C 称为正序或顺序。反之，如 B 相超前 A 相 120°，C 相超前 B 相 120°，这种相序称为负相序或逆相序。相位差为零的相序称为零序。电力系统一般采用正序。

对称三相电压各相的波形和相量图如图 11-1(c)、(d)所示。对称三相电压满足：

$$u_A+u_B+u_C=0\tag{11-3}$$

或

$$\dot{U}_A+\dot{U}_B+\dot{U}_C=0\tag{11-4}$$

对称三相电压源是由三相发电机提供的(我国三相系统电源频率 $f=50$ Hz，入户电压为 220 V，而日本、美国和欧洲等国为 60 Hz，110 V。)

11.2 对称三相电源的连接

三相电压源的连接方式通常有星形(Y 形)和三角形(△形)两种。图 11-1(a)所示的为三相电压源的星形连接方式，从 3 个电压源正极性端子 A、B、C 向外引出的导线称为端线，从中性点 N 引出的导线称为中性线(也称零线)。图 11-1(b)所示的为三相电源的三角形连接方式，把三相电压依次连接成一个回路，再从端子 A、B、C 引出端线，三角形电源不能引出中性线。

从对称三相电源的 3 个端子引出具有相同阻抗的 3 条端线(或传输线)，把一些对称三相负载连接在端线上就形成了对称三相电路。如图 11-2(a)、(b)所示，图(a)中的三相电源为星形三相电源，负载为星形负载，称为 Y-Y 连接方式；图 (b)中，三相电源为星形电源，负载为三角形负载，称为 Y-△连接方式；当然还有△-Y 和△-△连接方式。

在 Y-Y 连接中，如把三相电源的中性点 N 和负载的中性点 N′用一条具有阻抗为 Z_N 的中性线连接起来，如图 11-2(a)中的虚线所示，这种连接方式称为三相四线制方式。上述其余连接方式均属三相三线制。

实际三相电路中，三相电源是对称的，3 条端线阻抗是相等的，但负载不一定是对称的。

三相电路的分析采用电流电压关系法，流经输电线中的电流称为线电流，如图 11-2(a)、(b)所示的 $\dot{I}_A$、$\dot{I}_B$、$\dot{I}_C$，$\dot{I}_N$ 称为中性线电流。各输电线线端之间的电压如图 11-2(a)、(b)所示，电源端的 $\dot{U}_{AB}$、$\dot{U}_{BC}$、$\dot{U}_{CA}$ 和负载端的 $\dot{U}_{A'B'}$、$\dot{U}_{B'C'}$、$\dot{U}_{C'A'}$ 都称为线电压。三相电源和三相负载中每一相的电压、电流称为相电压和相电流。三相系统中的线电压和相电压、线电流和相电流之

间的关系都与连接方式有关。

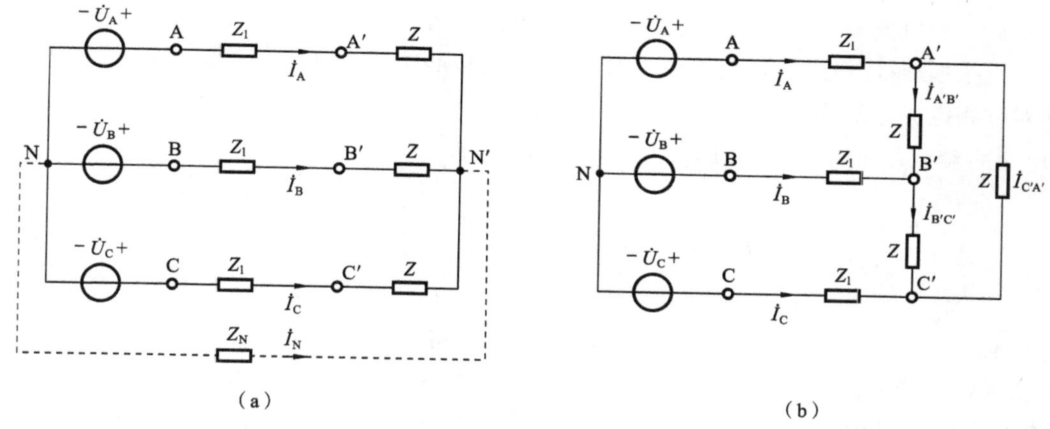

图 11-2 对称三相电路

如图 11-2(a)所示，对于对称星形电源，依次设其线电压为$\dot{U}_{AB}$、$\dot{U}_{BC}$、$\dot{U}_{CA}$，相电压为$\dot{U}_A$、$\dot{U}_B$、$\dot{U}_C$(或$\dot{U}_{AN}$、$\dot{U}_{BN}$、$\dot{U}_{CN}$)，则其 KVL 方程为

$$\left.\begin{aligned}\dot{U}_{AB}&=\dot{U}_A-\dot{U}_B=(1-a^2)\dot{U}_A=\sqrt{3}\dot{U}_A\angle 30^\circ\\\dot{U}_{BC}&=\dot{U}_B-\dot{U}_C=(1-a^2)\dot{U}_B=\sqrt{3}\dot{U}_B\angle 30^\circ\\\dot{U}_{CA}&=\dot{U}_C-\dot{U}_A=(1-a^2)\dot{U}_C=\sqrt{3}\dot{U}_C\angle 30^\circ\end{aligned}\right\}\tag{11-5}$$

另有$\dot{U}_{AB}+\dot{U}_{BC}+\dot{U}_{CA}=0$。所以式(11-5)中，只有两个方程是独立的。对称的星形三相电源端的线电压与相电压之间的关系，可以用一种特殊的电压相量图表示，如图 11-3 所示，它是由式(11-5)三个公式的相量图拼接而成，图中实线所示部分表示$\dot{U}_{AB}$的图解方法，它是以 B 为原点画出$\dot{U}_{AB}=(-\dot{U}_{BN})+\dot{U}_{AN}$，同理，可得其他线电压的图解求法。从图中可以看出，线电压与对称相电压之间的关系可以用图示电压正三角形说明，相电压对称时，线电压也一定依序对称，它是相电压的$\sqrt{3}$倍，依次超前$\dot{U}_A$、$\dot{U}_B$、$\dot{U}_C$相位 30°，实际计算时，只要算出$\dot{U}_{AB}$，就可依次写出$\dot{U}_{BC}=a^2\dot{U}_{AB}$，$\dot{U}_{CA}=a\dot{U}_{AB}$。

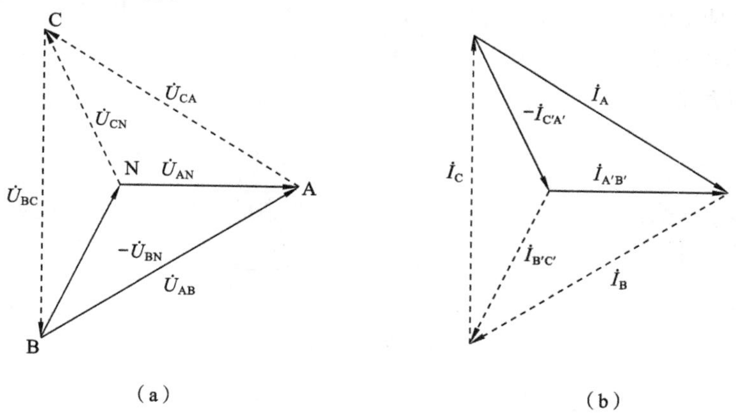

图 11-3 对称三相电源的相量图

对于三角形电源，如图 11-1(b)所示，有

$$\dot{U}_{AB}=\dot{U}_A,\quad \dot{U}_{BC}=\dot{U}_B,\quad \dot{U}_{CA}=\dot{U}_C$$

所以线电压等于相电压，相电压对称时，线电压也一定对称。

以上有关线电压和相电压的关系也适用于对称星形负载端和三角形负载端。

对称三相电源和三相负载中的线电流和相电流关系如下。

对于星形连接，线电流显然等于相电流，对于三角形连接，以图 11-2(b)为例，设每相负载中的对称相电流分别为 $\dot{I}_{A'B'}$、$\dot{I}_{B'C'}(=a^2\dot{I}_{A'B'})$、$\dot{I}_{C'A'}(=a\dot{I}_{A'B'})$，3 个线电流依次分别为 $\dot{I}_A$、$\dot{I}_B$、$\dot{I}_C$，电流的参考方向如图 11-2(b)所示。根据 KCL，有

$$\left.\begin{aligned}\dot{I}_A&=\dot{I}_{A'B'}-\dot{I}_{C'A'}=(1-a)\dot{I}_{A'B'}=\sqrt{3}\dot{I}_{A'B'}\angle-30^\circ\\\dot{I}_B&=\dot{I}_{B'C'}-\dot{I}_{A'B'}=(1-a)\dot{I}_{B'C'}=\sqrt{3}\dot{I}_{B'C'}\angle-30^\circ\\\dot{I}_C&=\dot{I}_{C'A'}-\dot{I}_{A'B'}=(1-a)\dot{I}_{C'A'}=\sqrt{3}\dot{I}_{C'A'}\angle-30^\circ\end{aligned}\right\}\tag{11-6}$$

另有 $\dot{I}_A+\dot{I}_B+\dot{I}_C=0$。所以，上述 3 个方程中，只有 2 个方程是独立的。线电流与对称相电流之间的关系，也可以用一种特殊的电流相量图表示，如图 11-2 所示，图中实线部分表示 $\dot{I}_A$ 的图解求法，其他线电流的图解求法类同。从图中可以看出，线电流与对称的三角形负载电流之间的关系，可以用一个电流正三角形说明，相电流对称时，线电流也一定对称，它是相电流的$\sqrt{3}$倍，依次滞后 $\dot{I}_{A'B'}$、$\dot{I}_{B'C'}$、$\dot{I}_{C'A'}$ 的相位为 30°。实际计算时，只要计算出 $\dot{I}_A$，就可依次写出 $\dot{I}_B=a^2\dot{I}_A$，$\dot{I}_C=a\dot{I}_A$。

上述分析方法也适用于三角形电源。

最后要注意，所有关于电压、电流的对称性以及上述对称相值和对称线值之间关系的论述，只能在指定的顺序和参考方向的条件下，才能以简单有序的形式表达出来，而不能任意设定，否则将会使问题的表述变得杂乱无序。

11.3 对称三相电路的计算

对称三相电路是一类特殊类型的正弦电流电路，因此，分析正弦电流电路的相量法对对称三相电路完全适用。但本节根据对称三相电路的一些特点，来简化对称三相电路分析计算。

以对称三相四线制电路为例来说明分析过程，如图 11-4 所示，其中 Z_1 为线路阻抗，Z_N 为中性线阻抗。N 和 N′为中性点。对于这种电路，一般可用节点法先求出中性点 N 和 N′之间的电压。以 N 为参考节点，可得

$$\left(\frac{1}{Z_N}+\frac{3}{Z+Z_1}\right)\dot{U}_{N'N}=\frac{1}{Z+Z_1}(\dot{U}_A+\dot{U}_B+\dot{U}_C)$$

由于 $\dot{U}_A+\dot{U}_B+\dot{U}_C=0$，所以 $\dot{U}_{N'N}=0$，各相电源和负载中的相电流等于线电流，它们是

$$\dot{I}_A=\frac{\dot{U}_A-\dot{U}_{N'N}}{Z+Z_1}=\frac{\dot{U}_A}{Z+Z_1}$$

$$\dot{I}_B=\frac{\dot{U}_B}{Z+Z_1}=a^2\dot{I}_A$$

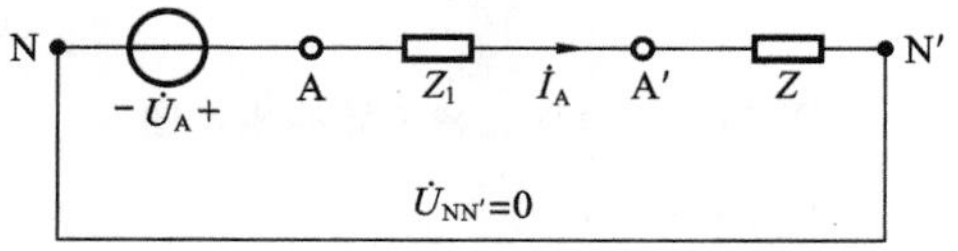

图 11-4 一相计算电路

$$\dot{I}_C=\frac{\dot{U}_B}{Z+Z_l}=a\dot{I}_A$$

可以看出，各线(各相)电流独立，$\dot{U}_{N'N}=0$ 是它的充分必要条件，所以对称的 Y-Y 三相电路可分列为三个独立的单相电路。由于三相电源和三相负载的对称性，所以线(相)电流构成对称组。因此，只要分析计算三相中的任一相，而其他两相的电流就能按对称顺序写出。这样就可将对称的 Y-Y 三相电路归结为一相进行计算。

图 11-4 所示的为一相计算电路(A 相)，这里要注意，在一相电路计算中，连接 N 和 N′短路线是 $\dot{U}_{NN'}=0$ 的等效线，与中性线阻抗 Z_N 无关。另外，中性线的电流为

$$\dot{I}_N=\dot{I}_A+\dot{I}_B+\dot{I}_C=0$$

这表明，对称的 Y-Y 三相电路，在理论上不需要中性线，可移去。而在任一时刻，$\dot{I}_A$、$\dot{I}_B$、$\dot{I}_C$ 中至少有一个为负值，对应此负电流的输电线则作为对称电流系统在该时刻的电流回线。

对于其他连接方式的对称三相电路，可以根据星形和三角形的等效互换，化成对称的Y-Y三相电路，然后用一相计算法求解。

【例 11-1】 已知对称三相电路的星形负载阻抗 $Z=(165+\mathrm{j}84)\ \Omega$，端线阻抗 $Z_l=(2+\mathrm{j}1)\ \Omega$，中性线阻抗 $Z_N=(1+\mathrm{j}1)\ \Omega$，线电压 $U_l=380$ V。求负载端的电流和线电压，作出电路的相量图。

解 对称星形三相电路图如图 11-2(a)所示，对称三相电路可以归结为一相电路计算方法。

令 A 相的相电压 $\dot{U}_A=\frac{U_l}{\sqrt{3}}\angle 0^\circ\ \mathrm{V}=220\angle 0^\circ\ \mathrm{V}$，而 A 相的相电流等于线电流，设为 $\dot{I}_A$，则有

$$\dot{I}_A=\frac{\dot{U}_A}{Z+Z_l}=\frac{220\angle 0^\circ}{(165+\mathrm{j}84)+(2+\mathrm{j}1)}\ \mathrm{A}=1.174\angle -26.98^\circ\ \mathrm{A}$$

$$\dot{I}_B=\frac{\dot{U}_B}{Z+Z_l}=a^2\dot{I}_A=1.174\angle -146.98^\circ\ \mathrm{A}$$

$$\dot{I}_C=\frac{\dot{U}_C}{Z+Z_l}=a\dot{I}_A=1.174\angle 93.02^\circ\ \mathrm{A}$$

负载端的相电压 $\dot{U}_{A'N'}$ 为

$$\dot{U}_{A'N'}=Z\dot{I}_A=(165+\mathrm{j}84)\times 1.174\angle -26.98^\circ\ \mathrm{A}=217.34\angle 0.05^\circ\ \mathrm{A}$$

线电压 $\dot{U}_{A'B'}$ 为

$$\dot{U}_{A'B'}=\sqrt{3}\dot{U}_{A'N'}\angle 30^\circ=376.5\angle 30.05^\circ\ \mathrm{V}$$

电路相量图如图 11-5 所示。

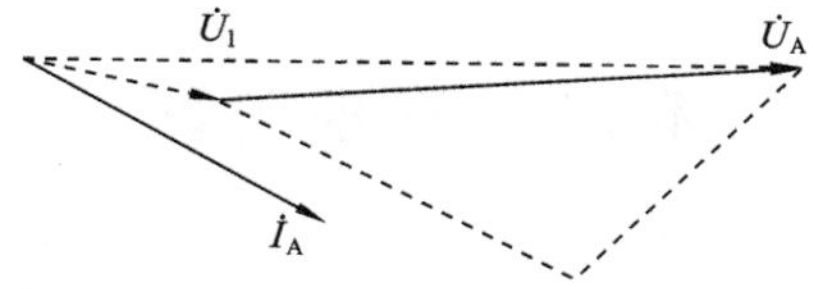

图 11-5 例 11-1 电路相量图(A 相)

【例 11-2】 对称三相电路如图 11-2(b)所示。已知：$Z=(19.2+\mathrm{j}14.4)\ \Omega$，$Z_l=(3+\mathrm{j}4)\ \Omega$，对称线电压 $U_{AB}=380$ V。求负载端的线电压和线电流。

解 该电路可以变换为对称的 Y-Y 电路，如图 11-6 所示。(将三角形变换为星形)图中 Z' 为

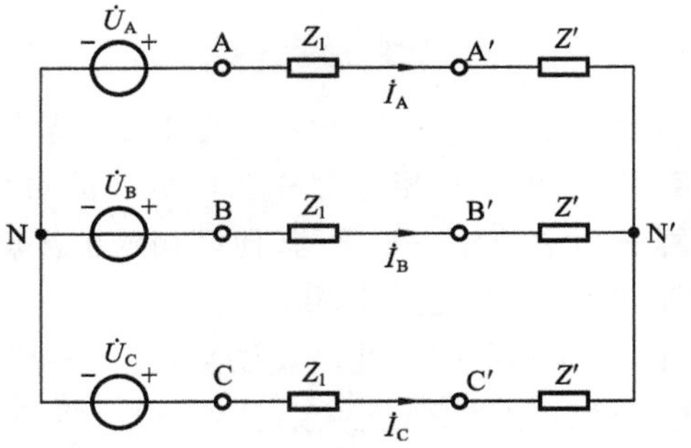

图 11-6 对称三相电路的 Y-Y 变换电路

$$Z'=\frac{Z}{3}=(6.4+\mathrm{j}4.8)\ \Omega$$

令 $\dot{U}_{\mathrm{A}}=220\angle 0°\ \mathrm{V}$，根据一相计算电路有

$$\dot{I}_{\mathrm{A}}=\frac{\dot{U}_{\mathrm{A}}}{Z+Z_{l}}=17.1\angle -43.2°\ \mathrm{A}$$

则

$$\dot{I}_{\mathrm{B}}=a^{2}\dot{I}_{\mathrm{A}}=17.1\angle -163.2°\mathrm{A}$$

$$\dot{I}_{\mathrm{C}}=a\dot{I}_{\mathrm{A}}=17.1\angle 76.8°\ \mathrm{A}$$

此电流即为负载端的线电流。再求出负载端的相电压，利用线电压与相电压的关系就可得负载端的线电压 $\dot{U}_{\mathrm{A'N'}}$ 为

$$\dot{U}_{\mathrm{A'N'}}=\dot{I}_{\mathrm{A}}Z'=136.8\angle -6.3°\ \mathrm{V}$$

根据式(11-5)，有

$$\dot{U}_{\mathrm{A'B'}}=\sqrt{3}\dot{U}_{\mathrm{A'N'}}\angle 30°=236.9\angle 23.7°\ \mathrm{V}$$

根据对称性可写出

$$\dot{U}_{\mathrm{B'C'}}=a^{2}\dot{U}_{\mathrm{A'B'}}=236.9\angle -96.3°\ \mathrm{V}$$

$$\dot{U}_{\mathrm{C'A'}}=a\dot{U}_{\mathrm{A'B'}}=236.9\angle 143.7°\ \mathrm{V}$$

根据负载端的线电压可以求得负载中的相电流，有

$$\dot{I}_{\mathrm{A'B'}}=\frac{\dot{U}_{\mathrm{A'B'}}}{Z}=9.9\angle -13.2°\ \mathrm{A}$$

$$\dot{I}_{\mathrm{B'C'}}=a^{2}\dot{I}_{\mathrm{A'B'}}=9.9\angle -133.2°\ \mathrm{A}$$

$$\dot{I}_{\mathrm{C'A'}}=a\dot{I}_{\mathrm{A'B'}}=9.9\angle 106.8°\ \mathrm{A}$$

也可以利用式(11-6)计算负载的相电流。

11.4 不对称三相电路的概念

在三相电路中，只要有一部分不对称就称为不对称三相电路。例如，对称三相电路的某一条端线断开，或某一相负载发生短路或开路，就称为不对称的三相电路。对于不对称三相电路的分析，一般情况下，不能引用上一节介绍的一相计算方法，而要用其他方法求解。这里简要介绍负载不对称三相电路的特点。

图 11-7 所示的 Y-Y 连接电路中三相电源是对称的，但负载不对称。先讨论开关 S 打开(即不接中性线)时的情况。用节点电压法可以求得节点电压 $\dot{U}_{\mathrm{NN'}}$ 为

$$\dot{U}_{NN'}=\frac{\dot{U}_A Y_A+\dot{U}_B Y_B+\dot{U}_C Y_C}{Y_A+Y_B+Y_C}$$

由于负载不对称，一般情况下$\dot{U}_{NN'}\neq 0$，即 N 点和 N′点电位不同，由图 11-7(b)所示的相量关系可以看出，N 点和 N′点不重合，这一现象称为中性点位移现象。在电源对称情况下，可以根据中性点位移的情况判断负载端不对称的程度。当中性点位移较大时，会造成负载端的电压严重不对称，从而可能使负载的工作不正常。另一方面，如果负载变动时，由于各相的工作相互关联，因此彼此都互有影响。

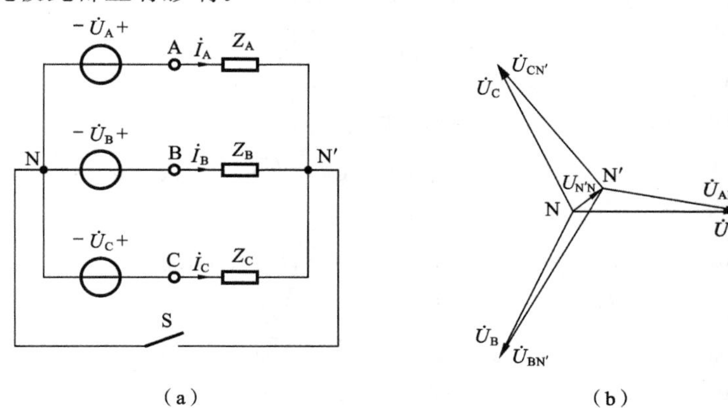

(a) (b)

图 11-7 不对称三相电路

合上开关 S(接上中性线)，如果 $Z_N\approx 0$，则可认为$\dot{U}_{NN'}=0$。尽管电路是不对称的，但在这种条件下，可认为各相保持独立性，各相的工作互不影响，因而各相可以分别独立计算，可确保各相负载在相电压下安全工作，这就克服了无中性线时引起的缺点。因此，在负载不对称的情况下中性线的存在是非常重要的，它能起到保证安全供电的作用。

由于相(线)电流的不对称，中性线的电流一般不为零，即

$$\dot{I}_N=\dot{I}_A+\dot{I}_B+\dot{I}_C\neq 0$$

【例 11-3】 如图 11-7 所示，若 $Z_A=-\mathrm{j}\,\dfrac{1}{\omega C}$，而 $Z_B=Z_C=R$，且 $R=\dfrac{1}{\omega C}$，则电路是一种测定相序的仪器，称为相序指示器(图中 R 用两个相同的白炽灯代替)。试说明在相电压对称的情况下，当 S 打开时，如何根据两个白炽灯的亮度确定电源的相序。

解 图 11-7(a)所示电路的中性点电压$\dot{U}_{NN'}$为

$$\dot{U}_{NN'}=\frac{\mathrm{j}\omega C\dot{U}_A+G(\dot{U}_B+\dot{U}_C)}{\mathrm{j}\omega C+2G}$$

令$\dot{U}_A=U\angle 0°$ V，代入给定的阻抗参数后，有

$$\dot{U}_{NN'}=(-0.2+\mathrm{j}0.6)U=0.63U\angle 108.4°$$

B 相白炽灯承受的电压$\dot{U}_{BN'}$为

$$\dot{U}_{BN'}=\dot{U}_{BN}-\dot{U}_{NN'}=1.5U\angle -101.5°$$

所以

$$U_{BN'}=1.5U$$

而

$$\dot{U}_{CN'}=\dot{U}_{CN}-\dot{U}_{NN'}=0.4U\angle 133.4°$$

即

$$U_{CN'}=0.4U$$

根据上述结果可以判断：$U_{CN'}$最小，则白炽灯较暗的一相为C相。

11.5 三相电路的功率

在三相电路中，三相负载吸收的复功率等于各相复功率之和，即

$$\overline{S}=\overline{S}_A+\overline{S}_B+\overline{S}_C \tag{11-7}$$

在对称三相电路中 $\overline{S}_A=\overline{S}_B=\overline{S}_C$，因而 $\overline{S}=3\overline{S}_A$。

三相电路的瞬时功率为各相负载瞬时功率之和。如图 11-2(a)所示的对称三相电路，有

$$\begin{aligned}p_A &=u_{AN}i_A=\sqrt{2}U_{AN}\cos(\omega t)\times\sqrt{2}I_A\cos(\omega t-\varphi)\\&=U_{AN}I_A[\cos\varphi+\cos(2\omega t-\varphi)]\\p_B &=u_{BN}i_B=\sqrt{2}U_{AN}\cos(\omega t-120°)\times\sqrt{2}I_A\cos(\omega t-\varphi-120°)\\&=U_{AN}I_A[\cos\varphi+\cos(2\omega t-\varphi-240°)]\\p_C &=u_{CN}i_C=\sqrt{2}U_{AN}\cos(\omega t+120°)\times\sqrt{2}I_A\cos(\omega t-\varphi+120°)\\&=U_{AN}I_A[\cos\varphi+\cos(2\omega t-\varphi+240°)]\end{aligned}$$

它们的和为

$$p=p_A+p_B+p_C=3U_{AN}I_A\cos\varphi=3P_A \tag{11-8}$$

式(11-8)表明，对称三相电路的瞬时功率是一个常量，其值等于平均功率。这是对称三相电路的一个优越性能。该性能一般也称为瞬时功率平衡。

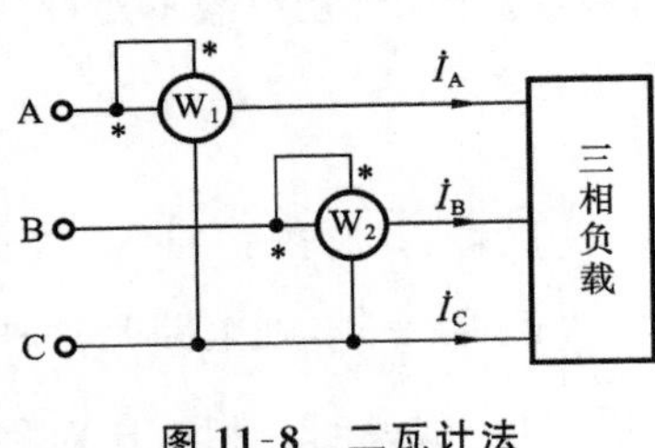

图 11-8 二瓦计法

在三相三线制电路中，不论对称与否，都可以使用两个功率表的方法测量三相功率（称为二瓦计法）。两个功率表的一种连接方式如图 11-8 所示，使线电流从 * 端分别流入两个功率表的电流线圈（图示为 $\dot{I}_A$、$\dot{I}_B$），它们的电压线圈的非 * 端共同接到非电流线圈所在的第 3 条端线上（图示为 C 端线）。可以看出，这种测量方法中功率表的接线只涉及端线，而与负载和电源的连接方式无关。

可以证明图中两个功率表读数的代数和为三相三线制中右侧电路吸收的平均功率。

设两个功率表的读数分别用 P_1 和 P_2，根据功率表的工作原理，有

$$P_1=\mathrm{Re}[\dot{U}_{AC}\dot{I}_A^*]$$

$$P_2=\mathrm{Re}[\dot{U}_{BC}\dot{I}_B^*]$$

所以

$$P_1+P_2=\mathrm{Re}[\dot{U}_{AC}\dot{I}_A^*+\dot{U}_{BC}\dot{I}_B^*]$$

因为 $\dot{U}_{AC}=\dot{U}_A-\dot{U}_C$，$\dot{U}_{BC}=\dot{U}_B-\dot{U}_C$，$\dot{I}_A^*+\dot{I}_B^*=-\dot{I}_C^*$，代入上式得

$$P_1+P_2=\mathrm{Re}[\dot{U}_A\dot{I}_A^*+\dot{U}_B\dot{I}_B^*+\dot{U}_C\dot{I}_C^*]=\mathrm{Re}[\overline{S}_A+\overline{S}_B+\overline{S}_C]=\mathrm{Re}[\overline{S}]$$

而 $\mathrm{Re}[\overline{S}]$表示右侧三相负载的有功功率。在对称三相制中，令

$$\dot{U}_A=U\angle 0°,\quad \dot{I}_A=I_A\angle -\varphi$$

则有

$$\left.\begin{aligned}P_1&=\mathrm{Re}[\dot{U}_{AC}\dot{I}_A^*]=U_{AC}I_A\cos(\varphi-30^\circ)\\P_2&=\mathrm{Re}[\dot{U}_{BC}\dot{I}_B^*]=U_{BC}I_B\cos(\varphi+30^\circ)\end{aligned}\right\}\tag{11-9}$$

式中：φ 为负载的阻抗角。

应该注意，在一定的条件下，两个功率表之一的读数可能为负数，如 $|\varphi|>60^\circ$ 时，求代数和时该读数应取负值。一般来说，单独一个功率表的读数是没有意义的。

不对称的三相四线制不能用二瓦计法测量三相功率，这是因为一般情况下 $\dot{I}_A+\dot{I}_B+\dot{I}_C\neq0$。

【例 11-4】 图 11-8 所示的电路为对称三相电路，已知对称三相负载吸收的功率为 2.5 kW，功率因数 $\lambda=\cos\varphi=0.866$（感性），线电压为 380 V。求图中两个功率表的读数。

解 对称三相负载吸收的功率是一相负载所吸收功率的 3 倍，令 $\dot{U}_A=U\angle0^\circ$，$\dot{I}_A=I_A\angle-\varphi$，则有

$$P=3P_A=3\mathrm{Re}[\dot{U}_A\ \dot{I}_A^*]=\sqrt{3}U_{AB}I_A\cos\varphi$$

求得电流 I_A 为

$$I_A=\frac{P}{\sqrt{3}U_{AB}\cos\varphi}=4.386\ \mathrm{A}$$

又因为

$$\varphi=\arccos\lambda=30^\circ(\text{感性})$$

则图中功率表相关的电压、电流相量为

$$\dot{I}_A=4.386\angle-30^\circ\ \mathrm{A},\quad \dot{U}_{AC}=380\angle-30^\circ\ \mathrm{V}$$
$$\dot{I}_B=4.386\angle-150^\circ\ \mathrm{A},\quad \dot{U}_{BC}=380\angle-90^\circ\ \mathrm{V}$$

则功率表的读数分别为

$$P_1=\mathrm{Re}[\dot{U}_{AC}\dot{I}_A^*]=\mathrm{Re}[380\times4.386\angle0^\circ]\ \mathrm{W}=1666.68\ \mathrm{W}$$
$$P_2=\mathrm{Re}[\dot{U}_{BC}\dot{I}_B^*]=\mathrm{Re}[380\times4.386\angle60^\circ]\ \mathrm{W}=833.34\ \mathrm{W}$$

实际上，只要求得两个功率表之一的读数，另一功率表的读数等于负载的功率减去该表的读数，如求得 P_1 后，$P_2=P-P_1$。

11.6 计算机辅助分析电路举例

【例 11-5】 例 11-1 的 Matlab 语言实现程序如下。

```
Z=165+84*j;  Z1=2+j;ZN=1+j;  U1=380;
UA=U1/sqrt(3);  IA=UA/(Z+Z1),  a=-1/2+sqrt(3)/2*j;
IB=a.^2*IA,IC=a*IA,b=3/2+sqrt(3)/2*j;
UAN=Z*IA;  UAB=b*UAN
disp('IA,IB,IC,UAN,UAB');
disp('幅值');
disp(abs([IA,IB,IC,UAN,UAB]));
disp('相角');
disp(angle([IA,IB,IC,UAN,UAB])*180/pi);
ha=compass([U1,UA,UAB]);
```

```
figure,ha1=compass([IA,IB,IC]);
set(ha,'linewidth',3);
set(ha1,'linewidth',3);
```

运行结果如下：

```
IA =
     1.0434 - 0.5311i
IB =
    -0.9816 - 0.6381i
IC =
    -0.0618 + 1.1692i
UAB =
      3.2515e+002 +1.8776e+002i
IA,IB,IC,UAN,UAB
幅值
1.1708      1.1708      1.1708      216.7752      375.4656
相角
-26.9753 -146.9753      93.0247      0.0050      30.0050
```

电流和电压相量图分别如图 11-9、图 11-10 所示。

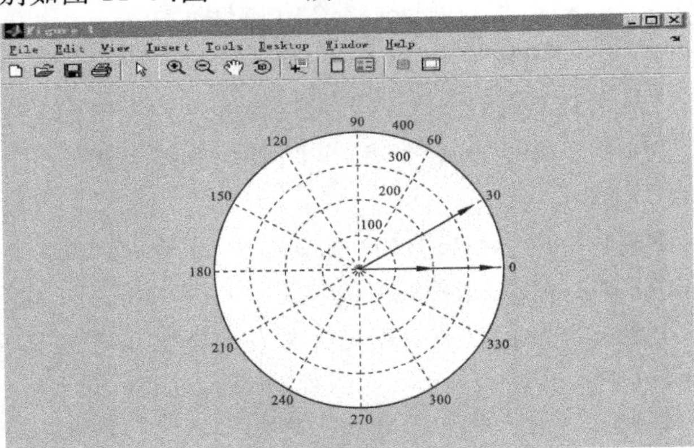

图 11-9　例 11-5 的电流相量图

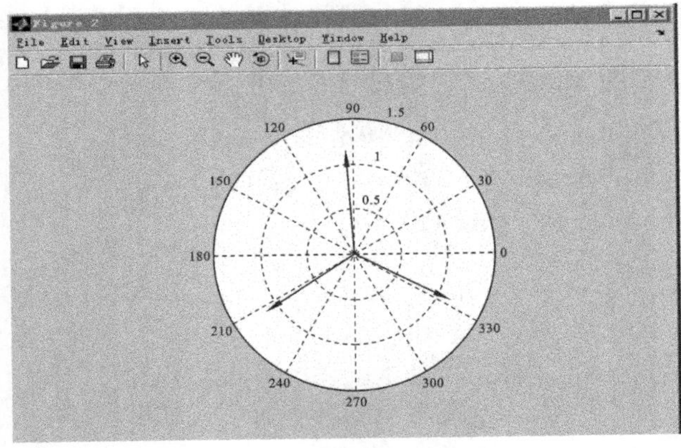

图 11-10　例 11-5 的电压相量图

【例 11-6】 将例 11-2 采用 Matlab 软件进行实现，其实现程序如下。

```
Z=19.2+14.4*j;  Z1=3+4*j;  UAB=380;
Zl=Z/3;  UA=220;  IA=UA/(Z1+Zl),
a=-1/2+sqrt(3)/2*j;
IB=a.^2*IA,  IC=a*IA, b=3/2+sqrt(3)/2*j;
UAN=Zl*IA;  UAB=b*UAN,  UBC=a.^2*UAB,  UCA=a*UAB,
IAB=UAB/Z,  IBC=a.^2*IAB,  ICA=a*IAB,
disp('IAB,IBC,ICA,UAB,UBC,UCA');
disp('幅值');
disp(abs([IAB,IBC,ICA,UAB,UBC,UCA]));
disp('相角');
disp(angle([IAB,IBC,ICA,UAB,UBC,UCA])*180/pi);
```

运行结果如下：

```
IA =
    12.4729 -11.6767i
IB =
    -16.3488 - 4.9635i
IC =
    3.8759 +16.6402i
UAB =
    2.1668e+002 +9.5379e+001i
UBC =
    -2.5740e+001 -2.3534e+002i
UCA =
    -1.9094e+002 +1.3996e+002i
IAB =
    9.6072 - 2.2378i
IBC =
    -6.7416 - 7.2012i
ICA =
    -2.8657 + 9.4390i
IAB,IBC,ICA,UAB,UBC,UCA
幅值
9.8644    9.8644    9.8644    236.7451    236.7451    236.7451
相角
-13.1118 -133.1118    106.8882    23.7581    -96.2419    143.7581
```

小　结

本章主要介绍了三相制供电的基本知识和概念，分析了对称三相电源与负载连接时的电压和电流计算方法、三相四线制供电系统中单相及三相负载的正确连接方法和对称三相电路功率的计算方法，最后介绍了 Matlab 进行对称电路的电流、电压和功率计算的方法。

(1) 对称三相电源是由3个同频、等幅值、初相依次相差120°的正弦电压源连接成星形(Y形)或三角形(△形)组成的电源。它通常是由三相同步发电机产生，三相绕组在空间互差120°，当具有磁性的转子以均匀角速度 ω 转动时，在三相绕组中产生感应电压，从而形成对称三相电源。

(2) 当对称三相电源与对称三相负载相连接时，即构成对称三相电路。对于对称三相电路的分析，可以根据星形和三角形的等效互换，化成对称的 Y-Y 三相电路，然后用一相计算法求解。

(3) 对于不对称三相电路的分析，一般情况下，不能采用一相计算方法，而要用其他方法求解。在电源对称情况下，可以根据中性点位移的情况判断负载端不对称的程度。当中性点位移较大时，会造成负载端的电压严重的不对称，从而可能使负载的工作不正常。另一方面，如果负载变动时，由于各相的工作相互关联，因此彼此都互有影响。

(4) 对称三相电路的瞬时功率是一个常量，其值等于平均功率，这是对称三相电路的一个优越性能，该性能一般也称为瞬时功率平衡。在三相三线制电路中，不论对称与否，都可以使用两个功率表的方法测量三相功率(称为二瓦计法)，两个功率表读数的代数和为三相三线制中三相负载电路吸收的平均功率。不对称的三相四线制不能用二瓦计法测量三相功率，这是因为一般情况下 $\dot{I}_A+\dot{I}_B+\dot{I}_C\neq 0$。

思考题及习题

11.1 对称三相电路如图11-2(a)所示，已知 $Z_1=(1+j2)\ \Omega$，$Z=(5+j6)\ \Omega$，$u_{AB}=380\sqrt{2}\cos(\omega t+30°)$ V。试求负载中各电流相量。

11.2 已知对称三相电路的线电压 $U_1=380$ V，三角形负载阻抗 $Z=(4.5+j14)\ \Omega$，端线阻抗 $Z_1=(1.5+j2)\ \Omega$，求线电流和负载端的相电流，并作电路的相量图。

11.3 将题11-1中的负载 Z 改成三角形连接(无中性线)，比较两种连接方式中负载所吸收的复功率。

11.4 已知对称三相电路的线电压 $U_1=230$ V，负载阻抗 $Z=(12+j16)\ \Omega$，求：

(1) 星形连接负载时的线电流及吸收的总功率；

(2) 三角形连接负载时的线电流、相电流及吸收的总功率；

(3) 比较(1)和(2)的结果能得到什么结论？

11.5 如图1所示的 Y-Y 三相电路，电压表的读数是1143.16 V，$Z=(15+j15\sqrt{3})\ \Omega$，$Z_1=(1+j2)\ \Omega$。求电流表的读数和线电压 $\dot{U}_{AB}$。

11.6 如图2所示，对称三相耦合电路接于对称三相电源，电源频率为50 Hz，线电压 $U_1=230$ V，$R=20\ \Omega$，$L=0.29$ H，$M=0.12$ H。求相电流和负载吸收的总功率。

11.7 如图3所示的三相电路，$U_{AA'}=380$ V，三相电动机吸收功率为1.4 kW，其功率因数 $\lambda=0.866$，$Z_1=-j55\ \Omega$。求 $\dot{U}_{AB}$ 和电源端的功率因数 λ'。

11.8 如图4所示的对称三相电路，线电压为380 V，相电流 $I_{A'B'}=2$ A。求图中功率表的读数。

11.9 如图5所示的电路，对称三相电源端的线电压 $U_1=380$ V，$Z=(50+j50)\ \Omega$，$Z_1=(100+j100)\ \Omega$，Z_A 为 R、L、C 串联组成，$R=50\ \Omega$，$X_L=314\ \Omega$，$X_C=-264\ \Omega$。试求：

(1) 开关S打开时的线电流；

(2) 若用二瓦计法测量电源端三相功率，试画出连线图，并求两个功率表的读数(S闭合时)。

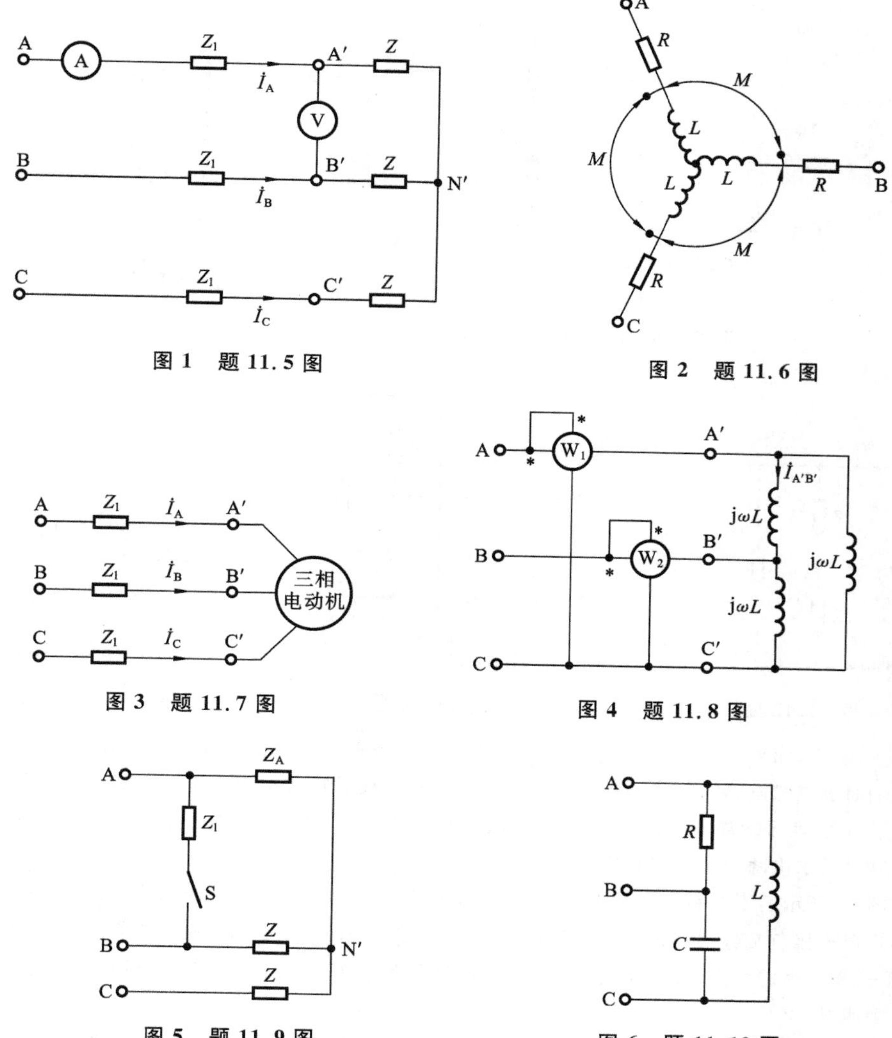

图1 题11.5图

图2 题11.6图

图3 题11.7图

图4 题11.8图

图5 题11.9图

图6 题11.10图

11.10 如图6所示的电路，电源为对称三相电源，试求：

(1) L、C满足什么条件时，线电流对称？

(2) 若$R=\infty$(开路)，再求线电流。

11.11 如图7所示的对称三相电路，线电压为380 V，$R=200\ \Omega$负载吸收的无功功率为$1520\sqrt{3}$ Var。试求：

(1) 各线电流；

(2) 电源发出的复功率。

11.12 图8所示电路中的是频率为50 Hz的正弦电压源。若要使$\dot{U}_{ao}$、$\dot{U}_{bo}$、$\dot{U}_{co}$构成对称三相电压，R、L、C之间应当满足什么关系？设$R=20\ \Omega$，求L和C。

11.13 如图9所示的对称三相电路，$U_{相}=220$ V，$Z=3+\mathrm{j}4=5\angle 53.1°\ \Omega$。求三相阻抗吸收的总有功功率和总无功功率。

11.14 如图10所示的对称三相电路，$U_{线}=380$ V，$Z=(20+\mathrm{j}20)\ \Omega$，三相电动机功率为1.7 kW，$\cos\varphi=0.82$。(1) 求$\dot{I}_A$、$\dot{I}_B$、$\dot{I}_C$；(2) 求三相电源发出的总功率；(3) 若用二瓦计法测三相总功率，画出接线图。

11.15 如图11所示的电路，三相电压源对称，已知负载中各相电流均为2 A。求各线电流，画出相量图。

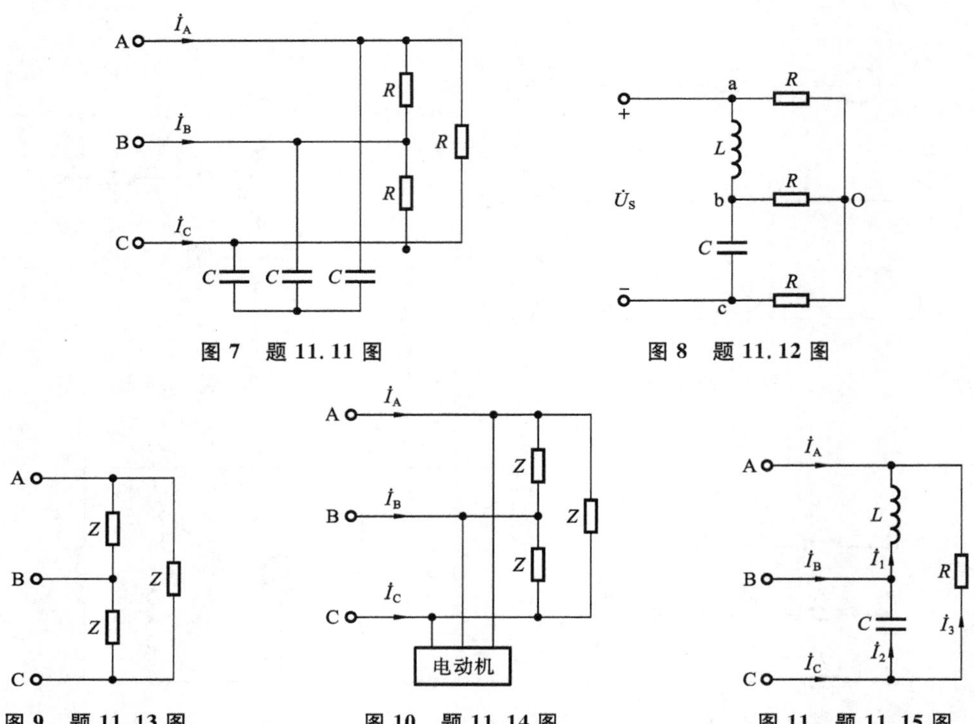

图 7　题 11.11 图　　图 8　题 11.12 图

图 9　题 11.13 图　　图 10　题 11.14 图　　图 11　题 11.15 图

11.16　题 11.5 中，如果 A 相负载阻抗等于零，求图中的电流表读数、线电压 $\dot{U}_{AB}$ 及三相负载的吸收功率。

11.17　已知对称三相电路的线电压为 380 V，$f=50$ Hz，负载吸收功率为 2.4 kW，功率因数为 0.4(感性)。试求：(1) 两个功率表的读数(用二瓦计法测量功率时)；(2) 怎样才能使负载端的功率因数提高到 0.8?并再求出两个功率表的读数。

11.18　如图 12 所示的不对称三相四线制电路，已知端线阻抗为零，对称电源端的线电压 $U_l=380$ V，不对称的星形连接负载分别是 $Z_A=(3+j2)\ \Omega$，$Z_B=(4+j4)\ \Omega$，$Z_C=(2+j1)\ \Omega$。试求：(1) 当中线阻抗 $Z_N=(4+j3)\ \Omega$ 时的中点电压、线电流和负载吸收的总功率；(2) 当 $Z_N=0$ 且 A 相开路时的线电流。如果无中线(即 $Z_N\to\infty$)又怎样?

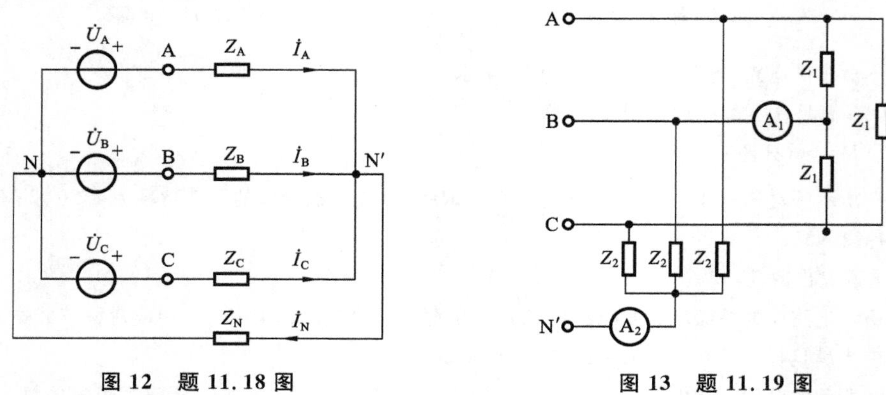

图 12　题 11.18 图　　图 13　题 11.19 图

11.19　如图 13 所示的电路，三相电源对称，$U_{线}=380$ V，$Z_1=-j12\ \Omega$，$Z_2=(3+j4)\ \Omega$。求：三相负载吸收的总功率及两电流表的示数。

11.20　如图 14 所示的电路，三相电源对称，$U_{线}=380$ V，R 消耗的功率 $P_R=220$ W，$X_L=110\ \Omega$，$X_C=110\ \Omega$。(1) 求 $\dot{I}_A$、$\dot{I}_B$、$\dot{I}_C$；(2) 求三相电源发出的总功率；(3) 用相量图法求中线电流 $\dot{I}_O$。

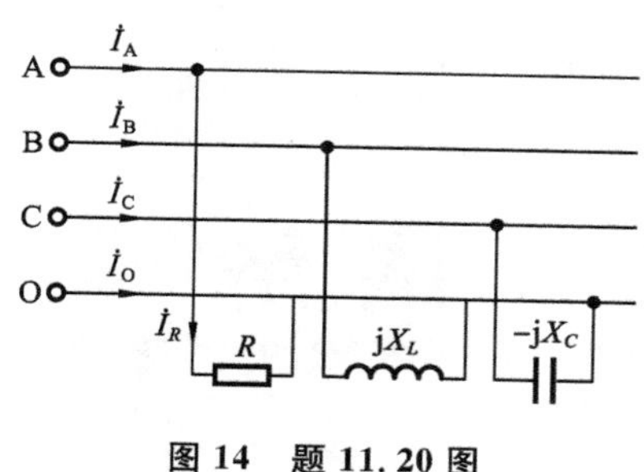

图14 题11.20图

计算机辅助分析电路练习题

11.21 利用 Matlab 软件对题 11.4 进行计算和分析。

11.22 利用 Matlab 软件画出题 11.15 的相量图。

11.23 利用 Matlab 软件对题 11.20 进行计算和分析。

第 12 章　双口网络

实际工程中，对于变压器、滤波器、放大器、反馈网络等一些器件只需知道一些电路外特性，而无需知道其内部电路各支路的具体电压和电流情况，这样就可将这些电路等效为网络，用戴维宁或诺顿等效电路进行替代，然后再计算感兴趣的电压和电流，这种分析方法即为网络分析法，它具有简单实用的特性。本章主要以双口网络为例，介绍了双端口网络的参数及其方程、双端口网络的参数性质以及它们之间的相互关系。

12.1　双口网络基本概念

某些情况下，我们只对一些电路外特性感兴趣，而无需知道该电路各支路的具体电压和电流情况，这样就可将该电路等效为网络，用戴维宁或诺顿等效电路进行替代，然后再计算感兴趣的电压和电流，如实际工程中的变压器、滤波器、放大器、反馈网络等，对于这些有两对端子的电路，都可以将两对端子之间的电路放在一个方框中，如图 12-1 所示。通常，图 12-1(d)中的一对端子 1—1′是输入端子，另一对端子 2—2′为输出端子。

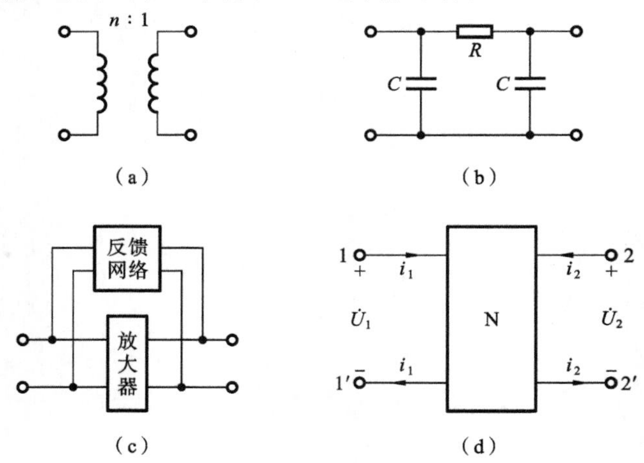

图 12-1　二端口网络

如果这两对端子满足端口条件，即对于所有时间，从端子 1 流入方框的电流等于从端子 1′流出的电流；同时，从端子 2 流入方框的电流等于从端子 2′流出的电流，这样的电路称为二端口网络，简称二端口。若向外伸出 2 个端子的称为一端口网络，向外伸出 4 个端子但不具有上述电流限制的称为二端口网络，这里只讨论二端口网络，用二端口网络的电路模型进行研究较为方便，有利于研究端口外部特性，且两端口的分析方法易推广应用于 n 端口网络，大网络可以分割成许多子网络(二端口)进行分析。

本章介绍的二端口是由线性的电阻、电感(包括耦合电感)、电容和线性受控源组成,并规定不包括任何独立源(如用运算法分析式,还规定独立的初始条件均为零,即不存在附加电源)。

12.2　Z　参　数

图 12-2 所示的为一个线性二端口网络,在端口 1—1′和 2—2′处的电流相量和电压相量的参考方向如图 12-2 所示,假定这两个端口电流为 $\dot{I}_1$ 和 $\dot{I}_2$,可用替代定理把 $\dot{I}_1$ 和 $\dot{I}_2$ 看作是外施电流源的电流。根据叠加定理,$\dot{U}_1$、$\dot{U}_2$ 应等于各个电流源单独作用时产生的电压之和,即

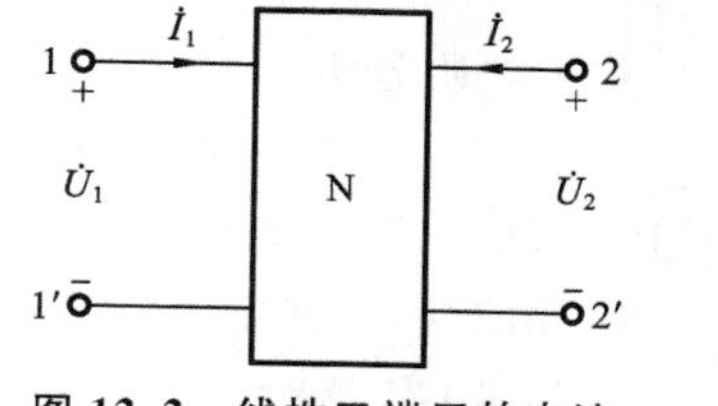

图 12-2　线性二端口的电流电压关系

$$\left.\begin{aligned}\dot{U}_1=Z_{11}\dot{I}_1+Z_{12}\dot{I}_2\\ \dot{U}_2=Z_{21}\dot{I}_1+Z_{22}\dot{I}_2\end{aligned}\right\}\tag{12-1}$$

式(12-1)是二端口的网络方程,由于该方程为线性,可改写成矩阵形式,有

$$\begin{bmatrix}\dot{U}_1\\ \dot{U}_2\end{bmatrix}=\begin{bmatrix}Z_{11} & Z_{12}\\ Z_{21} & Z_{22}\end{bmatrix}\begin{bmatrix}\dot{I}_1\\ \dot{I}_2\end{bmatrix}\tag{12-2}$$

简写为

$$[U]=[Z][I]$$

式中:$[Z]$为阻抗矩阵,其中 Z_{11} 和 Z_{22} 分别表示端口 1—1′和端口 2—2′的输入阻抗,Z_{12} 和 Z_{21} 分别表示端口 1—1′和端口 2—2′之间的转移阻抗。

Z 参数可通过下面的方法计算或测量得到,即

$Z_{11}=\left.\dfrac{\dot{U}_1}{\dot{I}_1}\right|_{\dot{I}_2=0}$ 表示端口 2—2′处开路时,端口 1—1′的开路输入阻抗;

$Z_{12}=\left.\dfrac{\dot{U}_1}{\dot{I}_2}\right|_{\dot{I}_1=0}$ 表示端口 1—1′处开路时,端口 2—2′到端口 1—1′的开路转移阻抗;

$Z_{21}=\left.\dfrac{\dot{U}_2}{\dot{I}_1}\right|_{\dot{I}_2=0}$ 表示端口 2—2′处开路时,端口 1—1′到端口 2—2′的开路转移阻抗;

$Z_{22}=\left.\dfrac{\dot{U}_2}{\dot{I}_2}\right|_{\dot{I}_1=0}$ 表示端口 1—1′处开路时,端口 2—2′的开路输入阻抗。

由上述定义可知,$[Z]$矩阵中的各个阻抗参数必须使用开路法测量,故也称为开路阻抗参数,根据互易定理不难证明,对于线性 R、$L(M)$、C 元件构成的任何无源二端口,有

$$Z_{12}=Z_{21}\tag{12-3}$$

对于对称二端口则有

$$Z_{11}=Z_{22}\tag{12-4}$$

故二端口的 Z 参数中只有两个是独立的。

【例 12-1】　如图 12-3 所示的线性可逆 T 型网络,若已知网络元件阻抗 Z_1、Z_2、Z_3。

求:(1) T 型网络的 Z 参数;

(2) 分析网络参数的性质。

解 (1) 由 Z 参数定义得

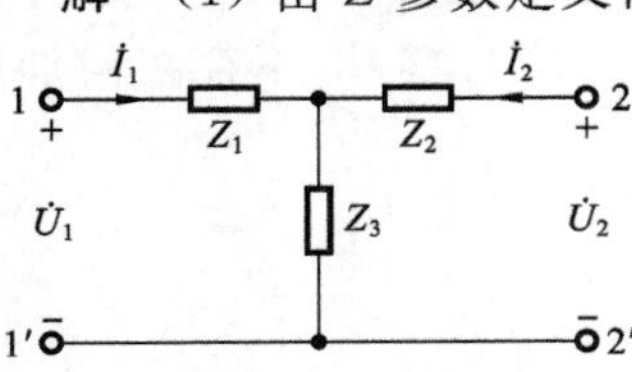

图 12-3 线性可逆 T 型网络

$$Z_{11}=\left.\frac{\dot{U}_1}{\dot{I}_1}\right|_{\dot{I}_2=0}=Z_1+Z_3$$

$$Z_{22}=\left.\frac{\dot{U}_2}{\dot{I}_2}\right|_{\dot{I}_1=0}=Z_2+Z_3$$

$$Z_{12}=\left.\frac{\dot{U}_1}{\dot{I}_2}\right|_{\dot{I}_1=0}=Z_3$$

$$Z_{21}=\left.\frac{\dot{U}_2}{\dot{I}_1}\right|_{\dot{I}_2=0}=Z_3$$

(2) 性质分析。

① 由 $Z_{12}=Z_{21}=Z_3$ 得该网络具有可逆性，即当 $Z_{ij}=Z_{ji}$ 网络可逆，也可用矩阵形式表示当 $[Z]=[Z]^{\mathrm{T}}$（$[Z]^{\mathrm{T}}$ 表示$[Z]$的转置矩阵）时网络可逆。

② 由对称几何定义知，当 $Z_1=Z_2$ 时，网络具有对称性，其网络参数 $Z_{11}=Z_{22}=Z_1+Z_3=Z_2+Z_3$。即当 $Z_{ii}=Z_{jj}$ $(i\neq j)$时，网络具有对称性。

12.3 Y 参 数

若图 12-2 所示的二端口网络的端口电压$\dot{U}_1$ 和$\dot{U}_2$ 已知，则可用替代定理把两个端口电压$\dot{U}_1$ 和$\dot{U}_2$ 看作外施独立电压源。根据叠加定理，$\dot{I}_1$ 和$\dot{I}_2$ 应等于各个电压源单独作用时产生的电流之和，即

$$\left.\begin{aligned}\dot{I}_1&=Y_{11}\dot{U}_1+Y_{12}\dot{U}_2\\ \dot{I}_2&=Y_{21}\dot{U}_1+Y_{22}\dot{U}_2\end{aligned}\right\}\tag{12-5}$$

由于式(12-5)为线性方程，可改写成矩阵形式，有

$$\begin{bmatrix}\dot{I}_1\\ \dot{I}_2\end{bmatrix}=\begin{bmatrix}Y_{11} & Y_{12}\\ Y_{21} & Y_{22}\end{bmatrix}\begin{bmatrix}\dot{U}_1\\ \dot{U}_2\end{bmatrix}\tag{12-6}$$

简写为

$$[I]=[Y][U]$$

式中：$[Y]$为导纳矩阵，其中 Y_{11} 和 Y_{22} 分别为端口 1—1′和端口 2—2′的输入导纳，Y_{12} 和 Y_{21} 分别为端口 1—1′和端口 2—2′之间的转移导纳。

其具体的计算或测量方法如下。

$Y_{11}=\left.\dfrac{\dot{I}_1}{\dot{U}_1}\right|_{\dot{U}_2=0}$ 表示端口 2—2′处短路时，端口 1—1′的短路输入导纳；

$Y_{12}=\left.\dfrac{\dot{I}_1}{\dot{U}_2}\right|_{\dot{U}_1=0}$ 表示端口 1—1′处短路时，端口 2—2′到端口 1—1′的短路转移导纳；

$Y_{21}=\left.\dfrac{\dot{I}_2}{\dot{U}_1}\right|_{\dot{U}_2=0}$ 表示端口 2—2′处短路时，端口 1—1′到端口 2—2′的短路转移导纳；

$Y_{22}=\left.\dfrac{\dot{I}_2}{\dot{U}_2}\right|_{\dot{U}_1=0}$ 表示端口 1—1′处短路时，端口 2—2′的短路输入导纳。

由上述定义可知，$[Y]$矩阵中的各个导纳参数必须使用短路法测量，故也称为短路导纳参

数，根据互易定理不难证明，对于线性 R、$L(M)$、C 元件构成的任何无源二端口，有

$$Y_{12}=Y_{21} \tag{12-7}$$

对于对称二端口，则有

$$Y_{11}=Y_{22} \tag{12-8}$$

这里的二端口的 Y 参数中只有两个是独立的。

比较式(12-1)和式(12-5)可以看出，开路阻抗矩阵[Z]与短路导纳矩阵[Y]之间存在着互为逆矩阵的关系，即

$$[Z]=[Y]^{-1}\text{或}[Y]=[Z]^{-1} \tag{12-9}$$

即

$$\begin{bmatrix} Z_{11} & Z_{12} \\ Z_{21} & Z_{22} \end{bmatrix}=\frac{1}{\Delta_Y}\begin{bmatrix} Y_{11} & Y_{12} \\ Y_{21} & Y_{22} \end{bmatrix}$$

式中：Δ_Y 为矩阵[Y]的行列式，$\Delta_Y=Y_{11}Y_{22}-Y_{12}Y_{21}$。

对于含有受控源的线性 R、$L(M)$、C 二端口，利用特勒根定理可以证明互易定理不再成立，因此 $Y_{12}\neq Y_{21}$、$Z_{12}\neq Z_{21}$。下面的例子可以说明这点。

【例 12-2】 求图 12-4 所示二端口的 Y 参数。

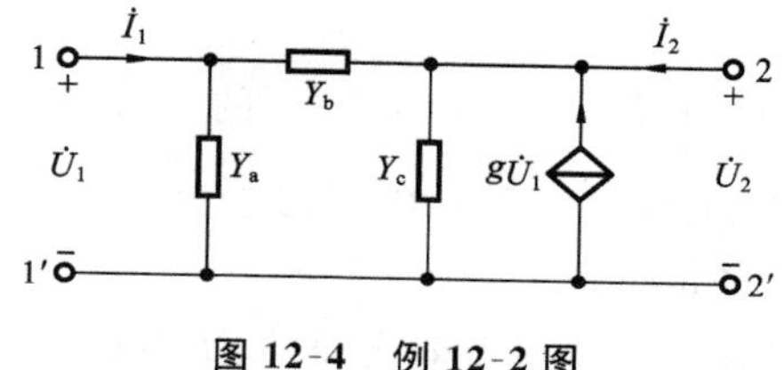

图 12-4 例 12-2 图

解 把端口 2—2′短路，在端口 1—1′外施加电压 $\dot{U}_1$，得

$$\dot{I}_1=\dot{U}_1(Y_a+Y_b)$$

$$\dot{I}_2=-\dot{U}_1Y_b-g\dot{U}_1$$

则

$$Y_{11}=\frac{\dot{I}_1}{\dot{U}_1}=(Y_a+Y_b)$$

$$Y_{21}=\frac{\dot{I}_2}{\dot{U}_1}=-Y_b-g$$

同理，为了求得 Y_{12}、Y_{22}，把端口 1—1′短路，即令 $\dot{U}_1=0$，这时受控源的电流也等于零，故得

$$Y_{12}=\frac{\dot{I}_1}{\dot{U}_2}=-Y_b$$

$$Y_{22}=\frac{\dot{I}_2}{\dot{U}_2}=Y_b+Y_c$$

可见，在这种情况下，$Y_{12}\neq Y_{21}$。

12.4 H 参 数

除了前面的 Z 参数和 Y 参数之外，在晶体管等效电路的分析中通常会用到 H 参数，它是已知端口 1—1′的电流 $\dot{I}_1$ 和端口 2—2′的电压 $\dot{U}_2$ 时，利用替代定理分别将它们看作外施电流

源和电压源，根据叠加定理，$\dot{U}_1$ 和 $\dot{I}_2$ 应该等于各个电源单独作用时产生的响应之和，即

$$\left.\begin{aligned}\dot{U}_1=H_{11}\dot{I}_1+H_{12}\dot{U}_2\\ \dot{I}_2=H_{21}\dot{I}_1+H_{22}\dot{U}_2\end{aligned}\right\}\tag{12-10}$$

将式(12-10)改写为矩阵形式，有

$$\begin{bmatrix}\dot{U}_1\\ \dot{I}_2\end{bmatrix}=\begin{bmatrix}H_{11} & H_{12}\\ H_{21} & H_{22}\end{bmatrix}\begin{bmatrix}\dot{I}_1\\ \dot{U}_2\end{bmatrix}=[H]\begin{bmatrix}\dot{I}_1\\ \dot{U}_2\end{bmatrix}\tag{12-11}$$

式中：H 参数没有统一的物理意义（量纲），故 H 参数也称为混合参数，其具体计算和测试方法如下。

$H_{11}=\left.\dfrac{\dot{U}_1}{\dot{I}_1}\right|_{\dot{U}_2=0}$ 表示端口 2—2′短路时，端口 1—1′的短路阻抗（单位为 Ω）；

$H_{12}=\left.\dfrac{\dot{U}_1}{\dot{U}_2}\right|_{\dot{I}_1=0}$ 表示端口 1—1′开路时，端口 2—2′到端口 1—1′的电压传输系数（单位为 1）；

$H_{21}=\left.\dfrac{\dot{I}_2}{\dot{I}_1}\right|_{\dot{U}_2=0}$ 表示端口 2—2′短路时，端口 1—1′到端口 2—2′的电流传输系数（单位为 1）；

$H_{22}=\left.\dfrac{\dot{I}_2}{\dot{U}_2}\right|_{\dot{I}_1=0}$ 表示端口 1—1′开路时，端口 2—2′的开路阻抗（单位为 S）。

对于无源线性二端口，可以证明 $H_{12}=-H_{21}$，即 H 参数中只有 3 个是独立的。若是对称的二端口，则有 $H_{11}H_{22}-H_{12}H_{21}=1$。

【例 12-3】 求图 12-5 所示的晶体管等效电路的 H 参数。

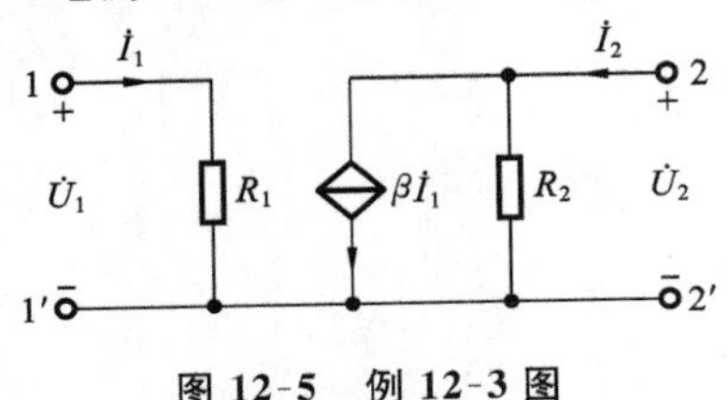

图 12-5 例 12-3 图

解 由等效电路图可得

$$\dot{U}_1=R_1\dot{I}_1$$

$$\dot{I}_2=\beta\dot{I}_1+\frac{1}{R_2}\dot{U}_2$$

对比 H 参数的网络方程 $\begin{cases}\dot{U}_1=H_{11}\dot{I}_1+H_{12}\dot{U}_2\\ \dot{I}_2=H_{21}\dot{I}_1+H_{22}\dot{U}_2\end{cases}$，可得

$$[H]=\begin{bmatrix}R_1 & 0\\ \beta & 1/R_2\end{bmatrix}$$

12.5 A 参数

在许多工程实际问题中，往往希望找到一个端口的电流、电压与另一端口电流、电压的直接关系。例如，放大器、滤波器的输入与输出之间的关系、传输线的始端与终端之间的关系。这样就引入 A 参数（或 T 参数），它表明了一个端口到另一端口的传输影响。如图 12-6 所示，这里将端口 2—2′中的电流参考方向取反（相对于图 12-2 中端口 2—2′中的电流参考方向），这既体现了电流传输的概念，也避免了在网络方程中出现负号。假设已知端口 2—2′的电压 $\dot{U}_2$ 和 $\dot{I}_2$ 时，利用替代定理分别将它们看作外施电压源和电流源，根据叠加定理，端口 1—1′的电压 $\dot{U}_1$ 和电流 $\dot{I}_1$ 应该等于各个电源单独作用时产生的响应之和，即

$$\left.\begin{aligned}\dot{U}_1&=A_{11}\dot{U}_2+A_{12}\dot{I}_2\\ \dot{I}_1&=A_{21}\dot{U}_2+A_{22}\dot{I}_2\end{aligned}\right\}\tag{12-12}$$

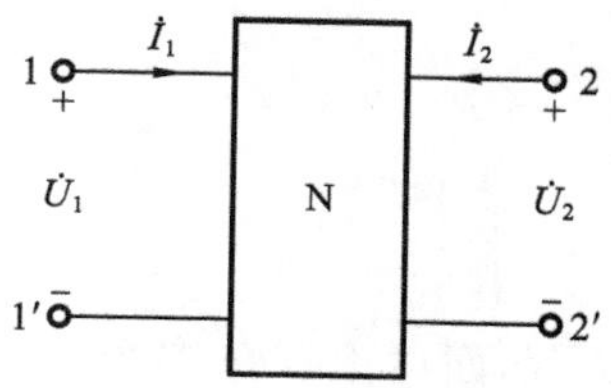

写成矩阵的形式为

$$\begin{bmatrix}\dot{U}_1\\ \dot{I}_1\end{bmatrix}=\begin{bmatrix}A_{11}&A_{12}\\ A_{21}&A_{22}\end{bmatrix}\begin{bmatrix}\dot{U}_2\\ \dot{I}_2\end{bmatrix}\tag{12-13}$$

图 12-6　线性二端口的电流电压关系

式中：A_{11}、A_{12}、A_{21}、A_{22}为网络的传输参量；$[A]=\begin{bmatrix}A_{11}&A_{12}\\ A_{21}&A_{22}\end{bmatrix}$为网络的传输矩阵。

由式(12-12)可导出传输参量的具体含义分别如下。

$A_{11}=\left.\dfrac{\dot{U}_1}{\dot{U}_2}\right|_{\dot{I}_2=0}$表示端口 2—2′开路时，端口 2—2′到端口 1—1′的电压传输系数；

$A_{12}=\left.\dfrac{\dot{U}_1}{\dot{I}_2}\right|_{\dot{U}_2=0}$表示端口 2—2′短路时，端口 2—2′到端口 1—1′的转移阻抗；

$A_{21}=\left.\dfrac{\dot{I}_1}{\dot{U}_2}\right|_{\dot{I}_2=0}$表示端口 2—2′开路时，端口 2—2′到端口 1—1′的转移导纳；

$A_{22}=\left.\dfrac{\dot{I}_1}{\dot{I}_2}\right|_{\dot{U}_2=0}$表示端口 2—2′短路时，端口 2—2′到端口 1—1′的电流传输系数。

由上述 A 参数意义的讨论可看出，各个传输参量无统一量纲。对于无源线性二端口，可以证明：$A_{11}A_{22}-A_{12}A_{21}=1$，二端口的 A 参数只有 3 个是独立；对于对称的二端口，有 $A_{11}=A_{22}$。

当网络 N_1 和网络 N_2 相级联时，并设各端口上电压、电流及其方向如图 12-7 所示，则网络 N_1 和 N_2 的传输矩阵分别为

$$\begin{bmatrix}\dot{U}_1\\ \dot{I}_1\end{bmatrix}=\begin{bmatrix}A_{11}&A_{12}\\ A_{21}&A_{22}\end{bmatrix}\begin{bmatrix}\dot{U}_2\\ \dot{I}_2\end{bmatrix}$$

$$\begin{bmatrix}\dot{U}_2\\ \dot{I}_2\end{bmatrix}=\begin{bmatrix}A_{11}&A_{12}\\ A_{21}&A_{22}\end{bmatrix}\begin{bmatrix}\dot{U}_3\\ \dot{I}_3\end{bmatrix}$$

比较上面两矩阵可得到

$$\begin{bmatrix}\dot{U}_1\\ \dot{I}_1\end{bmatrix}=\begin{bmatrix}A_{11}&A_{12}\\ A_{21}&A_{22}\end{bmatrix}\begin{bmatrix}A_{11}&A_{12}\\ A_{21}&A_{22}\end{bmatrix}\begin{bmatrix}\dot{U}_3\\ \dot{I}_3\end{bmatrix}$$

于是得到 T_1 和 T_3 两个参考面之间的组合网络的转移矩阵为

$$[A]=[A]_1[A]_2$$

不难得到，对于网络传输矩阵分别为$[A]_1$，$[A]_2$，…，$[A]_n$ 的 n 个二端口网络级联的组合网络的传输矩阵为

$$[A]=[A]_1[A]_2\cdots[A]_n\tag{12-14}$$

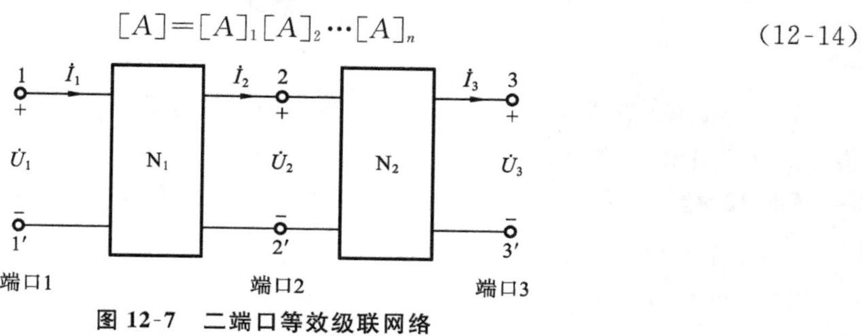

图 12-7　二端口等效级联网络

12.6 各参数间的关系

前面讨论了 Z 参数、Y 参数、H 参数和 $A(T)$ 参数四种网络参量，它们都是描写同一个网络的特性，因而它们之间有内在的联系，即四种网络参量之间可以相互转换。推导它们之间转换公式的原理十分简单，但具体过程比较麻烦，我们只给出结果，列于表 12-1 中以供参考。

表 12-1 二端口网络参数关系表

	Z 参数	Y 参数	H 参数	$A(T)$ 参数
Z 参数	$\begin{matrix} Z_{11} & Z_{12} \\ Z_{21} & Z_{22} \end{matrix}$	$\begin{matrix} \frac{Y_{22}}{\Delta_Y} & -\frac{Y_{12}}{\Delta_Y} \\ -\frac{Y_{21}}{\Delta_Y} & \frac{Y_{11}}{\Delta_Y} \end{matrix}$	$\begin{matrix} \frac{\Delta_H}{H_{12}} & \frac{H_{12}}{H_{22}} \\ -\frac{H_{21}}{H_{22}} & \frac{1}{H_{22}} \end{matrix}$	$\begin{matrix} \frac{A_{11}}{A_{21}} & \frac{\Delta_A}{A_{21}} \\ \frac{1}{A_{21}} & \frac{A_{22}}{A_{21}} \end{matrix}$
Y 参数	$\begin{matrix} \frac{Z_{22}}{\Delta_Z} & -\frac{Z_{12}}{\Delta_Z} \\ -\frac{Z_{21}}{\Delta_Z} & \frac{Z_{11}}{\Delta_Z} \end{matrix}$	$\begin{matrix} Y_{11} & Y_{12} \\ Y_{21} & Y_{22} \end{matrix}$	$\begin{matrix} \frac{1}{H_{11}} & -\frac{H_{12}}{H_{11}} \\ \frac{H_{21}}{H_{11}} & \frac{\Delta_H}{H_{11}} \end{matrix}$	$\begin{matrix} \frac{A_{22}}{A_{12}} & -\frac{\Delta_A}{A_{12}} \\ -\frac{1}{A_{12}} & \frac{A_{11}}{A_{12}} \end{matrix}$
H 参数	$\begin{matrix} \frac{\Delta_Z}{Z_{22}} & \frac{Z_{12}}{Z_{22}} \\ -\frac{Z_{21}}{Z_{22}} & \frac{1}{Z_{22}} \end{matrix}$	$\begin{matrix} \frac{1}{Y_{11}} & -\frac{Y_{12}}{Y_{11}} \\ \frac{Y_{21}}{Y_{11}} & \frac{\Delta_Y}{Y_{11}} \end{matrix}$	$\begin{matrix} H_{11} & H_{12} \\ H_{21} & H_{22} \end{matrix}$	$\begin{matrix} \frac{A_{12}}{A_{22}} & \frac{\Delta_A}{A_{22}} \\ -\frac{1}{A_{22}} & \frac{A_{21}}{A_{22}} \end{matrix}$
$A(T)$ 参数	$\begin{matrix} \frac{Z_{11}}{Z_{21}} & \frac{\Delta_Z}{Z_{21}} \\ \frac{1}{Z_{21}} & \frac{Z_{22}}{Z_{21}} \end{matrix}$	$\begin{matrix} -\frac{Y_{22}}{Y_{21}} & -\frac{1}{Y_{21}} \\ -\frac{\Delta_Y}{Y_{21}} & -\frac{Y_{11}}{Y_{21}} \end{matrix}$	$\begin{matrix} -\frac{\Delta_H}{H_{21}} & -\frac{H_{11}}{H_{21}} \\ -\frac{H_{22}}{H_{21}} & -\frac{1}{H_{21}} \end{matrix}$	$\begin{matrix} A_{11} & A_{12} \\ A_{21} & A_{22} \end{matrix}$

表中

$$\Delta_Z=\begin{vmatrix} Z_{11} & Z_{12} \\ Z_{21} & Z_{22} \end{vmatrix},\quad \Delta_Y=\begin{vmatrix} Y_{11} & Y_{12} \\ Y_{21} & Y_{22} \end{vmatrix}$$

$$\Delta_H=\begin{vmatrix} H_{11} & H_{12} \\ H_{21} & H_{22} \end{vmatrix},\quad \Delta_T=\begin{vmatrix} A_{11} & A_{12} \\ A_{21} & A_{22} \end{vmatrix}$$

二端口一共有 6 组不同的参数，其余 2 组分别与 H 参数和 T 参数相似，只是把电路方程等号两边的变量互换而已，这里不再列举。

12.7 计算机辅助分析电路举例

运用 Matlab 软件能够很大程度上降低网络参数运算的复杂程度，为网络分析方法提供了很好的辅助计算和分析工具。

【例 12-4】 将表 12-1 中的 Y、H、A 参数用 Z 参数表示，其 Matlab 软件计算仿真语言如下。

```
syms Z11 Z12 Z21 Z22
Z11=input ('Z11=');
Z12=input ('Z12=');
```

```
Z21=input ('Z21=');
Z22=input ('Z22=');
Z=[Z11,Z12;Z21,Z22];
deltZ=Z11*Z22-Z12*Z21;
Y11=Z22/deltZ;Y12=-Z12/deltZ;
Y21=-Z21/deltZ;Y22=Z11/deltZ;
Y=[Y11,Y12;Y21,Y22]
H11=deltZ/Z22;H12=Z12/Z22;
H21=-Z21/Z22;H22=1/Z22;
H=[H11,H12;H21,H22]
T11=Z11/Z21;T12=deltZ/Z21;
T21=1/Z21;T22=Z22/Z21;
T=[T11,T12;T21,T22]
```

如输入 Z11=150,Z12=50,Z21=50,Z22=150,单位为 Ω。运行程序后,可直接得出如下结果:

```
Y=
    0.0075     -0.0025
    -0.0025    0.0075
H=
    133.3333   0.3333
    -0.3333    0.0067
T=
    3.0000     400.0000
    0.0200     3.0000
```

同理可以采用 Matlab 来表示 Y、H、T 及其他网络参数,利用网络参数的关系表可迅速得到任意想要参数的大小和性质。这里由于篇幅有限不再赘述。

小　　结

本章主要介绍了双口网络的基本概念、各网络参数性质及网络参数之间的相互关系,为电路分析提供了网络分析思路和方法,最后介绍了 Matlab 在网络分析中的应用。

(1) 当无需知道电路各支路的具体电压和电流情况,而只对其外特性进行研究时,就可将该电路等效为网络,用戴维宁或诺顿等效电路进行替代,然后再计算感兴趣的电压和电流。这一方法即为网络分析法。

(2) Z 参数是描写已知双口网络的端口电流 $\dot{I}_1$ 和 $\dot{I}_2$,而求其端口电压 $\dot{U}_1$、$\dot{U}_2$ 时的网络特性参数,即

$$\begin{bmatrix}\dot{U}_1\\ \dot{U}_2\end{bmatrix}=\begin{bmatrix}Z_{11} & Z_{12}\\ Z_{21} & Z_{22}\end{bmatrix}=\begin{bmatrix}\dot{I}_2\\ \dot{I}_2\end{bmatrix}$$

$Z_{11}=\dfrac{\dot{U}_1}{\dot{I}_1}\bigg|_{\dot{I}_2=0}$ 表示端口 2—2′处开路时,端口 1—1′的开路输入阻抗;

$Z_{12}=\dfrac{\dot{U}_1}{\dot{I}_2}\bigg|_{\dot{I}_1=0}$ 表示端口 1—1′处开路时,端口 2—2′到端口 1—1′的开路转移阻抗;

$Z_{21}=\left.\dfrac{\dot{U}_2}{\dot{I}_1}\right|_{\dot{I}_2=0}$ 表示端口 2—2′处开路时，端口 1—1′到端口 2—2′的开路转移阻抗；

$Z_{22}=\left.\dfrac{\dot{U}_2}{\dot{I}_2}\right|_{\dot{I}_1=0}$ 表示端口 1—1′处开路时，端口 2—2′的开路输入阻抗。

(3) Y 参数是描写已知双口网络的端口电压$\dot{U}_1$、$\dot{U}_2$，而求其端口电流$\dot{I}_1$ 和$\dot{I}_2$ 时的网络特性参数，即

$$\begin{bmatrix}\dot{I}_1\\ \dot{I}_2\end{bmatrix}=\begin{bmatrix}Y_{11} & Y_{12}\\ Y_{21} & Y_{22}\end{bmatrix}\begin{bmatrix}\dot{U}_1\\ \dot{U}_2\end{bmatrix}$$

$Y_{11}=\left.\dfrac{\dot{I}_1}{\dot{U}_1}\right|_{\dot{U}_2=0}$ 表示端口 2—2′处短路时，端口 1—1′的短路输入导纳；

$Y_{12}=\left.\dfrac{\dot{I}_1}{\dot{U}_2}\right|_{\dot{U}_1=0}$ 表示端口 1—1′处短路时，端口 2—2′到端口 1—1′的短路转移导纳；

$Y_{21}=\left.\dfrac{\dot{I}_2}{\dot{U}_1}\right|_{\dot{U}_2=0}$ 表示端口 2—2′处短路时，端口 1—1′到端口 2—2′的短路转移导纳；

$Y_{22}=\left.\dfrac{\dot{I}_2}{\dot{U}_2}\right|_{\dot{U}_1=0}$ 表示端口 1—1′处短路时，端口 2—2′的短路输入导纳。

(4) H 参数是描写已知双口网络的端口 1 的电流$\dot{I}_1$ 和端口 2 的电压$\dot{U}_2$，而求其端口 1 的电压$\dot{U}_1$ 和端口 2 的电流$\dot{I}_2$ 时的网络特性参数，即

$$\begin{bmatrix}\dot{U}_1\\ \dot{I}_2\end{bmatrix}=\begin{bmatrix}H_{11} & H_{12}\\ H_{21} & H_{22}\end{bmatrix}\begin{bmatrix}\dot{I}_1\\ \dot{U}_2\end{bmatrix}=[H]\begin{bmatrix}\dot{I}_1\\ \dot{U}_2\end{bmatrix}$$

$H_{11}=\left.\dfrac{\dot{U}_1}{\dot{I}_1}\right|_{\dot{U}_2=0}$ 表示端口 2—2′短路时，端口 1—1′的短路阻抗(单位为 Ω)；

$H_{12}=\left.\dfrac{\dot{U}_1}{\dot{U}_2}\right|_{\dot{I}_1=0}$ 表示端口 1—1′开路时，端口 2—2′到端口 1—1′的电压传输系数(单位为 1)；

$H_{21}=\left.\dfrac{\dot{I}_2}{\dot{I}_1}\right|_{\dot{U}_2=0}$ 表示端口 2—2′短路时，端口 1—1′到端口 2—2′的电流传输系数(单位为 1)；

$H_{22}=\left.\dfrac{\dot{I}_2}{\dot{U}_2}\right|_{\dot{I}_1=0}$ 表示端口 1—1′开路时，端口 2—2′的开路阻抗(单位为 S)。

(5) A 参数假设已知端口 2－2′的电压$\dot{U}_2$ 和$\dot{I}_2$ 时，利用替代定理分别将它们看作外施电压源和电流源，根据叠加定理，端口 1－1′的电压$\dot{U}_1$ 和电流$\dot{I}_1$ 应该等于各个电源单独作用时产生的电压之和，即

$$\begin{bmatrix}\dot{U}_1\\ \dot{I}_1\end{bmatrix}=\begin{bmatrix}A_{11} & A_{12}\\ A_{21} & A_{22}\end{bmatrix}\begin{bmatrix}\dot{U}_2\\ \dot{I}_2\end{bmatrix}$$

$A_{11}=\left.\dfrac{\dot{U}_1}{\dot{U}_2}\right|_{\dot{I}_2=0}$ 表示端口 2—2′开路时，端口 2—2′到端口 1—1′的电压传输系数；

$A_{12}=\left.\dfrac{\dot{U}_1}{\dot{I}_2}\right|_{\dot{U}_2=0}$ 表示端口 2—2′短路时，端口 2—2′到端口 1—1′的转移阻抗；

$A_{21}=\left.\dfrac{\dot{I}_1}{\dot{U}_2}\right|_{\dot{I}_2=0}$ 表示端口 2—2′开路时，端口 2—2′到端口 1—1′的转移导纳；

$A_{22}=\left.\dfrac{\dot{I}_1}{\dot{I}_2}\right|_{\dot{U}_2=0}$ 表示端口 2—2′短路时，端口 2—2′到端口 1—1′的电流传输系数。

(6) Z 参数、Y 参数、$A(T)$ 参数和 H 参数四种网络参量，它们都是描写同一个网络的特性，因而它们之间有内在的联系，即四种网络参量之间可以相互转换，详见表 12-1。并采用 Matlab 软件对网络进行了计算仿真。

思考题及习题

12.1　求图 1 所示电路的 Y 参数。

12.2　求图 2 所示电路的 Z 参数。

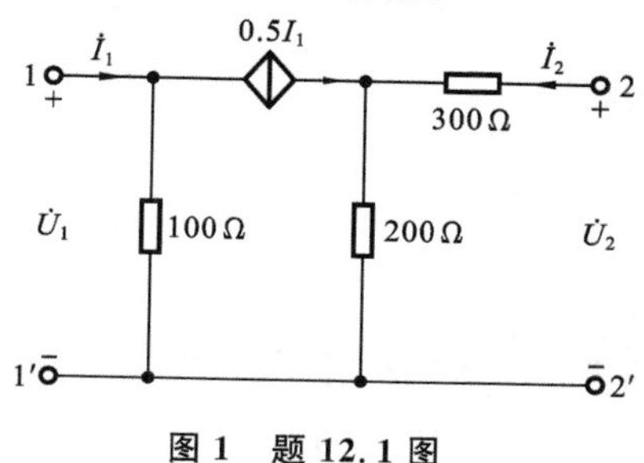

图 1　题 12.1 图

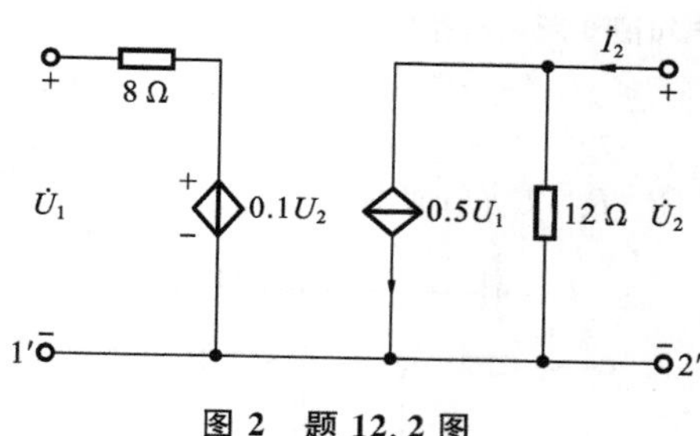

图 2　题 12.2 图

12.3　求图 3 所示二端口的 Y 参数和 Z 参数，并说明其性质。

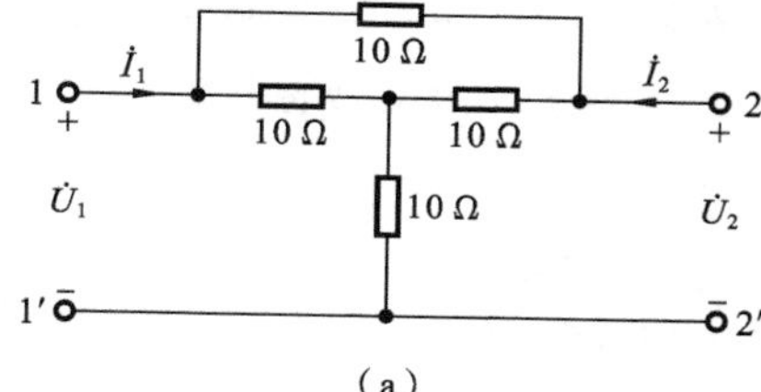

(a)

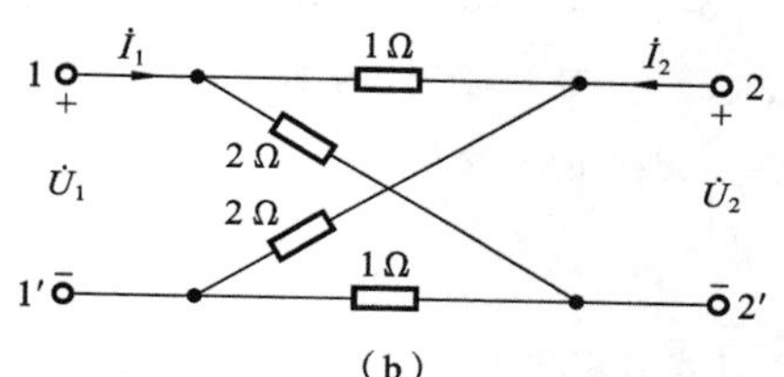

(b)

图 3　题 12.3 图

12.4　求图 4 所示二端口的 T 参数。

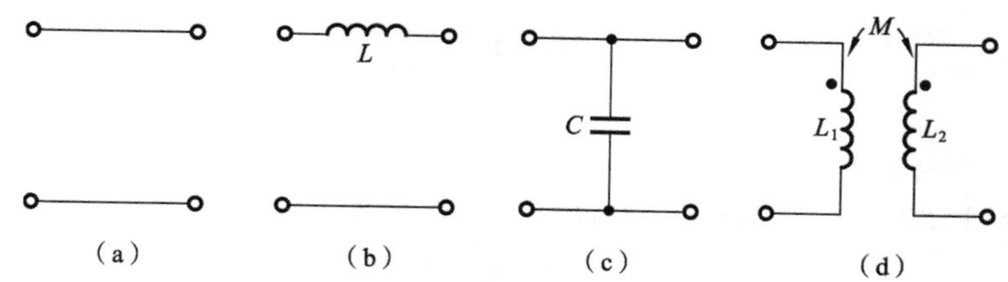

(a)　(b)　(c)　(d)

图 4　题 12.4 图

12.5　求图 5 所示二端口的混合(H)参数。

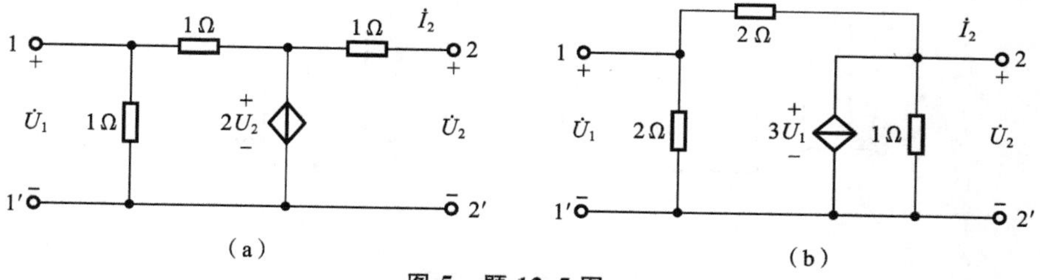

(a)　(b)

图 5　题 12.5 图

12.6　求图 6 所示二端口的 T 参数。

12.7　求图 7 所示二端口的 Z 参数和 T 参数矩阵。

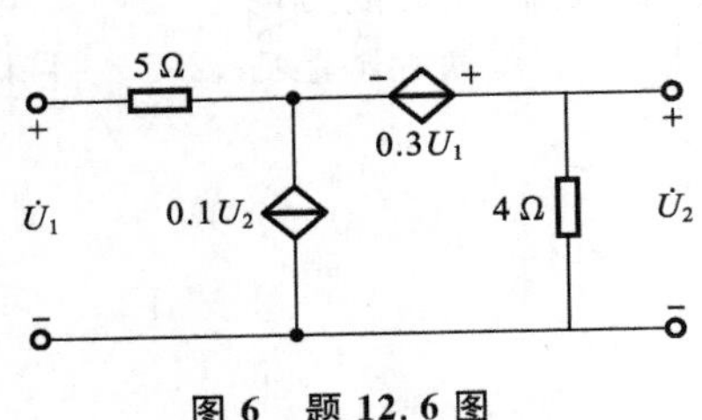

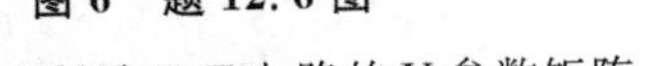
图 6　题 12.6 图

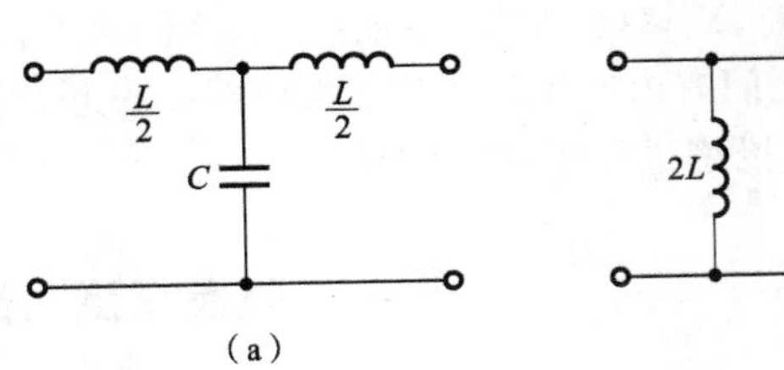

图 7　题 12.7 图

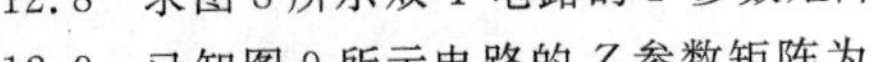
12.8　求图 8 所示双 T 电路的 Y 参数矩阵。

12.9　已知图 9 所示电路的 Z 参数矩阵为

$$[Z]=\begin{bmatrix}10 & 8\\ 5 & 10\end{bmatrix}\Omega$$

求 R_1、R_2、R_3 和 r 的值。

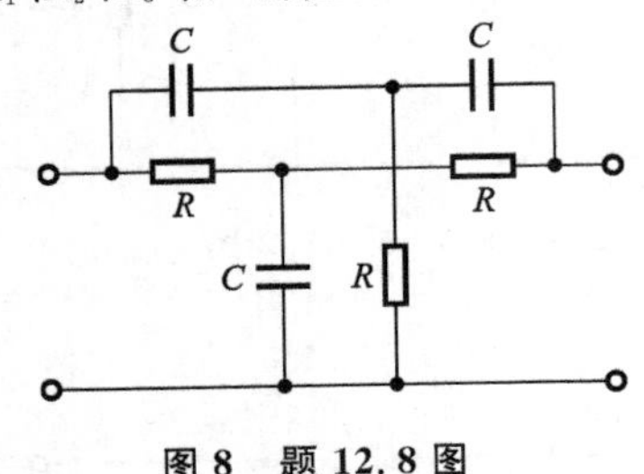

图 8　题 12.8 图

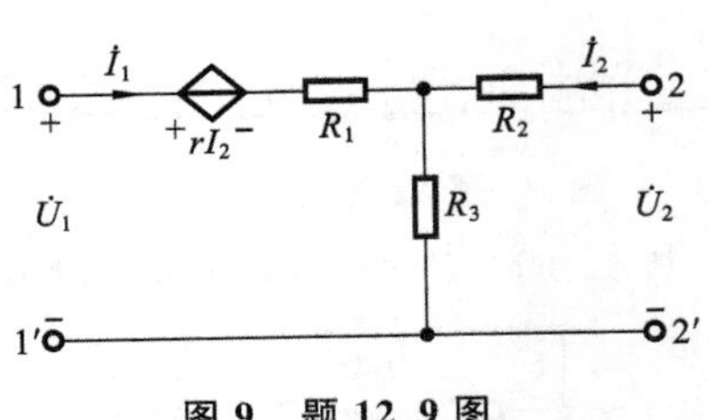

图 9　题 12.9 图

12.10　已知二端口的 Y 参数矩阵为

$$[Y]=\begin{bmatrix}1.5 & -1.2\\ -1.2 & 1.8\end{bmatrix}\mathrm{S}$$

求 H 参数矩阵，并说明该二端口中是否有受控源。

12.11　已知二端口的 Z 参数矩阵为

$$[Z]=\begin{bmatrix}\frac{60}{9} & \frac{40}{9}\\ \frac{40}{9} & \frac{100}{9}\end{bmatrix}\Omega$$

求其等效 π 型电路。

12.12　求图 10 所示二端口的 T 参数矩阵，设内部二端口 P_1 的 T 参数矩阵为

$$[T]=\begin{bmatrix}A & B\\ C & D\end{bmatrix}$$

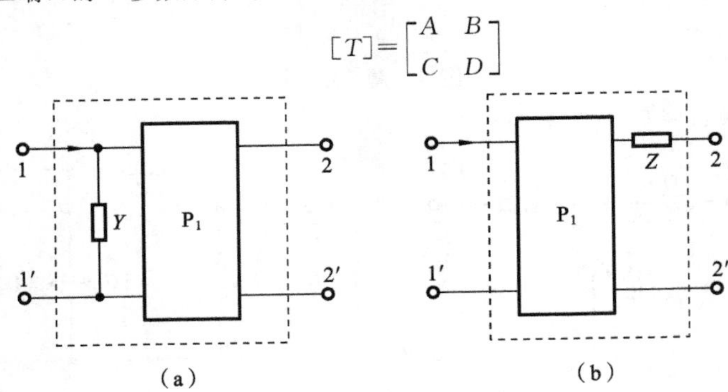

图 10　题 12.12 图

12.13　试证明图 11(a)所示的两个回转器级联后，可等效为一个如图 11(b)所示的理想变压器，并求出变比 n 与两个回转器的回转电导 g_1 和 g_2 的关系。

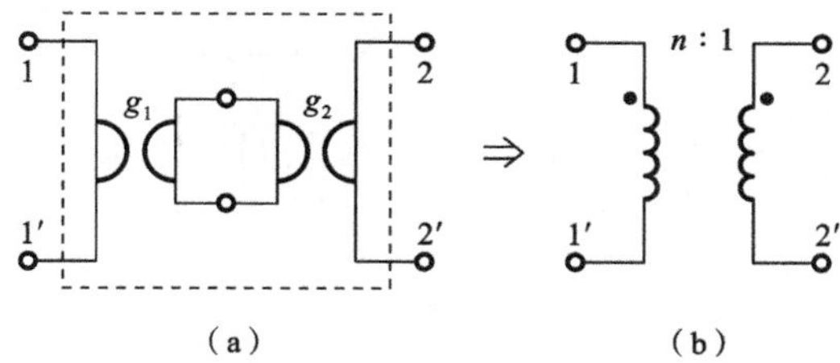

图 11　题 12.13 图

12.14　试求图 12 所示电路的输入阻抗 Z_i。已知 $C_1=C_2=1$ F,$G_1=G_2=1$ S,$g=2$ S。

12.15　如图 13 所示的电路,求 A 参数和 H 参数。

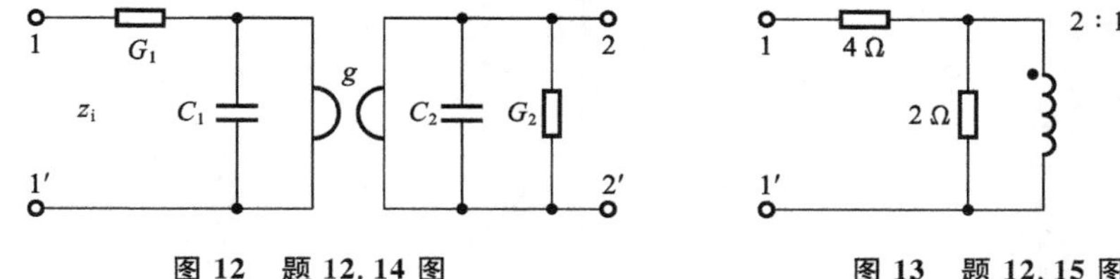

图 12　题 12.14 图　　　　图 13　题 12.15 图

12.16　如图 14 所示的电路,已知 $\dot{I}_S=50\sqrt{2}\angle 0°$ μA,$R_S=1$ kΩ,$R_L=10$ kΩ,$A_{11}=5\times10^4$,$A_{12}=-10$ Ω,$A_{21}=-10^6$ S,$A_{22}=-10^2$。(1) 求吸收的功率 P_L;(2) 为何值时能够获得最大功率 P_m,P_m 的值为多少?

12.17　如图 15 所示的电路,已知网络 N 的$[Z]=\begin{bmatrix}6 & 4\\2 & 8\end{bmatrix}$ Ω,$t<0$ 时 S 打开,电路已达到稳态。现于 $t=0$ 时刻闭合 S,求 $t>0$ 时的 $i(t)$。

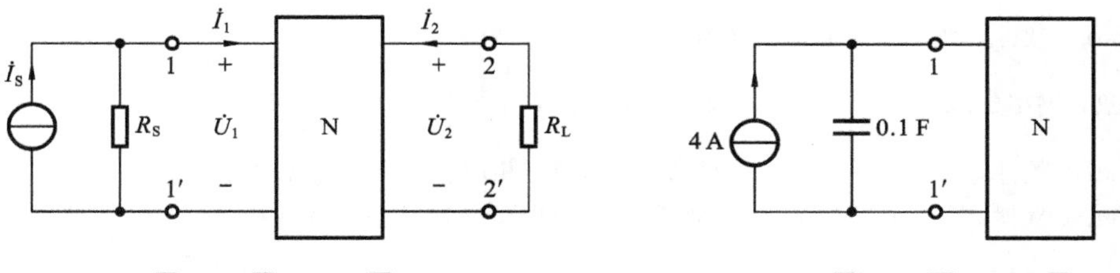

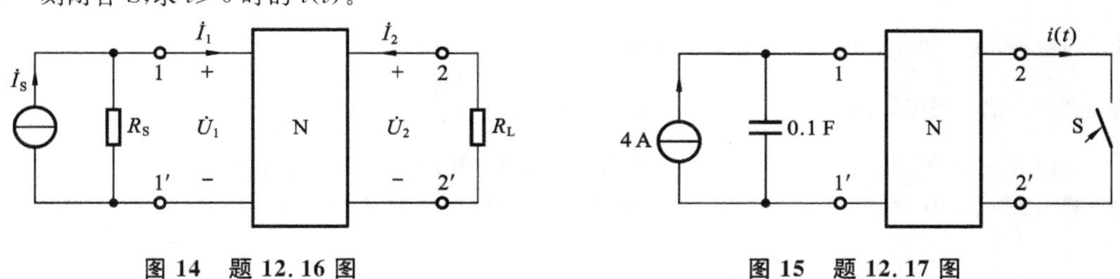

图 14　题 12.16 图　　　　图 15　题 12.17 图

12.18　如图 16 所示的电路,已知网络 N 的端口伏安关系为

$$U_1=12I_1+5I_2,\qquad U_2=8I_1+10I_2$$

(1) 求端口 a、b 的等效电压源电路;(2) 求端口 a、b 向外电路可能提供的最大功率 P_m。

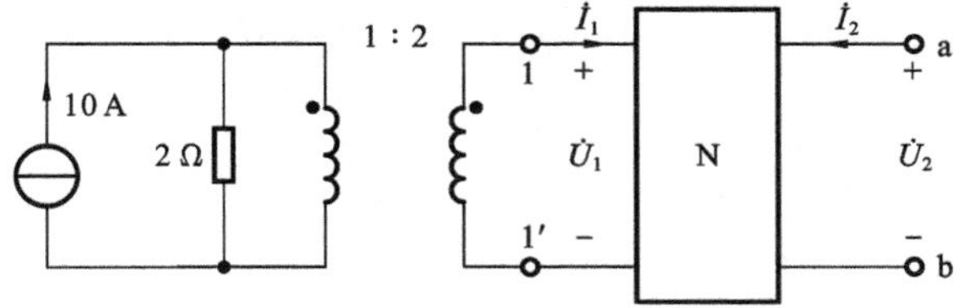

图 16　题 12.18 图

12.19　如图 17(a)所示的电路,已知二端口网络的 A 参数矩阵为

$$[A]=\begin{bmatrix}2 & 30\ \Omega\\0.1\ \text{S} & 2\end{bmatrix}$$

输出端接电阻 R。现将电阻 R 并联在输入端口,如图 17(b)所示,且知图 17(a)输入端口的输入电阻为图 17(b)的 6 倍,求此时 R 的值。

12.20　如图 18 所示的电路,$U_S=60$ V,$R_S=7$ Ω、$R_L=3$ Ω。(1) 求 Z 参数和 A 参数;(2)求 R_L 吸收的功率;

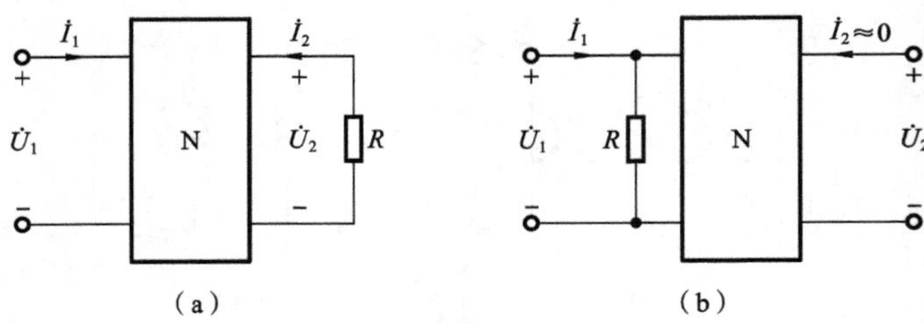

图 17　题 12.19 图

(3) 求 1—1′端口吸收的功率 P_1；(4) 求传输效率 η。

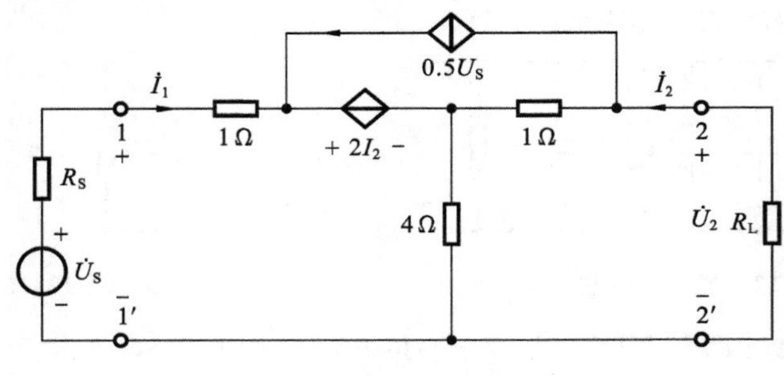

图 18　题 12.19 图

计算机辅助分析电路练习题

12.21　利用 Matlab 软件对题 12.17 进行计算和分析。

12.22　已知某双口网络的 $[Z]=\begin{bmatrix}6 & 3\\2 & 8\end{bmatrix}$ Ω，求其对应的 Y、H、A 参数。

12.23　利用 Matlab 软件，实现 Y 到 Z、H、A 参数的变换，给出相应 Matlab 实现程序。

12.24　利用 Matlab 软件，实现 A 到 Z、Y、H 参数的变换，给出相应 Matlab 实现程序。

参考文献 Reference

[1] 邱关源，罗先觉. 电路[M]. 5版. 北京：高等教育出版社，2006.

[2] 张永瑞，杨林耀. 电路分析基础[M]. 2版. 西安：西安电子科技大学出版社，1995.

[3] 江晓安，杨有瑾，陈生潭. 计算机电子电路技术——电路与模拟电子部分[M]. 西安：西安电子科技大学出版社，1999.

[4] 张永瑞. 电路分析基础[M]. 3版. 西安：西安电子科技大学出版社，2006.

[5] 李瀚荪. 简明电路分析基础[M]. 北京：高等教育出版社，2002.

[6] 范世贵，付高明. 电路考研教案[M]. 西安：西北工业大学出版社，2006.

[7] 胡翔俊. 电路分析[M]. 北京：高等教育出版社，2003.

[8] 杨素行. 模拟电子技术基础简明教程[M]. 北京：高等教育出版社，2007.

[9] 陈希有. 电路理论基础[M]. 3版. 北京：高等教育出版社，2004.

[10] 吴锡龙. 电路分析[M]. 北京：高等教育出版社，2004.

[11] 聂典. Multisim9计算机仿真电路在电子电路设计中的应用[M]. 北京：电子工业出版社，2007.

[12] 郭琳. 电路分析[M]. 北京：人民邮电出版社，2010.

[13] 李瀚荪. 电路分析基础[M]. 北京：高等教育出版社，2006.

[14] 叶挺秀. 电工电子学[M]. 北京：高等教育出版社，2008.

[15] 姜三勇. 电工电子技术[M]. 北京：电子工业出版社，2011.

[16] 张永瑞. 电路分析基础[M]. 西安：西安电子科技大学出版社，2006.

[17] 周华. 电路分析基础[M]. 武汉：武汉理工大学出版社，2006.

[18] 付玉明. 电路分析基础[M]. 北京：中国水利水电出版社，2002.

[19] 上官右黎. 电路分析基础[M]. 北京：北京邮电大学出版社，2003.

[20] 周守昌. 电路原理[M]. 北京：高等教育出版社，1999.

[21] 金圣才. 考研专业课全国名校真题题库：电路与电子技术[M]. 北京：中国石化出版社，2006.